Dorn · Bader

Physik

Ausgabe A · Gymnasium Sek II

11

Schroedel

Dorn·Bader
Physik 11
Ausgabe A
Gymnasium Sek II

Herausgegeben von
Professor Dr. Franz Bader, Professor Dr. Friedrich Dorn †

Bearbeitet von
Professor Dr. Franz Bader
Dr. Helmut Bergold
Dr. Peter Drehmann
Dr. Erwin-Klaus Haberkant
Bernd Kretschmer
Heinz-Werner Oberholz
Werner Wegner

Berater
Gottfried Staiger

Unter Mitwirkung der Verlagsredaktion

Illustrationen
Creativ Design
Joachim Knappe
Liselotte Lüdecke
Ulf Matthes
Werner Wildermuth

Titelbild
Starke Verformung von Schlägerbespannung und Tennisball beim Aufprall. Ultrakurzzeitaufnahme mit extrem kurzer Belichtungsdauer, Dr. Bernhardt Brill, Hofgeismar

ISBN 3-507-**10720**-1

Druck A 5 4 3 2 1 / Jahr 2002 2001 2000 1999 1998

Alle Drucke der Serie A sind im Unterricht parallel verwendbar, da bis auf die Behebung von Druckfehlern untereinander unverändert. Die letzte Zahl bezeichnet das Jahr dieses Druckes.

Druck: Universitätsdruckerei H. Stürtz AG, Würzburg

Bildquellenverzeichnis
5 (Hintergr.): U. Köcher, Hannover; 6.3: H.-W. Oberholz, Everswinkel; 7.4: H.-W. Oberholz, Everswinkel; 24.3: H.-W. Oberholz, Everswinkel; 29.4: H.-W. Oberholz, Everswinkel; 30.1: Volkswagen AG, Wolfsburg; 31.4: NASA (Internet); 37.3: Dr. Reinbacher, Kempten; 40.oben: Stiftung Warentest 4/97; 40.1: ADAC, München; 41.ob/li: GfS Aachen; 41.2: Volkswagen AG, Wolfsburg; 45 (Hintergr.): Deutsche Presse-Agentur, dpa, Frankfurt; 45.A: Deutsches Museum, München; 46.V1: Phywe Systeme GmbH, Göttingen; 49.3: Christoph & Friends, Das Fotoarchiv GmbH, Essen; 49.4: Mauritius, Mittenwald; 50.1: Deutsches Museum; 51 (alle): Deutsches Museum, München; 52.1: Deutsches Museum, München; 53.A19: Wilhelm Lambrecht GmbH, Göttingen; 53.3: Deutsches Museum, München; 58.V1: Dr. E. Kretschmann, Dr. P. Zacharias, Hamburg; 59.3: Phywe Systeme GmbH, Göttingen; 61.5: Deutsche Presse-Agentur, dpa, Frankfurt; 61.6: Phywe Systeme GmbH, Göttingen; 63.A3: Institut für Biomechanik, Deutsche Sporthochschule, Köln; 65 (alle): E.-K. Haberkant, Heidelberg; 73.1: Siemens AG, KWU; 85.1: Bavaria, Gauting; 88.1 (beide): Canadair Aviation Service GmbH; Montreal/Bonn; 89.4: Mauritius, Mittenwald; 90.1: NASA, Heidelberg; 91.5: Gentner, Maier-Leibnitz, Bothe, Atlas typischer Nebelkammerbilder, Springer, Berlin; 95 (Hintergr.): Deutsche Presse-Agentur, dpa, Frankfurt; 95.A: Sven Simon Fotoagentur, Essen; 96.1: Dr. E. Kretschmann, Dr. P. Zacharias, Hamburg; 97.2: Heinrich Bauer, LAPIS KG, Auto Zeitung, Köln; 100.1: Continental, Hannover; 101.oben: Deutsche Bahn AG, Berlin; 103.3: Deutsche Presse-Agentur, dpa, Frankfurt; 105 (Hintergr.): Focus, Hamburg; 105.A: Astrofoto/NASA, Leichlingen; 107.4: US-Botschaft; 109.3: Leybold, Köln; 111.3: NASA (Internet); 112.1: Bavaria Stock Directory, Gauting; 121.1: Astrofoto, Leichlingen; 121.2: NASA (Internet); 122.1: Astrofoto, Leichlingen; 123.3: Astrofoto, Leichlingen; 123.4: Universität Bremen, ZARM; 124.rechts: Deutsches Museum, München; 125.oben: Deutsches Museum, München; 125.unten: Deutsches Museum, München; 126.rechts: Laenderpress, Düsseldorf; 127.rechts: Deutsche Presse-Agentur, dpa, Frankfurt; 129 (Hintergr.): Freie und Hansestadt Hamburg, Baubehörde; 147.2: Deutsches Museum, München; 148.V3: Phywe Systeme GmbH, Göttingen; 175.2: Lech EW, Augsburg; 181.3: ZAE Bayern, Erlangen; 182.1: Solvis Energiesysteme, GmbH & Co. KG, Braunschweig; 182.2: Flachglas Solartechnik, Köln; 182.3: Tacke Windenergie GmbH, Salzbergen

übrige Fotos: Hans Tegen

INHALT

ZU DIESEM BUCH

Dieser Band vermittelt in seiner breiten **Basisspalte** die Grundkenntnisse für einen in sich geschlossenen, erprobten Unterrichtsgang. Um ein Verständnis für physikalische Zusammenhänge zügig zu entwickeln, werden dort die wesentlichen Konzepte und Inhalte in straffer Form erarbeitet und in *Merksätzen* zusammengefasst. Damit der Lesefluss dieses *Basistextes* nicht unterbrochen wird, verweisen ➠ Pfeile auf Versuchsbeschreibungen, Abbildungen, Tabellen, und Aufgaben in der **Außenspalte**. Die so ermöglichte klare Gliederung des Textes bietet den Unterrichtenden die Möglichkeit, schülerorientiert verschiedene neue Unterrichtsmethoden einzusetzen.

Unter den Überschriften *Interessantes*, *Vertiefung*, *Beispiel,* finden sich

- motivierende und anwendungsbezogene Inhalte aus der Lebenswelt von Schülerinnen und Schülern, insbesondere auch zu *fachübergreifenden Themen* und interessanten *Phänomenen* sowie Anregungen zu Projektarbeit, Referaten, Still- und Teamarbeit,
- weitergehende Betrachtungen zusätzlich zum Inhalt des Basistextes, als ein differenziertes Angebot für den Physikkurs,
- eine Fülle von Aufgaben mit detailliertem Lösungsweg.

Diese Elemente sind im Seitenbild besonders hervorgehoben. So konnte der Basistext von schwierigeren, den „roten Faden“ zudeckenden Teilen entlastet werden.

Die konsequent entwickelte **Aufgabenhierarchie** beginnt mit dem Erarbeiten der jeweiligen Doppelseite und führt über das Wiederholen des Stoffes mehrerer Seiten zum Zusammenfassen der ganzen Lerneinheit. Dies soll – zusammen mit Rechenbeispielen – auf Prüfungen vorbereiten, zum selbstständigen Lesen von Sachtexten anleiten und so einen Beitrag zur *Studierfähigkeit* leisten.

Da die **Vektorrechnung** in die Klassen 12 oder 13 verlegt ist, helfen *Vektorpfeile* über Größensymbolen wenig und werden daher sehr sparsam verwendet. Dafür wird immer deutlich gemacht, ob es sich um die gerichtete Größe *Vektor,* seinen stets positiven *Betrag* (z. B. die Angabe 7 N eines Kraftmessers) oder seinen vorzeichenbehafteten *Wert* (z. B. +7 N, −3 N) handelt. Dessen *Vorzeichen* wird in Skizzen und dem zugeordneten Text auf eine als positiv deklarierte Richtung bezogen. Der Begriff *Wert einer Größe* ist durch die DIN sanktioniert. Vorzeichenbehaftete *Werte* sind beim Umgang mit Computermodellen unerlässlich.

In der **Mechanik** sind die allgemein gültigen Differenzenquotienten (z. B. $v = \Delta s/\Delta t$) den speziellen Gleichungen ($v = s/t$) zumindest gleichgestellt. So wird es möglich, die Schüler/-innen frühzeitig an Rechenmodelle heranzuführen, die sie – je nach Gegebenheit – mit Tabellenkalkulation, Modellbildungssystemen oder selbstgefertigten Computerprogrammen realisieren können. Solche Rechenmodelle führen etwa beim Wurf eines Tischtennisballs viel näher an die Grundgesetze der Mechanik und zugleich an die Realität als die idealisierten, fertigen Gleichungen.

Der Band enthält eine kurze Einführung in die Lehre von den **mechanischen Schwingungen**, die durch Projektion einer Kreisbewegung auf einen Bildschirm die in der Oberstufe gepflegte Zeigerdarstellung vorbereitet.

Mit Macht kehrt die **Wärmelehre** wieder in die Klasse 11 zurück, weniger mit Gasgesetzen und kinetischer Gastheorie, als vielmehr beim *Ver-* und *Entwerten* von *Energie*. Der Weg dorthin führt über Würfelspiele, das bislang leider völlig vernachlässigte Begriffspaar *reversibel-irreversibel* und den *Entropiebegriff*. So erhält der *zweite Hauptsatz* seinen gebührenden Platz und eine anschauliche Begründung.
In der Wärmelehre ist heute auch ein Einblick in die *Strahlungsphysik* unerlässlich, vor allem wegen des uns alle angehenden Themas *Treibhauseffekt*.

Zum Buch erscheint ein Lösungsband, der die Ergebnisse aller Aufgaben beinhaltet. Darüber hinaus liegt dem Lösungsband eine CD-ROM bei, die das interessante und lehrreiche Modellbildungssystem PAKMA von Prof. D. Heuer, Würzburg, enthält. Die CD bietet zu zahlreichen im Schülerband enthaltenen Aufgaben, Fragen und Versuchen Simulationen an.

Hannover, im August 1998

AUTOREN UND REDAKTION

Geradlinige Bewegungen und Kräfte

Aufwärts mit Physik!

Ein Aufzug bewegt sich nach oben, es ist eine geradlinige Bewegung. Autos auf der Autobahn oder Kinder auf der Rutsche bewegen sich eine Zeit lang ebenfalls geradlinig.

Brauchen solche Bewegungen eine Ursache oder verlaufen sie „von selbst“?

Nachdenkliche Menschen in allen Jahrhunderten haben sich dies gefragt. Seit Newton (1686) sind wir sicher:
Nicht für die Erhaltung einer geraden Bewegung, wohl aber für Bewegungsänderungen braucht man Kräfte!

Damit beschäftigen wir uns in der Mechanik.

V 1: Wir wollen einen Wagen an einem Faden abschleppen, der die Gewichtskraft des Wagens gut aushält (links). Der Faden reißt, wenn wir an ihm ruckartig zur Seite ziehen (rechts).

B 3: Das Auto drückt mit seiner „Schwere" auf die Straße. Mit seiner „Trägheit" widersetzt es sich dem Versuch, es schneller zu machen.

Interessantes

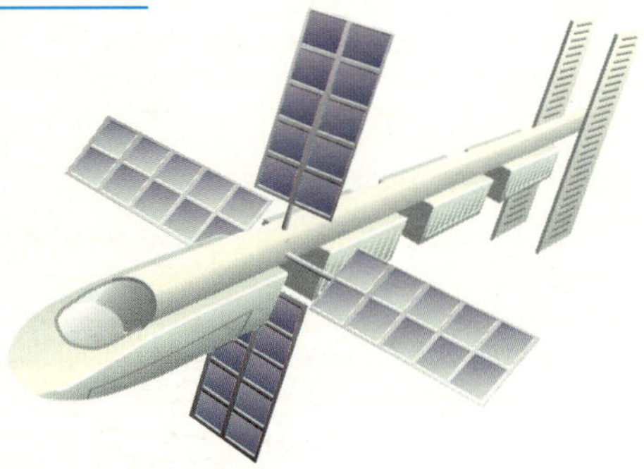

B 1: Im Raumschiff kräftefrei unterwegs

Lautlos im Weltall

Lautlos gleitet ein Raumschiff durchs Weltall. Weit entfernt von jeglichen Himmelskörpern schwebt es kräftefrei im intergalaktischen Raum (➠ *Bild 1*). Auch ohne Raketenmotor bleibt das Raumschiff gleich schnell und zieht lichtgerade seine Bahn.
Im Labor lässt sich ein kräftefreier Zustand nur annähernd erzeugen. So legt man z. B. eine zylindrische Scheibe – einen „Puck" – auf eine Metallplatte (➠ *Bild 2*). Zwischen Platte und Puck wird nun ein Luftkissen erzeugt. Ein kleiner Stoß und der Puck bewegt sich ungebremst zur Seite.

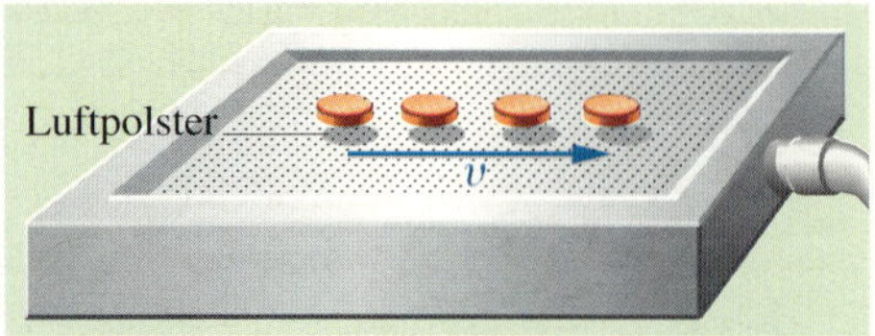

B 2: Ein Puck auf dem Luftkissentisch

Das Trägheitsgesetz

1. Das Automobil – wirklich ein „Selbstbeweger"?

Einige Schüler schieben ein Auto aus dem Stand an (➠ *Bild 3*). Der Fahrer lenkt nur geradeaus, der Motor läuft nicht, gebremst wird auch nicht. Alle schieben mit großer Kraft, das Auto wird allmählich schneller.
Nach kurzer Zeit sind die „Antreiber" erschöpft, sie lassen das Auto los. Dieses fährt unbeeindruckt weiter – natürlich wird es jetzt nicht mehr schneller, aber es wird auch praktisch nicht langsamer. Ohne äußere Kräfte bleibt das Auto gleich schnell!
An der Heckabschleppöse ist ein Seil befestigt. Die Schüler greifen es und versuchen durch Ziehen nach hinten, also gegen die Fahrtrichtung, das Auto abzubremsen (➠ *Bild 4*). Das Staunen darüber, wie stark sich das Auto diesem Vorhaben widersetzt, ist nicht gering! Wie träge doch das Auto ist!

2. Trägheit ist nicht Schwere

Die Kraft, die zum Schneller- oder Langsamermachen eines Körpers nötig ist, kann sogar viel größer als dessen Gewichtskraft sein. Ein Faden, der einen Laborwagen trägt, kann reißen, wenn der Wagen mit ihm ruckartig beschleunigt werden soll (➠ *Versuch 1*). Diese Kraft hängt mit dem Trägsein des Körpers zusammen. Sie ist nicht an die stets nach unten gerichtete Gewichtskraft gebunden. Das *Trägsein* ist vom *Schwersein* wohl zu unterscheiden!

Trägsein wirkt sich immer aus, gleichgültig nach welcher Richtung man den Körper beschleunigen will. Es tritt selbst im Weltraum auf, wo die Körper keine Gewichtskräfte erfahren. Auch dort brauchen Raketen zum Schnellerwerden wie zum Abbremsen die Kraft ihrer Triebwerke. Ohne Raketenmotor und weitab von anderen Himmelskörpern bewegt sich ein Raumschiff geradeaus wie an einem Lichtstrahl entlang und wird dabei auch in aller Zukunft nicht langsamer.

B 4: Fährt das Auto erst, „will" es nicht mehr zur Ruhe kommen. Nur mit großer Kraft *von außen* hält es in kurzer Zeit an.

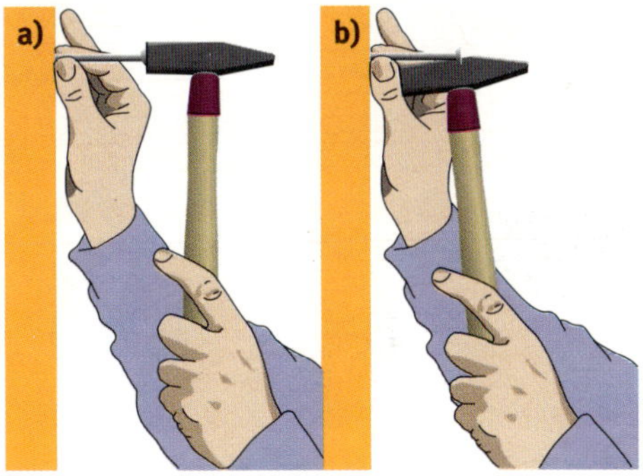

B 5: a) Ein Hammer treibt den Nagel in die Wand (gewünschte Trägheit). **b)** Der Hammer trifft den Daumen (nicht gewünschte Trägheit des Hammers).

Auch auf der Erde gilt: Ohne äußere Kraft ändert ein Körper seinen *Bewegungszustand* nicht, er bleibt in Ruhe oder er bewegt sich. Dabei wird er weder schneller noch langsamer. Ja, er weicht bei seiner Bewegung nicht einmal von der geraden Linie ab – genauso wenig wie das Raumschiff im Weltall. Für ein Auto ist dies in vielen Fällen nicht gut. Nicht nur für das Schneller- oder Langsamerwerden, auch für die Kurvenfahrt braucht es die Haftkraft zwischen Reifen und Straße. Diese zwingt das Auto in die gewünschte neue Richtung. Bei Glatteis fehlt diese äußere Kraft. Das Auto beharrt wegen seiner Trägheit auf Geradeausfahrt: Es fährt in den Graben!

3. Trägheit schmerzt oft mehr als Schwere

Der Stein, der auf den Fuß fällt, hinterlässt einen blauen Fleck. Der vom Hammer getroffene Daumen (➠ *Bild 5b*) wird blau und schwillt an. Bei einem Frontalunfall bremst erst der Sicherheitsgurt den weiterfliegenden Körper so stark ab, dass Rippen brechen können. Aber was wäre ohne Sicherheitsgurt passiert?

4. Trägheit ist auch nützlich

Wäre die Welt vielleicht schöner, wenn wir die Trägheit abschalten könnten? Wohl nicht. Keine Gitarrensaite würde mehr schwingen, denn, nach dem Anzupfen in der Gleichgewichtslage angelangt, bliebe sie stehen. Kein Hammer könnte einen Nagel in die Wand treiben (➠ *Bild 5a*). Bocciaspielen wäre „out", die Kugel würde wegen geringster Reibungskräfte sofort liegen bleiben. Und noch viel schlimmer: Unsere Erde gäbe es gar nicht, sie wäre nach dem Abschalten der Trägheit schlagartig in die Sonne gefallen!

Merksatz

Körper, auf die keine äußere Kraft wirkt, verharren in ihrem Bewegungszustand: **Körper sind träge**.
Werden sie schneller oder langsamer oder ändern sie ihre Bewegungsrichtung, so müssen äußere Kräfte wirken.

A 1: Stellen Sie sich eine Welt ohne Trägheit der Körper vor. Was wäre anders? Nennen Sie fünf Beispiele!

Interessantes

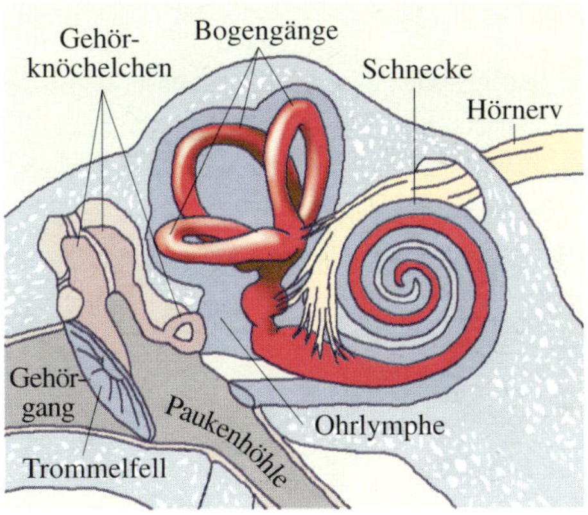

B 6: Die „Bogengänge" des Innenohres

Trägheit – auch biologisch wichtig

Die Bogengänge des Innenohres sind in den drei Ebenen des Raumes einander zugeordnet. Sie dienen dem Gleichgewichtssinn. Wird der Kopf schnell gedreht oder aus der Drehung abgestoppt, so verschieben sich die Bogengänge gegenüber der träge zurückbleibenden Endolymphe (einer Flüssigkeit in den Bogengängen). Dabei werden Sinneszellen des Vorhofnervs gereizt und signalisieren so die Lageveränderung. Ist diese sehr ungewohnt, so wird einem sogar schlecht: Dies macht sich bei vielen Menschen in der so genannten Seekrankheit bemerkbar.

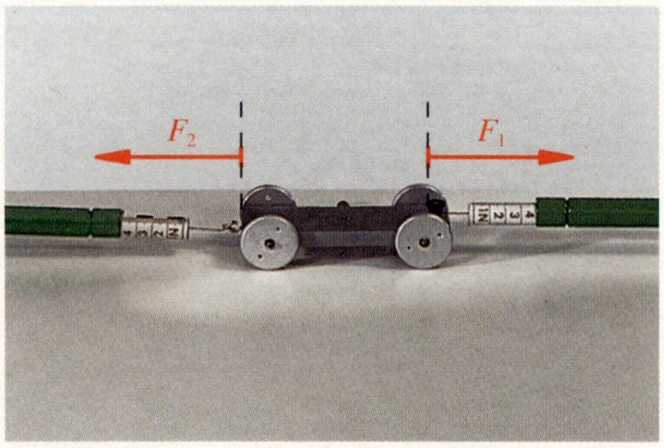

B 1: Kräftegleichgewicht am Wagen

V 1: Wir ziehen an einem ruhenden Wagen in entgegengesetzte Richtungen und lesen die Kraftbeträge F_1 und F_2 an den Kraftmessern ab. Es sind jeweils 4 N. Der Wagen bleibt in Ruhe.

V 2: Ein „Apfel" wird an einen Kraftmesser gehängt. Die Feder wird verlängert und übt auf den Apfel eine Kraft nach oben aus. Diese hält der Gewichtskraft des Apfels schließlich das Gleichgewicht. Der Apfel ruht. Auf einer gleichmäßig laufenden Rolltreppe zeigt der Kraftmesser denselben Ausschlag.

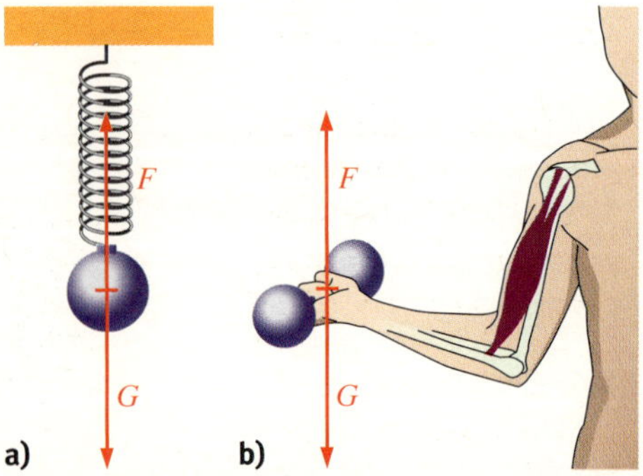

B 2: a) Die Feder erzeugt durch Verlängerung die zum Gleichgewicht nötige Kraft. **b)** Muskeln können ohne Verlängerung eine gewünschte Kraft erzeugen.

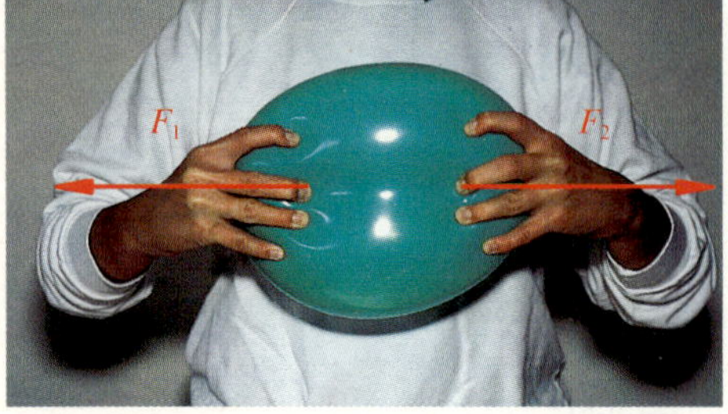

B 3: Verformung bei Kräftegleichgewicht

Kräftegleichgewicht

1. Kräfte wirken und nichts bewegt sich!

Greift *eine* Kraft an einem ruhenden Körper an, so setzt er sich in Bewegung. Greifen zwei Kräfte an diesem Körper an, so kann das Ergebnis noch heftiger sein – aber es kann auch ganz anders aussehen. Ziehen die beiden Kräfte nämlich in entgegengesetzte Richtungen, so schwächen sie sich in ihrer Wirkung gegenseitig. ➡ *Versuch 1* zeigt: Ein ruhender Körper bleibt in Ruhe, wenn an ihm zwei gleich große, aber entgegengesetzt gerichtete Kräfte angreifen. Es herrscht dann *Kräftegleichgewicht*. Der Wagen bleibt unbeeindruckt, er setzt sich nicht in Bewegung.

2. Oft stellt sich Kräftegleichgewicht von selbst ein

Im täglichen Leben beobachten wir ein solches Kräftegleichgewicht häufig. So hängt im Spätsommer ein schwerer Apfel am Zweig und fällt nicht hinunter. Wir wundern uns kaum darüber, aber was steckt eigentlich physikalisch dahinter? Um dies zu erkennen, hängen wir einen „Apfel" an einen Kraftmesser (➡ *Bild 2a*). Beim Absenken der Hand spüren wir, wie uns die Feder mit zunehmender Verlängerung zu Hilfe kommt. Mehr und mehr wird die Hand entlastet, bis die Feder schließlich den „Apfel" allein trägt. Sie zieht jetzt mit einer Kraft nach oben, die der Gewichtskraft das Gleichgewicht hält. Die beiden gleich großen, aber entgegengesetzt gerichteten Kräfte wirken auf den Bewegungszustand insgesamt wie keine Kraft. Die **resultierende Kraft** ist null. Der ruhende „Apfel" bleibt in Ruhe.
In der Natur ist es genauso. Halten wir den Zweig nach dem Pflücken des Apfels in seiner Lage fest, so spüren wir die Kraft, mit der er den Apfel gegen dessen Gewichtskraft getragen hat. Führen wir den Zweig langsam nach oben, so nimmt diese Kraft ab. Also hat sich auch bei dem Zweig die zum Gleichgewicht nötige Kraft von selbst durch die Verformung eingeregelt.

Dieses Einregeln erfolgt in der Natur nicht immer durch Verformen. Muskeln können willkürlich – bei gleich bleibender Länge – so angespannt werden, dass sie die gewünschte Kraft erzeugen. Wird ein Gegenstand bei angewinkeltem Arm in die geöffnete Hand gelegt (➡ *Bild 2b*), so schwingt der Unterarm kurz auf und ab, bis die zum Kräftegleichgewicht nötige Muskelspannung aufgebaut ist. Dazu laufen einzelne Moleküle über andere hinweg („Molekülmotoren").

3. Keine Bewegungsänderung, aber doch eine Wirkung

Kräftegleichgewicht zwischen F_1 und F_2 heißt, die Resultierende dieser Kräfte F_1 und F_2 ist null. Dennoch sind diese beiden Kräfte nicht verschwunden. Ein Luftballon, der an zwei gegenüberliegenden Seiten gezogen wird, belegt es (➡ *Bild 3*). Er wird durch die beiden Kräfte etwas in die Länge gestreckt. Da sie im Gleichgewicht sind, bewegt er sich nicht.

Merksatz

Ist die Resultierende aller an einem Körper angreifenden Kräfte gleich null, so herrscht am Körper Kräftegleichgewicht. Ist der Körper in Ruhe, so bleibt er in Ruhe. Er kann höchstens verformt oder gedreht werden.

4. Der Aufzug – auch in der Bewegung im Gleichgewicht

Dass an einem ruhenden Körper Kräftegleichgewicht herrscht, sieht man leicht ein. Was aber, wenn ein Gegenstand gehoben wird? Haben Sie nicht auch das Gefühl, nach oben müsste dann auf den Körper eine etwas größere Kraft wirken als die Gewichtskraft, die den Körper nach unten zieht?
Durch Nachdenken allein können wir die Antwort nicht finden. Wir prüfen deshalb in ➠ *Versuch 3*, welche Kraft in den verschiedenen Phasen (1 bis 5) am Aufzug nach oben zieht. Wenn der Zeiger in der Mitte der Skala steht, ist der Aufzug im Kräftegleichgewicht. Muss der Motor stärker ziehen, so verlängert sich die Haltefeder, und der Zeiger wandert etwas nach unten. Umgekehrt ist es, wenn die Zugkraft kleiner ist als die Gewichtskraft.

Der Versuch zeigt (das Diagramm spiegelt es wider):

- In bestimmten Zeitabschnitten darf kein Kräftegleichgewicht vorliegen. Beim *Start* des Aufzugs muss die Zugkraft des Motors größer sein als die Gewichtskraft. Die nach oben weisende resultierende Kraft macht den Aufzug dann schneller. Beim *Stopp* des Aufzugs muss die Zugkraft dagegen kleiner als die Gewichtskraft sein. So entsteht eine bremsende Kraft nach unten.
- Beim *Halt* und überraschenderweise auch bei der *Fahrt* mit gleich bleibender Geschwindigkeit v_0 ist der Aufzug dagegen im Kräftegleichgewicht, die resultierende Kraft F_{Res} ist null!

Merksatz

Ist ein Körper in Bewegung, so bleibt er dann und nur dann gleich schnell in geradliniger Bewegung, wenn an ihm Kräftegleichgewicht besteht.
Ist die resultierende Kraft an einem Körper ungleich null, so wird sein Bewegungszustand geändert.

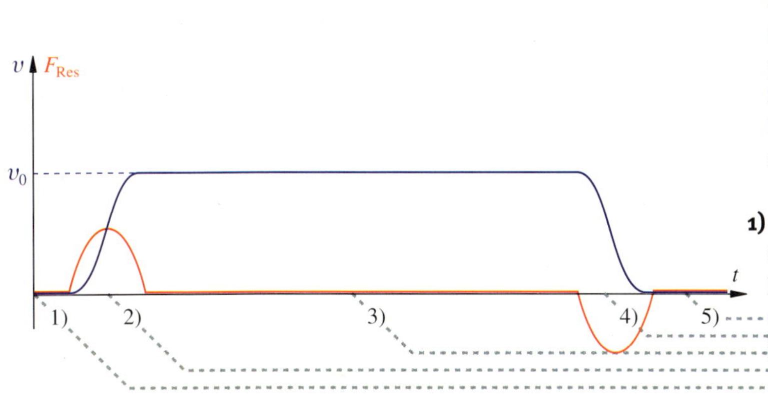

V 3: Solange die Federkraft der Gewichtskraft des „Aufzugs“ das Gleichgewicht hält, steht der Zeiger in der Mitte der Messlatte.
Im ersten Augenblick des Anziehens wandert der Zeiger nach unten.

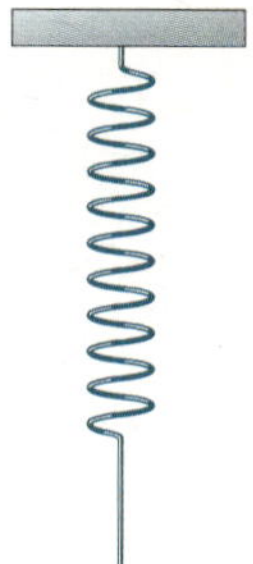

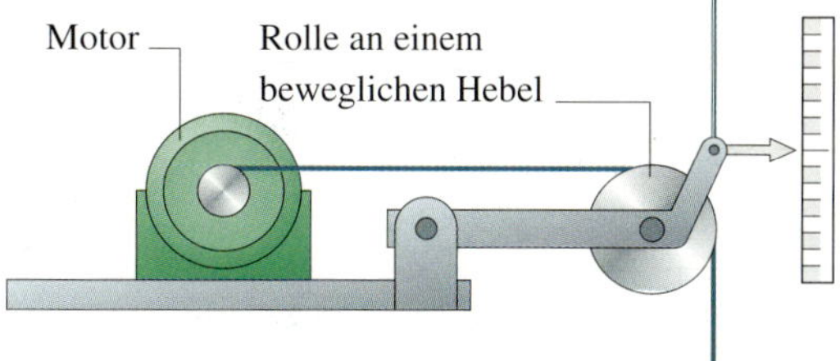

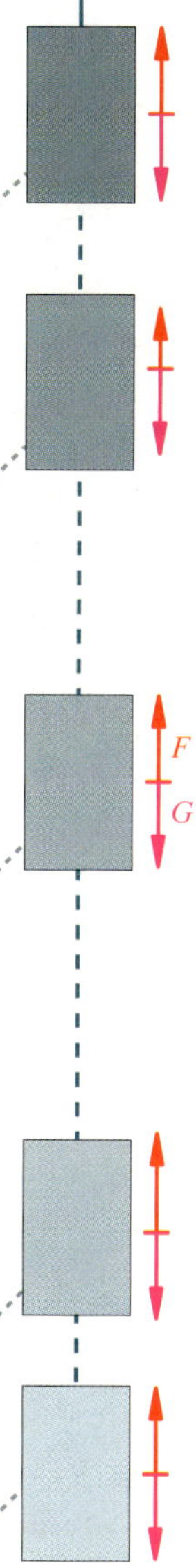

5) Angekommen!
Der Aufzug steht wieder. Die resultierende Kraft ist wieder null: Kräftegleichgewicht!

4) Der Aufzug wird gebremst.
Der Motor zieht jetzt etwas weniger stark. Kein Gleichgewicht! Es bleibt eine resultierende Kraft nach unten.

3) Der Aufzug gleitet nach oben. Das Seil zieht mit einer Kraft *F* nach oben, die den gleichen Betrag hat wie die Gewichtskraft *G* – mehr ist nicht nötig! Kräftegleichgewicht, die Resultierende ist null!

2) Der Aufzug wird in Bewegung gesetzt.
Das Seil zieht stärker nach oben als zum Kompensieren der Gewichtskraft nötig ist.
Die Resultierende zeigt nach oben.

1) Der Aufzug ruht.
Seilkraft und Gewichtskraft sind im Gleichgewicht. Die Resultierende ist null.

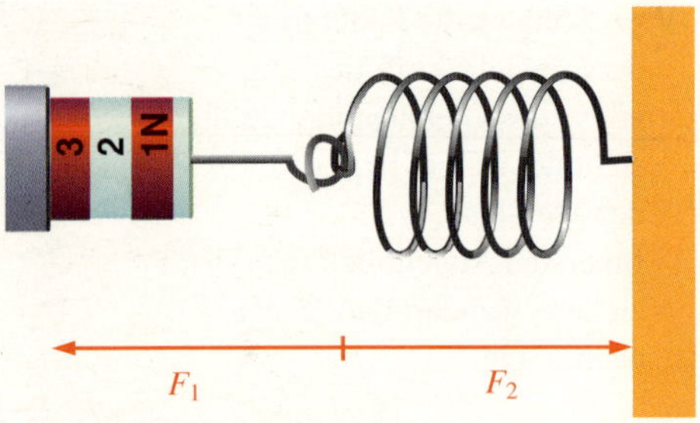

B 1: Kraftmessung durch Kräftegleichgewicht

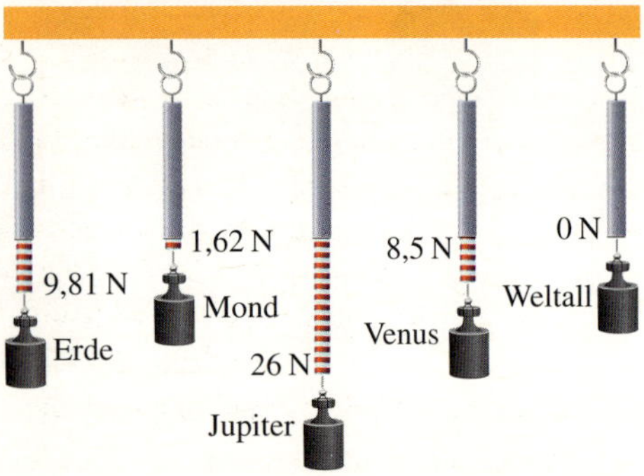

B 2: Der Betrag der Gewichtskraft ein und desselben Körpers hängt vom Ort ab

Mitteleuropa	9,81	Sonne	274
Äquator	9,78	Jupiter	26
Pole der Erde	9,83	Venus	8,5
Mond	1,62	Mars	3,8

T 1: Verschiedene Ortsfaktoren in N/kg

A 1: Man muss den Kraftmesser nach ⇒ *Bild 1* um $s = 0{,}05$ m verlängern, bis er die Marke 5 Newton (5 N) anzeigt. Wie groß ist seine Federhärte?

A 2: Zur nächsten Jupitermission haben Sie sich Schokolade als Verpflegung mitgenommen. Was würde ein Kraftmesser dort anzeigen, wenn Sie an ihn eine Tafel der Masse 100 g hängen? – Wie groß ist seine Federhärte, wenn er dort um 13 cm verlängert wird? – Um wie viel würde er auf dem Mond verlängert?

A 3: Astronauten bestimmen die Gewichtskraft eines Körpers der Masse 2 kg an einer Feder der Härte $D = 250$ N/m; sie wird um 7,82 cm verlängert. Wo sind sie gelandet (⇒ *Tabelle 1*)?

Kraftmessung – Kraftvektoren

1. Eine mechanische Kraftmessung

Bei Wettkämpfen im Sport, etwa beim Tauziehen, oder im Wirtshaus beim Fingerhakeln, vergleicht man Kräfte nach genau vorgegebenen Regeln. Ist eine der beiden Parteien stärker oder sind beide gleich stark? Wann sind sie denn gleich stark? Nun, wenn keine Partei die andere über den Rasen oder den Tisch zieht. Dies ist genau beim Kräftegleichgewicht der Fall.

In der Physik präzisiert man: Unter **Messen** versteht man den *Vergleich einer Größe mit einer Einheit und deren Vielfachen.* Die Maßeinheit der Kraft ist 1 Newton (N). Gute Kraftmesser geben diese Einheit bzw. ihre Vielfachen oder Bruchteile davon an.

Mit einem solchen Kraftmesser kann man nun eine unbekannte Kraft messen. Dazu stellt man nach ⇒ *Bild 1* Kräftegleichgewicht mit der zu messenden Kraft her.

2. Für Federkräfte gibt es ein einfaches Gesetz

Federkraftmesser sind in der gesetzlich vorgeschriebenen Krafteinheit 1 Newton geeicht. Sie haben eine Skala mit gleichen Strichabständen. Bei Stahlfedern gibt nämlich eine n-fache auf die Feder einwirkende Kraft auch eine n-fache Verlängerung: Kraft F und Verlängerung s sind innerhalb eines gewissen Bereichs einander proportional ($F \sim s$). Der Quotient $\boldsymbol{D = F/s}$ ist für diese Feder konstant, das **hookesche Gesetz** erfüllt. Man nennt D *Federkonstante* oder auch *Federhärte*. Ihre Einheit ist $[D] = 1$ N/m.

Merksatz

HOOKEsches Gesetz: Die Verlängerung s einer Feder ist innerhalb eines gewissen Bereichs der Kraft F proportional: $F \sim s$. Dann ist der Quotient $D = F/s$, auch Federhärte genannt, konstant.

3. Körper haben Masse und erfahren Gewichtskräfte

In der Mittelstufe haben wir Körpern als Maß für das **Schwersein** eine **Masse** zugeschrieben. Zwei Körper haben dieselbe Masse, wenn sie am gleichen Ort die gleiche Gewichtskraft erfahren (durch die Erde, die Sonne oder den Mond). Die Maßeinheit der Masse m ist das Kilogramm. Zwei gleich große Massen ergeben zusammen die doppelte Masse.

Es gilt der wichtige Zusammenhang zwischen Gewichtskraft und Masse: $\boldsymbol{G = m \cdot g}$ mit $\boldsymbol{g}$ als **Ortsfaktor**. Für Mitteleuropa beträgt er etwa 9,81 N/kg. An den Erdpolen ist er etwas größer, am Äquator kleiner als bei uns. Auf anderen Himmelskörpern muss mit anderen Faktoren gerechnet werden (⇒ *Tabelle 1*, *Bild 2*). Bei uns erfährt eine Person mit einer Masse von 70 kg eine Gewichtskraft von $G = 70\ \text{kg} \cdot 9{,}81\ \text{N/kg} \approx 687$ N.

4. Die resultierende Kraft beschleunigt den Pfeil

Die Sehne in *Bild 4* ist stets vom Bogen straff gespannt. Sie kann den Pfeil aber erst dann abschießen, wenn der Schütze sie in der Mitte abgewinkelt hat. Warum ist das so?

Die nach oben gerichtete Kraft F ist **Resultierende** aus den beiden längs der Sehnenhälften schräg nach oben ziehenden **Komponenten** F_1 und F_2 (*Versuch 1*). Diese bilden die Seiten, die Resultierende ist die Diagonale eines **Kräfteparallelogramms** (*Bild 5*). Die Länge der Diagonalen entspricht dem Betrag der Resultierenden. Dieser wächst, wenn man den Winkel, den die Komponenten F_1 und F_2 einschließen, von 180° aus verkleinert. Wir sehen, warum Kräfte als Vektoren behandelt und *vektoriell* addiert werden müssen. Im Allgemeinen wäre es falsch, nur die Kraftbeträge zu addieren. Der resultierende Vektor F ersetzt die Komponenten F_1 und F_2, deshalb sind diese in der Zeichnung durchgestrichen.

5. Wie kann die Resultierende bestimmt werden?

Die Resultierende ist Diagonale im Vektorparallelogramm. Vereinfachend kann man sie auch als dritte Seite eines Dreiecks aus den drei Kräften sehen (*Bild 6*). Im Sonderfall des rechtwinkligen Dreiecks (*Bild 3* (3)) benutzen wir den Satz des Pythagoras. Für $F_1 = 8$ N und $F_2 = 6$ N gilt dann:
$F_{Res}^2 = F_1^2 + F_2^2 = (8\text{ N})^2 + (6\text{ N})^2 = 100\text{ N}^2$ und somit $F_{Res} = 10$ N.

6. Bei Kräften auf einer Geraden genügen Vorzeichen

Bild 3 zeigt die Zusammensetzung zweier Kräfte für verschiedene Winkel. Für die wichtigen Sonderfälle 0° und 180° – die Kräfte liegen auf einer Geraden – kann man mit Kraft*werten* wie mit reellen Zahlen rechnen. Man vereinbart z. B.: Kräfte nach rechts erhalten positive, solche nach links negative Werte. Dann gilt in obigem Zahlenbeispiel:

(1) $F_{Res} = F_1 + F_2 = 8\text{ N} + 6\text{ N} = 14\text{ N}$
(5) $F_{Res} = F_1 + F_2 = 8\text{ N} + (-6\text{ N}) = 2\text{ N}$.

Kraftwerte müssen immer nur addiert werden, um den resultierenden Kraftwert zu ermitteln, alles ist schon mit dem Vorzeichen geklärt. Dies ist auch für Computeranwendungen ein Vorteil.

Im Sonderfall des **Kräftegleichgewichts** gilt für die Resultierende immer $\boldsymbol{F_{Res} = F_1 + F_2 = 0}$ (z. B. für $F_1 = 8$ N und $F_2 = -8$ N).

B 4: Wie entsteht die beschleunigende Kraft?

V 1: Nach *Bild 5* ist eine „Sehne" über zwei Rollen gelegt und an beiden Enden durch Kräfte von gleich bleibendem Betrag $F_1 = F_2 = 5$ N gespannt. Je weiter wir diese „Sehne" in ihrer Mitte M nach unten ziehen, umso größer wird die Kraft F, mit der sie einen Pfeil nach oben beschleunigen könnte. Wir halten dieser Kraft F bis zum Loslassen der Sehne das Gleichgewicht.

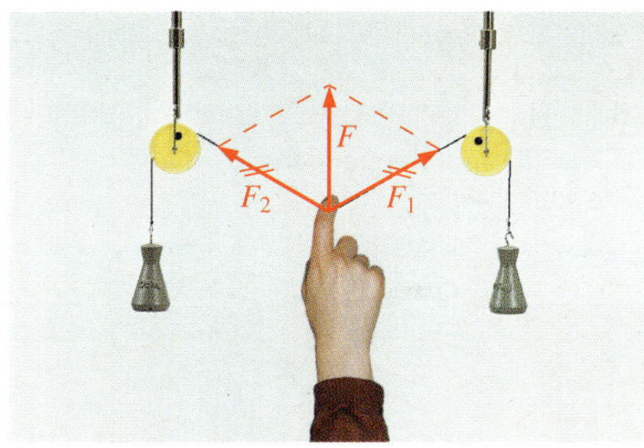

B 5: Zwei Kräfte werden durch eine ersetzt

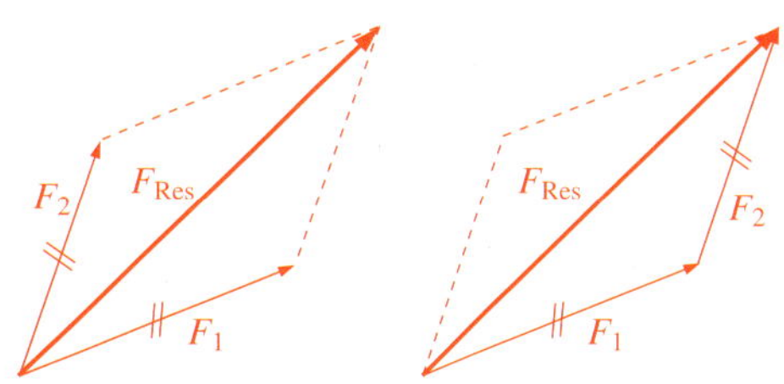

B 6: Zwei Möglichkeiten, Vektoren zu addieren

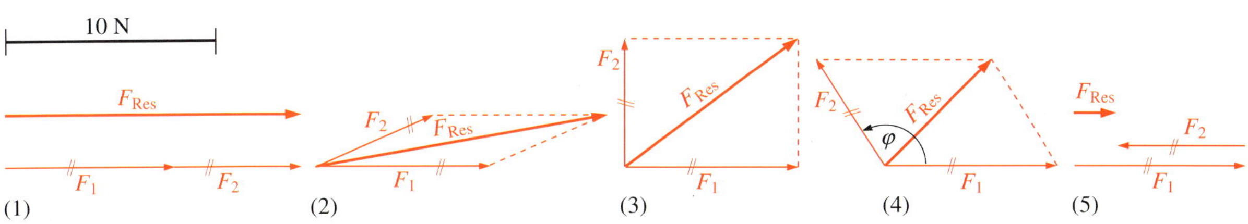

B 3: Resultierende Kraft bei verschiedenen Winkeln zwischen F_1 und F_2

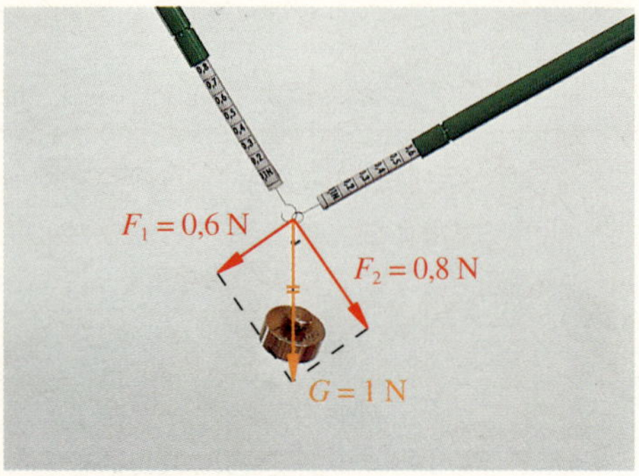

B 1: Kraftbeträge bei der Zerlegung einer Kraft in Komponenten

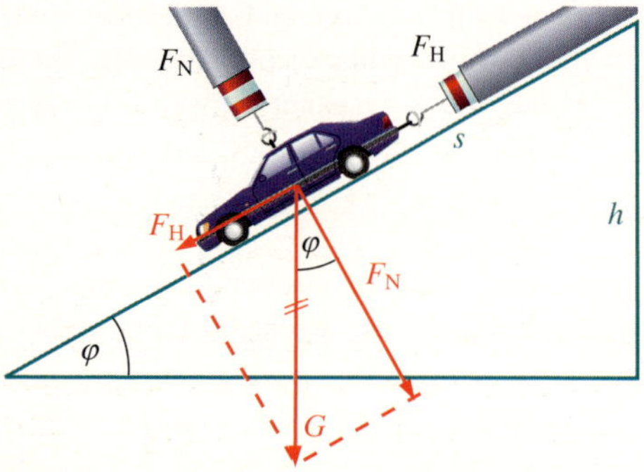

B 2: Hangabtriebskraft und Normalkraft sind Komponenten der Gewichtskraft

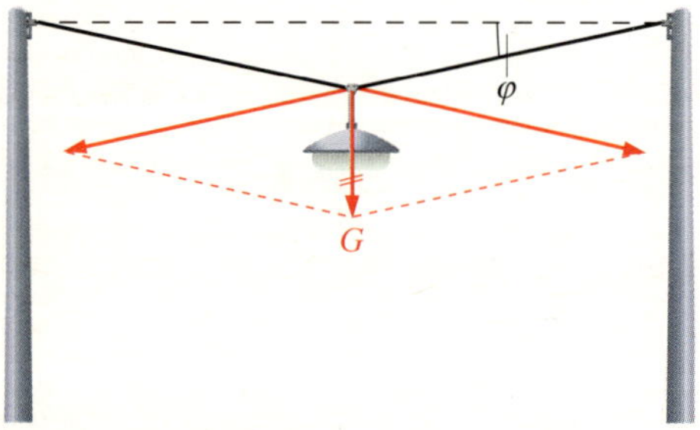

B 3: Eine Straßenlaterne zerrt an den Befestigungshaken

7. Zerlegen von Kräften

In ➠ *Bild 1* zieht die Gewichtskraft G in der Mitte nach unten. Sie kann an den beiden schräg hängenden Kraftmessern nur in deren Längsrichtung, also jeweils schräg nach unten ziehen. Wir konstruieren wieder ein Vektorparallelogramm und beginnen diesmal mit G als der Diagonalen. Die Parallelogrammseiten liegen in Richtung der Kraftmesser. So erhalten wir die beiden schräg nach unten zeigenden Komponenten F_1 und F_2, welche die Gewichtskraft G *ersetzen*. (Den Vektor der Gewichtskraft streichen wir deshalb in der Zeichnung durch.)

Merksatz

Kräfte sind Vektoren.

Zwei Kräfte F_1 und F_2, die in einem Punkt angreifen, lassen sich durch eine einzige Kraft F, ihre Resultierende, ersetzen. Umgekehrt kann eine gegebene Kraft F durch zwei Kräfte F_1 und F_2 ersetzt werden (Komponentenzerlegung).

In beiden Fällen bilden die Komponenten F_1 und F_2 die Seiten eines Parallelogramms; dessen Diagonale ist die Resultierende F.

8. Kraftkomponenten an der schiefen Ebene

Jeder weiß, dass eine abschüssige Straße umso gefährlicher ist, je größer ihr Neigungswinkel ist. ➠ *Bild 2* zeigt, wie die auftretenden Kräfte vom Neigungswinkel der schiefen Ebene abhängen. Von Bedeutung für die beschriebenen Vorgänge ist die **Hangabtriebskraft F_H**. Sie ist die Komponente der Gewichtskraft in Richtung einer möglichen Bewegung. Die zur Ebene senkrechte Komponente **F_N (Normalkraft)** gibt an, wie stark z. B. die Reifen auf die Straße gedrückt werden (wichtig beim Bremsen). Anhand der ähnlichen Dreiecke in ➠ *Bild 2* (im Lageplan grün, im Kräfteplan rot) berechnen wir den Betrag von Hangabtriebskraft und Normalkraft in Abhängigkeit vom Neigungswinkel φ der Ebene:

$$F_H = G \cdot \sin\varphi \quad \text{und} \quad F_N = G \cdot \cos\varphi.$$

... noch mehr Aufgaben

A 1: Ein Bogenschütze zieht mit der Kraft 100 N die Sehne so weit zurück, dass ihre beiden Hälften den Winkel $\varphi = 120°$ miteinander bilden. Wie groß sind die Kräfte in der Sehne? Lösen Sie die Aufgabe konstruktiv und rechnerisch!

A 2: Wie groß sind Hangabtriebs- und Normalkraft an einer schiefen Ebene mit 20° Neigung bei einem Körper mit der Masse 30 kg? Bei welchen Winkeln ist $F_H = G/2$, $F_H = G$ bzw. $F_H = 0$?

A 3: Eine Lampe (20 kg) hängt nach ➠ *Bild 3* in der Mitte eines Seils zwischen zwei 30 m voneinander entfernten Masten. Das Seil erfährt den Durchhang $h = 0{,}50$ m bzw. 0,10 m. Wie groß sind die Zugkräfte im Seil?

A 4: Berechnen Sie im nebenstehenden Bild die Beträge F_1 und F_2.

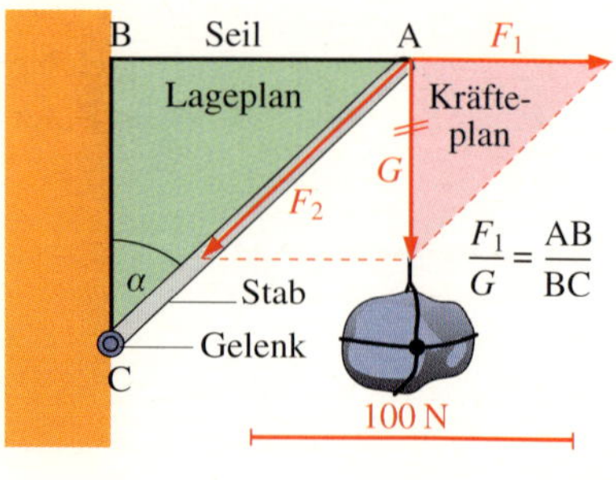

($m = 30$ kg, AB = 3 m, AC = 5 m)

Interessantes

Elektrische Kraftmessung

Computer zeigen Kräfte an – Sensoren

Bei einem Federkraftmesser wird die verformende Wirkung von Kräften direkt an einer Skala abgelesen. Für registrierende Messgeräte wie *x-y*-Schreiber oder Computer braucht man Kraftmesser, die eine elektrische Spannung liefern. Solche Geräte besitzen häufig einen Stab (mit Haken), der seitlich aus dem Gehäuse herausragt. Bei Belastung biegt sich der Stab. Abhängig von der Durchbiegung – und damit von der wirkenden Kraft – liefert das Gerät jetzt eine elektrische Spannung.

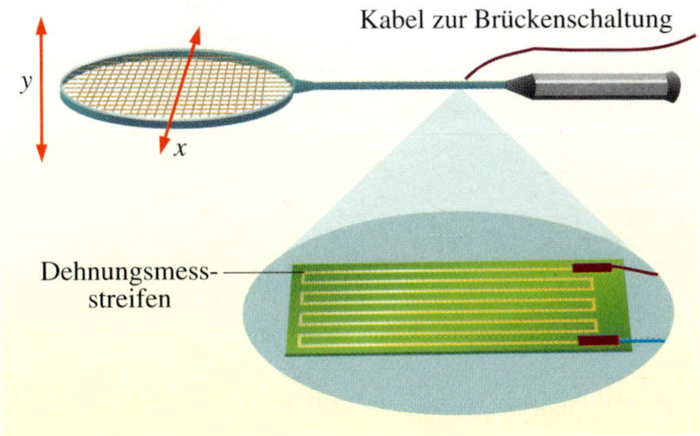

B 4: Ein DMS, hier auf einen Schlägerschaft geklebt

Der Dehnungsmessstreifen (DMS)

Ein Draht hat einen umso größeren elektrischen Widerstand, je länger und je dünner er ist. Dies gilt auch, wenn ein solcher Draht durch eine starke Kraft in die Länge gezogen wird. Wir können es überprüfen. Dazu befestigen wir einen 1 m langen Konstantandraht (d = 0,4 mm) am oberen Ende. Unten hängen wir nacheinander verschiedene Wägestücke (1 kg, 2 kg, usw.) an. Eine empfindliche Widerstandsmessung (z. B. mit einer „Brückenschaltung") bestätigt, dass der Drahtwiderstand mit der den Draht verlängernden Kraft wächst.

Nimmt man nun einen sehr dünnen Draht und schließt ihn mäanderförmig in eine kleine, dünne Folie ein (➠ *Bild 4*), so erhält man einen DMS. Die Enden des Messdrahtes stehen etwas über. An sie können die Zuleitungsdrähte angelötet werden. Die Drahtenden des DMS verbindet man mit anderen, konstanten Widerständen zu einer Brückenschaltung. Sie liefert dann eine vom Widerstand des DMS abhängige Spannung. Diese wird verstärkt und dem Messgerät zugeführt. Aus einem Draht ist ein *Kraftsensor* geworden.

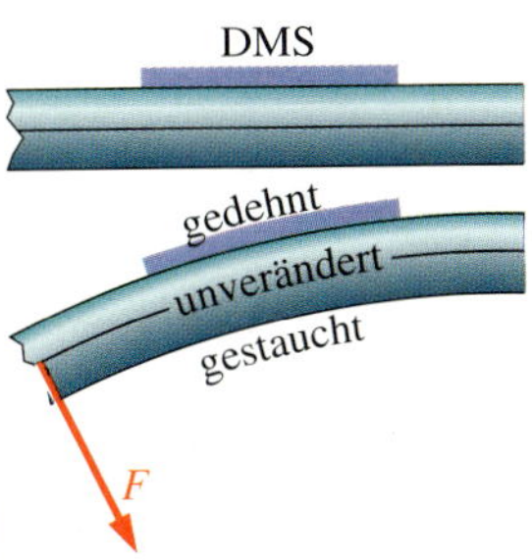

Ein solcher DMS wird nun sorgfältig auf die Stelle geklebt, deren Durchbiegung gemessen werden soll. Wird der Stab nun nach unten gebogen, so wird seine Oberseite etwas verlängert. Damit werden zugleich auch die Drahtstücke des aufgeklebten DMS gedehnt: Das Messgerät zeigt es an.

Eine „sportliche" Anwendung des DMS

Wir nehmen als Beispiel den Schaft eines Badmintonschlägers. Beim Schlag biegt er sich in zwei Raumrichtungen. Um beide Biegungen registrieren zu können, benutzen wir zwei DMS. Der eine wird „oben" (in gleicher Ebene wie die Bespannung) aufgeklebt. Er liefert mithilfe seiner Brückenschaltung das „*y*"-Signal Der andere sitzt seitlich am Schaft und liefert das „*x*"-Signal. Beide Schaltungen werden mit den Eingängen eines *x-y*-Schreibers verbunden. Die Anordnung funktioniert so: Verbiegen parallel zur Schlägerbespannung lenkt den Schreibstift in *x*-Richtung aus (rechts/links). Verbiegen senkrecht dazu liefert ein Signal in *y*-Richtung (oben/unten).

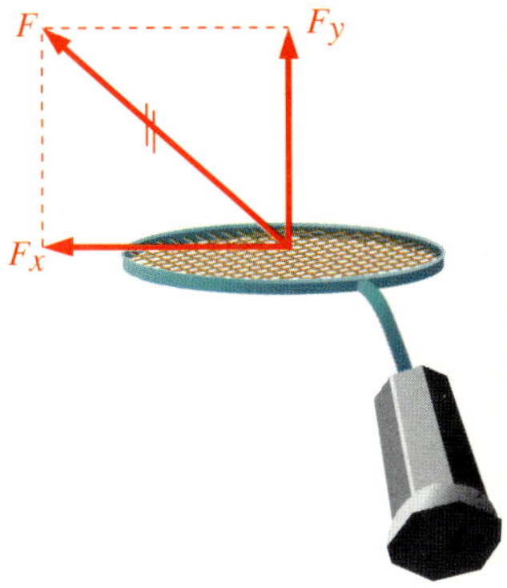

Beim „Smash", dem Schmetterschlag, befindet sich der Schläger anfangs hinter dem Rücken. Der Spieler reißt ihn von dort nach oben (Handkante nach vorn) und dreht erst über dem Kopf plötzlich den Unterarm (Handfläche nach vorn). Die dabei entstehende charakteristische Durchbiegung des Schlägerschaftes ist das Ergebnis einer sich ständig ändernden Kraft F auf den Schlägerkopf. Sie weist zum Zeitpunkt (7) etwa in die gezeichnete Richtung. Die Werte F_x und F_y der Kraftkomponenten werden durch je einen DMS gemessen.

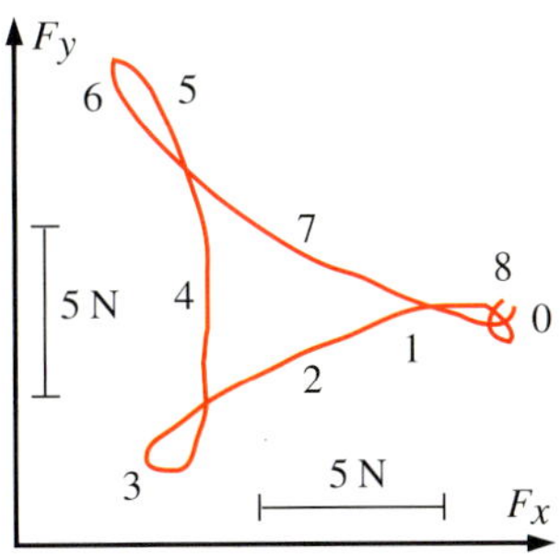

So entsteht ein Diagramm des gesamten Schlagablaufs. Nacheinander durchläuft der Schreibstift die Positionen (1) bis (8) und zeichnet dabei die Kraftwerte auf. Noch feinste Unterschiede in der Schlagtechnik werden erkennbar, jeder Spieler hinterlässt einen unverwechselbaren „Schlagabdruck".

B 1: Autobahnfahrt: Mit Motorkraft gegen die Reibung gleichförmig unterwegs

Uhrzeit	s/km	t/s	Δs/m	Δt/s
9 h 7 min	73,0	0	–	–
9 h 7 min 20 s	73,5	20	500	20
9 h 7 min 40 s	74,0	40	500	20
9 h 8 min 20 s	75,0	80	1 000	40

T 1: Zeiten und erreichte Orte längs der Autobahn

Uhrzeit	$v = \Delta s/\Delta t$
9 h 7 min	–
9 h 7 min 20 s	25 m/s
9 h 7 min 40 s	25 m/s
9 h 8 min 20 s	25 m/s

T 2: Geschwindigkeit bei gleichförmiger Bewegung

A 1: **a)** Sie bringen längs einer „Versuchsstrecke" Ortsmarken an (die Abstände untereinander müssen nicht gleich sein). Zeitnehmer an den verschiedenen Ortsmarken starten auf Kommando ihre Uhren. Ein Mitglied Ihres Kurses joggt nun möglichst gleichmäßig an den Markierungen vorbei; es wird jeweils die Uhr gestoppt. Übertragen Sie die Zeit- und Ortswerte in eine Tabelle und berechnen Sie die Intervallgeschwindigkeiten $\Delta s/\Delta t$. **b)** Überprüfen Sie die Tachoangabe Ihres Fahrrades durch einen ähnlichen Versuch.

A 2: Rechnen Sie um: 36 km/h in m/s und mm/ms (ms = 10^{-3} s heißt Millisekunde), 10 m/s in km/h, $3 \cdot 10^{-6}$ mm/s in m/a (Geschwindigkeit des Haarwachstums, a = annus, lat.: Jahr).

A 3: Was bedeutet der Proportionalitätsfaktor v in der Gleichung $s = v\,t$?

Gleichförmige Bewegungen

1. Natürliche Bewegung im Weltall

Körper sind träge, das Trägheitsgesetz beschreibt ihr Verhalten: Bewegt sich ein Körper, so wird er sich ohne eine von außen auf ihn wirkende Kraft immer so weiterbewegen „wollen". Nichts macht ihn ja schneller, nichts bremst ihn, nichts wirft ihn aus der geradlinigen Bahn. Diese *gleichförmige Bewegung* ist die natürliche Bewegung eines Raumgleiters im Weltall, weitab von anderen Himmelskörpern. Sie ist Ausgangspunkt der Beschreibung auch von Bewegungen auf der Erde, selbst dann, wenn diese nicht mehr gleichförmig sind. Es lohnt sich also, dass wir uns damit beschäftigen.

2. Gleichförmige Bewegung auf der Erde

Bei einer monotonen Autobahnfahrt sitzen Sie hinten im Bus. Die Kraft des Motors ist nötig, um den Bus gegen die Reibungskräfte von Fahrbahn, Luft und Achslagern in Fahrt zu halten; wir sind leider nicht mehr im Weltraum. Fährt der Bus gleichförmig?

Alle 500 m sehen Sie auf Kilometersteinen Zahlen wie 73, 73,5, 74, ... Es sind Ortswerte. Wie Zahlen auf dem Zahlenstrahl geben sie die Entfernung zu einem willkürlich festgelegten Nullpunkt an. Dieser ist für die Beantwortung der obigen Frage aber belanglos. Sie brauchen nur die Orts*änderungen* $\Delta s = s_2 - s_1 = s_3 - s_2 =$ 0,5 km (➡ *Tabelle 1*). Die Differenzbildung wird durch Δ (Delta), das große griechische D, gekennzeichnet. Der Bus bewegt sich dauernd vom Nullpunkt weg. *In diesem Fall entsprechen die Ortsänderungen den vom Bus jeweils zurückgelegten* ***Wegen***.

Beim Vorbeifahren an den Orten s_1, s_2, s_3, ... zeigt Ihre Uhr t_1 = 9 h 7 min, t_2 = 9 h 7 min 20 s, t_3 = ... an. Mit einer Stoppuhr messen Sie auch hier nur Differenzen, z. B. $\Delta t = t_2 - t_1 = 20$ s.

Unser Bus durchfährt in gleichen Zeitabschnitten Δt immer wieder gleiche Wege Δs. Die Quotienten $\Delta s/\Delta t$ sind dann konstant (➡ *Tabelle 2*). Sie sind ein geeignetes Maß für die konstante *Geschwindigkeit*. Bei der Bewegung des Raumgleiters sind die Quotienten $\Delta s/\Delta t$ ebenfalls konstant, aber zusätzlich ändert sich bei ihm nicht einmal die Bewegungsrichtung. Eine solche Bewegung heißt in der Physik gleichförmige Bewegung.

Merksatz

Eine Bewegung mit konstanter Geschwindigkeit und gleich bleibender Richtung heißt **gleichförmige Bewegung**.
Unter der **Geschwindigkeit** v einer gleichförmigen Bewegung versteht man den konstanten Quotienten aus einer beliebigen Ortsänderung Δs und der dazu benötigten Zeit Δt:

$$v = \Delta s/\Delta t.$$

Die Maßeinheit der Geschwindigkeit ist $[v]$ = 1 m/s = 1 m·s^{-1}.

3. Gleichförmige Bewegung im Laborexperiment

Auf einer genau waagerechten Bahn steht ein leicht beweglicher Wagen. Seine Räder sind reibungsarm gelagert. Wir stoßen ihn an und überlassen ihn dann sich selbst. Infolge des unvermeidlichen Luftwiderstands und der Rollreibung der Räder wird er langsamer. Um die der Bewegung entgegengesetzt gerichteten Kräfte auszugleichen, neigen wir die Fahrbahn leicht. Die jetzt in Fahrtrichtung entstehende Hangabtriebskraft stellt das gewünschte Kräftegleichgewicht her. Ist der Reibungsausgleich richtig gewählt – die resultierende Kraft auf den Schlitten muss null sein – wird der angestoßene Wagen weder schneller noch langsamer. Ob uns dabei der Augenschein nicht trügt, überprüfen wir im ⇛ *Versuch 1* genauer.

Nach kurzem Probieren haben wir es geschafft: Der Wagen legt in gleichen Zeitintervallen in etwa gleiche Wege zurück. Anhand der ⇛ *Tabelle 4* erkennen wir dieses Merkmal der gleichförmigen Bewegung. Die Quotienten $\Delta s/\Delta t$ sind konstant und damit ist es die Geschwindigkeit auch.

In dem von uns gewählten Fall – Zeiten und Wege werden jeweils von null aus gemessen – gilt aber noch mehr: Nach der doppelten (n-fachen) Zeit wird der doppelte (n-fache) Weg s zurückgelegt. s ist zu t proportional: $s \sim t$. Deshalb ist auch der Quotient s/t konstant (6. Zeile der ⇛ *Tabelle 4*). Dies überrascht nicht, denn s und t sind hier ja auch nur spezielle Änderungen, nämlich solche, die sich auf null beziehen. Nur in diesem Fall gilt neben $v = \Delta s/\Delta t$ auch $v = s/t$.

Größensymbole wie v, s, t werden stets *kursiv* gedruckt, um sie von den steil gedruckten Einheitensymbolen m/s, m, s, km, h zu unterscheiden.

Merksatz

Bei einer gleichförmigen Bewegung mit den Anfangswerten $t = 0$ und $s = 0$ gilt neben $v = \frac{\Delta s}{\Delta t}$ auch $v = \frac{s}{t}$.

Das *Zeit-Weg-Gesetz* dieser Bewegung lautet dann $s = v\,t$.

Wachstum eines Fingernagels	0,000 000 001
Blutsenkung	0,000 002
Schnecke	0,002
Fußgänger	1,5
100 m-Sprinter	10
ICE	80
Schwalbe	90
Verkehrsflugzeug	250
Schall in Luft	340
Luftmolekül (bei 20 °C)	500
Schall in Wasser	1 480
Erde um Sonne	30 000
Licht	300 000 000

T 3: Beispiele von Geschwindigkeiten (jeweils in m/s)

B 2: Der Fahrbahnwagen schreibt Ortsmarken in Zeitabständen von $\Delta t = 0{,}1$ s

Zeit t in s	0	0,1	0,2	0,3	0,4
Ort s in m	0	0,091	0,199	0,294	0,399
Δt in s	–	0,10	0,10	0,10	0,10
Δs in m	–	0,091	0,108	0,095	0,105
$\Delta s/\Delta t$ in m/s	–	0,914	1,077	0,950	1,047
s/t in m/s	–	0,914	0,995	0,980	0,997

T 4: Tabelle zu ⇛ *Versuch 1*

V 1: a) Parallel zur Fahrbahnschiene ist ein Papierstreifen gespannt. Ihm wurde eine dünne Metallschicht (meist Zink) aufgedampft. Der fahrende Wagen zieht eine dünne Spitze darüber. Ein Zeitmarkengeber legt zwischen Metallpapier und Spitze sehr kurze Spannungsstöße (etwa 35 V) in konstanten Zeitabständen Δt, z. B. alle 0,10 s. Der kurzzeitig entstehende Strom verdampft die Metallschicht auf dem Papier unter Funkenbildung und erzeugt so schwarze Punkte als Brandmarken. Der Abstand zwischen zwei Brandmarken ist jeweils Δs.

b) Wir benennen nun eine der Brandmarken zum Anfangspunkt 0 der Weg- und Zeitmessungen. In 0 war der Wagen schon in gleichförmiger Bewegung begriffen (fliegender Start). So erhalten wir die Messwerte der ⇛ *Tabelle 4*.

c) Wir stoßen den Wagen stärker an. Die Brandmarken haben nun bei gleichen Δt-Werten größere Abstände Δs voneinander. Die Quotienten $\Delta s/\Delta t$ und s/t sind unter sich zwar wieder gleich groß, aber größer als bei der langsameren Bewegung. Die Geschwindigkeit ist jetzt größer.

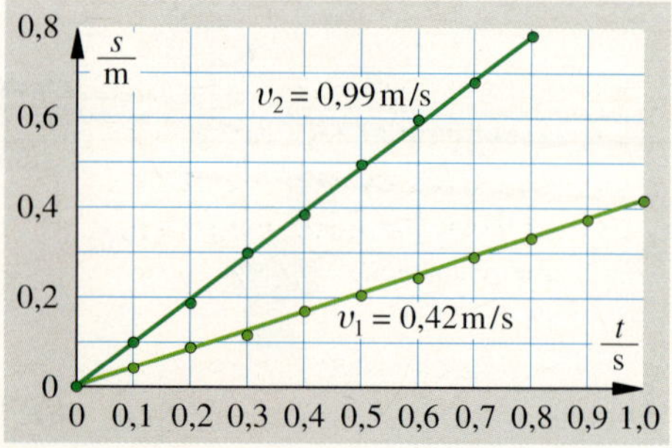

B 1: *t-s*-Diagramm gleichförmiger Bewegungen

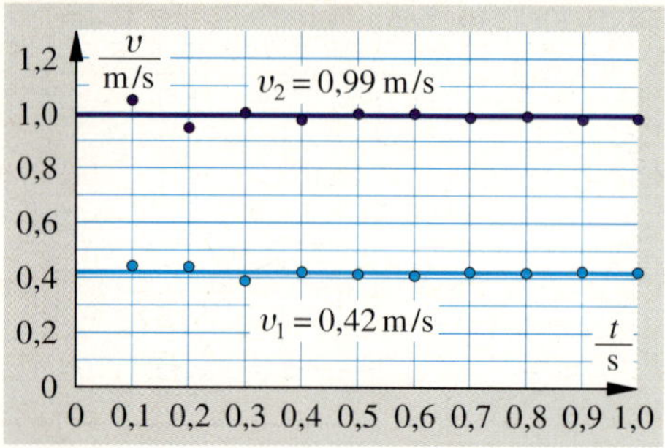

B 2: *t-v*-Diagramm der beiden Bewegungen

t in s	s_2 in m	$v_2 = s_2/t$ in m/s	Δs in m	$\Delta s/\Delta t$ in m/s
0,0	0,000	–	–	–
0,1	0,104	1,040	0,104	1,040
0,2	0,189	0,943	0,085	0,845
0,3	0,297	0,990	0,108	1,084
0,4	0,387	0,968	0,090	0,897
0,5	0,498	0,996	0,111	1,110

T 1: Einige Werte der zweiten Messung

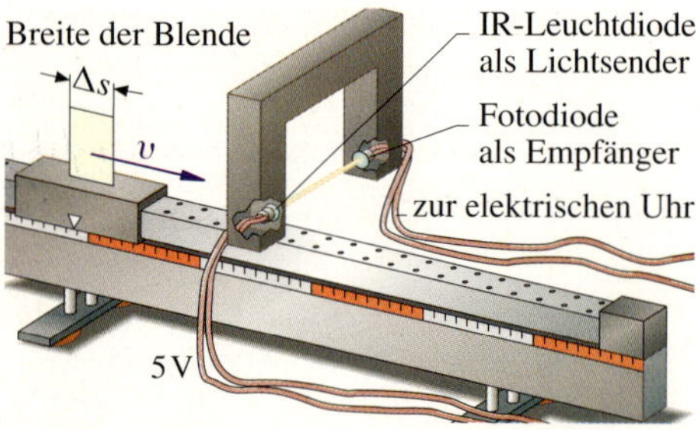

B 3: In einer Gabellichtschranke ist eine Leuchtdiode untergebracht. Sie sendet einen sehr dünnen, unsichtbaren Infrarot-(IR-)Strahl aus. Dieser trifft gegenüber auf eine Fotodiode. Bei einer Unterbrechung des Lichtwegs entsteht ein elektrisches Signal, mit dem eine Uhr gesteuert werden kann.

Bewegungen im Schaubild

1. Zeit-Diagramme für Ortsänderung und Geschwindigkeit

Trägt man die Weg- und Geschwindigkeitsmesswerte gegen die Zeit auf, so ergeben sich z. B. die Diagramme in ➡ *Bild 1* und ➡ *Bild 2*. Messwerte enthalten immer Fehler. So könnte beispielsweise bei einer Zeit-Weg-Messung jemand zu spät auf die Stopptaste der Uhr gedrückt haben. Genauer als mit Augenmaß und Handstoppuhr misst man mithilfe einer **Lichtschranke** (➡ *Bild 3*).

- *t-s*-Messung: Eine Lichtschranke steht am Anfang der Messstrecke ($s = 0$). Wird die Lichtschranke nun durchfahren, startet sie eine Uhr. Gestoppt wird die Uhr später beim Durchfahren einer zweiten Lichtschranke, die an anderer Stelle der Fahrbahn steht. Die Uhr zeigt jetzt die Zeit für den zurückgelegten Weg an.
- Δt-Δs-Messung: Eine Blende mit bekannter Breite Δs verdunkelt für eine gewisse Zeitspanne eine Lichtschranke. Eine angeschlossene Uhr läuft während dieser *Dunkelzeit* und misst so Δt.

2. Streckenzug oder Ausgleichsgerade?

Den **Zeit-Weg-Geraden** in ➡ *Bild 1* liegen u. a. die Messwerte für s_2 aus ➡ *Tabelle 1* zugrunde. Im Ursprung (0|0) haben wir $t = 0$ und $s = 0$ festgesetzt. Von dort aus verbinden wir nun nicht etwa aufeinander folgende Messpunkte durch Geradenstücke. Ein solcher Streckenzug wäre gewinkelt und sähe nach einer Wiederholung der Messung anders aus. Vielmehr erscheint es uns sinnvoll, von (0|0) aus mit Augenmaß eine Ursprungsgerade so zu zeichnen, dass die Messpunkte nach beiden Seiten hin etwa gleich weit entfernt liegen. Weitere Messpunkte würden an der Lage dieser Geraden kaum etwas ändern. Diese Gerade gleicht die Messfehler aus; man nennt sie *Ausgleichsgerade*. Die Ursprungsgerade entspricht unserer Vermutung, dass zur n-fachen Zeit t der n-fache zurückgelegte Weg s gehört: Es ist $s \sim t$.
Die Messwerte für die größere Geschwindigkeit v_2 liefern eine steilere Ursprungsgerade. Die Steigung im *t-s-Diagramm* ist also ein Maß für die Geschwindigkeit der dargestellten Bewegung. Dies überrascht nicht, denn die Steigung der Geraden ist ja wie die Geschwindigkeit durch den Differenzenquotienten $\Delta s/\Delta t$ bestimmt.

Die **Zeit-Geschwindigkeit-Geraden** nach ➡ *Bild 2* mitteln u. a. die in ➡ *Tabelle 1* berechneten Geschwindigkeitswerte v_2. Beim Ausgleich der Messfehler erhalten wir jetzt zwei horizontale Geraden. Sie entsprechen den als konstant angenommenen Geschwindigkeiten $v_1 = 0{,}42$ m/s und $v_2 = 0{,}99$ m/s.

Merksatz

Das *Zeit-Weg-Diagramm* einer gleichfömigen Bewegung ist eine Gerade. Die Steigung der Geraden entspricht der Geschwindigkeit. Das *Zeit-Geschwindigkeit-Diagramm* einer gleichförmigen Bewegung ist eine Parallele zur Zeitachse.

Interessantes

Lochrad und Lichtschranke zählen Ortsmarken

Ein Rad hat an seinem Rand in gleichen Abständen kleine Löcher. Der Abstand kann klein sein, z. B. $\Delta s = 4{,}0$ mm. Über dieses „Lochrad" legt man einen dünnen Faden, der z. B. mit einem Laborwägelchen verbunden ist. Bewegt sich nun der Wagen nach rechts,

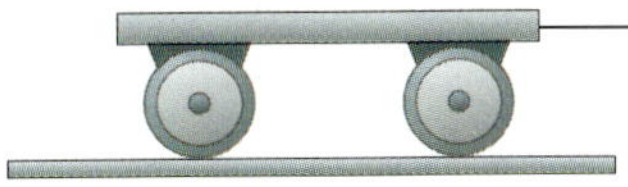

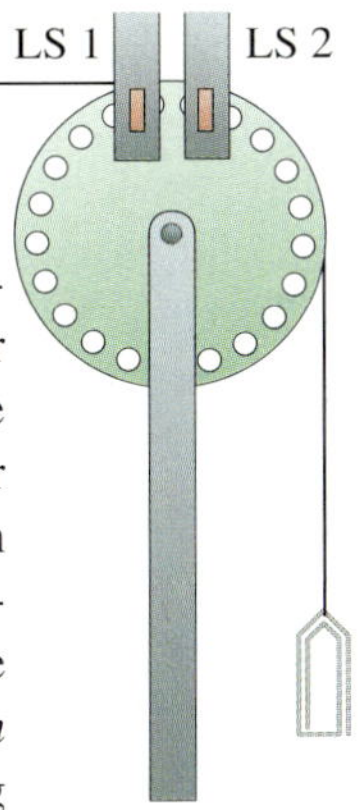

so wird das Rad im Uhrzeigersinn gedreht. Dabei wird der Strahl einer Lichtschranke (LS 1) durch die Stege zwischen den Löchern immer wieder unterbrochen. Die Unterbrechungen werden von einem Computer registriert. Solange das Rad sich nur in eine Richtung bewegt, ist ihre Anzahl n ein Maß für den zurückgelegten Weg s und damit ein Maß für den vom Wagen jeweils erreichten Ort. „Kilometerstein null" (wohl besser „Millimeterstein") muss so gewählt werden, dass $s = 0$ bei $t = 0$ ist. Man braucht den Wagen nur an die gewünschte Stelle zu schieben und den Zähler dann auf null zu setzen.

Der Computer zählt aber nicht nur. Er misst auch den zeitlichen Abstand Δt aufeinander folgender Lichtunterbrechungen an LS 1. Durch Division des bekannten Abstandes $\Delta s = 4{,}0$ mm durch die gemessene Zeit Δt berechnet der Computer die Geschwindigkeit.

Und wenn der Wagen nach kurzer Vorwärtsfahrt wieder zurückläuft? Mit *einer* Lichtschranke allein lassen sich nur Löcher *zählen*, die Dreh*richtung* des Rades wird nicht erkannt. Der Computer würde also größer werdende Ortswerte vortäuschen, obwohl sie jetzt wieder kleiner werden. Hier hilft eine zweite Lichtschranke (LS 2). Ihr Abstand zu LS 1 ist etwas größer als der Lochabstand. Wandert anfangs die Lochreihe nach rechts, so wird LS1 immer wieder etwas eher von einem Loch erreicht als LS 2. Der Computer zählt in diesem Fall aufwärts.

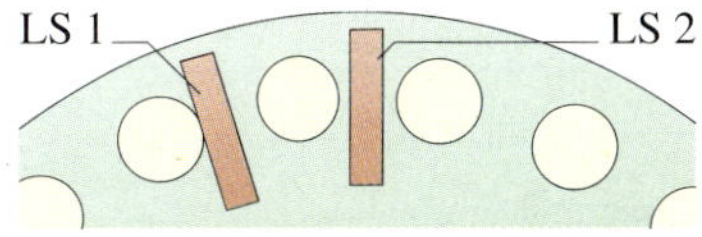

Bewegt sich dagegen die Lochreihe nach links, so wird LS 2 jeweils früher von einem Loch erreicht. In diesem Fall zählt der Computer rückwärts und die Ortswerte werden wieder kleiner. Links von „Millimeterstein null" werden die Ortswerte sogar wie erwartet negativ.

Die Laufzeit des Schalls liefert den Ort

Ein kleiner, batteriebetriebener Sender (S) gibt einen „Ton" konstanter Frequenz ab (meist Ultraschall mit etwa 40 000 Hz). Nach kurzer Zeit erreicht dieser den Empfänger (E). Dort wird die empfangene Schwingung verstärkt und in eine rechteckige Signalkurve umgeformt (b).

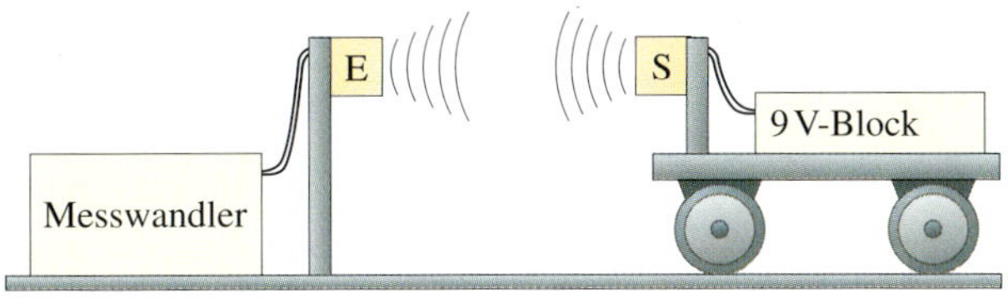

Im Messwandler wird eine zweite Rechteckkurve (a) mit exakt gleicher Frequenz erzeugt. Durch Knopfdruck am Messwandler wird Kurve (a) mit Signal (b) synchronisiert. Beide Signale springen jetzt gleichzeitig von 0 V auf 5 V; so wird „Millimeterstein null" festgelegt.

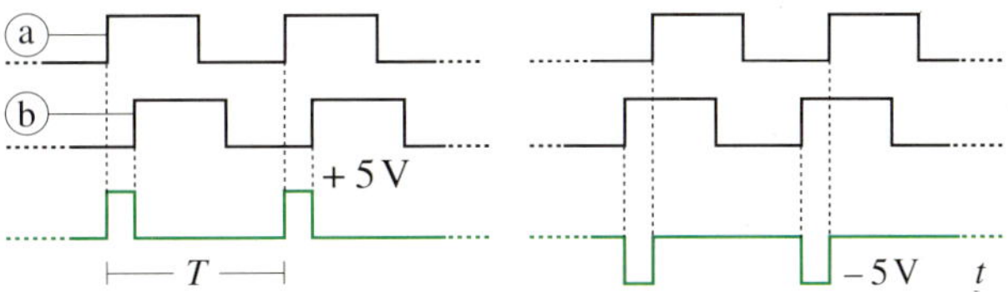

Entfernt sich nun das Fahrzeug vom Empfänger, so trifft der Schall später ein, da er für die jetzt größere Entfernung mehr Zeit braucht. Signal (b) rutscht also auf der Zeitachse nach rechts. Aus den Signalen (a) und (b) wird nun ein drittes erzeugt (grün gezeichnet). Die positive Flanke von (a) setzt das grüne Signal auf 5 V, die positive Flanke von (b) schaltet es wieder auf null. Je weiter sich nun das Fahrzeug entfernt, desto weiter verschiebt sich die Signalkurve (b) auf der Zeitachse nach rechts, die grünen „Buckel" werden im gleichen Maße breiter. Die mittlere Spannung im Zeitintervall T wird dadurch größer. Trifft die Schallwelle z. B. um $T/2$ verspätet ein, so beträgt die mittlere Spannung 2,5 V. Diese gemittelte Spannung ist also ein Maß für den Ort des Senders und damit des Fahrzeugs. Auch negative Ortswerte können dargestellt werden. Ein Ort vor Millimeterstein null schiebt Signal (b) vor das Signal (a). Jetzt wird aus (b) und (a) das dritte (grüne) Signal mit negativer Spannung erzeugt.

Ein Maß für die Geschwindigkeit des Fahrzeugs lässt sich ebenfalls erzeugen. Dazu synchronisiert der Messwandler Kurve (a) mit (b) unabhängig vom Ort des Senders immer wieder in kurzen Zeitintervallen Δt. Jetzt entsteht eine gemittelte Spannung, die proportional zum Quotienten $\Delta s/\Delta t$ und damit zur Geschwindigkeit v ist.

V 1: Eine Spielzeuglok fährt gleichförmig über den Tisch. Zwei Lichtschranken begrenzen die Fahrstrecke. Die erste hat zwei Aufgaben: Eine angeschlossene elektrische Uhr misst die Dunkelzeit Δt, während eine an der Lok angebrachte Blende mit der Breite Δs den Strahl unterbricht. Zusätzlich startet sie eine zweite Uhr. Diese wird gestoppt, wenn die Lok mit der Blende die zweite Lichtschranke erreicht. Der Versuch wird mit unterschiedlichen Geschwindigkeiten wiederholt.

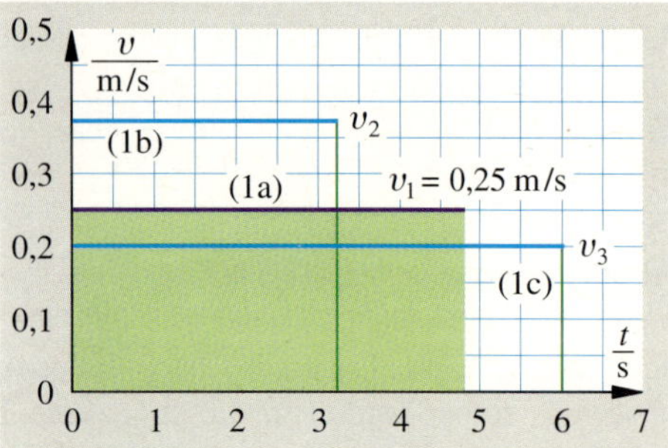

B 1: t-v-Diagramm: Die Rechteckfläche entspricht dem zurückgelegten Weg. Es ergibt sich immer $s = 1{,}2$ m.

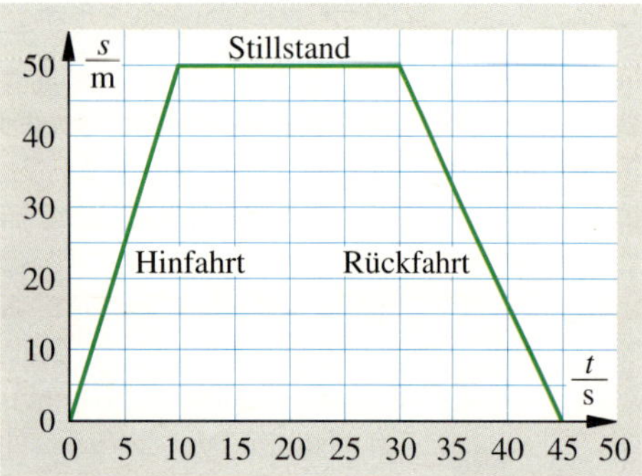

B 2: t-s-Diagramm eines Aufzugs: Gleichförmige Hin- und gleichförmige Rückfahrt

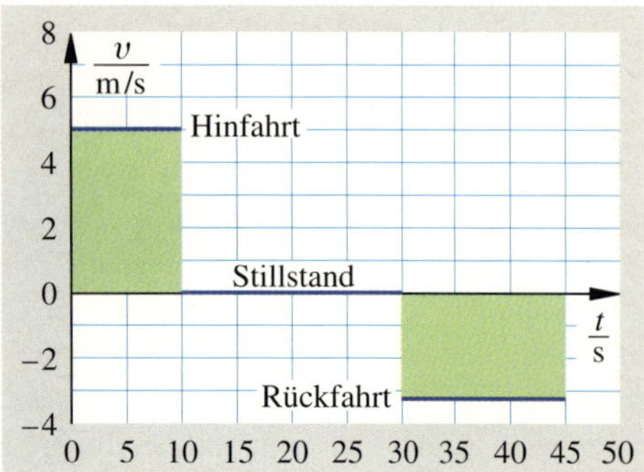

B 3: t-v-Diagramm des Aufzugs

3. Das t-v-Diagramm zeigt mehr als man vermutet

Eine Lok durchfährt gleichförmig eine bestimmte Strecke. Geschwindigkeit und Fahrzeit werden gemessen (→ *Versuch 1*). Eine erste Messung liefert: $v = \Delta s/\Delta t = 0{,}025$ m/0,1 s = 0,25 m/s. Die Fahrzeit beträgt $t = 4{,}8$ s. Das zugehörige t-v-Diagramm liefert eine Parallele zur t-Achse (→ *Bild 1*). Bei weiteren Versuchen mit anderen Geschwindigkeiten entstehen die Diagramme (1 b) und (1 c). Der Versuch wird abgebaut. Nun fragt jemand nach dem zurückgelegten Weg, also nach der von null aus gemessenen Ortsänderung $\Delta s = s$ – zu spät?

Eine gleichförmige Bewegung, die bei $t = 0$ s mit $s = 0$ m beginnt, hat als Geschwindigkeit $v = s/t$. Hieraus lässt sich der unbekannte Fahrweg ermitteln: $s = v \cdot t = 0{,}25$ m/s · 4,8 s = 1,2 m. Dieser *Weg* erscheint – so paradox es klingt – als *Fläche* zwischen v-Kurve und t-Achse. In → *Bild 1* ist es der Flächeninhalt des grün getönten Rechtecks mit der Grundseite $t = 4{,}8$ s und der Höhe $v = 0{,}25$ m/s. Wiederholt man die Fahrt mit größerer Geschwindigkeit, so braucht man für den gleichen Weg eine entsprechend kürzere Zeit. Im t-v-Diagramm entsteht ein höheres, aber dafür schmaleres Rechteck. Sein Flächeninhalt beträgt nun wieder 1,2 m (→ *Bild 1*). Bei kleinerer Geschwindigkeit wird das Rechteck entsprechend flacher und breiter.

4. Hin- und Rückfahrt – es gibt negative Geschwindigkeiten

→ *Bild 2* zeigt das Auf- und Abwärtsfahren eines Aufzugs (stark vereinfacht ohne Beschleunigungs- und Bremsphase). Die Änderung der Höhe, also die Ortsänderung $\Delta s = s_{\text{später}} - s_{\text{früher}}$ und deshalb auch die Geschwindigkeit $v = \Delta s/\Delta t$ sind beim Abwärtsfahren negativ. Ein ähnliches Diagramm bekämen wir, wenn wir mit einem Bewegungsmesswandler das Hin- und Zurückfahren unserer Spielzeuglok aufzeichnen würden. Immer gilt: *Wenn die Ortsachse festgelegt worden ist, z. B. nach rechts positiv, dann hat eine Bewegung nach rechts eine positive Geschwindigkeit. Eine Bewegung gegen diese Richtung hat dann einen negativen Geschwindigkeitswert.*

Im t-v-Diagramm spiegelt sich das Hin und Her ebenfalls wider; dies zeigen die unterschiedlichen Abschnitte in → *Bild 3*. Die beiden sich ergebenden Flächen sind erwartungsgemäß dem Betrage nach gleich groß, schließlich ist der Rückweg nicht länger als der Hinweg. Die Vorzeichen bei der Flächenberechnung sind aber verschieden, da sie ja vom Faktor v im Produkt $v \cdot \Delta t$ abhängen. Eine unter der t-Achse liegende Fläche im t-v-Diagramm spiegelt also den Rückweg wider.

Merksatz

Im t-v-Diagramm einer gleichförmigen Bewegung wird der zurückgelegte Weg Δs durch die Rechteckfläche zwischen v-Kurve und t-Achse im Intervall Δt angegeben.
Bei einer Bewegung gegen die festgelegte positive Richtung liegen v-Kurve und Fläche im negativen Bereich.

Beispiel

Fahrt mit dem Aufzug

Geschwindigkeiten des Aufzugs aus dem t-s-Diagramm (→ *Bild 2*):

Abschnitt 1: $v > 0$ im Zeitintervall [0 s; 10 s]. Es gilt für den Aufzug:

$$v_1 = \frac{\Delta s}{\Delta t} = \frac{s(10\text{ s}) - s(0\text{ s})}{10\text{ s} - 0\text{ s}} = \frac{50\text{ m} - 0\text{ m}}{10\text{ s} - 0\text{ s}} = \mathbf{5\ \frac{m}{s}}.$$

Der zurückgelegte Weg ist direkt ablesbar: 50 m

Abschnitt 2: $v = 0$ im Zeitintervall [10 s; 30 s]. Für den Aufzug gilt:

$$v_2 = \frac{\Delta s}{\Delta t} = \frac{s(30\text{ s}) - s(10\text{ s})}{30\text{ s} - 10\text{ s}} = \frac{50\text{ m} - 50\text{ m}}{30\text{ s} - 10\text{ s}} = \frac{0\text{ m}}{20\text{ s}} = \mathbf{0\ \frac{m}{s}}.$$

Dies sieht man dem *t-s*-Diagramm auch direkt an: Der Ortswert bleibt konstant, der Aufzug steht.

Abschnitt 3: $v < 0$ im Zeitintervall [30 s; 45 s]. Jetzt gilt:

$$v_3 = \frac{\Delta s}{\Delta t} = \frac{s(45\text{ s}) - s(30\text{ s})}{45\text{ s} - 30\text{ s}} = \frac{0\text{ m} - 50\text{ m}}{45\text{ s} - 30\text{ s}} = \frac{-50\text{ m}}{15\text{ s}}$$

$$= \mathbf{-3\frac{1}{3}\ \frac{m}{s}}.$$

Die Geschwindigkeit ist jetzt negativ, ihr Betrag ist kleiner als im 1. Abschnitt. Der Aufzug fährt langsamer nach unten als nach oben.

Zurückgelegte Wege aus dem t-v-Diagramm (→ *Bild 3*):

Abschnitt 1: $\Delta s = v \cdot \Delta t = 5\ \frac{\text{m}}{\text{s}} \cdot (10\text{ s} - 0\text{ s}) = \mathbf{50\ m}$.

Abschnitt 2: Die Geschwindigkeit ist null; der Aufzug erfährt keine Ortsveränderung: $\mathbf{\Delta s = 0}$.

Abschnitt 3: $\Delta s = v \cdot \Delta t = -3\frac{1}{3}\ \frac{\text{m}}{\text{s}} \cdot (45\text{ s} - 30\text{ s})$
$= \mathbf{-50\ m}$.

Der Aufzug ist wieder unten angekommen.

... noch mehr Aufgaben

A 1: Ein Auto fährt 30 s mit $v_1 = 72$ km/h geradeaus, danach 48 s mit $v_2 = 36$ km/h weiter. Dann bleibt es 20 s lang stehen. Schließlich fährt es mit $v_3 = -54$ km/h an den Ausgangspunkt zurück. Zeichnen Sie dazu ein *t-s-* und ein *t-v*-Diagramm. Wie lange dauert die Rückfahrt?

A 2: Tragen Sie die Punkte aus der Tabelle in ein *t-s*-Diagramm ein und zeichnen Sie die Ausgleichsgerade. Bestimmen Sie die Geschwindigkeit.

t/s	0	1	2	3	4
s/m	0	4,2	7,9	11,7	16,3

A 3: Im *t-s*-Diagramm → *Bild 4* sehen Sie zwei ansteigende Geraden, die steilere beginnt später.

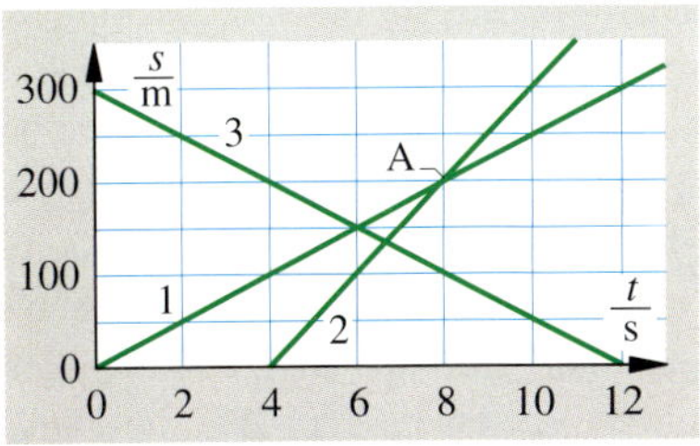

B 4: *t-s*-Diagramm zu → *Aufgabe 3*

a) Was bedeuten sie, wenn man an Autos denkt? Welche Geschwindigkeit haben diese? Was bedeutet der Schnittpunkt A? **b)** Interpretieren Sie Gerade 3. Was bedeuten die Schnittpunkte mit den beiden anderen Geraden? **c)** Zeichnen Sie das *t-v*-Diagramm!

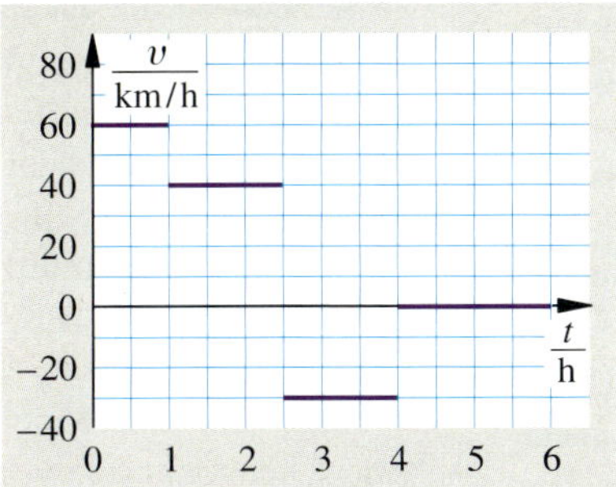

B 5: *t-v*-Diagramm → *Aufgabe 4*

A 4: a) Interpretieren Sie → *Bild 5*. Berechnen Sie die Ortsänderungen in den einzelnen Intervallen und insgesamt daraus den Zielort. Zeichnen Sie das zugehörige *t-s*-Diagramm ($s(0\text{ s}) = 0$ m). **b)** Ein anderes Fahrzeug fährt mit konstanter Geschwindigkeit direkt zum Zielort. Beide Fahrzeuge kommen gleichzeitig an. Welche Geschwindigkeit hatte das zweite Fahrzeug?

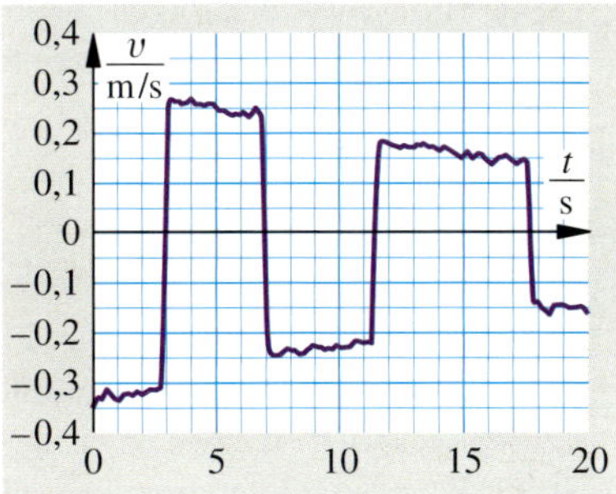

B 6: *t-v*-Diagramm → *Aufgabe 5*

A 5: Ein Schlitten bewegt sich auf einer Luftkissenbahn. → *Bild 6* zeigt das mithilfe von Sensor und Computer gewonnene *t-v*-Diagramm. **a)** Beschreiben Sie die Bewegung. **b)** Bestimmen Sie die mittleren Geschwindigkeitswerte in den einzelnen Bewegungsabschnitten. **c)** Berechnen Sie die jeweils zurückgelegten Wege (Beachten Sie dabei das Vorzeichen!). Was fällt auf? Um welche Bewegung handelt es sich also?

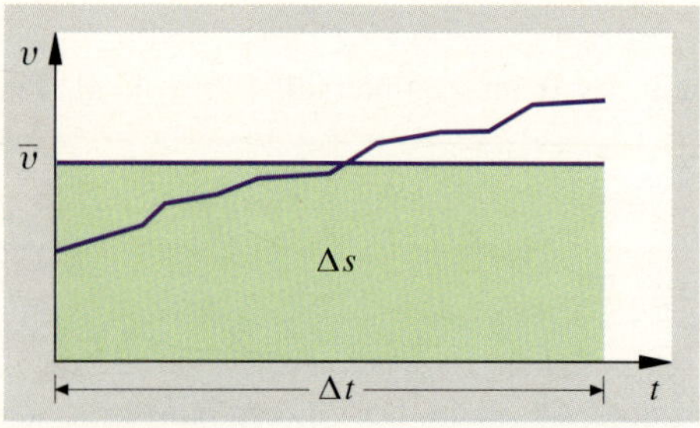

B 1: *t-v*-Diagramm eines von Hand gezogenen Spielzeugautos. Im Durchschnitt fuhr es so schnell, wie die waagerechte Linie es widerspiegelt.

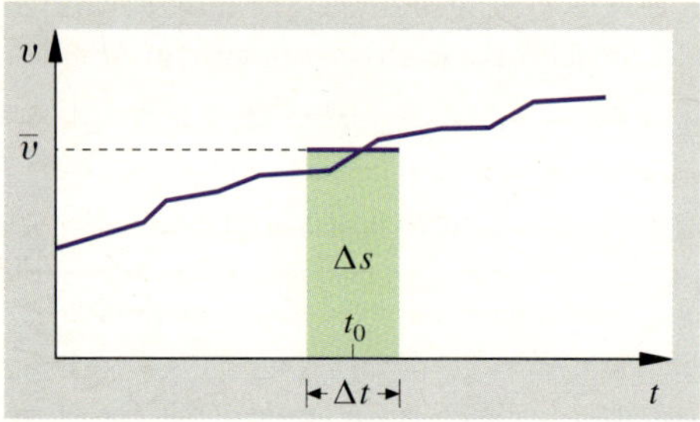

B 2: Je kleiner Δt, desto kleiner ist die Abweichung der Durchschnittsgeschwindigkeit von jeder beliebigen Momentangeschwindigkeit im gleichen Zeitintervall

Vertiefung

Näherungsüberlegung

Die Rechtecke zwischen Zeitachse und v-Kurve haben die Breite Δt. Ihre Fläche entspricht jeweils dem im Zeitintervall Δt zurückgelegten Wegstück (z. B. Δs_2) bei dort konstant angenommener Geschwindigkeit. Der wahre zurückgelegte Weg wird durch die Summe aller Rechteckflächen angenähert. Die Näherung ist umso besser, je kleiner Δt gewählt wird. Dabei nähert sich die Treppenfigur immer mehr der wahren Fläche unter der v-Kurve. Die Treppenfigur muss also das richtige Maß für den Gesamtweg sein.

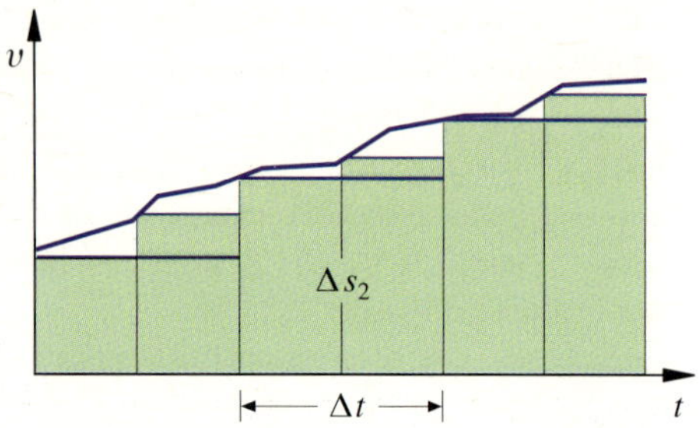

Die Momentangeschwindigkeit

1. Durchschnittsgeschwindigkeit, eine Als-Ob-Aussage

Ein Autofahrer sagt, er habe von Hannover nach Bochum (Δs = 240 km) 3 Stunden gebraucht, er sei also „im Schnitt" 80 km/h gefahren. Trotz wechselnder Fahrweise rechnet er so, *als ob* er eine konstante Geschwindigkeit eingehalten hätte.

Wir ahmen die Fahrt nach. Dazu schieben wir ein Laborwägelchen von Hand über den Tisch. Mit einem Bewegungsmesswandler zeichnen wir die wechselnde Geschwindigkeit auf. Die Fläche unter der unregelmäßigen v-Kurve (➠ *Bild 1*) entspricht dabei dem zurückgelegten Weg (➠ *Vertiefung*). Mit einem Motorwägelchen versuchen wir die „Teststrecke" in der gleichen Zeitspanne zu durchfahren. Im t-v-Diagramm (➠ *Bild 1*) entsteht daraus die zur t-Achse parallele Linie. Bei richtig gewählter Geschwindigkeit ist die Rechteckfläche unter dieser Linie jetzt genauso groß wie die zuvor entstandene Fläche. Die *Durchschnittsgeschwindigkeit* $\overline{v} = \Delta s/\Delta t$ ist also die *konstante Ersatzgeschwindigkeit*, mit der man für die gleiche Strecke dieselbe Zeit gebraucht hätte.

2. Geschwindigkeit in einem Zeitpunkt?

Als Geschwindigkeit ist definiert: $v = \Delta s/\Delta t$. In einem Zeit*punkt* kann der Ort noch nicht gewechselt worden sein, eine Geschwindigkeitsangabe erscheint sinnlos. Auch mathematisch ist $\Delta s/\Delta t$ für $\Delta t = 0$ nicht definiert. In einem Zeitpunkt kann v nicht gemessen werden.
Nun kennen wir aber Situationen, in denen eine solche Angabe dennoch gemacht wird. Denken wir an eine Autofahrt. Wir beobachten den Tacho. Zu jedem Zeitpunkt zeigt seine Nadel auf eine bestimmte Geschwindigkeit. Um Punkt 12 h ist z. B. die Geschwindigkeit genau 80 km/h. Geschwindigkeit also doch in einem Zeitpunkt, in einem Moment? Gibt es eine *Momentangeschwindigkeit*?

Nehmen wir den einfachsten Fall einer konstanten Geschwindigkeit. Hier können wir jedes Zeitintervall zur Bestimmung der Geschwindigkeit wählen, der Quotient $\Delta s/\Delta t$ ist ja immer gleich. So können wir ohne Widerspruch fordern: Die Geschwindigkeit in jedem Zeitpunkt soll die konstante Intervallgeschwindigkeit sein.

Bei nicht gleichförmiger Bewegung müssen wir uns schon mehr einfallen lassen. Hier orientieren wir uns an der Durchschnittsgeschwindigkeit in Intervallen. Für unregelmäßige v-Kurven wie in ➠ *Bild 2* zeigt, dass sich die mit einem Messwandler ermittelten Geschwindigkeiten in einem kleinen Zeitintervall nur wenig von der Durchschnittsgeschwindigkeit dort unterscheiden. Je kleiner wir dieses Intervall wählen, desto geringer werden die Unterschiede. Wir wollen deshalb hier unter „Momentangeschwindigkeit" denjenigen Geschwindigkeitswert verstehen, dem sich die Durchschnittsgeschwindigkeit bei kleiner werdenden Messintervallen immer mehr nähert.

3. Momentangeschwindigkeit – genau genug gemessen

Es gibt eine raffinierte Methode, die Momentangeschwindigkeit eines beschleunigt bewegten Schlittens auf der Luftkissenbahn exakt zu ermitteln. Dazu stellt man am Ort s_0, an dem die Momentangeschwindigkeit v_{mom} gemessen werden soll, die beschleunigende Kraft ab (➠ *Versuch 1*). Nach dem Trägheitsgesetz bewegt sich der Schlitten jetzt mit der konstanten Geschwindigkeit $v_0 = v_{mom}$ weiter. Sie kann an jeder beliebigen Stelle der nachfolgenden Strecke bequem aus $\Delta s/\Delta t$ gemessen werden. Man benutzt dazu eine Lichtschranke (LS 2), die durch eine am Schlitten befestigte Blende unterbrochen wird. Dabei ist es völlig gleichgültig, wie breit diese ist – die Bewegung ist ja gleichförmig.

Nun bestimmen wir mit einer weiteren Lichtschranke (LS 1) die *mittlere* Geschwindigkeit $\bar{v}$ der *beschleunigten* Bewegung bis zur Marke s_0. Wir stellen dazu die Lichtschranke so auf, dass die Messstrecke Δs in s_0 endet. An der einen Lichtschranke wird jetzt also die mittlere Geschwindigkeit $\bar{v}$ im Intervall, an der anderen die Momentangeschwindigkeit v_0 gemessen. ➠ *Versuch 1* zeigt, wie sich $\bar{v}$ mit kleiner werdenden Δs und Δt zunehmend besser der immer gleichen Momentangeschwindigkeit v_0 anpasst.

Merksatz

In der Praxis finden wir die **Momentangeschwindigkeit** näherungsweise als Durchschnittsgeschwindigkeit in einem möglichst kleinen Zeitintervall.

Dies gilt bei beliebigen Bewegungen, konstanten, gleichmäßig schneller werdenden und auch bei ungleichmäßig verlaufenden Geschwindigkeiten. Die Dunkelzeitmessung mit Lichtschranken ist für einzelne Messpunkte also auch eine Alternative zur Benutzung eines Bewegungsmesswandlers – er macht es übrigens auch nicht anders.

4. Der Fahrtenschreiber notiert die Geschwindigkeiten

Für Lkw und Busse gibt es strenge gesetzliche Bestimmungen. Es sollen bestimmte Höchstgeschwindigkeiten eingehalten werden (z. B. 80 km/h auf Landstraßen). Zudem dürfen die Fahrer nur eine begrenzte Zeit hinter dem Steuer sitzen, ohne eine längere Pause einzulegen. Die Polizei kann beides anhand der Diagramme eines in den Wagen eingebauten Fahrtenschreibers ermitteln. Er registriert die Momentangeschwindigkeit über viele Stunden.

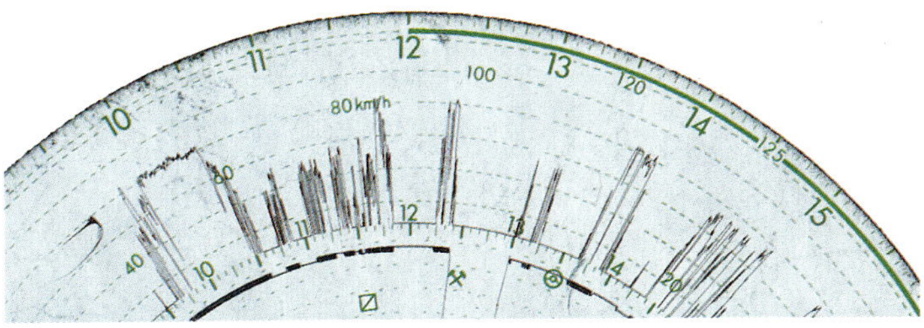

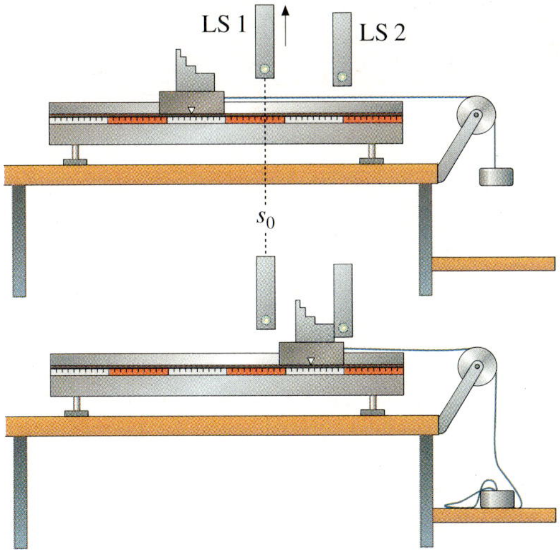

V 1: Ein Schlitten auf waagerechter Luftkissenfahrbahn wird von einem kleinen Wägestück beschleunigt. Im Zeitpunkt t_0 hat die aufgesteckte Blende die erste Lichtschranke (LS 1) gerade vollständig passiert. Genau jetzt setzt das Wägestück auf, der Schlitten fährt gleichförmig weiter. Die Momentangeschwindigkeit v_0 des Schlittens zum Zeitpunkt t_0 ist „konserviert" und kann mit einer Dunkelzeitmessung an LS 2 ermittelt werden. Vor dem nächsten Versuch wird LS 1 etwas angehoben. Die nächste Durchschnittsgeschwindigkeit $\bar{v}$ wird nun mit schmalerer Blende (Breite Δs; ebenfalls Dunkelzeitmessung) ermittelt. Ergebnisse:

Δs in m	Δt in s	$\bar{v}$ in m/s	v_0 in m/s	Differenz in %
0,100	0,103	0,974	1,000	2,6
0,050	0,051	0,987	1,000	1,3
0,025	0,025	0,994	1,000	0,6
0,010	≈ 0,010	≈ 1,000	1,000	0,0

A 1: Bestimmen Sie aus dem Diagramm unten den in 6 Stunden zurückgelegten Weg. Wie groß war die Durchschnittsgeschwindigkeit? Vergleichen Sie mit der größten Momentangeschwindigkeit.

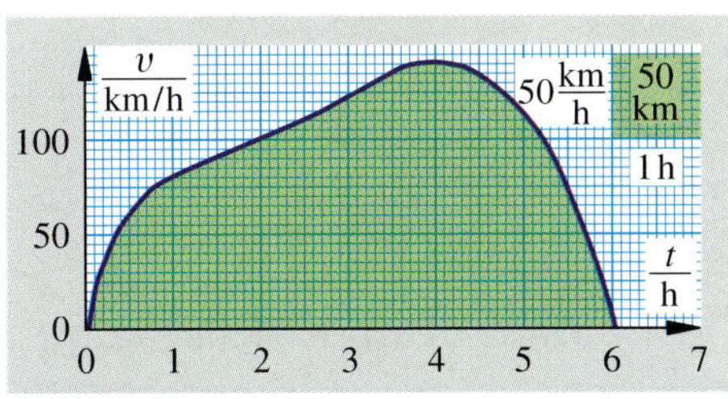

Interessantes

Überholvorgang berechnet:

Wie lange dauert der Überholvorgang?

Während des Überholens legt der Pkw die Strecke $\Delta s_ü$ zurück. Wir drücken sie auf zwei Arten aus (*Bild 1*):

$$\Delta s_ü = v_P \cdot \Delta t_ü \quad \text{und} \quad \Delta s_ü = 2a + L + l + v_L \cdot \Delta t_ü$$

Gleichsetzen und Umformen liefert die Überholzeit:

$$\Delta t_ü = \frac{2a + L + l}{v_P - v_L} = \frac{2 \cdot 30\text{ m} + 15\text{ m} + 5\text{ m}}{25\text{ m}\cdot\text{s}^{-1} - 15\text{ m}\cdot\text{s}^{-1}} = 8\text{ s}$$

Wie lang ist nun der Überholweg?

$$\Delta s_ü = v_P \cdot \Delta t_ü = 25\text{ m}\cdot\text{s}^{-1} \cdot 8\text{ s} = 200\text{ m}$$

Verkehrsphysik I

Überholen erfordert Weit-Sicht

Viele Unfälle entstehen durch leichtsinniges Überholen. Eine Lücke vor dem Vordermann verleitet so manchen Fahrer, schnell auszuscheren und aufs Gaspedal zu treten. Aber der Überholweg ist länger als man glaubt: Der Sicherheitsabstand muss abgebaut werden, am Vordermann muss man vorbeifahren, ein neuer Sicherheitsabstand muss aufgebaut werden. Während dies alles abläuft, nähert sich gleichzeitig ein Fahrzeug aus der Gegenrichtung. Dessen Schnelligkeit ist zudem schwer einzuschätzen. Überholen will also wohl überlegt sein!

Überholvorgang im *t*-*s*-Diagramm

Wir untermauern unsere Überlegungen mit einem Beispiel. Ein Lastzug der Länge $L = 15$ m fährt mit $v_L = 54$ km/h $= 15$ m/s (*Bild 1*, dunkelgrüne Gerade) vor sich hin. Ein Pkw ($l = 5$ m) folgt im „2-Sekunden-Abstand" $a = 30$ m. Nach $t_1 = 3$ s überholt er den Lkw mit der jetzt größeren, konstanten Geschwindigkeit $v_P = 90$ km/h $= 25$ m/s. (Der Knick in der hellgrünen Linie bedeutet nicht etwa das Ausscheren auf die Gegenfahrbahn!) Erst nach Erreichen des Sicherheitsabstands a vor dem Lkw beendet der Pkw den Überholvorgang (Zeitpunkt $t_2 = 11$ s) und nimmt die ursprüngliche Geschwindigkeit wieder ein. Für das gesamte Manöver braucht er die Überholzeit $\Delta t_ü$ und legt auf der Gegenspur die Strecke $\Delta s_ü$ zurück. Dieser Überholweg $\Delta s_ü$ ist insgesamt 200 m lang (*Überholvorgang berechnet*)!

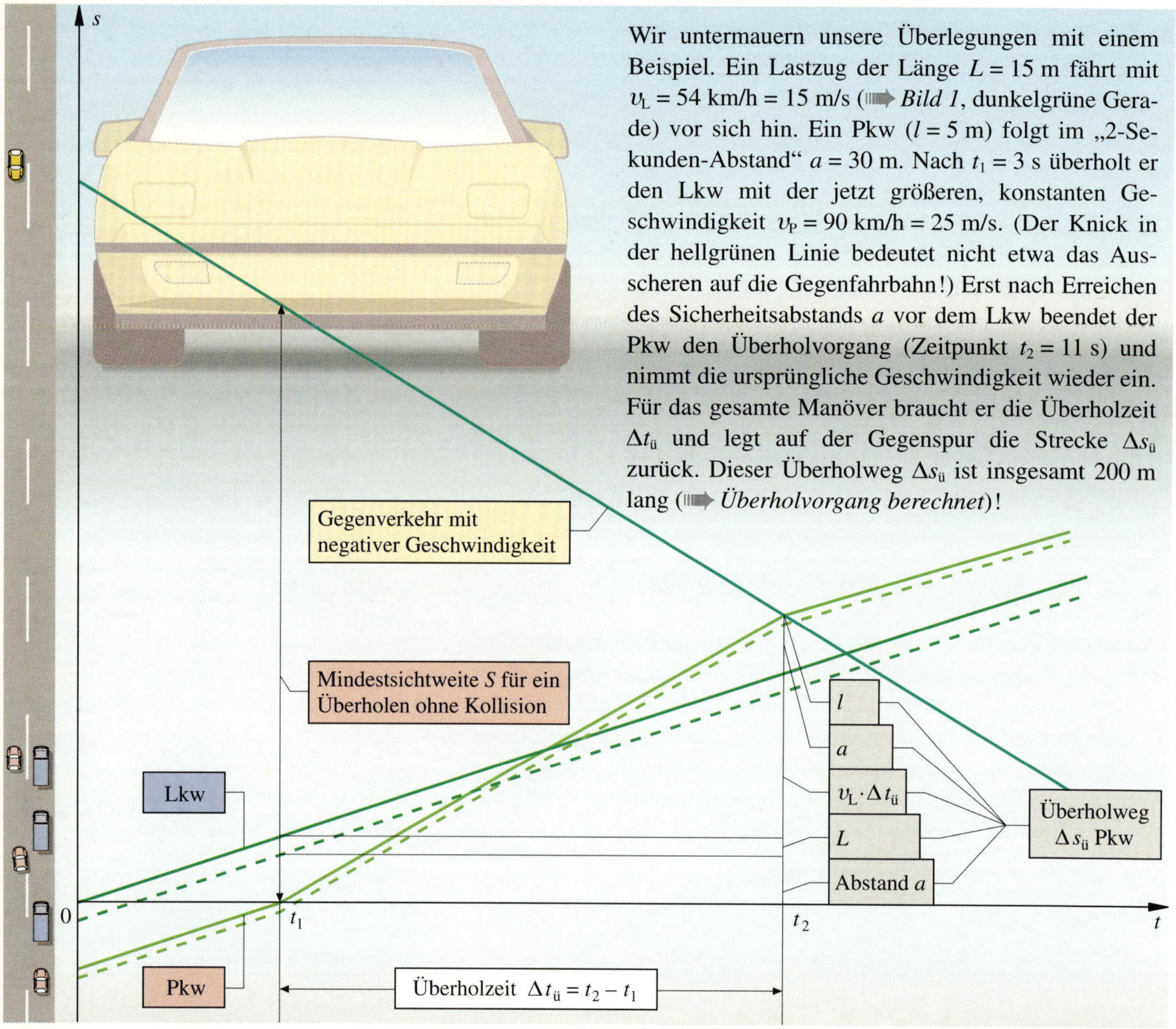

B 1: *t*-*s*-Diagramm eines Überholvorgangs mit Gegenverkehr

Interessantes

Achtung: Gegenverkehr

Dem überholenden Pkw kommt ein anderes Auto mit $v_G = -108$ km/h $= -30$ m/s entgegen. Ab welchem Mindestabstand S von diesem Auto darf der Pkw nicht mehr zum Überholen ansetzen?

Zum Zeitpunkt t_1 (*Bild 1*) ist der Pkw am Ort $s_ü = 0$, der Gegenverkehr hat den Ortswert $s_G = S$. Beide treffen sich zum Zeitpunkt t_2 am *gleichen* Ort $s_G(t_2) = s_ü(t_2)$. Für beide gilt:

Neuer Ort = alter Ort + Ortsänderung, also

$$S + \Delta s_G = 0 + \Delta s_ü.$$

Mit $\Delta s_G = v_G \cdot \Delta t_ü = -30$ m/s $\cdot$ 8 s $= -240$ m und $\Delta s_ü = 200$ m folgt nun:

$$S = 0 + \Delta s_ü - \Delta s_G = 200 \text{ m} - (-240 \text{ m}) = 440 \text{ m}.$$

Ist die *Sichtweite* kleiner als S (Kurven, Kuppen, Nebel), so wird Überholen lebensgefährlich!

Kolonnenfahrt – „Zwei-Sekunden-Abstand"

Bild 2 zeigt nicht etwa die Spuren von Motorrädern, die nach rechts oben aus dem Bild verschwanden. Vielmehr handelt es sich auch hier um *t-s-Diagramme.* In zeitlicher Abfolge sind die Positionen hintereinander fahrender Autos eingezeichnet. Zum Zeitpunkt $t = 0$ sind die Autos an der s-Achse aufgereiht. Legen Sie einen Maßstab auf die s-Achse und verschieben Sie ihn von dort nach rechts bis zum Zeitpunkt $t = 2$ s. Dann können Sie die Positionen der Autos zu diesem Zeitpunkt und die *Kopfabstände* Δs zwischen ihnen ablesen. Sie betragen etwa 40 m.

Auf der t-Achse und den Parallelen zu ihr liest man die *Zeitlücken* Δt zwischen den Fahrzeugen ab. Diese misst eine Person P am Straßenrand bei $s = 120$ m zu $\Delta t \approx 2$ s. Hieraus berechnet man die Geschwindigkeit des ersten Autos zu $v_1 = \Delta s/\Delta t = 40$ m/2 s $= 20$ m/s $= 72$ km/h. Mit diesem *Zwei-Sekunden-Abstand* kann relativ sicher gefahren werden. So bremst z. B. Fahrer 3 etwas ab. Sein t-s-Diagramm wird flacher. Doch schließt er dann wieder zum Vordermann auf. Diese Störung ist beim Fahrzeug 6 wieder vollständig abgeklungen. Ein *stabiler Verkehrsfluss* liegt vor.

Die Zeitlücken Δt zwischen den Fahrzeugen nach *Bild 3* liegen unter 2 s. Das kurzzeitige Abbremsen von Fahrzeug 2 löst bei den nachfolgenden immer stärker werdende Reaktionen aus. Fahrzeug 4 findet zwar noch den Anschluss an die Kolonne; 5 bis 8 kommen aber zum Stehen und lösen einen *Verkehrsstau aus dem Nichts* aus. Der Verkehrsfluss ist wegen zu kurzer Zeit- und Weglücken *labil* und extrem gefährlich.

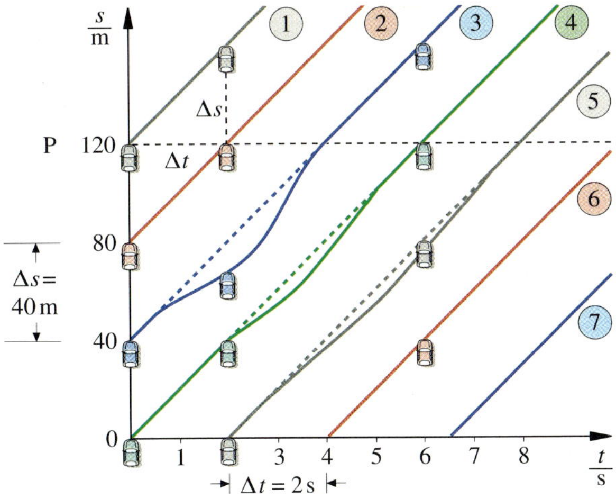

B 2: t-s-Diagramm eines stabilen Verkehrsflusses

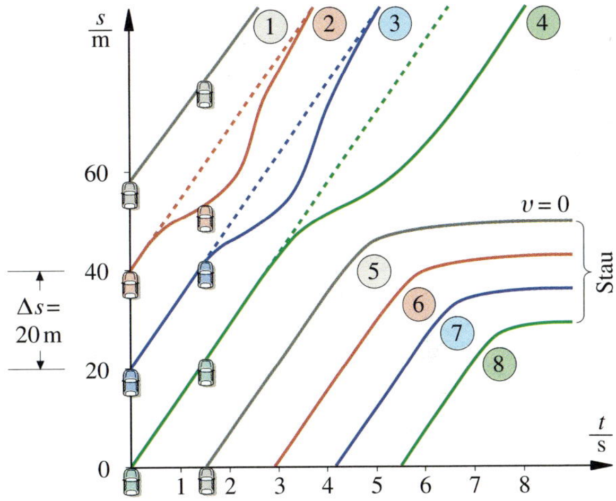

B 3: t-s-Diagramm eines labilen Verkehrsflusses

A 1: Legen Sie ein Stück Pauspapier über die s-Achse von *Bild 1* und zeichnen Sie die Positionen der drei Fahrzeuge für $t = 0$ ein. Zeichnen Sie dann weiter rechts für fünf spätere Zeitpunkte neue Positionen der drei Fahrzeuge ein.

A 2: **a)** Wie lange braucht ein Lkw ($v_1 = 60$ km/h), um einen anderen ($v_2 = 54$ km/h) zu überholen, wenn er bei $a = 20$ m Abstand ein- und ausschert und jeder $l = 10$ m lang ist? Wie lang ist der Überholweg? **b)** Bei welcher Sichtweite S ist Überholen noch möglich, wenn der Gegenverkehr mit $v_3 = -108$ km/h fährt?

A 3: Welches ist nach *Bild 3* der kürzeste Abstand von Auto 3 und 4, wenn die Fahrzeuge je 4,5 m lang sind? Entspricht er dem kürzesten Abstand der gezeichneten Kurven?

V 1: Eine etwa 20 m lange zweiadrige Litze wird anstelle des Lampendrahtes an die Lichtmaschine eines Fahrrades angeschlossen – zur Vorsicht in Höhe des Gepäckträgers mit Stecker und Kupplung als „Sollbruchstelle“. Das andere Ende führt zu einem *t*-*y*-Schreiber oder dem Interface eines Computers. Die bei der Drehung des Dynamomagneten entstehende Wechselspannung wird nach ➠ *Bild 1* mit der Diode D gleichgerichtet und mit Kondensator C und Widerstand R geglättet.

B 3: Mit dem Fahrraddynamo erfassen wir die Geschwindigkeit

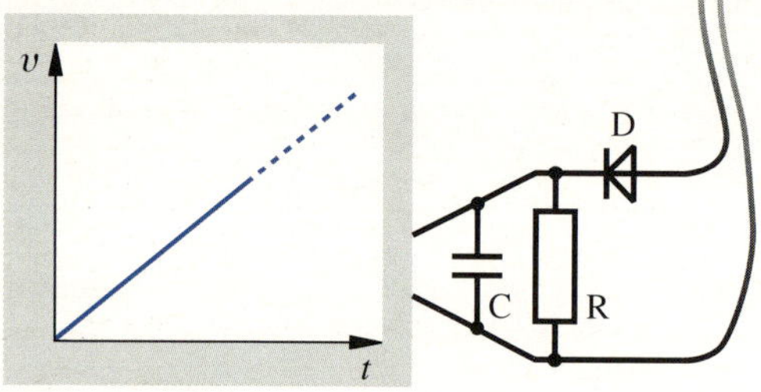

B 1: Schaltbild zur Aufzeichnung von v

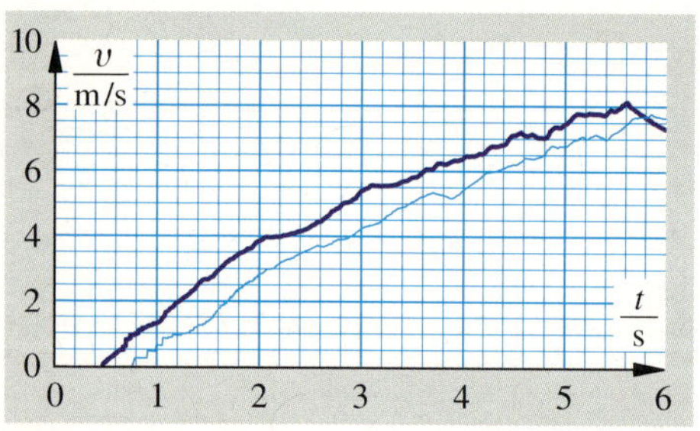

B 2: Messkurven des anfahrenden Fahrrades (zwei Fahrten)

V 2: Die Luftkissenbahn (➠ *Bild 4*) erhält ihre Neigung durch einseitiges Unterlegen eines Brettchens. Am oberen Ende wird der Gleiter von einem Elektromagneten festgehalten. Ein Knopfdruck unterbricht den Stromkreis, der Schlitten startet. Während der Fahrt misst ein Sensor kontinuierlich die Geschwindigkeit. Sein Signal wird von einem *t*-*y*-Schreiber oder Computer aufgezeichnet. Anstelle der kontinuierlichen Messung kann die Momentangeschwindigkeit auch mit einer Lichtschranke gemessen werden. Wird sie durchfahren, hält eine Uhr die Fahrzeit fest, eine andere die Verdunkelungsdauer. So bekommt man die Geschwindigkeit zu einem Zeitpunkt. Für weitere Messpunkte wiederholt man die Messung an einer anderen Stelle der Bahn.

Beschleunigte Bewegungen

1. Jetzt geht's los – konstante Kraft voraus!

Wir starten ein Fahrrad aus dem Stand mit konstanter Kraft (immer tangential zum Pedalkreis; ➠ *Versuch 1*).

Nimmt die Geschwindigkeit dann nach einer einfachen Gesetzmäßigkeit zu? ➠ *Bild 2* zeigt das Ergebnis zweier Starts. Es sieht so aus, als nähme die Geschwindigkeit proportional zur Zeit zu. Allerdings sind auch Abweichungen zu erkennen. Hat die Versuchsperson doch nicht mit konstanter Kraft getreten? Oder ist möglicherweise die erzeugte Spannung nicht proportional zur gefahrenen Geschwindigkeit? Das müsste einmal überprüft werden. Wir wollen darauf nicht warten und gehen deshalb ins Labor.

2. Garantiert konstante Kraft auf der schiefen Ebene

Wir möchten genau wissen, was passiert, wenn auf einen Körper eine konstante Kraft in Bewegungsrichtung wirkt. Unter Laborbedingungen können wir für eine konstante Kraft garantieren.

Wir benutzen dazu eine Luftkissenfahrbahn (➠ *Versuch 2*). Durch Unterlegen eines etwa 2 cm dicken Brettchens neigen wir sie etwas. Die auf den Schlitten einwirkende Gewichtskraft erhält hierdurch eine Kraftkomponente in Bahnrichtung, die Hangabtriebskraft. Diese Kraft bleibt während des gesamten Versuches konstant. Auf Knopfdruck beginnt nun die „Talfahrt“ des Gleiters; er wird dabei schneller und schneller. Während der Fahrt wird seine Momentangeschwindigkeit zu mehreren Zeitpunkten gemessen.

Der Versuch wird anschließend mit größerer Fahrbahnneigung wiederholt (Unterlegen eines 4 cm dicken Klotzes). Je steiler die Bahn, desto größer ist die Hangabtriebskraft, also die konstante „schneller machende“ Kraft. Das Ergebnis der ersten Fahrt ist in ➠ *Tabelle 1* wiedergegeben. Beide Versuche liefern schließlich die Messdiagramme in ➠ *Bild 5*.

3. Eine konstante Kraft ergibt ein einfaches Gesetz

Die ⟹ *Tabelle 1* wie auch das Diagramm (⟹ *Bild* 5) zeigen Folgendes:

- Die Geschwindigkeit des Schlittens erhöht sich von Sekunde zu Sekunde um den gleichen Betrag $\Delta v \approx 0{,}2$ m/s.
- Die Geschwindigkeitszunahme ist überraschenderweise schon in der ersten Sekunde genauso groß wie in einem späteren Zeitintervall.
- Im doppelten Zeitintervall $\Delta t = 2$ s erhöht sich die Geschwindigkeitsänderung auf $\Delta v = 0{,}4$ m/s. Δv ist proportional zur Zeitdifferenz Δt. Der Quotient $\Delta v/\Delta t$ ist folglich bei der hier untersuchten Bewegung konstant.
- Je stärker die einwirkende Kraft, desto größer ist der konstante Quotient $\Delta v/\Delta t$. Dies zeigt die obere Messkurve, die bei stärker geneigter Bahn aufgenommen wurde. In gleichen Zeitintervallen nimmt die Geschwindigkeit jetzt jeweils stärker zu als bei der ersten Messung.

Dieser (hier jeweils konstante) Quotient $\boldsymbol{a = \Delta v/\Delta t}$ gibt die Geschwindigkeitszunahme je Sekunde an und erhält deshalb die anschauliche Bezeichnung **Beschleunigung** (engl.: acceleration). Sie ist ein geeignetes Maß für das Schnellerwerden. Als Quotient $\Delta v/\Delta t$ hat sie die Maßeinheit $1\ \text{m}\cdot\text{s}^{-1}/\text{s}$ oder $1\ \text{m/s}^2 = 1\ \text{m}\cdot\text{s}^{-2}$.

Merksatz

Unter der **Beschleunigung** $\boldsymbol{a}$ versteht man den Quotienten aus der Geschwindigkeitsänderung Δv und der zugehörigen Zeitspanne Δt:

$$a = \frac{\Delta v}{\Delta t};\ \text{ihre Einheit ist: } [a] = \frac{[v]}{[t]} = \frac{1\ \text{m}\cdot\text{s}^{-1}}{1\ \text{s}} = 1\ \frac{\text{m}}{\text{s}^2}.$$

GALILEI entdeckte die Gesetzmäßigkeit des Schnellerwerdens. Er ließ eine Kugel eine Holzrinne hinunterlaufen. Dabei konnte er die Hypothese der gleichmäßigen Zunahme der Geschwindigkeit mit der Zeit bestätigen. GALILEI sprach von einer „gleichmäßig beschleunigten Bewegung".

Merksatz

Wirkt eine konstante Kraft auf einen Körper, so bewegt er sich **gleichmäßig beschleunigt**. Die Geschwindigkeit wächst linear mit der Zeit, die Beschleunigung ist konstant.

Startet der Körper aus der Ruhe, so ist $a = v/t$.
Es gilt dann das **Zeit-Geschwindigkeit-Gesetz:** $\boldsymbol{v = a\,t}$.

Was war nun mit unserer Radfahrerin am Anfang dieses Kapitels? Könnte es sein, dass sie zu Beginn der Bewegung besonders kräftig in die Pedale trat, weil sie glaubte, das Fahrrad aus der Ruhe „reißen" zu müssen? Nun, wir haben mit unserem Experiment bewiesen, dass diese Vorstellung falsch ist.

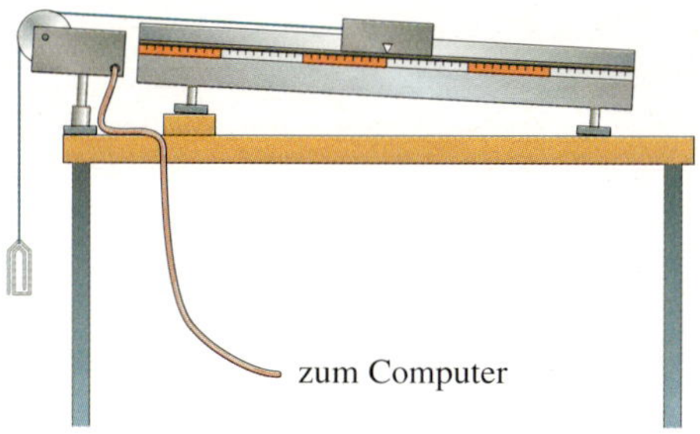

B 4: Luftkissenbahn für Beschleunigungsversuch

Anfahrzeit t in s	Geschwindigkeit v in m/s	$v/t = a$ in m/s²
0	0	–
1	0,19	0,190
2	0,39	0,195
3	0,59	0,197

T 1: Messwerte der beschleunigten Fahrt

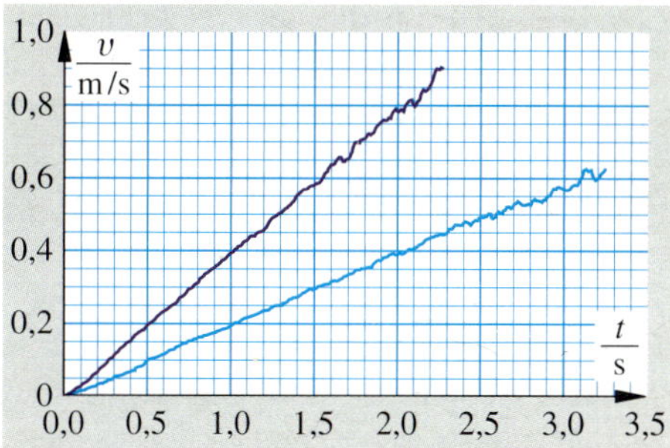

B 5: t-v-Diagramme zweier Schlittenfahrten

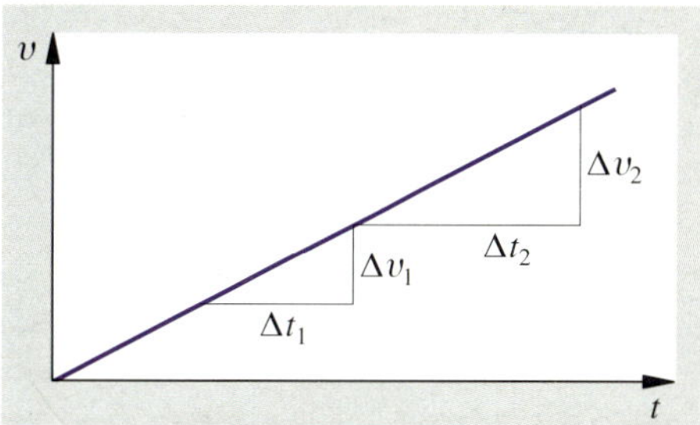

B 6: Mithilfe von Steigungsdreiecken kann die Beschleunigung abgelesen werden

A 1: a) Deuten Sie das Diagramm in ⟹ *Bild 5*. Sind dort die verschiedenen Bahnneigungen abgebildet? Wenn nicht, was bedeutet dann die steilere Gerade des zweiten Experiments? **b)** Bestimmen Sie aus dem Diagramm ⟹ *Bild 5* die Beschleunigung des Schlittens bei der größeren Bahnneigung.

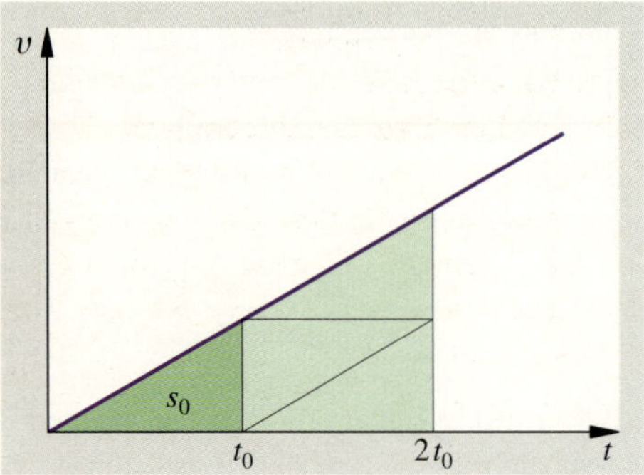

B 1: Die Geschwindigkeit (blaue Gerade) wächst linear mit der Zeit. Der Weg (grüne Fläche) ist bei doppelter Zeit sogar viermal so groß, er wächst quadratisch mit der Zeit.

V 1: Wir benutzen erneut die schräg gestellte Luftkissenfahrbahn, sodass auf den Schlitten eine konstante beschleunigende Kraft – die Hangabtriebskraft – einwirkt.

Wir starten den Schlitten aus der Ruhe – z. B. durch Lösen eines Haltemagneten. Gleichzeitig beginnt eine elektrische Uhr zu laufen. Nach einer bestimmten Fahrstrecke durchläuft der Schlitten eine Lichtschranke; dabei wird die Uhr gestoppt. Zeit und Ort werden notiert. Der Versuch wird bei verschiedenen Strecken wiederholt.

Natürlich kann das Experiment auch als kontinuierliche Messung mit einem Bewegungsmesswandler durchgeführt werden.

Im *t*-*s*-Diagramm (➠ *Bild 2*) erhalten wir in jedem Fall eine Parabel.

Wenn wir den Versuch bei größerem Neigungswinkel der Bahn wiederholen, ergibt sich wiederum eine Parabel. Sie ist jetzt aber steiler als vorher.

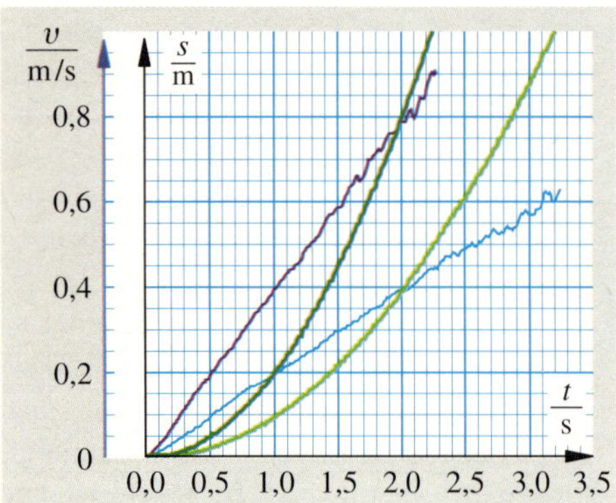

B 2: Geschwindigkeit (blau) und Weg (grün) bei der gleichmäßig beschleunigten Bewegung

4. Die Geschwindigkeit wächst linear – der Weg sogar quadratisch

Bei der gleichförmigen Bewegung hatten wir festgestellt, dass im *t*-*v*-Diagramm die Fläche zwischen *v*-Graphen und Zeitachse dem zurückgelegten Weg entspricht. Später sahen wir, dass dies auch bei einer beliebigen Bewegung zutrifft. Also muss es auch bei einer gleichmäßig beschleunigten Bewegung gelten. Welche Gesetzmäßigkeit für den zurückgelegten Weg würden wir mit einer Flächenbetrachtung vorhersagen?

Wir probieren es. Dazu markieren wir zunächst die Fläche s_0 (➠ *Bild 1*, dunkelgrün). Sie muss dem Weg entsprechen, der bis zur Zeit t_0 zurückgelegt wird. Bis zum Zeitpunkt $2\,t_0$ kommt als Maß für den Weg noch die hellgrüne Fläche hinzu. Der Gesamtweg ist jetzt $4\,s_0$. Zeit *und* Geschwindigkeit sind ja jeweils auf das Doppelte angestiegen.

So wächst der Weg nach unserer Überlegung weiter:

Zeit	0	$1\,t_0$	$2\,t_0$	$3\,t_0$	$4\,t_0$
Weg	0	$1\,s_0$	$4\,s_0$	$9\,s_0$	$16\,s_0$

Der Weg wächst quadratisch mit der Zeit. Demnach müsste gelten:

$$s(t) \sim t^2, \quad \text{bzw.} \quad s(t) = \text{konst.} \cdot t^2.$$

Wie groß ist die Konstante? Sie muss mit der Größe der Beschleunigung zusammenhängen, denn je steiler die *v*-Kurve, desto größer ist die Fläche unter der Kurve und damit der zurückgelegte Weg. Berechnen wir diese Dreiecksfläche:

$$s(t) = \frac{1}{2} \cdot t \cdot v(t) = \frac{1}{2} \cdot t \cdot (a \cdot t) = \frac{1}{2} \cdot a \cdot t^2$$

(es gilt die Geradengleichung $v(t) = a \cdot t$ mit dem Steigungsfaktor a).

Wir sind zwar ziemlich sicher, dass unsere Überlegungen stimmen und der zurückgelegte Weg quadratisch mit der Zeit wächst. Vorsichtshalber überprüfen wir unsere Vorhersage aber noch in einem Experiment (➠ *Versuch 1*). Der Versuch bestätigt unsere Hypothese, ➠ *Bild 2* zeigt das Ergebnis. Einige Messwerte haben wir herausgeschrieben und die Beschleunigung $a = 2\,s/t^2$ daraus berechnet – sie ist im Rahmen der Messgenauigkeit konstant:

t in s	0	1,03	1,44	1,76	2,02	2,27	2,48	2,68
s in m	0	0,1	0,2	0,3	0,4	0,5	0,6	0,7
$a = 2\,s/t^2$ in m/s²	–	0,19	0,19	0,19	0,20	0,19	0,20	0,20

Merksatz

Das *Zeit-Weg-Diagramm* einer gleichmäßig beschleunigten Bewegung ist eine *Parabel*. Je größer die einwirkende Kraft, desto steiler ist die Parabel.

Das **Zeit-Weg-Gesetz** für die vom Startpunkt ($t = 0$; $s = 0$; $v = 0$) aus zurückgelegten Wege lautet:

$$s = \frac{1}{2}\,a\,t^2.$$

5. Das Geschwindigkeit-Weg-Gesetz

Sie treten bei Ihrem Rad kräftig in die Pedale und erreichen nach $s = 45$ m Anfahrweg die Geschwindigkeit $v = 30$ km/h $= 8{,}3$ m/s. Weder mit $v = a\,t$ noch mit $s = \frac{1}{2}\,a\,t^2$ allein können Sie Ihre Beschleunigung a berechnen, da Sie die Anfahrzeit t nicht gemessen haben. Nehmen wir an, dass Sie mit konstanter Beschleunigung gefahren sind. Mit $v = a\,t$ folgt dann $t = v/a$. Dies setzen wir in $s = \frac{1}{2}\,a\,t^2$ ein. Wir erhalten so die von t freie Beziehung $s = v^2/(2\,a)$. Aus ihr folgt $a = v^2/(2\,s) = 0{,}77$ m/s². Die Anfahrzeit t können Sie nachträglich zu $t = v/a \approx 11$ s berechnen.

Merksatz

Das **Geschwindigkeit-Weg-Gesetz** lautet: $s = \dfrac{v^2}{2\,a}$.

Beispiel

Musteraufgaben

1. Geschwindigkeit und Zeit sind bekannt. **$v, t \Rightarrow s$**

Wie groß ist der zurückgelegte Weg?

Nach 3 Sekunden erreicht ein Fahrzeug die Geschwindigkeit 0,52 m/s. Wir berechnen daraus zunächst den Beschleunigungswert. Nach dem t-v-Gesetz ist $a = v/t = (0{,}52\ \text{m·s}^{-1})/3\ \text{s} = 0{,}173\ \text{m·s}^{-2}$.

Wie groß ist der in 3 s zurückgelegte Weg?

Lösung: Es gilt $s\,(t) = \frac{1}{2}\,a\,t^2$, also
$s\,(3\ \text{s}) = 0{,}5 \cdot 0{,}173\ \text{m·s}^{-2} \cdot (3\ \text{s})^2 = \mathbf{0{,}78\ m}$.

2. Weg und Zeit sind bekannt. **$s, t \Rightarrow a$**

Wie groß ist die Beschleunigung?

Eine Radfahrerin startet gleichmäßig beschleunigt aus dem Stand. Nach 5 s hat sie 20 m zurückgelegt.

Lösung: Es gilt $s\,(t) = \frac{1}{2}\,a\,t^2$, nach a aufgelöst ergibt $a = 2\,s\,(t)/t^2$, also $\boldsymbol{a} = 2 \cdot 20\ \text{m}/(5\ \text{s})^2 = \mathbf{1{,}6\ m{\cdot}s^{-2}}$.

Vertiefung

Eine Besonderheit bei gleichmäßiger Beschleunigung

Bei einer gleichmäßig beschleunigten Bewegung ist die mittlere Geschwindigkeit in einem Zeitintervall genauso groß wie die Momentangeschwindigkeit in der Mitte des Zeitintervalls.

Erklären Sie dies mithilfe der Zeichnung.

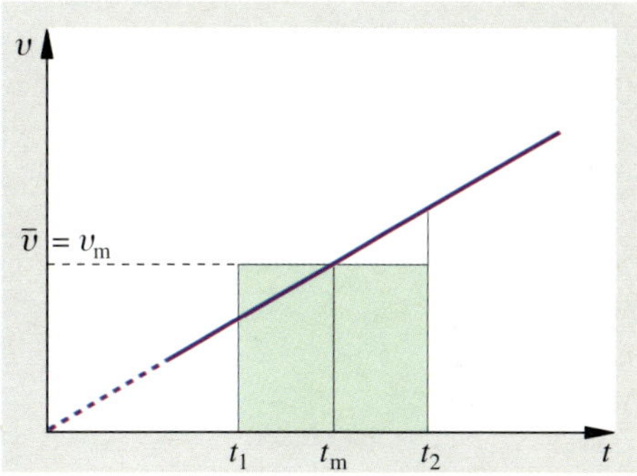

A 1: Bei der Registrierung einer Bewegung mit einer Funkenstreckenfahrbahn entstand folgendes Bild ($t_1 = 13/50$ s; $t_2 = 17/50$ s):

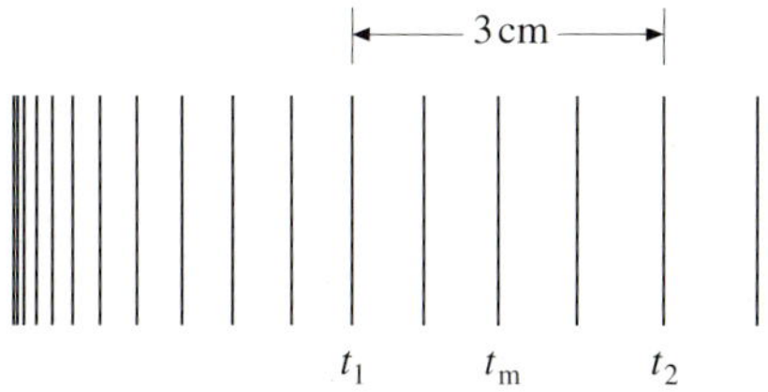

Ermitteln Sie die Momentangeschwindigkeit im Zeitpunkt t_m. Bestimmen Sie dann die (konstante) Beschleunigung. An welchem Ort $s(t_m)$ befand sich der Wagen zum Zeitpunkt t_m?

... noch mehr Aufgaben

A 2: a) Ein Auto fährt mit der konstanten Beschleunigung 2 m/s² an. Wie schnell ist es nach 3 s? Welchen Weg hat es dann zurückgelegt? **b)** Wie weit bewegt es sich in den nächsten 5 s, wenn man nach 3 s Anfahrzeit die beschleunigende Kraft wegnimmt (ohne Reibung)? **c)** Zeichnen Sie das t-v- und das t-s-Diagramm dieser Bewegung.

A 3: Ein Zug erreicht aus der Ruhe nach 10 s die Geschwindigkeit 5 m/s. Wie groß ist seine Beschleunigung? Wie weit ist er gefahren?

A 4: Ein mit konstanter Kraft anfahrender Wagen kommt in den ersten 12 s 133 m weit. Wie groß sind Beschleunigung und Geschwindigkeit nach 12 s?

A 5: ⇒ *Bild 2* zeigt zwei t-s- und t-v-Graphen für unterschiedliche Beschleunigungen. Wie groß sind die Beschleunigungen? Wie groß sind die zurückgelegten Wege nach 1 s, 2 s bei beiden Bewegungen (jeweils Ermittlung auf zwei Arten)?

A 6: Ein Pfeil wird von der Sehne eines Bogens auf einer Strecke von 0,6 m beschleunigt. Er erreicht eine Geschwindigkeit von 60 m/s.
a) Warum ist die Beschleunigung nicht konstant? Wie groß ist die mittlere, konstant angenommene Beschleunigung? **b)** Wie lange dauert der Beschleunigungsvorgang?

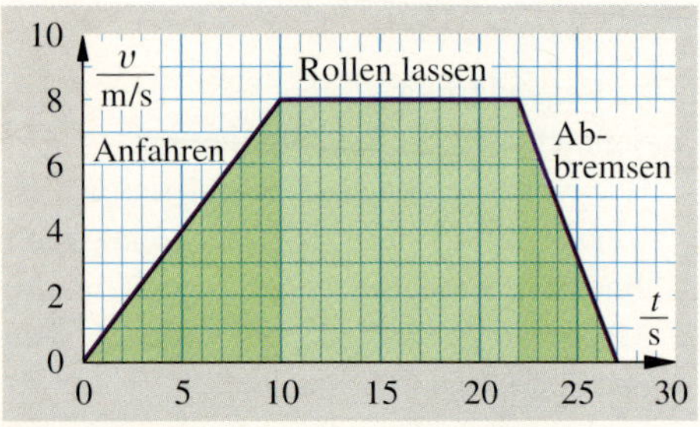

B 1: *t-v*-Diagramm einer Radfahrt

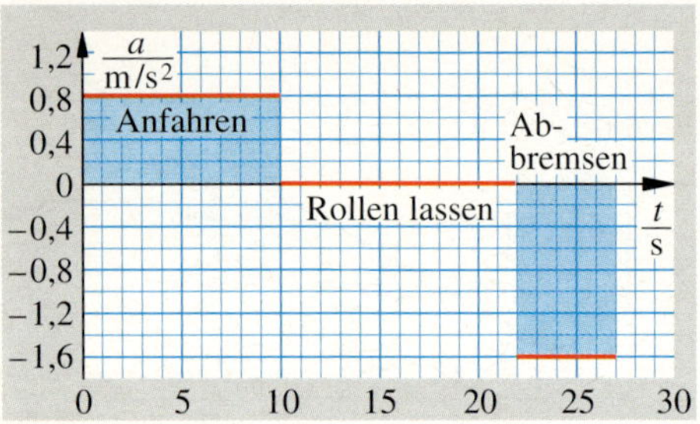

B 2: *t-a*-Diagramm zu *Bild 1*

V 1: Führen Sie in einem Projekt den Versuch selbst durch. Benutzen Sie die Schaltung aus dem Fahrradversuch zu Beginn des Kapitels. Ersatzweise können Sie auch die Frequenz der vom Dynamo abgegebenen Wechselspannung als Geschwindigkeitsmaß auswerten. Beschleunigen Sie zunächst aus der Ruhe. Vor dem Abbremsen lassen Sie das Fahrrad eine Weile rollen, ohne zu treten. Bestimmen Sie aus dem Diagramm für die einzelnen Intervalle Wege, Geschwindigkeiten und Beschleunigungen.

V 2: Ein Gleiter mit Bewegungsmesswandler wird auf eine nach links abfallende Luftkissenbahn gesetzt. Der Gleiter erhält anfangs einen Anstoß nach rechts (positiv gewählte Richtung), sodass er die Bahn hinaufläuft. Danach wird er sich selbst überlassen. Es entstehen die Diagramme in *Bild 4*.

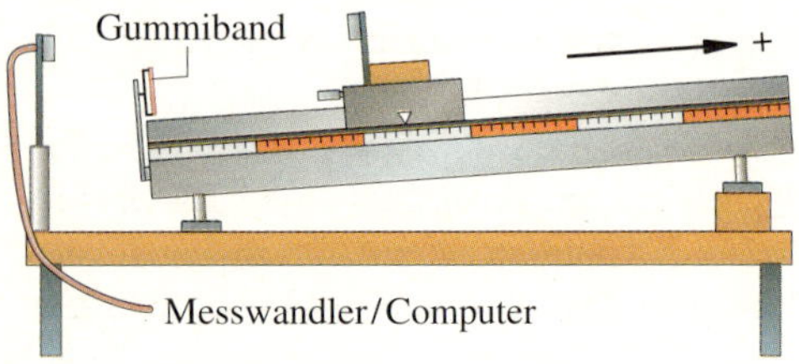

B 3: Versuchsaufbau zu *Versuch 2*

6. Negative Beschleunigungen gibt es auch

Ihr Fahrrad habe einen Fahrtenschreiber – zum Beispiel einen Tachogenerator, der ein *t-v*-Diagramm aufzeichnet (*Versuch 1*). *Bild 1* gibt es für eine längere Fahrt in idealisierter Form wieder. Es zeigt:

Im Zeitraum zwischen 0 s und 10 s beschleunigten Sie gleichmäßig aus der Ruhe auf $v = 8$ m/s. Ihre Beschleunigung war

$$a = \frac{\Delta v_1}{\Delta t_1} = \frac{v(10\text{ s}) - v(0\text{ s})}{10\text{ s} - 0\text{ s}} = \frac{8\text{ m/s}}{10\text{ s}} = 0{,}8\,\frac{\text{m}}{\text{s}^2}.$$

Den in dieser Beschleunigungsphase zurückgelegten Weg Δs_1 lesen wir aus der linken dunkelgrünen Dreiecksfläche ab:

$$\Delta s_1 = \frac{1}{2} \cdot v \cdot \Delta t_1 = \frac{1}{2} \cdot 8\,\frac{\text{m}}{\text{s}} \cdot (10\text{ s} - 0\text{ s}) = 40\text{ m}.$$

Anmerkung: Die Beschleunigung geschieht aus der Ruhe, deshalb könnten wir auch mit dem Zeit-Weg-Gesetz argumentieren:

$$s_1 = \frac{1}{2} \cdot a_1 \cdot t_1^2 = \frac{1}{2} \cdot 0{,}8\,\frac{\text{m}}{\text{s}^2} \cdot (10\text{ s})^2 = 40\text{ m}.$$

Anschließend fuhren Sie $\Delta t_2 = 12$ s lang gleichmäßig mit $v = 8$ m/s weiter und legten das Wegstück $\Delta s_2 = v \cdot \Delta t_2 = 96$ m zurück (hellgrüne Rechtecksfläche in *Bild 1*).

Im dritten Intervall von 22 s bis 27 s, also in $\Delta t_3 = 5$ s, sank Ihre Geschwindigkeit gleichmäßig von 8 m/s auf 0 m/s. Dabei legten Sie den Weg Δs_3 gemäß der rechten dunkelgrünen Dreiecksfläche zurück:

$$\Delta s_3 = \frac{1}{2} \cdot v \cdot \Delta t_3 = \frac{1}{2} \cdot 8\,\frac{\text{m}}{\text{s}} \cdot (27\text{ s} - 22\text{ s}) = 20\text{ m}.$$

Die gesamte Wegstrecke war also:

$$s = \Delta s_1 + \Delta s_2 + \Delta s_3 = 156\text{ m}.$$

Im dritten Zeitabschnitt wurde aus der Geschwindigkeit 8 m/s auf 0 m/s abgebremst durch eine Kraft, die der positiven Ortsachse entgegengerichtet war. Wie groß war die Beschleunigung in diesem Zeitintervall?

$$a = \frac{\Delta v_3}{\Delta t_3} = \frac{v(27\text{ s}) - v(22\text{ s})}{27\text{ s} - 22\text{ s}} = \frac{0\text{ m/s} - 8\text{ m/s}}{27\text{ s} - 22\text{ s}} = \frac{-8\text{ m/s}}{5\text{ s}} = -1{,}6\,\frac{\text{m}}{\text{s}^2}.$$

Der Beschleunigungswert ist *negativ*! Deshalb liegt für das dritte Zeitintervall die (blaue) Geschwindigkeitsfläche $\Delta v = a \cdot \Delta t$ im *t-a*-Diagramm unter der *t*-Achse (*Bild 2*) also im negativen Bereich.

Merksatz

Ein Abbremsen von einer größeren Geschwindigkeit auf eine kleinere Geschwindigkeit bedeutet negative Beschleunigung.

Allgemein: Wirkt eine Kraft gegen die positiv gewählte Ortsachse, so entsteht eine negative Beschleunigung.

Vertiefung

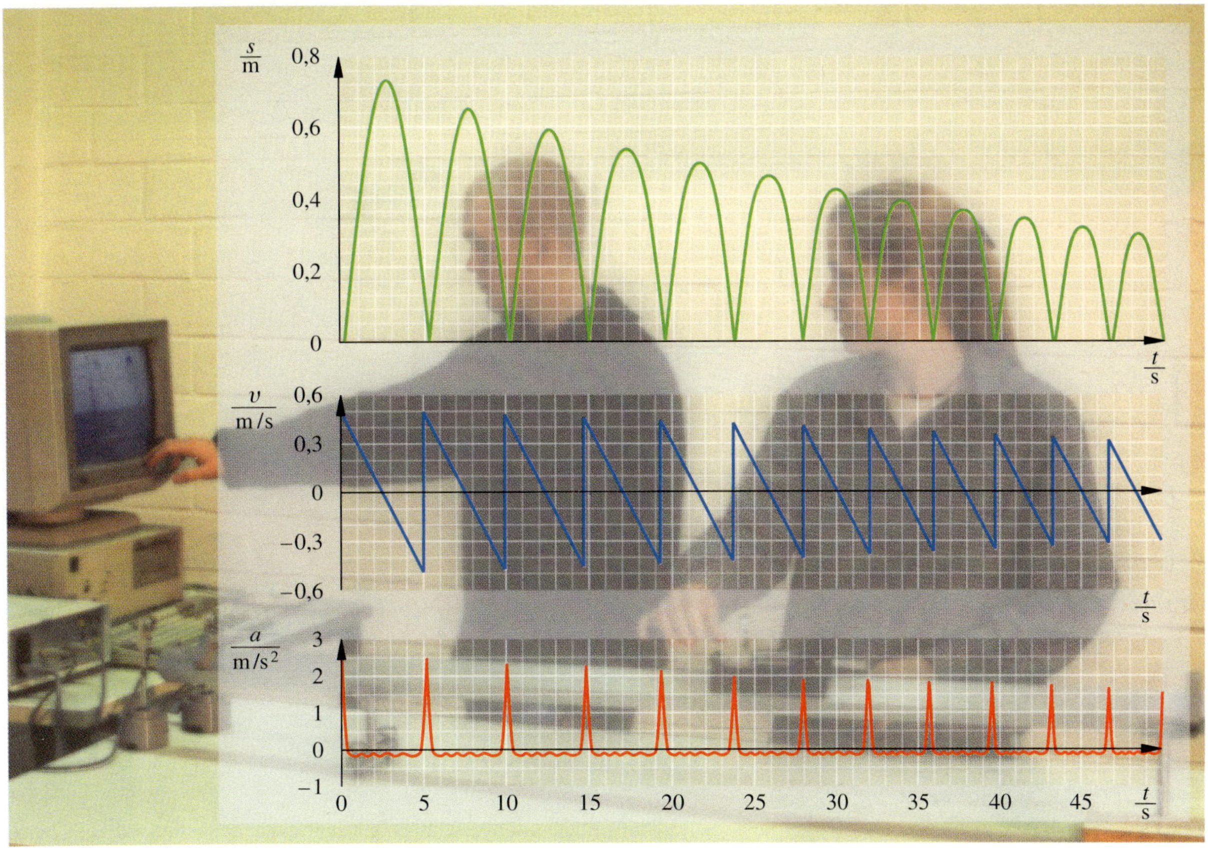

B 4: *t-s-*, *t-v-* und *t-a-*Diagramm eines Gleiters auf schief gestellter Luftkissenfahrbahn. Am unteren Ende erfolgt eine Reflexion.

Springender Ball und ähnliche Bewegungen

Die Schülerin in *Bild 4* stößt den Gleiter die nach rechts ansteigende Fahrbahn hinauf und überlässt ihn dann sich selbst (*Versuch 2*). Was geschieht im folgenden Zeitraum?

Der Gleiter wird langsamer, es zieht an ihm ja jetzt dauernd eine konstante Kraft die Fahrbahn hinab nach links und damit *gegen* die als positiv gewählte Bewegungsrichtung. Die Messkurve (*Bild 4*) bestätigt, dass v linear mit der Zeit abnimmt – konstante negative Beschleunigung bei negativer Kraft liegt also vor! Entsprechend flacht die *t-s-*Kurve ab – bis zum Scheitelpunkt der Parabel etwa 2,5 s nach dem Start.

Zu diesem Zeitpunkt kommt der Gleiter zur Ruhe ($v = 0$). Aber sofort geht es weiter, jetzt jedoch die Fahrbahn wieder herunter. Der Gleiter läuft nun nach links, er hat jetzt also negative Geschwindigkeitswerte (in *t-v-*Diagramm unterhalb der *t*-Achse)! Wird der Schlitten schneller? Sicherlich, aber nimmt sein Geschwindigkeitswert v zu?

Nein, er nimmt weiter in gleichem Maße ab, also von 0 m/s über −0,1 m/s, auf −0,2 m/s usw. Die Beschleunigung bleibt konstant negativ. Wir sehen es an der geradlinig weiterlaufenden Messkurve für die Geschwindigkeit v und an dem konstant negativen Wert von a im *t-a-*Diagramm (*Bild 4*). Die gesamte Bewegung des Gleiters – Bahn hinauf, Bahn hinunter (bei bekanntem Startpunkt und bekannter Anfangsgeschwindigkeit) – wird eindeutig durch die negative Beschleunigung gekennzeichnet, und diese Beschleunigung ist eine Folge der negativen Kraft.

Negative Beschleunigung bedeutet nicht unbedingt bremsen! „Schneller werden" kann auch bei negativer Geschwindigkeit erfolgen, deren Betrag dann steigt.

Dramatisches passiert nach etwa 5 s in allen drei Kurven und wiederholt sich danach in etwas kürzer werdenden Abständen. Haben Sie dafür eine Erklärung? Erklären Sie auch die Folge von Parabelbögen im *t-s-*Graphen.

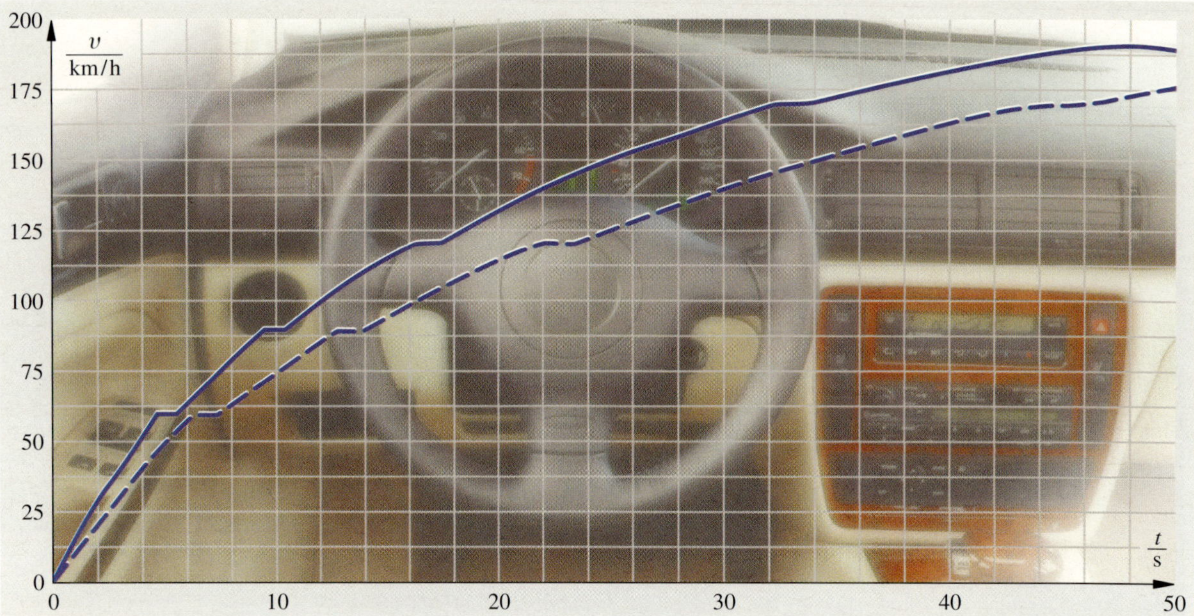

B 1: t-v-Diagramm eines startenden Pkw mit fünf Gängen. Zweite Fahrt (gestrichelte Linie) mit voller Beladung.

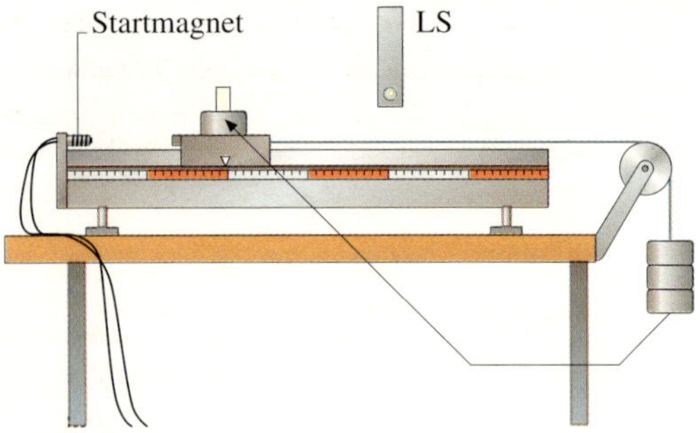

B 2: In aufeinander folgenden Versuchen (➡ *Versuch 1*) wird das Fahrzeug durch verschiedene Kräfte beschleunigt. Die Masse bleibt unverändert. Eine t-s-Messung liefert die jeweilige Beschleunigung nach $s = \frac{1}{2}\,a\,t^2$.

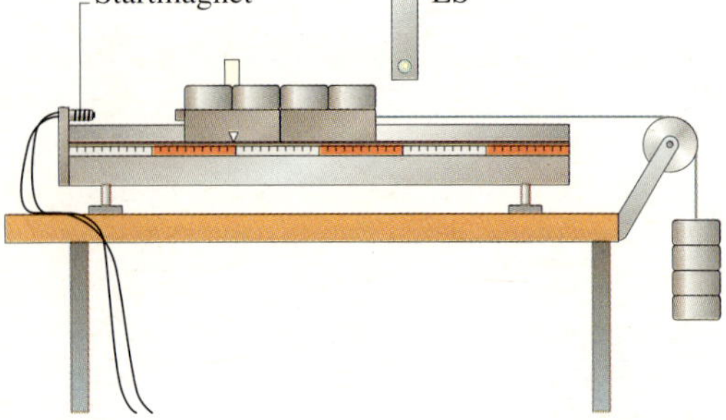

B 3: Größere Masse benötigt größere Kraft, wenn die Beschleunigung gleich bleiben soll

Die Grundgleichung der Mechanik

1. Die zentrale Frage an die Mechanik

Schauen Sie sich das Fahrtendiagramm des startenden Pkw an (➡ *Bild 1*). Viermal verharrt das Auto kurz in seinem jeweiligen Bewegungszustand. Dies geschieht immer dann, wenn der Fahrer gerade umschaltet. In dieser Zeit fehlt die beschleunigende Kraft, und das Auto fährt aufgrund seiner Trägheit gleichförmig weiter.

Betrachten wir nun die Beschleunigungsphasen des unbeladenen Autos in den ersten zwei Gängen. Am größten ist die Steigung des t-v-Graphen – also die Beschleunigung – im ersten Gang. Dort ist auch die wirkende Kraft am größten. Beim Fahrrad ist es genauso. Wenn eine große Kraft erforderlich ist, legt man auch bei ihm den ersten Gang ein. Für uns ergibt sich eine erste Frage, die wir im Labor klären wollen:

Frage (A): Wie hängt die nötige Kraft F bei ein und demselben Fahrzeug von der gewünschten Beschleunigung a ab?

Die Antwort auf diese Frage gilt auch für das beladene Fahrzeug. Allerdings sind in gleichen Gängen jetzt die Beschleunigungswerte kleiner als vorher (➡ *Bild 1*, gestrichelte Linie). Wollte man hier zum Beispiel im ersten Gang genauso rasant beschleunigen wie vorher, so müsste man schon die Kraft erhöhen, also einen stärkeren Motor einbauen. Es ergibt sich die nächste wichtige Frage:

Frage (B): Wie hängt die Kraft F vom Fahrzeug und seiner Beladung ab, wenn sich die Beschleunigung nicht ändern soll?

Mit diesen beiden Fragen wollen wir uns im Folgenden beschäftigen. Später wird noch zu klären sein, wieso die t-v-Abschnitte in den höheren Gängen nicht mehr linear verlaufen, und wieso eine bestimmte „Höchstgeschwindigkeit" nicht überschritten wird.

2. Große Kraft – schneller Spurt (zu Frage A)

Arbeitsgruppe A weiß aus früheren Experimenten, dass eine konstante beschleunigende Kraft F einem Körper auch konstante Beschleunigung a erteilt. Um sie zu ermitteln, genügt also jeweils eine einzige Zeit-Weg-Messung (➡ *Versuch 1*). Nach jeder Messung wird die Kraft F geändert. Es ergeben sich folgende Messwerte:

F in N	0,08	0,06	0,04	0,02
a in m/s^2	0,392	0,294	0,196	0,098

Bei gleich bleibender Masse ist bei n-facher Kraft die Beschleunigung also ebenfalls n-mal so groß.

Merksatz

Die Beschleunigung a, die ein bestimmter Körper erfährt, ist der an ihm angreifenden Kraft F proportional: $\boldsymbol{F \sim a}$.

3. Große Masse – träger Spurt (zu Frage B)

Hängt die zum Beschleunigen nötige Kraft auch von der *Gewichtskraft des Wagens* ab? Man braucht schließlich eine viel größere Kraft, um einen beladenen Wagen mit *gleicher Beschleunigung* anzuschieben wie einen leeren. Gegen diese Ansicht spricht:

a) Die am Schlitten nach unten ziehende Gewichtskraft wird vom Luftkissen der waagerechten Schiene durch eine Kraft nach oben ausgeglichen. Also hat die Gewichtskraft des Schlittens keinen Einfluss auf die Beschleunigung längs der horizontalen Bahn.

b) Das sich beim Beschleunigen zeigende *Trägsein* ist etwas anderes als das *Schwersein.* Auch im schwerefreien Raum brauchen Raketen zum Beschleunigen Kräfte, die umso größer sein müssen, je mehr sie geladen haben – obwohl sie dort nichts wiegen! Eine Kollision zweier Raumschiffe führt auch im All zu Unfallschäden (➡ *Bild 4*). Die Körper sind auch dort *träge.*

Wird das *Trägsein* eines Körpers allein mithilfe der vom Ort unabhängigen *Masse* beschrieben? Gruppe B prüft deshalb, ob Körper *doppelter Masse* für die gleiche Beschleunigung die doppelte Kraft brauchen, d. h. ob sie auch *doppelt so träge* sind. Die Gruppe führt ➡ *Versuch 2* durch. Dieser bestätigt die Vermutung.

Merksatz

Die Kraft F, die man zu einer bestimmten Beschleunigung braucht, ist der Masse m des zu beschleunigenden Körpers proportional: $\boldsymbol{F \sim m}$.

V 1: a) Auf der Luftkissenbahn (➡ *Bild 2*; Reibung durch Neigen ausgeglichen) wird ein Schlitten der Masse $m_1 = 0{,}192$ kg von einem Elektromagneten festgehalten. Am Schlitten (und an sich selbst) ziehen 4 Wägestücke von zusammen $m_2 = 8$ g mit der Gewichtskraft $G_2 = m_2\,g$. Auf Knopfdruck beginnt die Fahrt, gleichzeitig startet eine Uhr. Nach $t = 2{,}26$ s haben Schlitten und Wägestücke von 0 aus 1,00 m zurückgelegt (bei $s = 1{,}00$ m steht eine Lichtschranke; sie stoppt die Uhr beim Durchfahren). Aus dem t-s-Gesetz $s = \frac{1}{2}\,a\,t^2$ folgt die Beschleunigung $a = 2\,s/t^2 = 0{,}392$ m/s^2.
b) Nun soll eine kleinere Kraft wirken. Wir nehmen von den 4 Wägestücken eines weg, aber legen es nicht einfach beiseite. Wir würden sonst den Zug aus Schlitten und „Zugmaschine" verkleinern und damit in den Auftrag der Gruppe B eingreifen. Wir legen also das Wägestück auf den Schlitten. Dort wird es weiterhin mitbeschleunigt, ohne dass seine Gewichtskraft noch mitzieht: Seine Kraft ist weg, die Trägheit bleibt. Als Beschleunigung ergibt sich $a = 0{,}294$ m/s^2.
c) Wenn wir ein weiteres Wägestück übertragen, sinkt mit der beschleunigenden Kraft auch wieder die Beschleunigung.

V 2: An den Schlitten aus ➡ *Versuch 1c* wird nach ➡ *Bild 3* ein zweiter, genau gleicher Schlitten gehängt. Vor den Faden werden 4 statt 2 Wägestücke gehängt (8 g statt 4 g). So ist nicht nur die Masse des Zuges, sondern auch die beschleunigende Kraft (8 cN statt 4 cN) verdoppelt. Die Beschleunigung bleibt 0,196 m/s^2. Dies sieht man leicht ein: Man hätte ja jeden Wagen für sich mit der Kraft 4 cN beschleunigen können.

B 4: 1997 prallte ein Raumschiff gegen die Raumstation Mir und beschädigte sie stark

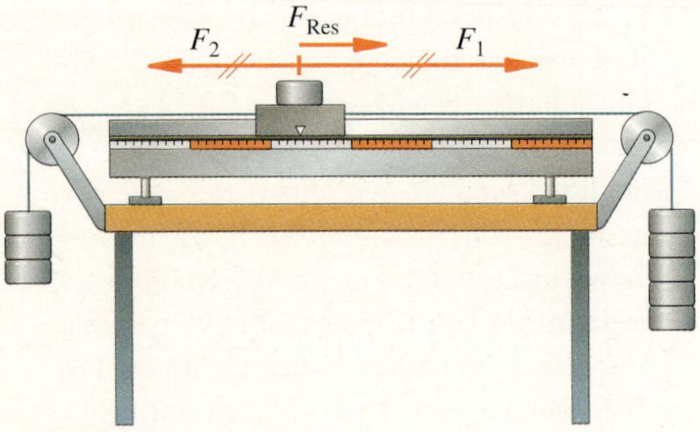

B 1: Die resultierende Kraft bewirkt die Beschleunigung

V 1: Nach ➠ *Bild 1* zieht am Fahrbahnwagen (1,000 kg) nach rechts ein Wägestück mit 50 g, nach links mit 30 g Masse. Hätte das rechte auch nur 30 g Masse, so bestünde Gleichgewicht. So aber beschleunigt als resultierende Kraft die Summe der Kräfte F_1 und F_2, die beide auf einer Geraden wirken – dafür haben die Rollen gesorgt. Den Wert der resultierenden Kraft $F = F_{Res}$ können wir deshalb durch einfache Addition der einzelnen Kraftwerte ermitteln (die positive Achse zeige nach rechts):

$$F = F_1 + F_2 = 50\text{ cN} + (-30\text{ cN}) = 20\text{ cN}.$$

Der „Zug" hat die Gesamtmasse 1,080 kg. Er setzt sich in Fahrt mit der ebenfalls nach rechts gerichteten Beschleunigung

$$a = F/m = 20\text{ cN}/1{,}080\text{ kg} = 0{,}19\text{ m/s}^2.$$

Vertiefung

Für ganz Neugierige

Könnten nicht auch Form, Volumen und vor allem das Material der Körper Einfluss auf ihr Trägsein haben? Man wählt deshalb einen Schlitten aus anderem Material oder von kleinerer Masse und füllt den Rest z. B. mit Schokoladentafeln gleicher Masse auf. Erfreulicherweise erfährt der neue Lastzug durch die gleiche Kraft genau die gleiche Beschleunigung wie der alte: Er ist nicht nur gleich schwer, sondern auch gleich träge! Dies wurde an den verschiedensten Orten und immer wieder mit großer Präzision bestätigt. Wenn ein Körper die Masse $m = 1$ kg hat, ist er *am gleichen Ort genauso schwer* wie das Urkilogramm und *überall genauso träge*.

4. Eine Formel, in der alles steckt!

Unsere beiden Arbeitsgruppen fanden:

A: Bei konstanter Masse m ist $F \sim a$.
B: Bei konstanter Beschleunigung a ist $F \sim m$.

Will man doppelte Beschleunigung, so braucht man doppelte Kraft. Möchte man dies sogar bei einem Körper mit dreimal so großer Masse erreichen, so muss man die Kraft nochmal verdreifachen. Insgesamt braucht man dann eine sechsmal so große Kraft. Es gilt also:

$$F \sim m \cdot a \quad \text{oder} \quad F = k \cdot m \cdot a.$$

Wir brauchen nun noch den Proportionalitätsfaktor k. Setzen wir unsere Messwerte ein (z. B. im dritten Durchgang $F = G = 0{,}04$ N und $m \cdot a = 0{,}2\text{ kg} \cdot 0{,}196\text{ m/s}^2 = 0{,}04\text{ kg·m/s}^2$), so ergeben sich für F und $m \cdot a$ gleiche Maßzahlen; k hat den Zahlenwert 1. Dies ist kein Zufall. Man hat die Einheit 1 N nämlich schon als Abkürzung für $1\text{ kg·m/s}^2 = 1\text{ kg·m·s}^{-2}$ gewählt.

Mit dieser Festlegung $\mathbf{1\ N = 1\ kg{\cdot}m{\cdot}s^{-2}}$ dürfen wir als Gleichung schreiben: $0{,}04\text{ N} = 0{,}04\text{ kg·m·s}^{-2}$ oder allgemein:

$$\boldsymbol{F = m \cdot a}.$$

So wie die Krafteinheit 1 N werden wir im Bereich der Mechanik alle weiteren Einheiten auf die drei *Basiseinheiten* 1 m, 1 kg und 1 s zurückführen.

Bereits um 1686 hat Isaak NEWTON die Gleichung $F = m \cdot a$ aufgestellt, allerdings zunächst für die Bewegung von Himmelskörpern. Dann übertrug er sie auch auf irdische Körper, z. B. auf fallende Äpfel. Wir haben sie für Planeten und Fallobst noch nicht untersucht, wohl aber für anfahrende „Autos".

Merksatz

NEWTONsches Beschleunigungsgesetz als **Grundgleichung der Mechanik**: Beschleunigende Kraft gleich Masse mal Beschleunigung:

$$\boldsymbol{F = m\,a}.$$

Die beim Beschleunigen auftretende Geschwindigkeits*änderung* erfolgt in Richtung der beschleunigenden Kraft.

Dies ist nun wirklich die wichtigste Aussage in diesem Buch, sie hat ab 1686 die Welt verändert. Deshalb dürfen wir einen Augenblick verschnaufen.

5. Meistens spielen mehrere Kräfte mit

Radfahrer und unser Auto (vom Kapitelanfang) „spüren" es, dass mit zunehmender Geschwindigkeit sich eine zweite Kraft, die Luftwiderstandskraft F_2, mehr und mehr bemerkbar macht. Diese ist der positiven Antriebskraft F_1 entgegengerichtet, wird von uns also negativ gerechnet. Für die Beschleunigung bleibt nur noch die (kleinere) Summe $F = F_1 + F_2$ übrig. ➠ *Versuch 1* bestätigt dies im Labor. Die Höchstgeschwindigkeit des Autos wird dann erreicht, wenn Kräftegleichgewicht entstanden ist. Die resultierende Kraft F und damit die Beschleunigung haben jetzt den Wert null erreicht.

Merksatz

In der Grundgleichung der Mechanik $F = m\,a$ ist die beschleunigende Kraft F die Resultierende aller von außen einwirkenden Kräfte, der so genannten äußeren Kräfte.

6. Beschleunigungsmessung über Kräfte

Die Beschleunigung a ist der beschleunigenden Kraft $F = m\,a$ proportional. Deshalb kann man Beschleunigungen von Fahrzeugen und Aufzügen mit Kraftmessern bestimmen. In einem waagerecht anfahrenden Zug steht ein reibungsfreies Wägelchen der Masse 1 kg (➠ *Bild 2*). Damit es nicht zurückbleibt, muss der Kraftmesser an ihm mit der Kraft $F = 0{,}6$ N ziehen. Also erfährt es – wie der Zug – die Beschleunigung $a = F/m = 0{,}6\text{ N}/1\text{ kg} = 0{,}6\text{ m/s}^2$.

Beispiel

Musteraufgabe

a) Ein Auto (Masse $m_1 = 1\,000$ kg) kommt bei rasantem Start in 2,0 s aus dem Stand auf eine Geschwindigkeit $v = 36$ km/h = 10 m/s. Welche Kraft braucht es?

Lösung: Zum Berechnen der Kraft $F = m_1\,a_1$ muss man nicht die Geschwindigkeit, sondern die Beschleunigung a_1 kennen. Diese ist $a_1 = v/t = 5{,}0\text{ m/s}^2$; die Kraft ergibt sich dann zu

$$F = m_1\,a_1 = 1\,000\text{ kg} \cdot 5{,}0\text{ m/s}^2 = 5\,000\text{ kg m/s}^2 = \mathbf{5\,000\ N}.$$

Die Motorkraft ist also halb so groß wie die Gewichtskraft!

b) Das gleiche Auto soll mit dieser Kraft $F = 5\,000$ N auch noch einen Anhänger der Masse $m_2 = 500$ kg ziehen oder 500 kg zuladen. Wie schnell ist es jetzt nach 2,0 s?

Lösung: Wiederum müssen wir zunächst die Beschleunigung berechnen. Da sich die Masse von m_1 auf $m_1 + m_2$ erhöht hat, gilt für die nun verminderte Beschleunigung:

$$a_2 = \frac{F}{m} = \frac{F}{m_1 + m_2} = \frac{5\,000\text{ N}}{1\,500\text{ kg}} = \frac{5\,000\text{ kg·m/s}^2}{1\,500\text{ kg}} = 3{,}3\text{ m/s}^2.$$

Nach 2 s beträgt die Geschwindigkeit $\boldsymbol{v} = a_2 \cdot t = \mathbf{6{,}7\ m/s}$.

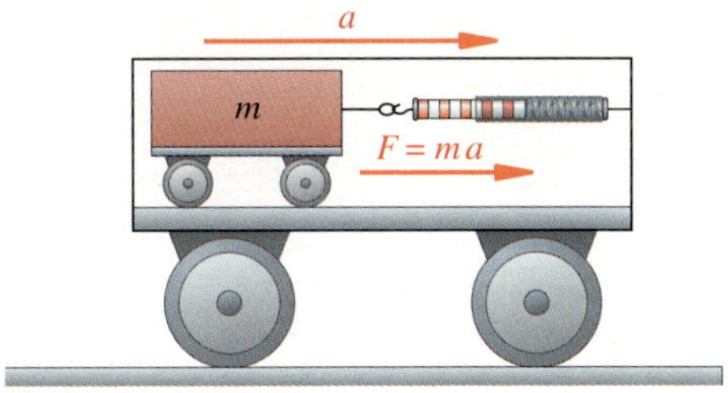

B 2: Kraftmesser und Taschenrechner liefern die Beschleunigung

... noch mehr Aufgaben

A 1: Zeigen Sie: Um einem Körper der Masse 1 kg die Beschleunigung 1 m/s² zu erteilen, braucht man die Kraft 1 N.

A 2: Ein Zug der Masse 700 t fährt mit der Beschleunigung 0,15 m/s² an. Welche Kraft braucht man zum Beschleunigen? Welcher Bruchteil der Gewichtskraft ist dies? Welche beschleunigende Kraft erfährt ein Mitfahrer (90 kg Masse)?

A 3: An einem Schlitten (80 kg, reibungsfrei auf Eis) zieht man mit der Kraft 50 N. Wie groß sind Beschleunigung, Geschwindigkeit und Weg nach 4,0 s (Anfahrt aus der Ruhe)?

A 4: (➠ *Bild 1 in Ziffer 1*): **a)** Bestimmen Sie die Beschleunigungen für Gang 1 und Gang 2 in beiden Diagrammen. **b)** Wie groß ist die jeweils beschleunigende Kraft, wenn das Auto mit Fahrer eine Masse von 1 200 kg hat? Wie groß ist die Kraft, die den Fahrer (80 kg) beschleunigt? **c)** Wie groß ist die zusätzliche Masse der Zuladung?

A 5: **a)** Ein Auto (1 000 kg) startet und legt in den ersten 10 s 100 m zurück. Welche Kraft war dazu nötig? **b)** Welche Kraft hätte für die halbe Strecke gereicht?

A 6: **a)** Ein Fahrbahnwagen (2,00 kg) steht reibungsfrei auf waagerechter Unterlage. Über einen Faden beschleunigt ihn ein Körper der Masse 100 g (ähnlich ➠ *Bild 1*). Wie groß sind die Beschleunigung und der nach 2,00 s zurückgelegte Weg sowie die dann erreichte Geschwindigkeit? **b)** Könnte man mit einem Antriebskörper von 100 kg Masse eine 1 000-mal so große Beschleunigung erreichen? **c)** Wie ändern sich die in a) berechneten Werte, wenn gemäß ➠ *Bild 1* zusätzlich ein Körper (80 g) nach links zieht?

B 1: Wie immer Eva und Jan auch ziehen, stets treffen sie in der Mitte zusammen

V 1: a) Jan und Eva haben gleiche Masse und stehen auf Skateboards (➠ *Bild 1*). Ziehen sie gleichzeitig an einem Seil, so treffen sie sich in der Mitte. Wie die Kraftmesser zeigen, hat jeder auf den anderen eine dem Betrage nach gleich große Kraft ausgeübt: $F_{E\ auf\ J} = F_{J\ auf\ E}$.
b) Nun versucht nur Eva zu ziehen, Jan dagegen nicht. Jan hält deshalb das Seil nur fest. Doch auch jetzt treffen beide in der Mitte zusammen! Jan stellt überrascht fest, dass er dabei wieder eine gleich große Kraft ausüben musste. Diese Kraft nennt man die reactio zur actio von Eva.
c) Jetzt nimmt sich Jan vor, auf die Kraft (actio) von Eva nicht mit einer reactio zu antworten. Dies gelingt ihm nur, wenn er das Seil loslässt. Allerdings kann dann auch Eva keine Kraft auf Jan ausüben.

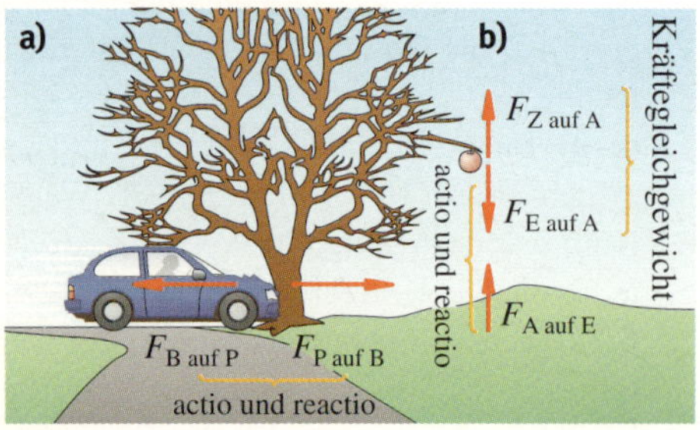

B 2: a) Die Kraft $F_{P\ auf\ B}$ beschädigt den Baum, die Gegenkraft $F_{B\ auf\ P}$ bremst das Auto abrupt und sorgt dabei für Verformung und Verletzungen. **b)** Der Apfel ruht zunächst im Gleichgewicht (die Kraftvektoren sind im Vergleich zu den Unfallkräften übergroß gezeichnet). Ohne die zum Gleichgewicht nötige Kraft $F_{Z\ auf\ A}$ ist die Ruhe plötzlich dahin. (Zu $F_{Z\ auf\ A}$ ist keine reactio gezeichnet, siehe auch ➠ *Aufgabe 3*).

Actio und reactio

1. Wer zieht, der wird gezogen

Bisher haben wir untersucht, wie Kräfte auf *einen* Körper wirken. Die Kräfte wurden stets von anderen Körpern aufgebracht. Diese anderen Körper beziehen wir nun in unsere Überlegungen mit ein. ➠ *Versuch 1* zeigt dabei eine fundamentale Eigenschaft:

Wenn ein Körper (A) auf einen anderen (B) eine Kraft ausübt, so wirkt B auf A zurück. Eine Kraft für sich allein gibt es nicht. **Actio** und **reactio** gehören zusammen, sie treten *immer als Paar* auf. Sie greifen stets an *verschiedenen* Körpern an; sie haben stets gleiche Beträge, aber immer entgegengesetzte Richtungen. Würden die beiden Kräfte am selben Körper angreifen, so gäbe es für diesen gar keine Beschleunigung, denn die resultierende Kraft wäre ja null.
Der Pkw in ➠ *Bild 2* übt bei dem Aufprall auf den Baum die Kraft $F_{Pkw\ auf\ Baum}$ ($F_{P\ auf\ B}$) aus und beschädigt so den Baum. Gleichzeitig mit dieser Kraft wirkt aber auch die Gegenkraft $F_{Baum\ auf\ Pkw}$ des Baumes auf das Auto. Diese Gegenkraft zerbeult die Motorhaube, bremst abrupt die Fahrgastzelle und mit dem Sicherheitsgurt hoffentlich auch den unvorsichtigen Fahrer.

Merksatz

Für alle Kräfte gilt das **Wechselwirkungsgesetz** (actio = reactio): Übt ein Körper A eine **actio** $\boldsymbol{F_{A\ auf\ B}}$ auf einen Körper B aus, so übt gleichzeitig Körper B auf Körper A die **reactio** $\boldsymbol{F_{B\ auf\ A}}$ aus. Beide Kräfte sind entgegengerichtet; ihre Beträge sind gleich.

Actio und reactio greifen an verschiedenen Körpern an, sind also nicht im Gleichgewicht.
Beim Kräftegleichgewicht dagegen greifen die Kräfte am selben Körper an und sind an diesem im Gleichgewicht.

2. Reactio muss, Gleichgewicht kann sein

Der Apfel hängt am Zweig und rührt sich nicht (➠ *Bild 2b*). Zwei Kräfte erzeugen an ihm (also am selben Körper) Gleichgewicht, die Gewichtskraft G und die durch die Biegung des elastischen Zweiges entstandene Kraft $F_{Z\ auf\ A}$. Die Gewichtskraft G können wir auch $F_{Erde\ auf\ Apfel}$ ($F_{E\ auf\ A}$) nennen. Die Resultierende aus den Kräften $F_{E\ auf\ A}$ und $F_{Z\ auf\ A}$ ist null, deshalb ändert sich der Bewegungszustand des Apfels nicht.
Nun prallt das Auto gegen den Baum. Der Apfel reißt ab, die Kraft $F_{Z\ auf\ A}$ verschwindet – und mit ihr das Kräftegleichgewicht. Es greift nur noch die Gewichtskraft $F_{E\ auf\ A}$ am Apfel an und beschleunigt ihn nach unten.

Zur Kraft $F_{E\ auf\ A}$ gehört untrennbar die reactio $F_{A\ auf\ E}$. Sie muss die Erde gleichzeitig nach oben beschleunigen. Der Effekt ist aber unmerklich; dies liegt an der großen Erdmasse.

3. Erst die reactio macht's möglich!

Zu Lande: Wenn eine Lok startet, üben ihre Räder auf die Schienen eine Kraft $F_{\text{L auf S}}$ nach hinten aus (*Versuch 2*); erst deren reactio $F_{\text{S auf L}}$ bringt die Lokomotive in Fahrt. Ein 100 m-Läufer macht es nicht anders. Beim Start übt er eine möglichst große Kraft auf den Startblock nach hinten aus. Die Gegenkraft des Startblocks wirkt nach vorn und beschleunigt den Läufer. Liegt der Startblock nur locker auf der Erde, so rutscht er beim Start nach hinten weg. Der Start misslingt, da Kraft und Gegenkraft zu kurz wirken.

Im Wasser: Man sitzt im Boot wie in *Bild 3* und wirft mit großer Kraft Steine nach hinten. Die Steine wirken mit einer gleich großen reactio auf einen selbst zurück und treiben das Boot voran – wenn man nicht herausfällt. Gehen einem die Steine aus, könnte man Wasser schöpfen und dies nach hinten schleudern. Noch einfacher ist es aber, wenn man mit einem Paddel oder einer motorgetriebenen Schraube ständig Wasser nach hinten in Bewegung setzt, also mit einer Kraft nach hinten „wirft“. Dabei übt das Wasser die reactio auf das Boot nach vorne aus und treibt es voran.

In der Luft: Der Drehflügel eines Hubschraubers beschleunigt Luft nach unten und wird durch deren reactio gehoben. Im Propellerflugzeug schleudert die Luftschraube Luft nach hinten. Das Strahltriebwerk der Düsenflugzeuge erwärmt die vorn in die Düse strömende Luft stark und beschleunigt sie so, dass sie mit großer Geschwindigkeit – zusammen mit den Verbrennungsprodukten – hinten ausgeschleudert wird. Die dabei auftretenden Gegenkräfte treiben das Flugzeug voran. Der *Auftrieb* entsteht dadurch, dass der Tragflügel die anströmende Luft nach unten beschleunigt (*Bild 4*). Die reactio der Luft wirkt auf den Flügel nach oben.

Im Weltraum: Im leeren Weltraum findet man keine Materie, an der man sich „abstoßen“ könnte. Die Rakete muss deshalb die hierzu nötige Materie als Treibstoff mit sich führen. Bei der Verbrennung entstehen Gase mit sehr hohem Druck. So entwickeln Weltraumraketen als actio eine sehr große Kraft (Größenordnung 10^6 N), mit der die Verbrennungsgase aus der Raketendüse ausgestoßen werden. Sie erreichen dabei eine hohe Geschwindigkeit (Größenordnung mehrere km/s). Die reactio treibt die Rakete an.

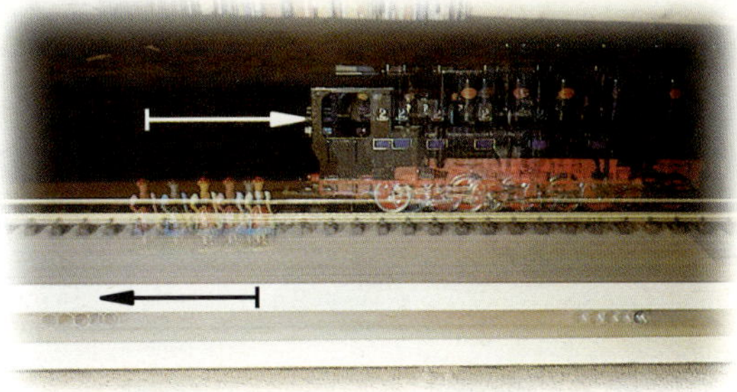

V 2: Die Schienen einer Spielzeugeisenbahn sind auf ein Brett montiert, das auf Rollen leicht läuft. Startet die Lokomotive nach vorn, so setzen sich die Schienen nach hinten in Bewegung.

B 3: Das Boot kommt durch die reactio voran

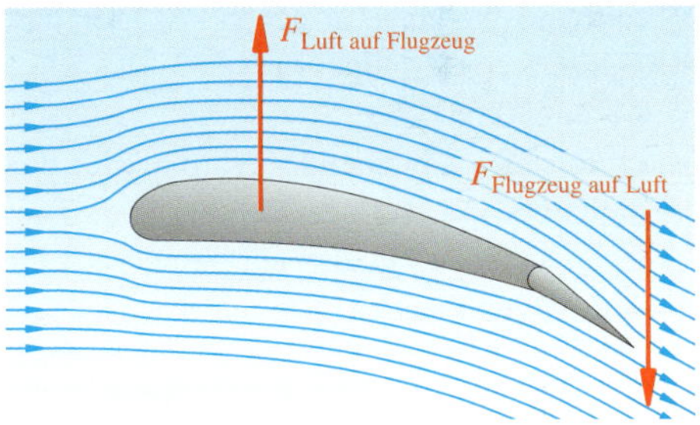

B 4: Querschnitt duch den Tragflügel eines Flugzeugs; die ihn umströmende Luft wird etwas nach unten abgelenkt.

... noch mehr Aufgaben

A 1: Oft hört man als Wechselwirkungsgesetz: Aktionskraft = Reaktionskraft oder kürzer: actio = reactio. Ergänzen Sie diese Aussage so, dass eine Verwechslung mit Gleichgewichtskräften unmöglich ist.

A 2: Jemand springt aus einem Boot ans Ufer. Wo greifen actio und reactio an? Welche Wirkungen haben sie jeweils?

A 3: In *Bild 2b* ist die Gegenkraft $F_{\text{A auf Z}}$ zu $F_{\text{Z auf A}}$ nicht eingezeichnet. Wo greift sie an? Welche Richtung hat sie und wie groß ist sie? Hat sie eine Gleichgewichtskraft? Wodurch entsteht diese?

A 4: Sie hängen an einem Reck. Welche Wechselwirkungskräfte wirken? Wo tritt Gleichgewicht auf? Wie ist es nach dem Loslassen?

A 5: Ein Esel vor einem Karren sturt: „Wenn ich an dem Karren ziehe, zieht er genau so stark an mir. Wie soll ich ihn dann in Bewegung setzen?“ Was würden Sie ihm antworten?

A 6: Sie stehen im Aufzug auf einer Waage. Er fährt nach oben. Diskutieren Sie actio, reactio und Gleichgewichtskräfte.

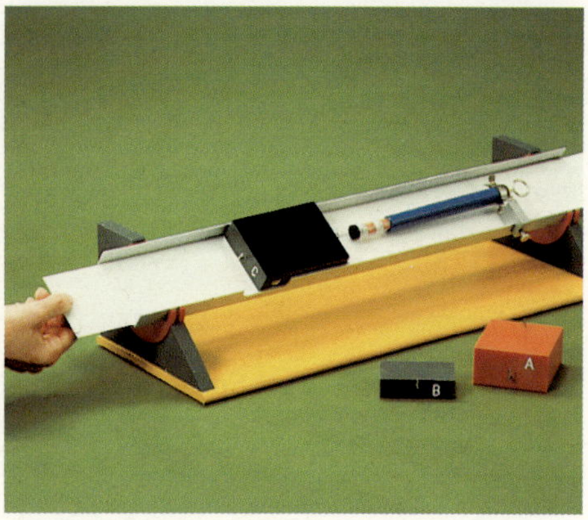

V 1: a) Wir legen einen Quader auf ein Fließband und ziehen dieses unter ihm weg. (Wenn wir den Quader über die Unterlage ziehen, können wir beschleunigende Kräfte am Körper nicht ganz vermeiden.) Ein Kraftmesser hält den Körper und zeigt so die Gleitreibungskraft F_{gl} an. Der Versuch wird mit verschiedenen Geschwindigkeiten des Bandes wiederholt.

b) Wir pressen den Körper nun unterschiedlich stark gegen seine Unterlage. Die Normalkraft F_N wird erhöht durch Auflegen von Wägestücken auf den Quader. F_N wird verkleinert, indem wir dem Fließband und damit der Unterlage (wie im Bild) eine seitliche Neigung φ geben. Es gilt dann $F_N = G \cdot \cos\varphi$. Für $\varphi = 60°$ ist $F_N = G \cdot \cos 60° = G/2$.

c) Bei gleich bleibender Normalkraft wird die Größe der Auflagefläche variiert. Dazu legen wir den Quader auf seine verschieden großen Flächen.

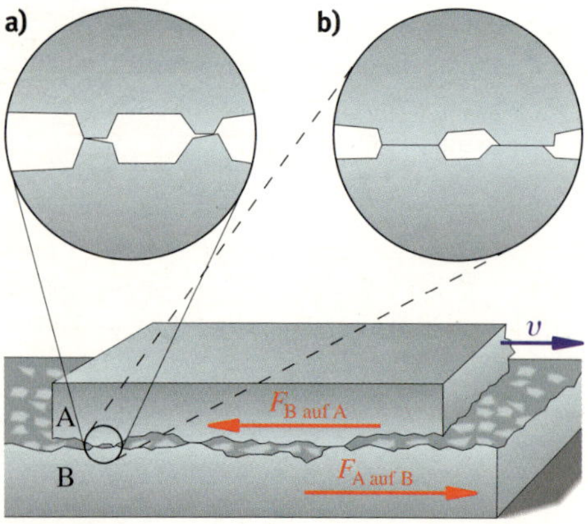

B 1: a) Mikroskopisch feine Kontaktflächen erzeugen die Reibungskräfte **b)** Bei größerer Normalkraft sind die Kontaktbereiche flacher gepresst und damit größer

Reibung

1. Gleitreibung liefert die Bremskraft

Sie müssen bei voller Fahrt plötzlich bremsen. Die Räder drehen sich nicht mehr, sondern gleiten über die Straße. Steinchen „spritzen" nach vorn. Ihr Rad übt auf die Straße eine Kraft nach vorne aus – so wie Körper A auf Körper B in ➡ *Bild 1*. Die reactio der Straße ($F_{B\ auf\ A}$) wirkt als *Gleitreibungskraft* der Gleitbewegung Ihres Rades entgegen.

Wenn Sie sanfter bremsen, tritt Gleitreibung an anderer Stelle auf, nämlich zwischen Bremsbacken und Felge. Dabei beobachtet man: Die Gleitreibungskraft ist umso größer, je stärker die Bremsbacken gegen die Felge gedrückt werden.

2. Gleitreibungskraft ist berechenbar

Wir wollen es genauer wissen und messen dazu in ➡ *Versuch 1* die Gleitreibungskraft bei unterschiedlichen Geschwindigkeiten, verschiedenen Anpresskräften und verschieden großen Kontaktflächen. Wir finden teilweise überraschende Ergebnisse:

- Die Gleitreibungskraft F_{gl} ist von der Relativgeschwindigkeit zwischen den beiden aneinander reibenden Flächen fast unabhängig. Bei schneller Bewegung sinkt F_{gl} etwas.
- Wird die Normalkraft n-fach vergrößert, dann auch die Gleitreibungskraft. Der Betrag der Gleitreibungskraft ist also proportional zum Betrag der Normalkraft:

$$F_{gl} = f_{gl} \cdot F_N \qquad (f_{gl} \text{ ist die Gleitreibungszahl}).$$

- Bei gleicher Normalkraft hängt die Gleitreibungskraft kaum von der Größe der reibenden Flächen ab, wohl aber von deren Beschaffenheit.

3. Mikroskopische Erklärung – eine mögliche Theorie

Selbst sorgfältig polierte Stahlflächen zeigen unter dem Mikroskop noch deutliche Unebenheiten (ähnlich ➡ *Bild 1*). Man erkennt in ➡ *Bild 1a*, dass die wahre, mikroskopische Berührfläche deutlich kleiner ist als die makroskopisch gemessene Fläche. An diesen wahren Mikrokontaktflächen sind die Moleküle der beiden Körper so nahe beieinander, dass manche „Höcker" miteinander verschweißen (*Adhäsion*). Zieht man nun Körper A über Körper B hinweg, so müssen dauernd solche winzigen Verschweißungen aufgebrochen werden, dauernd entstehen wieder neue. Es ergeben sich auch bleibende Verformungen vorstehender „Höcker". So kommt es zur Gleitreibungskraft.

Bei größerer Normalkraft werden die Höckeroberflächen stärker verformt (➡ *Bild 1b*), die Größe der Kontaktflächen wächst dabei etwa proportional zur Normalkraft. Mit dieser tatsächlichen Kontaktfläche muss deshalb auch die Gleitreibungskraft steigen.

4. Haften – „Reibung“ ohne Rutschen

Wir ziehen vorsichtig mit einem Kraftmesser an einem Klotz. Der Klotz bewegt sich nicht. Die an ihm – und damit am Tisch – angreifende Kraft wird größer, aber in gleichem Maße wächst die reactio, die den Klotz zurückhält. Es ist die *Haftkraft* zwischen Klotz und Tischplatte. Sie erreicht bald ihren größten Wert (*Bild 2a*), wir nennen sie dann die maximale Haftkraft $F_{h,\,max}$. Ziehen wir noch etwas stärker, so beginnt der Klotz zu gleiten. Dabei geht die Reibungskraft auf $F_{gl} < F_{h,\,max}$ zurück (*Bild 2b*).

Mit dem Versuchsaufbau von *Versuch 1* finden wir die gleichen Gesetzmäßigkeiten wie bei der Gleitreibungskraft. Nur die Konstante hat (im Allgemeinen) jetzt einen größeren Zahlenwert:

$$F_{h,\,max} = f_h \cdot F_N. \qquad (f_h \text{ ist die Haftzahl}; f_h > f_{gl})$$

Wir müssen annehmen, dass beim Haften die gleichen Adhäsionskräfte wirken wie beim Gleiten. Aber offenbar wirken sie sich beim Gleiten bei den meisten Stoffen weniger stark aus (*Tabelle 1*).

Eine für medizinische Anwendungen sehr günstige Kombination ist das Stoffpaar Stahl auf Teflon, einem besonders harten und glatten Kunststoff. Man wählt sie z. B. für Hüftprothesen (*Bild 3*). Haftzahl und Gleitreibungszahl sind klein und gleich, sodass weder die Bewegung, noch der Beginn der Bewegung als unangenehm empfunden wird.

5. Die Rollreibung ist sehr klein

Eine noch geringere Zugkraft als beim Gleiten genügt, wenn wir runde Bleistifte zwischen Klotz und Tisch legen (*Bild 2c*). Die jetzt wirkende *Rollreibungskraft* ist die kleinste der drei beschriebenen Reibungskräfte. Bei trockenen Berührflächen ergibt sich deshalb meist eine klare Rangfolge: $F_h > F_{gl} > F_{roll}$.

Haft- und Gleitreibungskräfte können durch Schmieren oder Ölen deutlich verringert werden. Die für trockene Berührflächen gefundenen Gesetze gelten dann aber nicht mehr, da Adhäsionskräfte zwischen Mikrokontaktflächen entfallen.

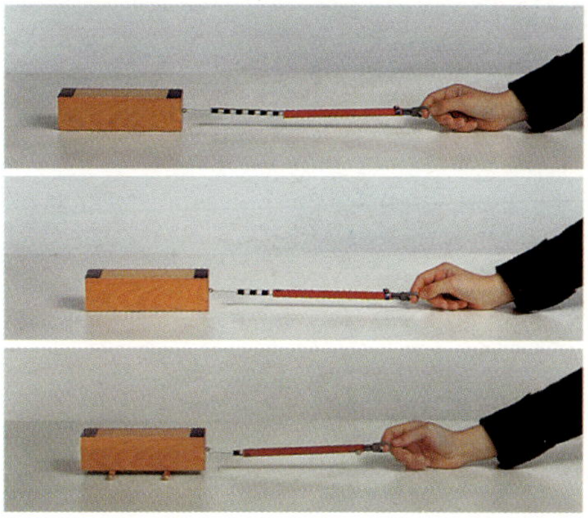

B 2: Hier gilt $F_{h,\,max} > F_{gl} > F_{roll}$

Stoffpaar	f_h	f_{gl}
Stahl/Stahl (trocken)	0,15	0,05
Stahl/Teflon	0,04	0,04
Holz/Holz	≤0,6	≤0,5
Holz/Stein	0,7	0,3
Gummi/Straße	0,65	0,5
Schlittschuh/Eis	0,03	0,01

T 1: Haftzahlen f_h und Gleitreibungszahlen f_{gl}

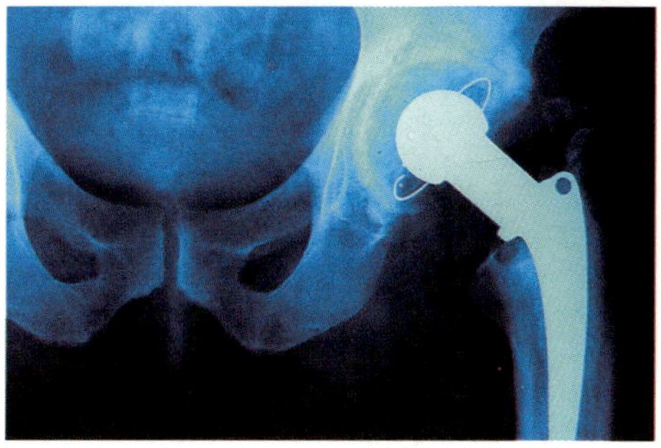

B 3: Künstliches Hüftgelenk; Teflon auf Stahl – eine Kombination, die im Reibungsverhalten dem natürlichen Gelenk nahe kommt.

... noch mehr Aufgaben

A 1: Erklären Sie nach dem mikroskopischen Modell der Gleitreibungskraft, warum die makroskopische Flächengröße praktisch keinen Einfluss auf die Größe der Reibungskraft hat.

A 2: Eine Geige und ein nicht geöltes Türscharnier haben physikalisch etwas gemeinsam (nicht den Hörgenuss!). Warum ölt man das Scharnier, nicht aber den Geigenbogen?

A 3: Nennen Sie Beispiele, bei denen das Schmieren von Berührflächen positive Auswirkungen hat. Suchen Sie auch Beispiele für negative Folgen.

A 4: Welche Kraft braucht man mindestens, um einen Stahlquader der Masse $m = 1{,}5$ kg auf einer waagerechten Stahlplatte in Bewegung zu setzen? Welche Kraft wird benötigt, um ihn gleitend zu ziehen?

A 5: Welchen Neigungswinkel muss man einer schiefen Ebene geben, damit ein auf ihr liegender Körper gerade zu gleiten beginnt ($f_h = 0{,}6$; $f_{gl} = 0{,}45$)? Gleitet er anschließend mit konstanter Geschwindigkeit oder beschleunigt er weiter? Wie groß muss der Neigungswinkel sein, damit der Körper nach einem Stoß nicht mehr schneller wird? Spielt die Masse des Körpers eine Rolle?

Interessantes

Verkehrsphysik II

Beschleunigung beim Bremsen

Zum Abbremsen aus einer (positiven) Geschwindigkeit werden (negative) Kräfte benötigt. Wie groß sie sein müssen, hängt von der Masse des abzubremsenden Körpers und von der gewünschten (negativen) Beschleunigung ab.

Fragen wir uns also einmal, welche Beschleunigungswerte beim Bremsen auftreten können. Wir wissen, dass die Beträge von maximaler Haftkraft und Gewichtskraft proportional sind: $F_{h,\,max} = f_h \cdot G$. Der Proportionalitätsfaktor f_h ist die Haftzahl. Für einen Gummireifen bei trockener Fahrbahn beträgt sie etwa 0,65. $F_{h,\,max}$ ist die maximal erreichbare Haftkraft, sie gilt für gerade noch nicht rutschende Räder. Damit ist der maximal mögliche Betrag der Beschleunigung:

$$|a| = \frac{F_{h,\,max}}{m} = \frac{f_h \cdot G}{m} = \frac{f_h \cdot m \cdot g}{m} = f_h \cdot g$$

$$= 0{,}65 \cdot 9{,}81\,\frac{\text{N}}{\text{kg}} = 6{,}4\,\frac{\text{m}}{\text{s}^2}.$$

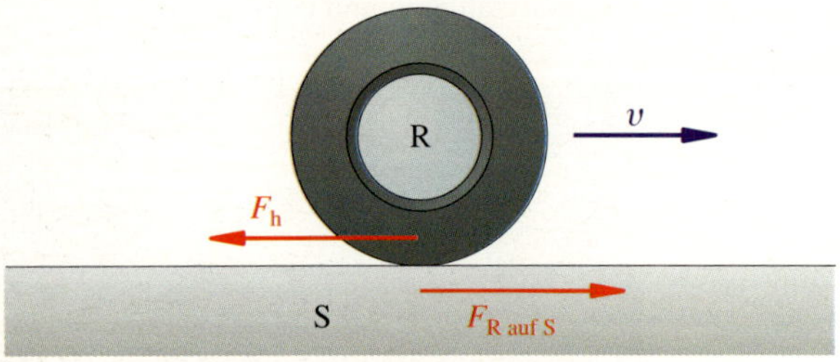

B 1: Actio ($F_{R\,auf\,S}$) und reactio (F_h) beim Bremsen

Die Haftkraft ist keine Komponente der Gewichtskraft, deshalb ist ihre Richtung auch nicht durch diese vorgegeben. Sie ergibt sich erst als reactio (Straße auf Rad) bei der gegenseitigen Bewegung von Straße und Auto (➠ *Bild 1*). Beim Bremsen ist sie der Bewegungsrichtung entgegengesetzt. Führt die Bewegung in positive Richtung, gilt somit für den Beschleunigungswert: $a = -6{,}4$ m/s².

Kräfte beim Bremsen

Mit der ermittelten Beschleunigung müssen – so wie das Fahrzeug – auch die Insassen abgebremst werden. Bei einer Körpermasse von 70 kg bedeutet dies eine Kraft von $F = m\,a = 70\text{ kg} \cdot (-6{,}4\text{ m/s}^2) = -448\text{ N}$ gegen die Bewegungsrichtung. Dies ist betragsmäßig weniger als die Gewichtskraft, also werden Arme und Beine den Körper abstützen können, ohne dass etwas passiert. Für diesen Fall ist der Sicherheitsgurt offenbar noch nicht gedacht.

Brems- und Anhalteweg

Wir vergleichen die Anhaltewege zweier Fahrzeuge A und B. Fahrzeug B fährt doppelt so schnell wie A ($v_A = 36$ km/h). Beide müssen in einer Notsituation stark bremsen.

In der ersten „Schrecksekunde“ $t_0 = 1$ s fährt Fahrzeug A noch mit der Geschwindigkeit v_A weiter, also noch um die Strecke

$$s_{0A} = v_A\,t_0 = 36\text{ km/h} \cdot 1\text{ s} = 10\text{ m/s} \cdot 1\text{ s} = 10\text{ m}.$$

Mittlerweile hat der Fahrer in die Bremsen getreten. Die Bewegung ist jetzt gleichmäßig beschleunigt mit $a = -6{,}4$ m/s². Als Bremsweg (➠ *Bild 2*) ergibt sich $s_A = \frac{1}{2}\,v_A\,(t_1 - t_0)$. Für die Beschleunigung gilt

$$a = \frac{0 - v_A}{t_1 - t_0},\text{ also } t_1 - t_0 = \frac{v_A}{-a} \text{ und deshalb:}$$

$$s_A = \frac{1}{2} \cdot v_A \cdot \frac{v_A}{-a} = \frac{1}{2} \cdot \frac{v_A^2}{-a} = \frac{1}{2} \cdot \frac{(10\text{ m/s})^2}{-(-6{,}4\text{ m/s}^2)} = 7{,}8\text{ m}.$$

Der gesamte Anhalteweg ist nun:

$$S_A = s_{0A} + s_A = 10\text{ m} + 7{,}8\text{ m} = 17{,}8\text{ m}.$$

Fahrzeug B kommt vielleicht nicht mehr mit dem Schrecken davon. Sein „Schrecksekundenweg“ ist doppelt so lang, sein Bremsweg (v geht quadratisch ein) sogar viermal so lang! So ergibt sich als Anhalteweg von B:

$$S_B = s_{0B} + s_B = 20\text{ m} + 31{,}2\text{ m} = 51{,}2\text{ m}.$$

Dies ist dramatisch mehr als bei Fahrzeug A!

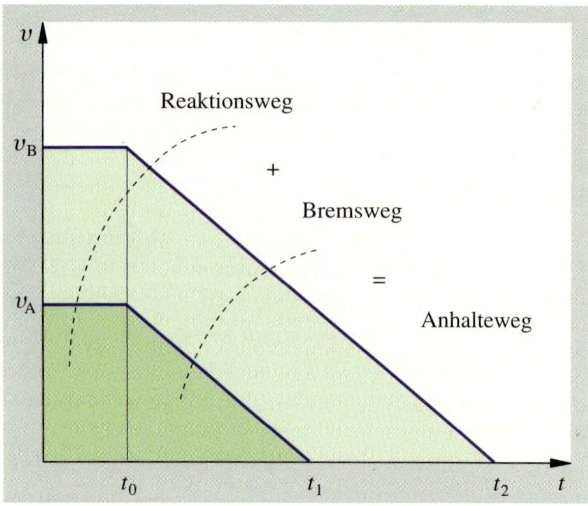

B 2: Der Schrecksekundenweg wächst linear mit der Geschwindigkeit, der Bremsweg sogar quadratisch

Interessantes

ABS – ein Freibrief für schnelles Fahren?

Kurz nach Einführen des „**A**nti-**B**lockier-**S**ystems“ ABS bei Personenkraftwagen stiegen die Unfallzahlen gerade bei den hiermit ausgerüsteten Autos an. Lag ein Missverständnis vor?

ABS sorgt durch Sensoren dafür, dass beim Bremsen stets die Haftkraft Rad – Straße wirkt (➠ *Bild 3*). Diese ist immer größer als die dortige Gleitreibungskraft bei blockierten Rädern (➠ *Tabelle 1*). Dennoch ist Vorsicht geboten, denn die Haftkraft ist nicht immer gleich, sie hängt von der Straßenbeschaffenheit ab. Bei Glatteis ist deshalb der Betrag der maximalen Bremskraft nur noch weniger als ein Sechstel der Bremskraft bei trockener Straße. Was für die Bremskraft gilt, gilt auch für die Bremsbeschleunigung. Statt $-6{,}4\ \text{m/s}^2$ beträgt sie bei Glatteis nur noch $-0{,}98\ \text{m/s}^2$. Der eben berechnete Bremsweg für Auto A wächst deshalb von 7,8 m (bei trockener Straße) auf 51 m bei Glatteis an – trotz ABS! Viele Fahrer und Fahrerinnen glauben, mit ABS immer kurze Bremswege erreichen zu können – dies ist ein (gefährliches) Missverständnis!

Dennoch hat ABS Vorteile. Das Nichtblockieren erhält die Lenkfähigkeit der Vorderräder. Auch bei unterschiedlicher Bodenbeschaffenheit rechts und links (z. B. Ölspur) gerät das Fahrzeug nicht so leicht ins Schleudern, da jedes Rad sein eigenes ABS besitzt.

Stoffpaar	max. Haftzahl f_h	Gleitreibungszahl f_{gl}
Stahl auf Stahl	0,15	0,05
Holz auf Stein	0,7	0,3
Schlittschuh auf Eis	0,03	0,01
Gummi auf Straße	0,65	0,5
Autoreifen:		
trocken	0,65	0,5
nass	0,4	0,3
Glatteis	0,1	0,05

T 1: Haftzahlen f_h und Gleitreibungszahlen f_{gl}

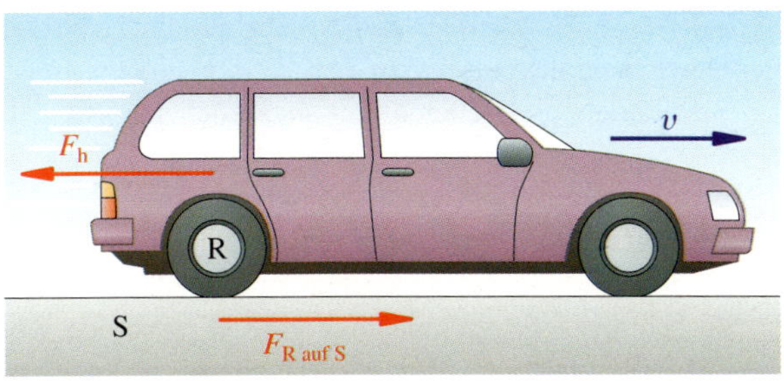

B 3: Die Reibungskraft, mit der die Straße auf die Räder wirkt, ist die Bremskraft für das Auto. ABS sorgt für Haftreibung, aber auch diese kann klein sein.

A 1: Der Fahrer eines Unfallwagens behauptet, sich an die vorgeschriebene Höchstgeschwindigkeit von 70 km/h gehalten zu haben. Da der Wagen mit blockierten Rädern gebremst wurde, kann der Gerichtsgutachter eine Bremsspur am Unfallort vermessen ($s = 62$ m). Aus der Straßenbeschaffenheit zum Unfallzeitpunkt schließt er auf eine Gleitreibungszahl von $f_{gl} = 0{,}5$. **a)** Bestimmen Sie die Fahrzeuggeschwindigkeit. **b)** Wie groß war der gesamte Anhalteweg bei einer Reaktionszeit des Fahrers von 0,8 s?

A 2: Ein Auto der Masse 800 kg wird durch Blockieren aller Räder gebremst. Wie groß sind die verzögernde Gleitreibungskraft ($f_{gl} = 0{,}50$), die Bremsbeschleunigung, die Bremszeit und der Bremsweg bei $v_0 =$ 30 km/h bzw. 50 km/h auf waagerechter Straße?

A 3: Die folgende Fahrschulregel gibt den Bremsweg in Metern: „Man streiche vom Zahlenwert der in km/h angegebenen Geschwindigkeit die Null und multipliziere das Ergebnis mit sich selbst“. Bringen Sie diese Regel mit der hergeleiteten Formel $s = \frac{1}{2}\, v^2/(-a)$ in Einklang! Für welche Bremsbeschleunigung gilt sie? Beispiel: Bei $v_0 = 70$ km/h wäre nach der Faustregel der Bremsweg $7 \cdot 7$ m = 49 m.

A 4: Ein Auto bremst auf waagerechter Straße ($f_{gl} = 0{,}5$) bei $v_0 = 90$ km/h. **a)** Welche Geschwindigkeit hat es noch nach 2 s? Welchen Weg hat es dann zurückgelegt? **b)** Der Fahrer möchte – im Anblick eines Radarwagens – schnell von 90 km/h auf 50 km/h abbremsen. Wie lange und welche Strecke braucht er hierzu?

A 5: Skizzieren Sie in Diagrammen: **a)** Die Bremskraft F als Funktion des Bremsweges s bei immer der gleichen Anfangsgeschwindigkeit v_0. **b)** Den Bremsweg s als Funktion von v_0 bei konstanter Bremskraft!

A 6: Ein Auto fährt mit 54 km/h. Plötzlich taucht in 36 m Abstand ein Hindernis auf. Der Fahrer bremst und prallt 4 s später auf. **a)** Zeichnen Sie ein t-v-Diagramm. **b)** Wie groß war die Aufprallgeschwindigkeit? **c)** Wie groß war die Bremsbeschleunigung?

A 7: Die Schweiz schreibt vor, dass auf ihren unbefestigten Gebirgsstraßen der Bremsweg bei der Talfahrt unter 6 m liegen muss. Mit welcher Geschwindigkeit darf man also höchstens zu Tal fahren, wenn das Gefälle 18° beträgt und die Gleitreibungszahl auf 0,4 gesunken ist (Rollsplitt!)?

Interessantes

Crash

Der nicht zu wünschende Fall:

Bei allen Unfällen mit Zusammenstößen entsteht ein gefährlich stark verkürzter Bremsweg – selbst im Vergleich zur Vollbremsung. Welche Gefahren daraus resultieren, wollen wir an einigen unfalltypischen Beispielen belegen.

Wir haben für den Bremsweg hergeleitet: $s = \frac{1}{2}\,v^2/(-a)$. Umgekehrt lässt sich nun aus bekanntem Bremsweg und bekannter Anfangsgeschwindigkeit rückwirkend die Bremsverzögerung berechnen:

$$a = -\frac{v^2}{2}s.$$

Nehmen wir einmal an, Sie führen mit einer Geschwindigkeit von $v = 50$ km/h gegen einen Baum (es gibt nicht wenige, die dies für ungefährlich halten). Das Auto würde nach kurzer Zeit stehen. Ohne Gurt „fahren" Sie jedoch zunächst fast ungebremst weiter. Während der Wagen schon zerknautscht ist, sind Sie gerade am Armaturenbrett angelangt. Dann erst beginnt für Sie der Bremsvorgang, aber es bleiben Ihnen nur noch $s \approx 5$ cm als Bremsweg! Die Bremsbeschleunigung ist $a = -v^2/(2s) \approx -2\,000\ \text{m/s}^2$. Dies gibt bei einer Körpermasse von 70 kg eine Kraft vom Betrage $1{,}4 \cdot 10^5$ N. Eine solche Kraft ist im Allgemeinen tödlich! Schlägt Ihr Kopf an den Dachrahmen (➠ *Bild 1*), dann mit solcher Geschwindigkeit, als ob Sie aus dem 3. Stock mit dem Kopf voraus aufs Straßenpflaster fallen würden! Legen Sie also den Gurt auch bei Fahrten in der Stadt an!

B 1: Das Testauto steht, aber der Dummy knallt mit ungebremster Geschwindigkeit gegen Dachrahmen und Frontscheibe

Knautschzone und Gurt können Leben retten

Der eben geschilderte Unfall kann Ihnen passieren. Sie sitzen neben einem Fahrer, der bei „nur" 50 km/h gegen einen Baum fährt. Aber der Fahrer und Sie haben sich angeschnallt – das ist ihr Beitrag zur passiven Sicherheit. Die Autokonstrukteure haben noch mehr getan: Das Vorderteil des Wagens wird – als Knautschzone vorausberechnet – um etwa 60 cm zusammengedrückt (vgl. ➠ *Versuch 1*). Ihr Gurt dehnt sich zusätzlich um 20 cm (➠ *Bild 2*). Also ist Ihr Bremsweg $s \approx 0{,}8$ m. Sie erfahren die Beschleunigung $a = -v^2/(2s) = -120\ \text{m/s}^2$. Ihr Brustkorb muss die verzögernde Kraft $F = m\,a = -70\ \text{kg} \cdot 120\ \text{m/s}^2 = -8\,400$ N aushalten. Dies ist mehr als die zwölffache Gewichtskraft; eine kurze Zeit kann man sie ertragen. Sie überleben – vielleicht mit angebrochenen Rippen.

Motorradfahrern hilft wenigstens der Helm

Ihr Sturzhelm hat nicht nur die Aufgabe, den Schädelbereich vor spitzen Gegenständen und Abschürfungen zu schützen. Er verteilt auch eine einwirkende Kraft auf eine größere Fläche A. Dann wird der Druck $p = F/A$ kleiner. Bei einem Sturz vergrößert er zudem den Bremsweg von vielleicht 1 mm bei direktem Aufprall auf etwa 10 mm.

Interessantes

Ein Crashtest überprüft die geplante Wirkung

Zur Erforschung von Knautschzonen und anderen konstruktiven Sicherheitsmaßnahmen werden Testunfälle im Labor durchgeführt. Testperson ist ein „Dummy", ausgerüstet mit Beschleunigungssensoren für *x*-, *y*- und *z*-Richtung. Nach genormtem Verfahren werden die drei Messkurven zu einer Standardkurve zusammengefasst:

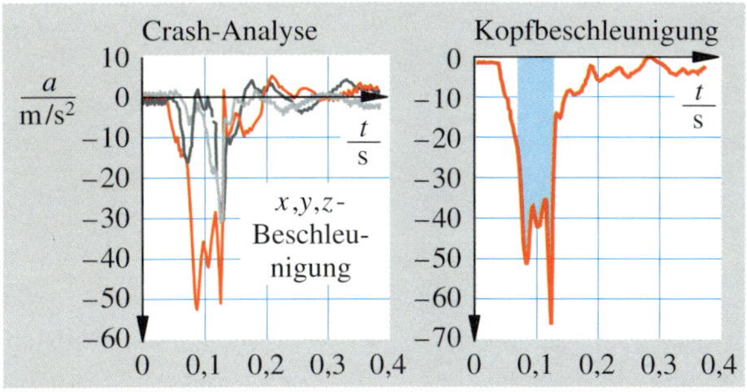

Uns fällt auf, dass die Kurve etwas breit gezogen ist und dazu noch einzelne Zacken aufweist. Wir ahmen den Versuch im Schullabor nach (*Versuch 1*)

Der Kopf braucht besonderen Schutz

Der Kopf kann nicht angeschnallt werden. Beim Crash fliegt er aufgrund seiner Trägheit ungehindert weiter. Dabei werden Bänder und Muskeln der Halswirbelsäule stark überdehnt, schließlich schlägt der Schädel noch auf das Lenkrad und wird erst dort mit riesigen Kräften gebremst: Schwerste Verletzungen sind die Folge. Um dies zu vermeiden, haben Techniker die zusammenschiebbare Lenksäule und den Airbag entwickelt. Dieser wird im Kollisionsfall schlagartig (*Bild 2*) mit Treibgas gefüllt und liefert so eine etwa 30 cm lange Bremsstrecke für den Kopf. Wird man selbst von hinten angefahren, sorgt die Kopfstütze dafür, dass Kopf und Körper gleich stark beschleunigt werden; die Halswirbelsäule wird geschont.

V 1: Ein Laborwagen mit Zusatzmasse (insgesamt 450 g) fährt eine schiefe Ebene hinunter. Die auftretende Beschleunigung wird mittels Bewegungsmesswandler und Computer aufgezeichnet. Im Fall **a)** lassen wir den Wagen gegen eine feste Wand prallen. Es entsteht eine kurzzeitige, starke Beschleunigung. Im Fall **b)** bilden wir vor der Wand eine Knautschzone nach. Dazu rollen wir ein Stück Schreibpapier (etwa 10 cm × 10 cm) etwas zusammen. Zuvor haben wir es zerknüllt; dies entspricht den im Autobau üblichen vorbestimmten Blechfalten. Wir lassen nun den Wagen erneut aufprallen. Das rechte Diagramm in *Bild 3* zeigt, dass der Betrag der Bremsbeschleunigung jetzt im Mittel kleiner ist. Die Bremskraft verteilt sich auf einen längeren Zeitraum. Da die Kraft beim Zusammenschieben des Papiers etwas wechselt, entstehen während dieser Zeit unterschiedliche Beschleunigungsspitzen.

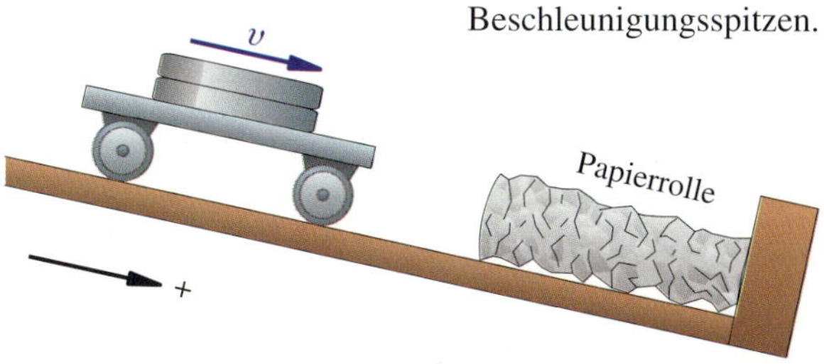

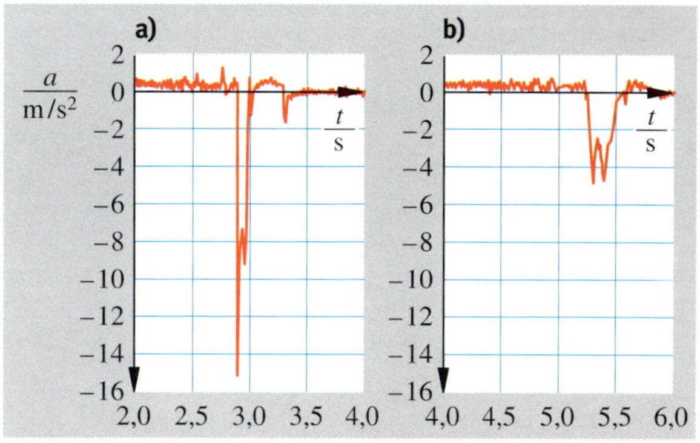

B 3: a) Aufprall ohne Knautschzone **b)** mit Knautschzone

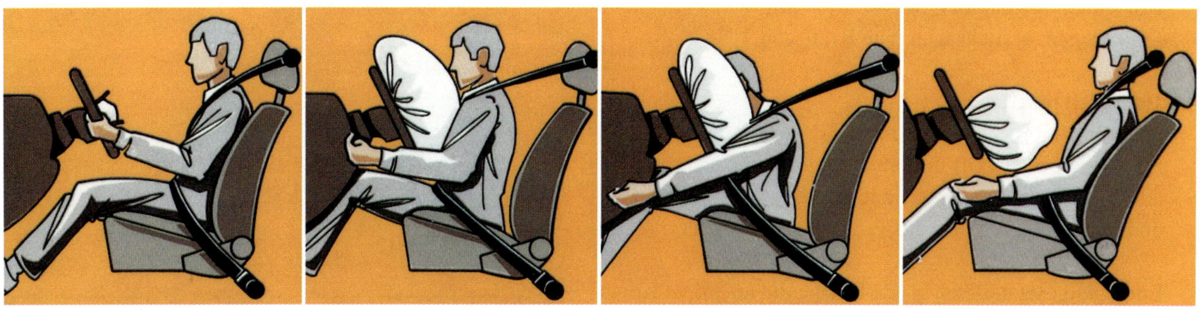

B 2: Nach 30 ms zündet der Airbag | Nach etwa 55 ms hat sich der Airbag aufgebläht | Knapp 90 ms: Die Person wird „weich" abgebremst | 150 ms: Der Aufprall ist glücklich überstanden

Das ist wichtig

Im Jahre 1686 formulierte Isaac NEWTON in seinem Buch *„Philosophiae naturalis principia mathematica"* vier Gesetze. Damals revolutionierten sie ein Weltbild. Heute haben sie eine große technische Bedeutung – insbesondere im Straßen-, Schienen- und Luftverkehr. Die Eroberung des Weltraums durch Satelliten und Raumfähren wäre ohne sie nicht denkbar.

Kräfte sind Vektoren

Kräfte werden durch Betrag *und* Richtung beschrieben. Mehrere an einem Körper angreifende Kräfte ersetzt man durch deren Resultierende F_{Res}. Eine einzelne an einem Körper angreifende Kraft kann man in Komponenten zerlegen. Das Zusammensetzen wie das Zerlegen von Kräften gehorcht der Parallelogrammregel der Vektoraddition. Liegen alle Kräfte auf einer Geraden, bestimmt man die Resultierende durch die Summe der mit Vorzeichen behafteten Kraft*werte*.

Das Trägheitsgesetz

Ein Körper ändert seinen Bewegungszustand nicht, wenn die auf ihn wirkende resultierende Kraft $F_{Res} = 0$ ist.

Diese einfache Weisheit – der geniale GALILEI fand sie zuerst – ist der Schlüssel zu einer systematischen Beschreibung von Kräften und Bewegungen.

Die Grundgleichung der Mechanik

Die auf einen Körper wirkende resultierende Kraft ist gleich dem Produkt aus Masse und Beschleunigung:

$$F_{Res} = m\,a.$$

Kraft und Beschleunigung haben die gleiche Richtung. Bei Bewegungen auf einer Geraden zeigt sich dies im gleichen Vorzeichen.

Größe, Form und Material der Körper spielen bei fehlender Rotation keine Rolle. Es genügt, ihre Masse zu kennen.

Um einen Körper der Masse 1 kg mit 1 m/s² zu beschleunigen, braucht man eine Kraft von 1 N.

Actio gleich reactio

Wirkt ein Körper A mit einer Kraft auf einen anderen Körper B, so wirkt B mit einer entgegengesetzt gerichteten, gleich großen Kraft auf Körper A zurück. Actio und reactio wirken also auf *verschiedene* Körper.

Entgegengesetzt gleich große Kräfte, die an *einem* Körper in einem Punkt angreifen, halten sich das Gleichgewicht. Solche Kräfte darf man nicht mit actio und reactio verwechseln.

Bewegungen – gezeichnet und berechnet

Fall I: Die Summe aller von außen am Körper angreifenden Kräfte ist null.

Kraft: $F_{Res} = 0$

Aus $F_{Res} = 0$ folgt $a = 0$. Es gibt keine Geschwindigkeitsänderung, also liegt eine **gleichförmige Bewegung** vor.

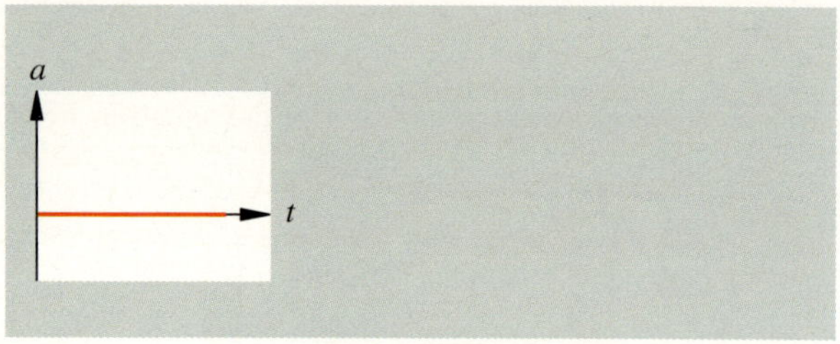

Beschleunigung: $a = 0$

Keine Änderung der Geschwindigkeit heißt Stillstand oder konstante Geschwindigkeit. Diese ist positiv, wenn die Bewegung in Richtung der von uns als positiv gewählten Ortsachse erfolgt. Die Fläche zwischen v-Kurve und t-Achse – mit Berücksichtigung des Vorzeichens – ist ein Maß für die Ortsänderung Δs.

Einige mögliche t-v-Diagramme:

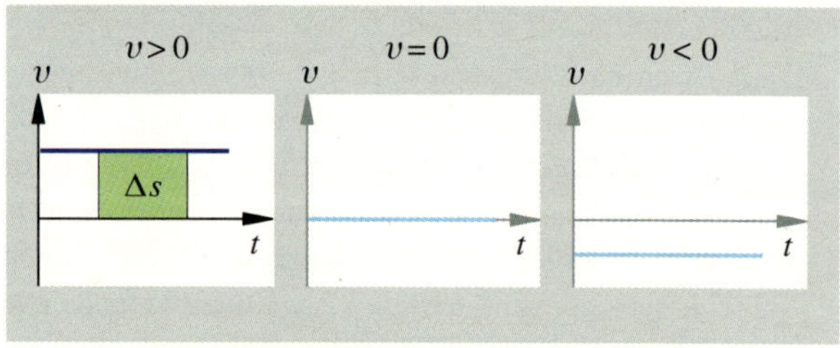

Geschwindigkeit: $v = v_0 =$ konst.

Die während einer gleichförmigen Bewegung zurückgelegten Strecken sind durch die Gleichung der t-s-Geraden bestimmt. Deren Steigung – wir finden sie aus dem Steigungsdreieck – entspricht der Geschwindigkeit:

$$v = \frac{\Delta s}{\Delta t}.$$

Einige mögliche t-s-Diagramme:

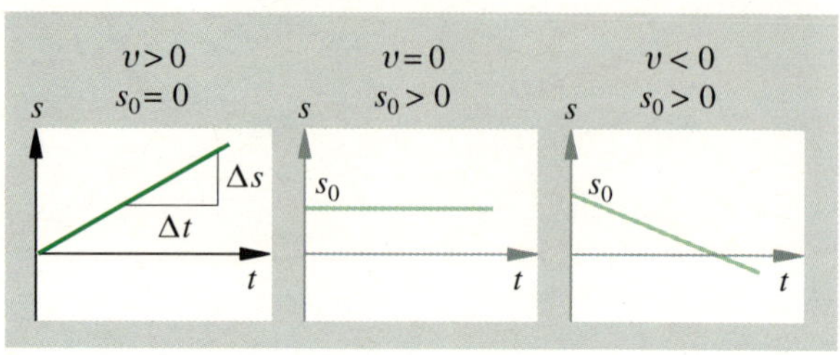

Ort: $s = v\,t + s_0$

Fall II: Die Summe aller am Körper angreifenden Kräfte ist ungleich null (aber konstant):

Kraft: $F_{Res} \neq 0$

Aus $F_{Res} \neq 0$ folgt $a \neq 0$. Die Geschwindigkeit ändert sich ständig. Bei konstanter Kraft liegt eine **gleichmäßig beschleunigte Bewegung** vor.

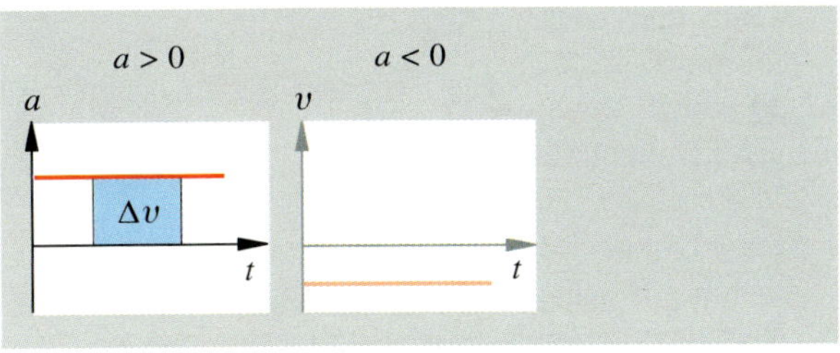

Beschleunigung: $a \neq 0$

Konstante Beschleunigung heißt konstante Geschwindigkeitsänderung. Diese ist positiv, wenn die Geschwindigkeit in der von uns als positiv gewählten Richtung zunimmt (links). Die Fläche zwischen *a*-Kurve und *t*-Achse – mit Berücksichtigung des Vorzeichens – ist ein Maß für die Geschwindigkeitsänderung. Alle während einer gleichmäßig beschleunigten Bewegung sich ergebenden Momentangeschwindigkeiten werden durch die Gleichung einer *t*-*v*-Geraden beschrieben. Deren Steigung entspricht der Beschleunigung:

$$a = \frac{\Delta v}{\Delta t}.$$

Einige mögliche *t*-*v*-Diagramme (im mittleren Diagramm ein Bremsvorgang):

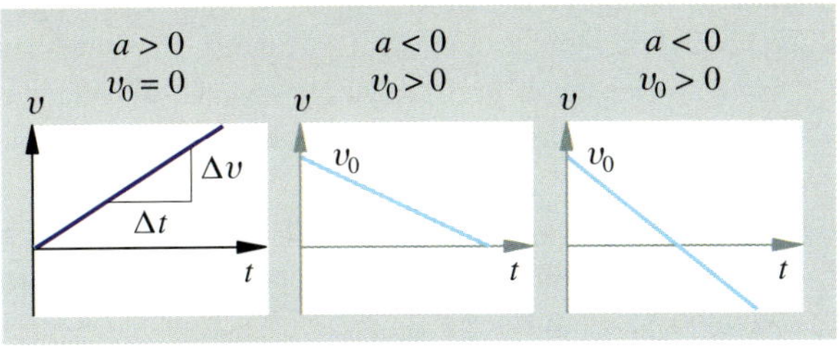

Geschwindigkeit: $v = a\,t + v_0$

Einige mögliche *t*-*s*-Diagramme (im mittleren Diagramm ein Bremsvorgang):

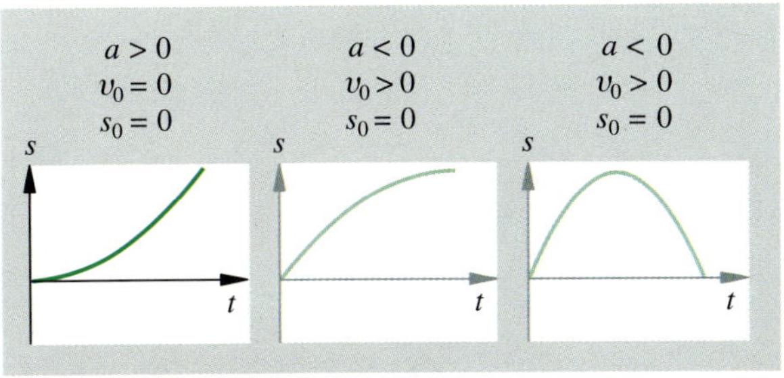

Ort: $s = \frac{1}{2} a\,t^2 + v\,t + s_0$

Kausalitätsprinzip

Nichts geschieht ohne Ursache, die gleiche Ursache ruft die gleiche Wirkung hervor. Anders ausgedrückt: *Kennst du den Ausgangszustand (Ort und Geschwindigkeit) und die Masse eines Körpers, so frage nach der Kraft, und du wirst den Endzustand vorhersagen können.*

Diese „Kausale Strategie" wenden wir in der gesamten klassischen Mechanik an, mit ihr lösen wir Aufgaben. Sie wird später – vor allem im Bereich der *Wärmelehre* – durch die Bilanzstrategie ergänzt. Die kausale Betrachtung findet ihre Grenzen in der *Quantenphysik*. Bei der Beschreibung von Einzelvorgängen im atomaren Bereich kann man sie nicht mehr durchgehend anwenden.

Beispiele

I. Zur gleichförmigen Bewegung

Ein Wagen bewegt sich *gleichförmig*.

Startwerte: $F_{Res} = 0$; $a = 0$;
$v(0\text{ s}) = v_0 = 4{,}8\text{ m/s}$;
$s(0\text{ s}) = s_0 = 0\text{ m}$.

Welche Werte haben Beschleunigung, Geschwindigkeit und Ort zum Zeitpunkt $t_1 = 12$ s?

Lösung: $\mathbf{a\,(12\,s) = 0}$, denn die Kraft ist immer noch null.
$\mathbf{v(12\,s) = 4{,}8\,m/s}$, denn ohne äußere Kraft kann sich die Geschwindigkeit des Körpers nicht ändern.

$s(t_1) = v\,t_1$, also $\mathbf{s\,(12\,s)} = 4{,}8\text{ m/s} \cdot 12\text{ s} = \mathbf{57{,}6\,m}$.

II. Zur gleichmäßig beschleunigten Bewegung

Am Wagen der Masse $m = 24$ kg greift die konstante Kraft $F_{Res} = -6$ N an. Der Wagen bewegt sich deshalb *gleichmäßig beschleunigt* gegen die als positiv gewählte Richtung.

Startwerte: $v(0\text{ s}) = 0{,}8\text{ m/s}$;
$s(0\text{ s}) = 0\text{ m}$.

Welche Werte haben Beschleunigung, Geschwindigkeit und Ort zum Zeitpunkt $t_1 = 10$ s?

Lösung: Aus $F = m\,a$ folgt

$a = F/m = -6\text{ N}/24\text{ kg} = -0{,}25\text{ m/s}^2$.

$\mathbf{a\,(10\,s) = -0{,}25\,m/s^2}$, denn die Kraft und damit die Beschleunigung bleiben konstant.

$\mathbf{v(t_1)} = a\,t_1 + v_0$, also

$\mathbf{v(10\,s)} = -0{,}25\text{ m/s}^2 \cdot 10\text{ s} + 0{,}8\text{ m/s} = \mathbf{-1{,}7\,m/s}$.

$s(t) = \frac{1}{2} a\,t^2 + v\,t$, also

$\mathbf{s\,(10\,s)} = \frac{1}{2} \cdot (-0{,}25\text{ m/s}^2) \cdot (10\text{ s})^2 + 0{,}8\text{ m/s} \cdot 10\text{ s}$
$= \mathbf{-4{,}5\,m}$.

Aufgaben

A 1: Zwei Kräfte von 20 N und 15 N greifen an einem Körper an: **a)** in gleicher Richtung, **b)** entgegengesetzt und **c)** unter einem Winkel von 90°. Bestimmen Sie jeweils die Resultierende.

A 2: Das Tauziehen ist schon merkwürdig. Mannschaft A zieht genauso stark an Mannschaft B wie umgekehrt. Erklären Sie, wieso diejenige Mannschaft gewinnt, die sich vom Boden stärker wegdrückt (z. B. mit 5 000 N, die andere Mannschaft mit –4 000 N).

A 3: **a)** Beschreiben Sie den Ablauf der Fahrt im folgenden *t*-*s*-Diagramm.

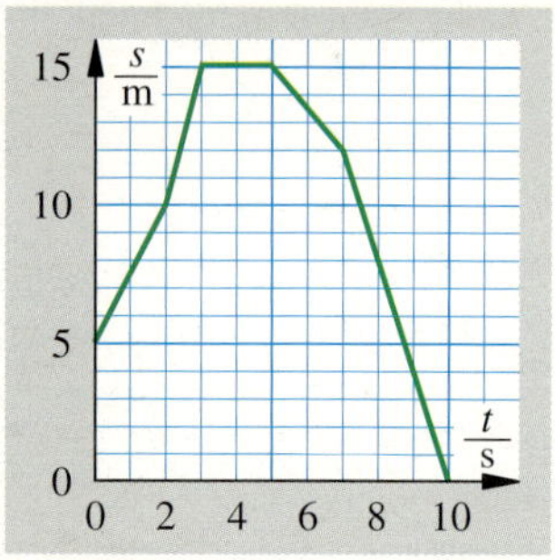

b) Übertragen Sie das *t*-*s*-Diagramm in Ihr Heft und zeichnen Sie das hierzu gehörende *t*-*v*-Diagramm. Berechnen Sie dazu vorher die Geschwindigkeitswerte in den einzelnen Zeitabschnitten.

A 4: **a)** Beschreiben Sie die Bewegung in den einzelnen Abschnitten des *t*-*v*-Diagramms! Wann wirkt eine (resultierende) Kraft auf den Körper? Bestimmen Sie ihre Richtung. **b)** Ermitteln Sie mithilfe des Diagramms durch Rechnung den am Ende erreichten Ort (s_0 = 0 m). **c)** Skizzieren Sie das zugehörige *t*-*s*-Diagramm!

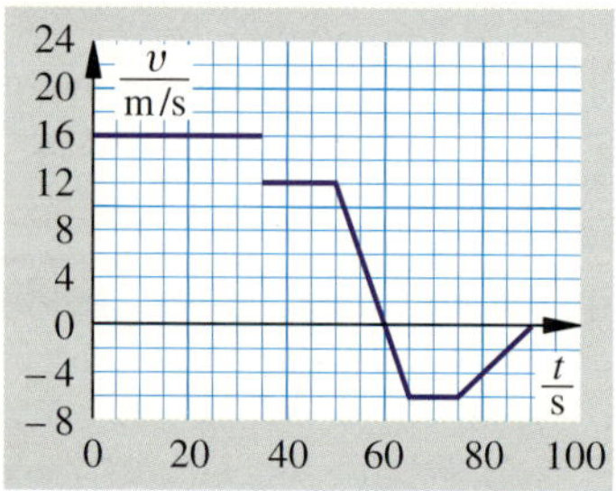

A 5: **a)** Kann ein Körper sich nach rechts bewegen, während er nach links beschleunigt wird? **b)** Ein Körper werde konstant beschleunigt. Kann sich die Richtung seiner Geschwindigkeit dabei umkehren?

A 6: Woran merkt man als Fahrgast, dass der Zug bremst? Was spürt man in einem anfahrenden Zug?

A 7: Die Tabelle enthält Messwerte von zwei Spielzeugautos, die nebeneinander herfahren. **a)** Übertragen Sie diese Werte in ein Diagramm (1 cm ≙ 1 s, 1 cm ≙ 0,1 m).

t/s	0	1	2	3	4	5	6	7
s_1/cm	0	6	14	20	26	34	40	47
s_2/cm	0	2	6	13	21	32	47	65

b) Zeichnen Sie eine Ausgleichsgerade bzw. -kurve. **c)** Bestimmen Sie die Geschwindigkeit der gleichförmigen Bewegung aus dem Diagramm wie auch aus den Tabellenwerten! **d)** Bestimmen Sie die als konstant angenommene Beschleunigung des zweiten Wagens. **e)** Wann befinden sich beide Wagen auf gleicher Höhe nebeneinander, wann haben sie gleiche Geschwindigkeit?

A 8: Zwei Körper der Masse 2 kg sind wie in der Zeichnung miteinander verbunden.

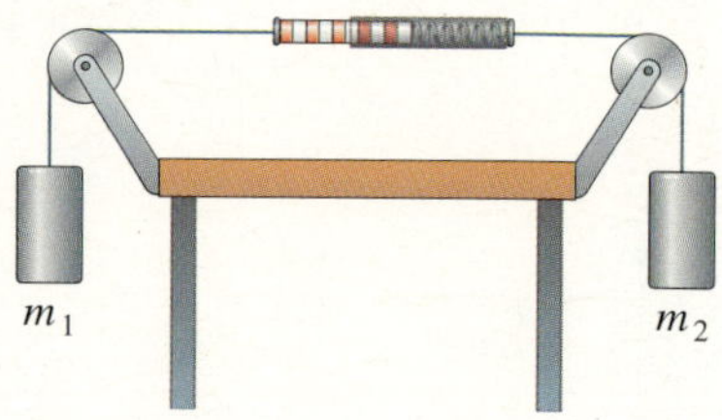

a) Welche Kraft zeigt der Federkraftmesser an? **b)** Körper 1 wird ersetzt durch ein Wägestück mit m_1 = 1,8 kg. Mit welcher Beschleunigung bewegt sich nun der „Zug“? Was zeigt der (masselose) Kraftmesser jetzt an?

A 9: Ein Transrapid beschleunigt auf einer Versuchsstrecke zwischen zwei Stationen zunächst mit a_1 = 0,95 m/s² aus der Ruhe, anschließend mit a_2 = –0,95 m/s² bis zum Stillstand. **a)** Zeichnen Sie ein *t*-*v*-Diagramm. **b)** Wie lange dauert die Fahrt bei einer Fahrstrecke von 5 km? **c)** Welche Höchstgeschwindigkeit wird erreicht? **d)** Auf der ersten Teilstrecke wird der Transrapid mit einer Kraft von *F* = 100 kN gezogen. Welche Masse hat er?

A 10: Die Mondrakete Saturn V hatte eine Startmasse von etwa $2{,}9 \cdot 10^6$ kg. **a)** Wie groß war die (noch nicht volle) Anfangsschubkraft der Raketenmotoren, als die Rakete nach der Zündung über der Rampe schwebte? **b)** Welche Schubkraft lag vor, als Saturn V kurz danach mit etwa 12 m/s² nach oben beschleunigt wurde?

A 11: **a)** Ein reibungsfreier Wagen (2,0 kg) setzt sich auf einem geneigten Brett mit der Beschleunigung *a* = 0,50 m/s² nach unten in Bewegung. Wie groß sind Hangabtriebskraft und Neigungswinkel? **b)** Wie groß ist die Beschleunigung bei einem dreifachen Neigungswinkel?

A 12: Ein Anhänger (1 000 kg) soll auf einer Straße bei 15° Neigung mit *a* = 1,0 m/s² bergauf gezogen werden. Welche Kraft ist nötig?

A 13: **a)** Ein Schrägaufzug (Neigung 30°) zieht einen Wagen (20 kg) eine Strecke von 10 m in 5 s aus der Ruhe heraus aufwärts. Welche Beschleunigung braucht er? **b)** Welche Masse muss der angehängte Körper haben, wenn die Reibungszahl *f* = 0,1 ist?

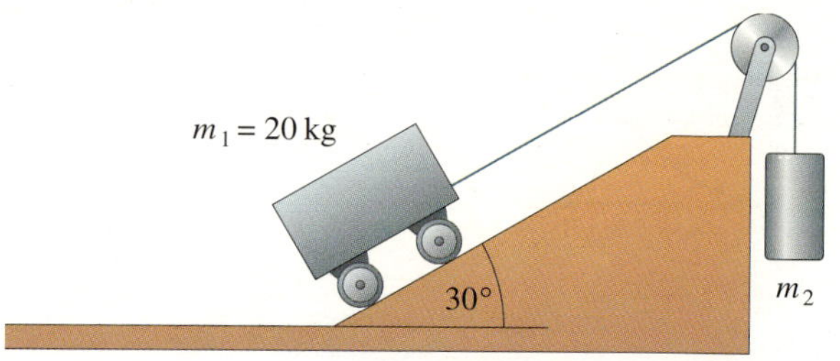

Fall- und Wurfbewegungen

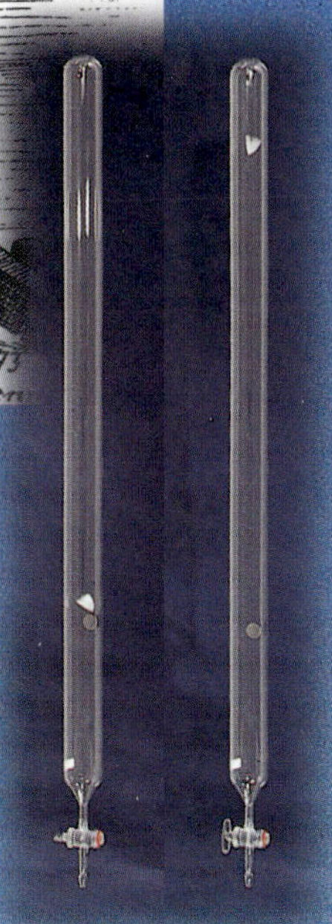

Kommt die Kanonenkugel zurück?

Wenn es mir gelingt, einen Stein *genau senkrecht* nach oben zu werfen, dann erwarte ich, dass er in meine Hand zurückkehrt. Darf ich wirklich so sicher sein? Müsste ich nicht berücksichtigen, dass sich die Erde dreht, dass sich meine Hand in jeder Sekunde mit der Erdoberfläche etwa 350 m nach Osten bewegt, während der Stein in der Luft ist?

Nach der Physik des ARISTOTELES, die das *Trägheitsgesetz* noch *nicht kannte*, wurde diese Überlegung als Argument gegen die tägliche Drehung der Erde um ihre Achse vorgebracht. Bei bewegter Erde dürfte die senkrecht nach oben geschossene Kanonenkugel auch bei Windstille nicht an den Ort des Abschusses zurückkehren. Die ersten Ansätze einer neuen Physik mussten also klarmachen, dass jeder Körper auf der Erde deren Bewegung mitmacht – und sogar beibehält, wenn keine Kraft auf ihn wirkt.

Die Kanonenkugel kommt zurück!
Die neue Physik hat diesen und manch anderen Widerspruch zu unseren Alltagsvorstellungen erst durch Versuche bewusst gemacht und dann aufgelöst.

Ein anderes Problem: Jedes Kind weiß, dass eine Bleikugel schneller zu Boden fällt als eine Flaumfeder. Der Grund scheint klar zu sein: Blei ist schwerer als Flaum. GALILEI hat diese durch Alltagserfahrung nahe gelegte Begründung in Frage gestellt und den wahren Grund aufgedeckt.

In einer Fallröhre mit und ohne Luft kann man Fallbewegungen unter vereinfachten Bedingungen beobachten. NEWTONS Physik liefert die dazu passende Theorie.

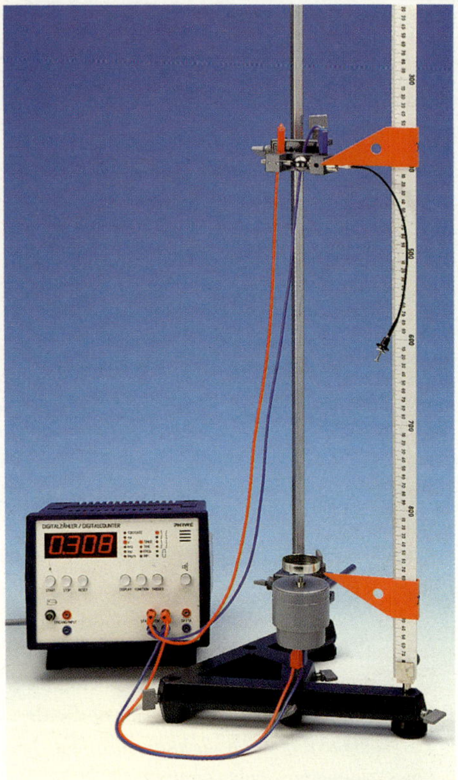

V 1: Die Stahlkugel wird im Auslöser eingeklemmt und schließt einen elektrischen Kontakt. Beim Freigeben der Kugel wird der Kontakt unterbrochen und damit die elektrische Uhr gestartet. Beim Aufprall stoppt der Schalter am Fangteller die Uhr. Die Null des nach unten gerichteten Maßstabs befindet sich in Höhe der Unterkante der startbereiten Kugel. An der Kontaktplatte wird der Fallweg abgelesen.

Fallweg s in m	Fallzeit t in s	Fallbeschleunigung g in m/s^2
0,20	0,201	9,90
0,40	0,286	9,78
0,80	0,404	9,80

T 1: Vorne stehen die Messergebnisse des *Versuchs 1*. – Es gilt $s = \frac{1}{2} g\, t^2$, daraus folgt die Fallbeschleunigung $g = 2\,s/t^2$. Für jedes Wertepaar (t, s) wird damit g berechnet. Der Mittelwert dieser Messungen ist $g = 9{,}83$ m/s^2. Genauere Messungen liefern für Europa den Mittelwert $g = 9{,}81$ m/s^2. Am Nordpol ist der Wert größer, am Äquator kleiner. – Auf dem Mond ergäbe die Auswertung von Fallversuchen den Wert $g_{\mathrm{Mond}} = 1{,}62$ m/s^2.

Der freie Fall

1. Mit Luftwiderstand fallen Körper langsamer

„Der Apfel fällt nicht weit vom Stamm" heißt es in einem unserer Sprichwörter. Obwohl es eigentlich anders gemeint ist, lässt es sich auch physikalisch deuten: Der Apfel fällt geradlinig senkrecht nach unten – viel schneller als die Blätter, die im Herbst zu Boden taumeln. Klar, ein Blatt ist ja viel leichter als ein Apfel; also muss es auch langsamer fallen – oder?

Physik verschafft sich für ihre Aussagen Gewissheit durch Experimente. Apfel und Blatt lassen sich leicht durch eine Metallkugel und ein Blatt Papier ersetzen. „Apfel" und Blatt werden gleichzeitig losgelassen und verhalten sich wie ihre Vorbilder in der Natur. Knüllt man aber das Papier vor dem Loslassen zu einer Kugel zusammen, so fallen beide auf dem ersten Meter etwa gleich. Keiner wird sagen, dass das Papier durch das Zusammenknüllen schwerer geworden ist. – Also?

Das Experiment mit der Kugel und dem geknüllten Papier stellt das Vorurteil in Frage, dass ein leichter Körper langsamer fällt als ein schwerer. Es führt zugleich auf die Spur einer besseren Erklärung: Das gleiche Papier fällt schneller, wenn man seine Form ändert. Es kommt darauf an, wie es beim Fallen der umgebenden Luft begegnet. Man müsste mal probieren, wie Körper im luftleeren Raum fallen.

2. Ohne Luftwiderstand fallen alle Körper gleich schnell

Man kann schlecht ganze Physikräume luftleer pumpen. Deshalb gibt es in jeder physikalischen Sammlung die so genannte **Fallröhre** (*Einstiegsseite*). Sie enthält eine kleine Bleikugel und eine Flaumfeder, wird luftleer gepumpt und schnell umgedreht. Beide Körper beginnen dann gleichzeitig zu fallen. Man sieht und staunt: Die leichte Feder fällt wie ein Stein zu Boden, wenn die umgebende Luft fehlt. Lässt man die Luft wieder in die Fallröhre hineinzischen, dann zeigt die Wiederholung des Versuchs den vertrauten Unterschied zwischen dem Fall einer Bleikugel und einer Flaumfeder.

Es ist also die umgebende Luft, die leichte Körper langsamer fallen lässt als schwere. Wer die Hand aus dem Fenster eines fahrenden Autos oder Zuges hält, spürt die Kraft des Luftwiderstands. Sie wird kleiner, wenn man die Hand zur Faust ballt. Wir wollen es uns einfacher machen und zunächst nur solche Fallbewegungen untersuchen, bei denen der Luftwiderstand keine Rolle spielt, bei denen also nur die Gewichtskraft des fallenden Körpers dessen Bewegungszustand ändert. Wir sprechen dann vom freien Fall.

Merksatz

Die Fallbewegung eines Körpers, auf den allein seine Gewichtskraft wirkt, wird **freier Fall** genannt.

3. Ortsfaktor gleich Fallbeschleunigung

Die Gewichtskraft, die ein Körper erfährt, ändert sich nicht, wenn wir ihn fallen lassen. Im freien Fall – ohne Luftwiderstand – beschleunigt also die konstante Gewichtskraft $G = m\,g$ den Körper. Dabei ist g der Ortsfaktor, der bei uns den Wert 9,81 N/kg hat. Mit G statt F in NEWTONS Grundgesetz folgt für die Beschleunigung

$$a = \frac{G}{m} = \frac{m\,g}{m} = g. \qquad (1)$$

Demnach fallen ohne Luftwiderstand alle Körper am gleichen Ort mit derselben Beschleunigung. Sie ist gleich dem Ortsfaktor. Auf den ersten Blick ist das überraschend, aber auch die Einheiten sind gleich: $1\ \text{N/kg} = 1\ (\text{kg}\cdot\text{m/s}^2)/\text{kg} = 1\ \text{m/s}^2$.

Das Bleikügelchen in der Fallröhre habe die 1000fache Masse der Flaumfeder. Dann erfährt es auch eine 1000-mal so große Gewichtskraft. Es müsste also 1000-mal so stark beschleunigt werden. 1000fache Masse bedeutet aber auch 1000fache Trägheit. Schwere und Trägheit wirken einander genau entgegen; das Bleikügelchen fällt deshalb mit derselben Beschleunigung wie die Flaumfeder.

Merksatz

Beim freien Fall ist die Beschleunigung aller Körper am selben Ort gleich groß und gleich dem Ortsfaktor g.

4. Die Fallgesetze für den freien Fall

Da es sich beim freien Fall um eine gleichmäßig beschleunigte Bewegung handelt, können wir sofort die Bewegungsgesetze aufschreiben. g tritt an die Stelle der Beschleunigung a:

Merksatz

Fallgesetze für den freien Fall aus der Ruhe:

Zeit-Weg-Gesetz: $s = \frac{1}{2}\,g\,t^2$ (2)

Zeit-Geschwindigkeit-Gesetz: $v = g\,t$ (3)

5. Fallversuche zur Bestimmung des Ortsfaktors

Wir messen im ➡ *Versuch 1* bei einer frei fallenden Kugel gleichzeitig die Fallzeit und den Fallweg. Mit dem Zeit-Weg-Gesetz des freien Falls (*Gl. 2*) berechnen wir die Fallbeschleunigung g und damit den für uns gültigen Ortsfaktor. Die Auswertung für drei Wertepaare in ➡ *Tabelle 1* liefert den Mittelwert $g = 9{,}83\ \text{m/s}^2$.

Mit dem genaueren Wert $g = 9{,}81\ \text{m/s}^2$ berechnen wir die Geschwindigkeit, welche die Kugel nach $t = 0{,}404$ s erreicht hat: Das t-v-Gesetz (*Gl. 3*) liefert: $v = g\,t = 9{,}81\ \text{m/s}^2 \cdot 0{,}404\ \text{s} = 3{,}96\ \text{m/s}$.

Diese Geschwindigkeit kann man aus der Verdunkelungszeit einer Lichtschranke berechnen, die dort steht, wo die Kugel nach 0,404 s ist. Überschlagsrechnungen macht man gern mit dem **Näherungswert $g = 10\ \text{m/s}^2$** (➡ *Tabelle 2*).

Zeit t in s	Weg s in m	Geschwindigkeit v in m/s
0	0	0
1	5	10
2	20	20
3	45	30
4	80	40

T 2: Näherungswerte zum freien Fall, mit $g = 10\ \text{m/s}^2$ im Kopf gerechnet

... noch mehr Aufgaben

A 1: Aus welcher Höhe müsste ein Körper frei fallen, damit er Schallgeschwindigkeit (340 m/s) erreicht?

A 2: Nach welcher Zeit haben frei fallende Körper aus der Ruhe die Geschwindigkeit 25 m/s bzw. den Fallweg 10 m erreicht? Welche Werte findet man jeweils nach der doppelten Zeit? Was gilt jeweils auf dem Mond ($g_{\text{Mond}} = 1{,}62\ \text{m/s}^2$)?

A 3: Aus welcher Höhe müsste ein Auto frei fallen, damit es „Tempo 50“ (50 km/h) erreicht? Kein Stuntman würde diese Fahrt wagen!

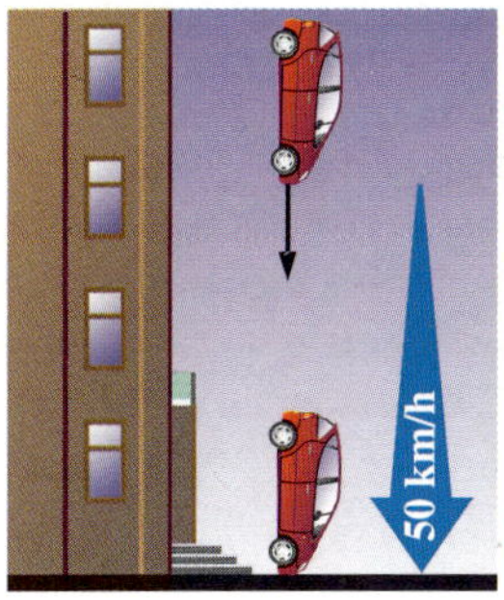

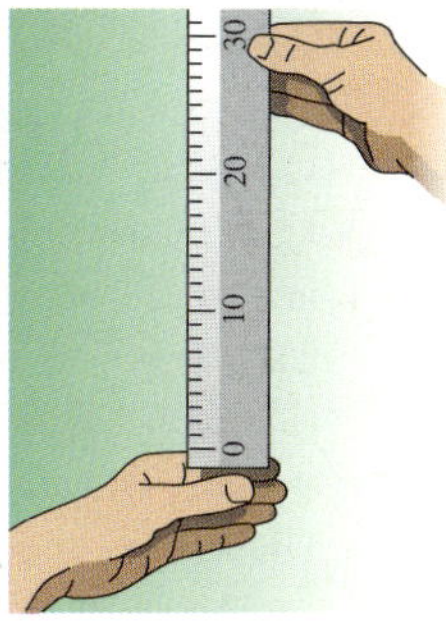

A 4: Reaktionstest: Halten Sie ein 30 cm-Lineal zwischen zwei Fingerspitzen an der 30 cm-Marke so, dass es nach unten hängt. Die Testperson hält Daumen und Zeigefinger an der 0 cm-Marke bereit, um zuzufassen und festzuhalten, wenn Sie das Lineal unerwartet loslassen. Aus dem Fallweg kann man die Reaktionszeit bestimmen. Fertigen Sie einen Pappstreifen, an dem die Reaktionszeit abzulesen ist.

A 5: Ein schwerer Stein fällt in einen 17,0 m tiefen Brunnen. Nach welcher Zeit hört man oben den Aufschlag, wenn die Schallgeschwindigkeit 340 m/s ist? Wie tief ist der Brunnen, wenn man den Aufschlag nach 2,00 s hört?

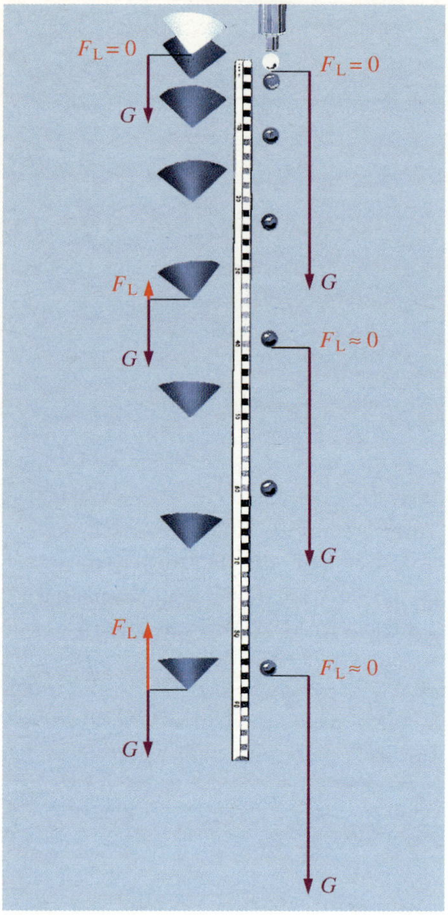

V 1: Eine Kugel und ein Papiertrichter fallen bei stroboskopischer Beleuchtung ($\Delta t = 0{,}067$ s) entlang dem nach unten gerichteten Maßstab. Sie werden gleichzeitig – beim Blitz Nummer null – losgelassen. Unterwegs ändert sich die Kräftebilanz.

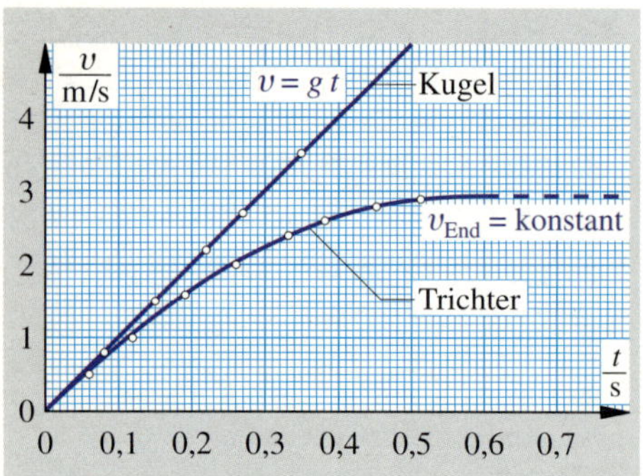

B 1: Auswertung des ⇒ *Versuchs 1*: Zeit-Geschwindigkeit-Diagramm für Kugel und Papiertrichter. Die berechneten Geschwindigkeiten wurden jeweils dem Zeitpunkt in der Mitte zwischen zwei Blitzen zugeordnet.

Fall mit Luftwiderstand

1. Wenn die Luft mitmischt

Wenn Körper während ihres Falls stroboskopisch beleuchtet werden, dann erhält man in sehr anschaulicher Form Informationen über die Geschwindigkeiten unterwegs (⇒ *Versuch 1*). Man kann dem Foto die Wege zwischen zwei Blitzen entnehmen, daraus Durchschnittsgeschwindigkeiten berechnen und in einem Zeit-Geschwindigkeit-Diagramm darstellen (⇒ *Bild 1*). Ku gel und Papiertrichter als Fallkörper liefern sehr unterschiedliche Ergebnisse:

Für die **Kugel** ist das Zeit-Geschwindigkeit-Diagramm eine Gerade; die Geschwindigkeit wächst proportional mit der Zeit. Die Bewegung ist gleichmäßig beschleunigt und es gilt $v = g\,t$.
Für den **Papiertrichter** wächst die Geschwindigkeit nur in den ersten hundertstel Sekunden nach $v = g\,t$. Dann bleibt er gegenüber der Kugel zurück. Die von Blitz zu Blitz zurückgelegten Wege wachsen immer weniger, die Beschleunigung nimmt also ab. Gegen Ende des Beobachtungszeitraums bewegt sich der Papiertrichter gleichförmig; die Punkte im t-v-Diagramm liegen auf einer Parallelen zur t-Achse.

Es liegt am Luftwiderstand, dass der Papiertrichter keine gleichmäßig beschleunigte Bewegung ausführt und nach einem beschleunigten „Anlauf" gleichförmig fällt.

2. Konstante Endgeschwindigkeit durch Luftwiderstand

Wir wissen, dass die Beschleunigung nach NEWTONS Grundgesetz strikt mit der resultierenden Kraft F_{Res} verbunden ist: $a = F_{Res}/m$. Die Masse ändert sich weder bei der Kugel noch beim Papiertrichter. Die Konstanz der Beschleunigung bei der Kugel bedeutet demnach konstante resultierende Kraft. Die Abnahme der Beschleunigung beim Papiertrichter bedeutet dagegen abnehmende resultierende Kraft.

Wir zeichnen für verschiedene Zeitpunkte die uns bekannten Kräfte in das Bild zu ⇒ *Versuch 1* ein. Die Gewichtskräfte auf Papiertrichter und Kugel wirken ständig, sie werden jeweils durch rote Pfeile G dargestellt. Die hellroten Pfeile F_L repräsentieren die Luftwiderstandskraft; sie zeigen nach oben (entgegen der Bewegungsrichtung). Ihre Längen wachsen mit der Geschwindigkeit v.

Wir betrachten zunächst den Papiertrichter: Der Luftwiderstand wächst mit zunehmender Geschwindigkeit. Beim Start ganz oben im Bild bestimmt allein die Gewichtskraft die resultierende Kraft, der Papiertrichter bewegt sich beschleunigt. Mit wachsender Geschwindigkeit wird der Luftwiderstand größer. Schließlich ist die Luftwiderstandskraft der Gewichtskraft gegengleich. Dann ergeben beide zusammen die resultierende Kraft $F_{Res} = 0$. Mit ihr ist die Beschleunigung $a = 0$. – Der Papiertrichter bleibt aber nicht stehen, sondern fällt mit konstanter Geschwindigkeit weiter.

Auch die fallende Kugel erfährt Luftwiderstand, der ebenfalls mit zunehmender Fallgeschwindigkeit größer wird. Kräftegleichgewicht und Endgeschwindigkeit stellen sich aber erst bei etwa 60 m/s ein. Die kleinere Fläche der Kugel erfährt nämlich eine kleinere Luftwiderstandskraft, die sich gegenüber der größeren Gewichtskraft erst bei sehr viel größeren Geschwindigkeiten bemerkbar macht. In unserem Versuch ist davon noch nichts festzustellen.

Merksatz

Bei Fallbewegungen mit Luftwiderstand stellt sich nach hinreichend langer Zeit eine konstante Geschwindigkeit ein. Die Resultierende aus Gewichtskraft und Luftwiderstandskraft ist dann null.

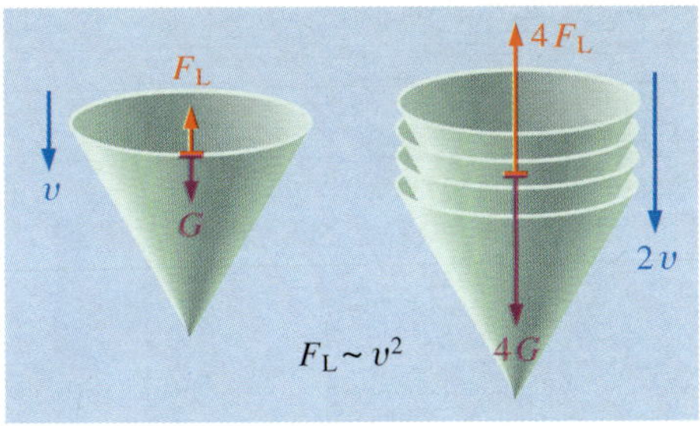

B 2: Vier Trichter erfahren zusammen vierfache Gewichtskraft. Schon bei doppelter Geschwindigkeit ist die Luftwiderstandskraft ebenfalls vervierfacht. Die Resultierende ist wieder null.

3. Ein Kraftgesetz für den Luftwiderstand

Wir erhöhen die Gewichtskraft des Papierkegels, indem wir mehrere gleiche Exemplare ineinander stecken (➠ *Bild 2*). Form und Fläche, die den Luftwiderstand beeinflussen, ändern sich dabei nicht. Erst bei vier ineinander gesteckten Trichtern verdoppelt sich die Endgeschwindigkeit. Dann ist die Gewichtskraft vierfach, also auch die mit ihr ins Gleichgewicht gekommene Luftwiderstandskraft. Daraus folgt: Bei Verdopplung der Geschwindigkeit v vervierfacht sich die Luftwiderstandskraft F_L. Sie ist dann der Gewichtskraft von vier Trichtern gegengleich. Also ist $F_L \sim v^2$.

B 3: Die Sportler haben die Fallschirme noch nicht geöffnet. Sie werden so lange beschleunigt, bis Gewichts- und Luftwiderstandskraft gegengleich sind. Dann fallen sie gleichförmig mit der durch ihre Körperfläche bestimmten Endgeschwindigkeit (max. 50 m/s).

Die Proportionalität $F_L \sim v^2$ für den Betrag der Luftwiderstandskraft gilt allgemein. Mit dem Proportionalitätsfaktor C kann man schreiben $F_L = C \cdot v^2$. Die Größe C wird u. a. von der Fläche A bestimmt, die der Körper der Luft anbietet. Es gilt ein einfacher Zusammenhang: C ist proportional zu A, d. h. doppelte Fläche ergibt doppeltes C. Mit dem *Widerstandsbeiwert* c_w und der Dichte ϱ der Luft schreibt man: $C = \frac{1}{2} c_w \cdot \varrho \cdot A$. Die komplette Formel für die Luftwiderstandskraft heißt dann

$$F_L = \tfrac{1}{2}\, c_w\, \varrho\, A\, v^2.$$

Daraus folgt für das Kräftegleichgewicht bei der Endgeschwindigkeit v_{End} die Betragsgleichung $G = \frac{1}{2} c_w\, \varrho\, A\, v_{End}^2$.

B 4: Bei geöffnetem Fallschirm sorgt das große Tuch für sehr großen Luftwiderstand. Die Sinkgeschwindigkeit beträgt dann etwa 5 m/s.

Merksatz

Für den Betrag der Luftwiderstandskraft gilt:

$$F_L = \tfrac{1}{2}\, c_w\, \varrho\, A\, v^2. \quad (1)$$

Für die Endgeschwindigkeit v_{End} des Falls mit Luftwiderstand gilt:

$$G = \tfrac{1}{2}\, c_w\, \varrho\, A\, v_{End}^2. \quad (2)$$

Bei einer Kugel mit Radius r ist das Volumen und damit auch G proportional zu r^3; dagegen ist die Fläche A proportional zu r^2. Nach *Gl. 2* gilt dann für die Endgeschwindigkeit $v_{End}^2 \sim r$. – Aus diesem Grund fallen große Regentropfen schnell (bis zu 8 m/s), während kleine Nebeltröpfchen mit weniger als 0,08 m/s zu Boden sinken.

Scheibe	1,12	Pkw	0,15 – 0,7
Kugel	0,45	Stromlinienform	0,056
Lkw	0,8 – 1		

T 1: Einige Widerstandsbeiwerte c_w

B 1: GALILEIS Laboratorium, Nachbildung

GALILEI hatte theoretisch begründet, dass sich die Wege beim freien Fall wie die Quadrate der Zeiten verhalten und suchte die experimentelle Bestätigung. Er umging die Schwierigkeiten der Messung kurzer Fallzeiten, indem er die Bewegung auf einer schiefen Ebene, also langsamer, ablaufen ließ. Zugleich floss Wasser durch eine dünne Röhre aus einem Eimer; die Wassermenge konnte er wiegen; sie war sein Maß für die Zeit. In der Nachbildung von GALILEIS Laboratorium im Deutschen Museum sehen wir die Versuchsanordnung. Und so beginnt seine Versuchsbeschreibung:

„Auf einem Holzbrette von 12 Ellen Länge, bei einer halben Elle Breite und drei Zoll Dicke, war auf dieser letzten schmalen Seite eine Rinne von etwas mehr als einem Zoll Breite eingegraben. Dieselbe war sehr gerade gezogen, und, um die Fläche recht glatt zu haben, war inwendig ein sehr glattes und reines Pergament aufgeklebt. In dieser Rinne ließ man eine sehr harte völlig runde und glattpolierte Messingkugel laufen. ..."

Der Text stammt aus den *Discorsi*. Zum ersten Mal in der Geschichte der Naturwissenschaften begegnet uns eine wissenschaftliche Veröffentlichung mit detaillierter Versuchsbeschreibung unter bewusst gewählten, idealisierenden Bedingungen. GALILEI wählt eine einfache Bewegung aus (Kugel auf schiefer Ebene), schafft einfache Versuchsbedingungen (glatte Ebene, glatte Kugel), führt genaue Messungen durch, bestätigt ein vermutetes mathematisches Gesetz ($s \sim t^2$) und überträgt die gewonnenen Ergebnisse auf den freien Fall.

Geschichte der Bewegungslehre

Was man sieht, wird durch die Theorie bestimmt.
A. EINSTEIN

Finden Sie es insgeheim nicht doch verwunderlich, dass sich Raketen im Weltall ohne Antrieb ewig weiterbewegen? Will die irgendwann künstlich in Bewegung gesetzte Rakete nicht von sich aus zur Ruhe zu kommen?

„Alles was sich bewegt, bewegt sich entweder von Natur oder durch eine äußere Kraft oder vermöge seines freien Willens."

So hat ARISTOTELES Bewegungen in verschiedene Klassen eingeteilt; in natürliche Bewegungen, die ihren Bewegungsantrieb in sich selbst haben und in künstliche Bewegungen, die zu ihrer Aufrechterhaltung ständiger Anstrengungen von außen bedürfen. Die künstliche Bewegung des Ochsenkarrens hört auf, wenn die Verbindung von Ochsenkraft und Karren gelöst wird. Der fallende Stein strebt von alleine seinem natürlichen Ziel, der Erde, zu. ARISTOTELES vermittelt unmittelbar einleuchtende, ganzheitliche Einsichten: Bewegung bedarf der Begründung, Ruhe nicht. Die 2000 Jahre später begründete Feststellung Isaac NEWTONS, dass Ruhe und gleichförmige Bewegung dasselbe sind, widerspricht auch heute noch dem Alltagsdenken. Vor NEWTON hatte schon Galileo GALILEI in seinen experimentellen Untersuchungen der Bewegung auf der schiefen Ebene das *Warum* von Bewegung zurückgestellt und sich auf das *Wie* der Bewegungsabläufe konzentriert. GALILEI misstraute der Frage nach den Ursachen, weil er wusste, dass die Unterscheidung von natürlicher und gewaltsamer Bewegung zu Fehlern führt.

ARISTOTELES' Bewegungslehre hatte bis dahin als Teil der von ihm überlieferten Philosophie Bestand gehabt, weil die Einteilung der Dinge und Erscheinungen in Klassen beherrschendes Prinzip war. Auch GALILEI hat zunächst die geltende Auffassung gelernt und gelehrt, nach der Erscheinungen am Himmel und auf der Erde verschiedenen Gesetzen gehorchen. Als er davon hörte, dass in den Niederlanden ein Fernrohr konstruiert worden war, hat er seine Untersuchungen von Bewegungsvorgängen unterbrochen, sich selber ein Fernrohr gebaut, und viele Beobachtungen – z. B. über die Oberflächengestalt des Mondes – gemacht, die zu Zweifeln am Weltbild des ARISTOTELES führen mussten: Für himmlische und irdische Erscheinungen gibt es nur eine Physik. Für die Wissenschaft stellte sich die Frage nach einer neuen Theorie für die Planetenbahnen.

NEWTON sah sich herausgefordert, das Problem zu lösen und hat in seinem Hauptwerk *Philosophiae Naturalis Principia Mathematica* die Geschichte der Bewegungslehre als geschlossene Theorie eines neuen Weltsystems zum Abschluss gebracht. Er hat die Bewegungslehre so formuliert, dass sie sowohl auf der Erde als auch im Universum gilt. Spätestens seit der bemannten Weltraumfahrt wird die Verlässlichkeit seiner Theorie für jeden von uns erkennbar.

ARISTOTELES (384 – 322 v. Chr.)

Als junger Mann war ARISTOTELES in Athen 20 Jahre lang Schüler des berühmten Philosophen PLATON. Später entwickelte er selber mit seinen eigenen Schülern eine intensive Lehr- und Forschungstätigkeit.

ARISTOTELES hat sehr systematisch eine große Fülle von Gegenständen und Themen bearbeitet. Er war der Erste, der eine größere Bibliothek angelegt hat. Seine Schriften haben in Europa bis in das 17. Jahrhundert hinein die Vorstellungen der Menschen über die Welt und über Naturvorgänge geprägt.

Die Einteilung der Dinge und die Unterscheidung durch Gegensätze ist für die Philosophie des ARISTOTELES kennzeichnend. In den Vorstellungen über die Welt wurden Erscheinungen des Himmels und Vorgänge auf der Erde in einer strengen Hierarchie bewertet. Der Rangunterschied zwischen den vollkommenen himmlischen Bewegungen und den unvollkommenen irdischen Bewegungen war unauflöslich.

Für die Wissenschaften galt die Rangfolge Theologie – Philosophie – Physik. Und in der Physik gab es die scharfe Abstufung von theoretischem Denken und praktischem Tun: Experimente waren deshalb kein Mittel der Erkenntnis.

Galileo GALILEI (1564 – 1642)

In Pisa in Italien geboren, studierte GALILEI Medizin, wandte sich dann der Mathematik und Physik zu, wurde 1589 Professor der Mathematik in Pisa und war später Hofmathematiker in den Diensten der Medici in Florenz.

1609 begann GALILEI mit den von ihm gebauten Teleskopen die Beobachtung von Gestirnen und beschäftigte sich dann mehr als 20 Jahre lang mit den physikalischen Eigenschaften der Himmelskörper. Seine Deutungen überzeugten ihn von der Haltlosigkeit der aristotelischen Physik. In seinem Hauptwerk, dem *Dialogo*, erörtern drei erfundene Gesprächspartner die Frage des richtigen Weltsystems:

Ist die Erde der Mittelpunkt der Welt (geozentrisch) oder bewegt sie sich um die Sonne (heliozentrisch)? GALILEI wurde wegen der von ihm vertretenen Überzeugung in Rom vor Gericht gestellt. Der berühmte Galilei-Prozess endete 1632 damit, dass er seine Lehren widerrief. – Im Hausarrest setzte er seine Arbeiten an den Grundlagen der Bewegungslehre fort. In den *Discorsi* erörtern die Gesprächspartner „neue Wissenschaft über einen alten Gegenstand“: Behandelt werden u. a. gleichförmige und gleichmäßig beschleunigte Bewegungen sowie der freie Fall.

Isaac NEWTON (1643 – 1727)

In England geboren, studierte NEWTON in Cambridge alte Sprachen, Geschichte und Mathematik. Schon nach wenigen Studienjahren begann 1664 die Zeit seiner Entdeckungen in Mathematik, Mechanik und Optik. Er wurde in Cambridge Professor für Mathematik und blieb dort bis 1696. Den Rest seines Lebens verbrachte er in London, wurde Präsident der Royal Society, war hochberühmt.

In seinem Hauptwerk, den *Principia Mathematica*, entwickelt NEWTON die von ihm geschaffene Theorie der Erklärung von Bewegungen mithilfe des Kraftbegriffs. Auf der Grundlage der newtonschen Gesetze erklären Physiker seither die Bewegungsabläufe auf der Erde ebenso wie die Planetenbahnen im Weltall. Die auf einen Apfel wirkende Schwerkraft gehorcht demselben Gesetz wie der von der Erde auf seiner Bahn gehaltene Mond. Wichtige Voraussetzung für die Entdeckung des Trägheitsgesetzes war die Erkenntnis der Bedeutung des Beobachters, des *Bezugssystems*.
Erste Leser des Buches meinten, „dass sie sieben Jahre studieren müssten, um irgendetwas davon zu verstehen“. Trotzdem, oder gerade deswegen wurde NEWTON zu einer Symbolfigur der Weltweisheit des 18. Jahrhunderts.

... noch mehr Aufgaben

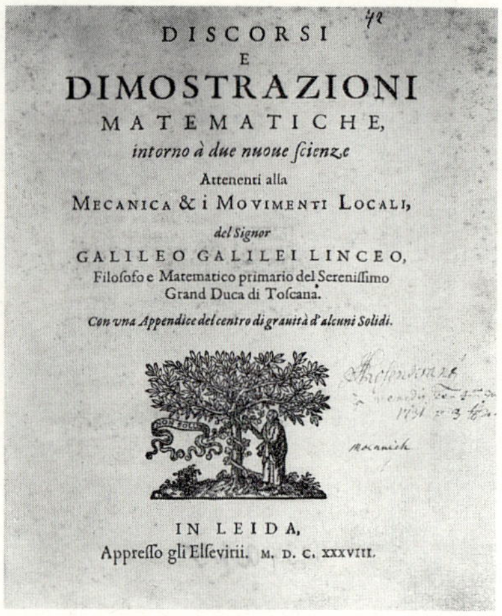
DISCORSI
E
DIMOSTRAZIONI
MATEMATICHE,
intorno à due nuoue scienze
Attenenti alla
MECANICA & i MOVIMENTI LOCALI,
del Signor
GALILEO GALILEI LINCEO,
Filosofo e Matematico primario del Serenissimo
Grand Duca di Toscana.
Con vna Appendice del centro di grauità d'alcuni Solidi.

IN LEIDA,
Appresso gli Elsevirii. M. D. C. XXXVIII.

B 1: Das Titelbild der *Discorsi*, der *„Unterredungen und mathematischen Demonstrationen über zwei neue Wissenszweige, die Mechanik und die Fallgesetze betreffend"* (1638)

> „In drei Teile zerfällt unsere Abhandlung. In dem ersten betrachten wir die gleichförmige Bewegung. …"

A 1: Eine Fähre verbindet zwei an einem See gelegene Häfen. Wann darf man sagen: Sie fährt gleichförmig? Wie lange braucht sie bei einer Geschwindigkeit $v = 36$ km/h für 12 km?

A 2: Joggen ist – physikalisch gesehen – eine ziemlich gleichförmige Angelegenheit. Sie messen für die Zeit zwischen zwei Kilometersteinen 6 Minuten. Welche Strecke wird in einer Stunde zurückgelegt? Wie groß ist die Geschwindigkeit in m/s?

A 3: Ein Körper bewegt sich gleichförmig unter dem Einfluss zweier äußerer Kräfte. Was folgt daraus für die beiden Kräfte?

A 4: Funksignale bewegen sich gleichförmig – wie Licht mit $3 \cdot 10^8$ m/s. Schätzen Sie die Laufzeit für satellitengestützte Telefongespräche zwischen Washington und Berlin. Entnehmen Sie die Entfernungen einem aus Apfelsine und Stecknadel gefertigten Modell (geostationärer Satellit).

> „… In dem zweiten beschreiben wir die gleichmäßig beschleunigte Bewegung. …"

A 5: Wie weit fällt ein Stein in freiem Fall in 0,1 s, 0,2 s, 0,3 s? Wie schnell ist er nach 0,75 m Fallweg?

A 6: Aus welcher Höhe müsste man auf dem Mond herabspringen, um genauso schnell anzukommen wie auf der Erde beim Sprung aus 1 m Höhe?

A 7: Berechnen Sie für einen Ort mit dem Ortsfaktor 5 m/s² die Gewichtskräfte, die die Massen 3 kg und 3 g erfahren. Berechnen Sie die Fallwege für die Fallzeiten 1 s, 2 s, 3 s.

Für ARISTOTELES gab es ein Grundprinzip: Je schwerer ein Körper ist, desto mehr hat er das Bestreben zu seinem Bestimmungsort, dem Weltzentrum, zu gelangen. Daraus folgt zwingend: „Der schwere Körper fällt schneller als der leichte." GALILEI konstruierte aus diesem Satz einen Widerspruch: Wenn man einen schweren (schnell fallenden) Körper mit einem leichten (langsam fallenden) verbindet, so müsste der langsam fallende (leichte) den schnell fallenden (schweren) Körper zurückhalten. Andererseits sind beide Körper zusammen schwerer als der schwere Körper allein; deshalb sollte die Kombination auch schneller fallen als der schwere Körper.

A 8: Eine Kugel ($d = 2{,}00$ cm) durchquert nach 1,00 m Fallstrecke eine Lichtschranke. Gesucht ist die Dunkelzeit Δt.

A 9: Von einem hohen Turm lässt man zu den Zeitpunkten $t = 0$ s, 1 s, 2 s, 3 s, 4 s je einen Stein fallen. Welche Abstände haben sie im Zeitpunkt $t = 4$ s? Zeichnen Sie ein maßstäbliches Bild der Situation zum Zeitpunkt $t = 5$ s.

A 10: Fertigen Sie eine Fallschnur (➠ *Bild 2*) zum Gebrauch in einem Treppenhaus in Ihrer Schule. Verwenden Sie große Schraubenmuttern als Fallkörper. Die Fallkörper sind so in eine Schnur geknüpft, dass sie in starrem Takt (tak-tak-tak-…) den Boden erreichen. Zum Start wird das obere Ende so gehalten, dass der unterste Fallkörper gerade den Boden berührt.

B 2: Fallschnur

A 11: Bleibt eine Fallschnur eine Fallschnur, wenn man sie in beliebigem Maßstab verlängert oder verkürzt? Ist eine Fallschnur auf dem Mond noch eine Fallschnur?

> „Soviel ich weiß, hat noch niemand bewiesen, dass die vom fallenden Körper zurückgelegten Strecken sich zueinander verhalten wie die ungeraden Zahlen."

A 12: Bilden Sie – beginnend mit 1 – die Summe der ungeraden natürlichen Zahlen: Jede Zwischensumme ist eine Quadratzahl! Stellen Sie Zusammenhänge her zum Fallgesetz $s = \frac{1}{2} g\, t^2$ und zu der Folge von Abständen bei der Fallschnur.

A 13: Eine Kugel von 1,5 cm Durchmesser fällt im freien Fall durch eine Lichtschranke; eine Uhr misst die Dunkelzeit 0,003 s. Wie lange war die Kugel bis zur Lichtschranke unterwegs, welche Fallstrecke hat sie bis dahin zurückgelegt?

... noch mehr Aufgaben

A 14: a) Zwei Äpfel, die an einem Baum 1,25 m übereinander hängen, beginnen gleichzeitig zu fallen. Verändert sich ihr Abstand beim Fallen? **b)** Der untere Apfel beginnt nun genau dann zu fallen, wenn der obere an ihm vorbeifliegt. Befinden sich beide Äpfel nun ständig nebeneinander auf gleicher Höhe? Wie groß ist ihr Abstand, wenn der untere Apfel 1 s lang gefallen ist? **c)** Lösen Sie die Aufgaben grafisch, indem Sie jeweils ein gemeinsames *t*-*s*-Diagramm zeichnen.

A 15: Kombinieren Sie die Fallgesetze $s = \frac{1}{2} g t^2$ und $v = g\,t$ zu einer Gleichung zwischen der Fallstrecke s und der dort erreichten Geschwindigkeit v, welche die Zeit t nicht mehr enthält. Darf man sagen, nach der doppelten Strecke sei der fallende Körper auch doppelt so schnell?

GALILEI erkannte die ständige Zunahme der Geschwindigkeit als wesentlich für die Fallbewegung. Eine Zeitlang glaubte er, die Fallgeschwindigkeit v sei dem Fallweg proportional ($v \sim s$). Darüber lässt er einen der Gesprächspartner in den Discorsi sagen:

„Es ist mir recht tröstlich, in diesem Irrtum einen Genossen gehabt zu haben; überdies muss ich euch sagen, dass eure Überlegung so wahrscheinlich zu sein scheint, dass selbst unser Autor eine Zeit lang, wie er mir selbst gesagt hat, in demselben Irrtum befangen war."

Nach Widerlegung der irreführenden Annahme hat GALILEI aus der Hypothese, die Geschwindigkeit v wachse proportional mit der Zeit t ($v \sim t$) theoretisch (deduktiv) abgeleitet, dass dann der Weg s dem Quadrat der Zeit proportional sein müsse. Er benutzte eine Mittelwertsbetrachtung, die in unserer Sprechweise lautet: Wenn $v \sim t$ ist, hat der fallende Körper nach der Zeit t von $v = 0$ aus die Geschwindigkeit $v = g\,t$ erreicht. Seine mittlere Geschwindigkeit ist $\overline{v} = g\,t/2$. Mit ihr hätte ein gleichförmig bewegter Körper in der Zeit t die Strecke von $s = \overline{v}\,t = g\,t^2/2 = \frac{1}{2} g\,t^2$ zurückgelegt. Dann erst zog GALILEI wieder das Experiment heran.

A 16: Der Raketenmotor eines Raumschiffs wirbelt beim Landen auf dem Mond sehr viel Staub auf. Warum ist nach dem Abstellen des Motors die Sicht sofort wieder klar – im Gegensatz zur Landung auf der staubigen Erdoberfläche?

GALILEI hat beobachtet, dass Gold in Quecksilber nach unten sinkt, während Blei steigt. In Wasser fallen Körper aus beiden Stoffen, das Gold aber voraus. In Luft dagegen sind die Unterschiede belanglos. Also abstrahierte er sogar von der Luft und lehrte: Alle Körper fallen gleich schnell. In der Geschichte der Physik war GALILEI der Erste, der von störenden Nebenumständen einfach absah und so den Kern gesetzmäßiger Zusammenhänge fand.

A 17: Rechnen Sie nach: Ein halbkugelig geformter Fallschirm (c_w-Wert 1,35) mit 2 m Radius sorgt in Luft ($\varrho = 1{,}25\ \text{kg/m}^3$) bei einer Last von 50 kg für die Sinkgeschwindigkeit 6,8 m/s.

A 18: Ein Pkw ($c_w = 0{,}35$) mit der Querschnittsfläche $2{,}0\ \text{m}^2$ fährt gleichförmig mit 30 m/s. Wie groß ist die Luftwiderstandskraft ($\varrho = 1{,}25\ \text{kg/m}^3$)? Bei Gegenwind mit der Windgeschwindigkeit 10 m/s erhöht sich die Strömungsgeschwindigkeit auf 40 m/s. Wie groß ist jetzt die Luftwiderstandskraft?

A 19: Erklären Sie die Wirkungsweise des abgebildeten Geräts zur Messung der Windgeschwindigkeit (Anemometer), dessen Flügelschalen-Antrieb bei jeder Windrichtung funktioniert.

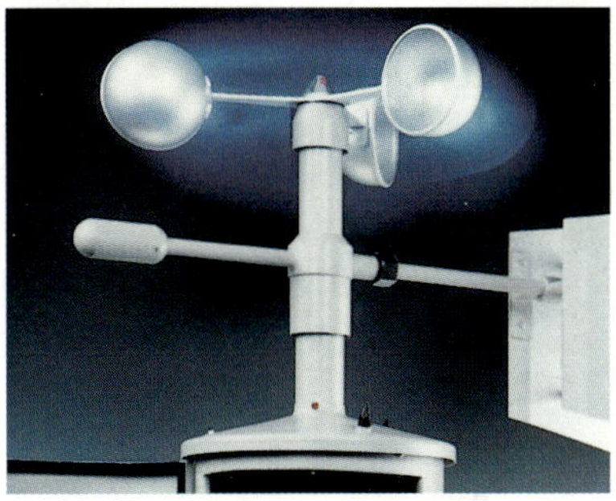

„In dem dritten handeln wir von der gewaltsamen Bewegung oder von den Wurfgeschossen."

Bevor wir uns in diesem Buch den Wurfbewegungen zuwenden, schauen wir uns an, wie die Physik des ARISTOTELES den Wurf deutete:

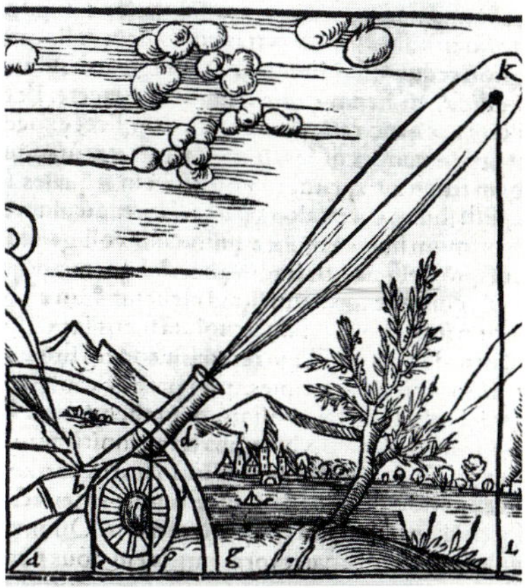

B 3: Dieser Holzschnitt aus dem Jahre 1561 illustriert die Lehre, dass die Kanonenkugel zuerst der ihr aufgezwungenen Bewegung in gerader Linie folgen müsse, bis ihre Bewegung auf null abgenommen habe. Dann erst wirke ihr Bestreben, wie jeder schwere Körper zum Weltzentrum zu gelangen.
Seit NEWTON muss man aber zu anderen Deutungen kommen.

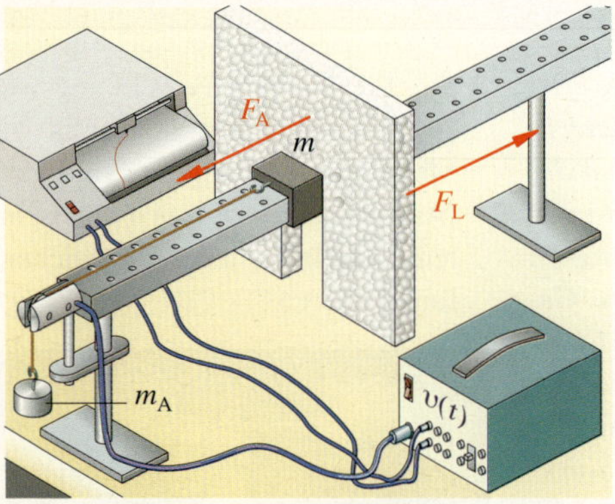

V 1: Der angehängte Körper mit der Masse m_A erzeugt die Antriebskraft F_A für das Gespann, während das große Segel (eine Styroporplatte) auf dem Schlitten für die Luftwiderstandskraft F_L sorgt. Ein geeigneter Messwandler liefert Daten für das t-v-Diagramm in *Bild 1*.

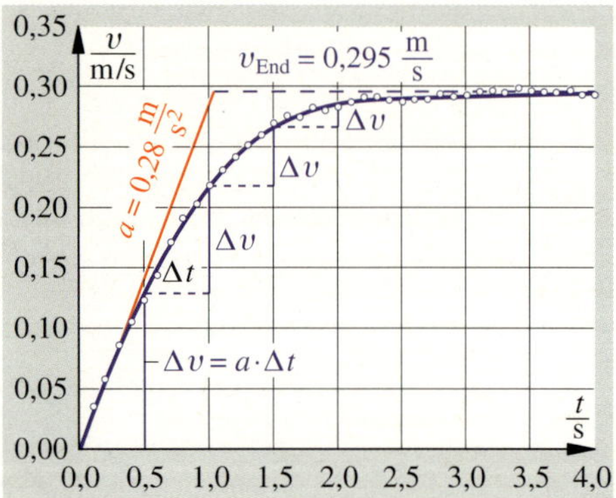

B 1: Das t-v-Diagramm der Fahrt nach Versuch 1 mit großem Luftwiderstand. Die Bewegung beginnt mit der Beschleunigung $a = 0{,}28\ m/s^2$. v_{End} hat den Wert 0,295 m/s.

Konstanten	$F_A =$	0,226	N [$m_A = 0{,}023$ kg]
	$m =$	0,81	kg
	$C =$	2,59	N/(m²/s²) [F_A/v_{End}^2]
	delta t =	0,1	s

t in s	a in m/s²	v in m/s	F_L in N	F_{Res} in N
0,00	0,280	0,000	0,000	0,226
0,10	0,279	0,028	−0,002	0,224
0,20	0,277	0,056	−0,008	0,218
0,30	0,269	0,083	−0,018	0,208
0,40	0,257	0,109	−0,031	0,195

T 1: Die schrittweise Zunahme der Geschwindigkeit rechnet man am besten mithilfe einer Tabelle aus – Zeile für Zeile

Rechenmodelle für Bewegungen mit Luftwiderstand

1. Luftwiderstand ändert die beschleunigende Kraft

Das Gespann in *Versuch 1* wird durch die Gewichtskraft $F_A = m_A\, g$ des angehängten Körpers in Bewegung gesetzt. Mit zunehmender Geschwindigkeit v wirkt ihr die Luftwiderstandskraft mit dem Wert $F_L = -\,C \cdot v^2$ immer stärker entgegen. Deshalb sinkt die resultierende Kraft $F_{Res} = m_A\, g - C\, v_{End}^2$ und mit ihr die Beschleunigung $a = F_{Res}/m$. Kraft und Beschleunigung gehen gegen null, wenn sich v der Endgeschwindigkeit $v = 0{,}295$ m/s nähert (t-v-Diagramm in *Bild 1*). Aus $F_{Res} = m_A\, g - C\, v_{End}^2 = 0$ folgt mit $m_A = 0{,}023$ kg die Konstante C der Luftwiderstandskraft zu $C = m_A\, g / v_{End}^2 = 2{,}59\ Ns^2/m^2$. Mit der Gesamtmasse $m = 0{,}81$ kg des Gespanns erhalten wir die während der Fahrt abnehmende Beschleunigung

$$a = F_{Res}/m = (m_A\, g - C\, v^2)/m. \qquad (1)$$

Leider können wir hier das Gesetz $v = a\, t$ nicht benutzen; es gilt nur bei konstanter Beschleunigung. Wir müssen auf die Gleichung $\Delta v = a \cdot \Delta t$ zurückgreifen, die für hinreichend kleine Δt immer gilt. Dabei ist a die nach *Gl. (1)* aus F_{Res} und m berechnete Beschleunigung. In *Bild 1* ist nun das t-v-Diagramm in gleich schmale Δt-Streifen aufgeteilt. Mit v_{alt} zu Beginn eines Streifens wird jeweils F_{Res} und daraus a berechnet. Zum v_{alt} am Anfang eines jeden Streifens wird die Geschwindigkeitszunahme Δv in diesem Streifen addiert. Aus $a \cdot \Delta t = \Delta v$ erhält man $\boldsymbol{v_{neu} = v_{alt} + \Delta v}$ am Ende des Streifens. Die Summe aller bis dahin von $v = 0$ m/s aus erzeugten Δv ist die jeweils erreichte Geschwindigkeit v.

2. Bewegung in der Rechenschleife – in Δt-Schritte aufgelöst

Das Aufsummieren der Δv zur Geschwindigkeit v geschieht mit $\boldsymbol{v_{neu} = v_{alt} + \Delta v}$ in *Tabelle 1*. Deren Zeilen durchläuft ein Computer nach der folgenden **Rechenschleife**. Dabei legt er in Zeile (3) die rechts vom Gleichheitszeichen berechneten Werte $v_{alt} + \Delta v$ als v_{neu} im v-Speicher ab und holt sie von dort als v für die Zeile (4). Das F_{Res} in Zeile (5) wird wieder in Zeile (2) benutzt.

Rechenschleife:

(1) $t = t + \Delta t$ — Zeitschritt der Uhr

(2) $a = F_{Res}/m$ — Beschleunigung aus F_{Res} und m

(3) $v = v + a \cdot \Delta t$ — Geschwindigkeit aus a und Δt

(4) $F_L = -\,C\, v^2$ — Luftwiderstandskraft F_L aus C und v

(5) $F_{Res} = F_A + F_L$ — F_{Res} aus F_A und F_L

Vor der Schleife geben wir die **Konstanten** $m = 0{,}81$ kg, $C = 2{,}59\ Ns^2/m^2$, $F_A = m_A\, g = 0{,}226$ N und $\Delta t = 0{,}5$ s ein, auf die der Computer ständig zurückgreift. Wenn man mit dem Startwert $v = 0$ beginnt, entsteht *Tabelle 1* oder das t-v-Schaubild *Bild 2*.

3. Wozu Computermodelle in der Physik?

Mit dem Computer zerlegt man Rechnungen für komplizierte Bewegungsvorgänge in kleine Zeitschritte Δt. Wie eben gezeigt, greift man dabei auf die **Grundlagen der Mechanik** zurück: $F = m\,a$, $v = \Delta s / \Delta t$ und $a = \Delta v / \Delta t$ (für hinreichend kleine Δt). $s = \frac{1}{2} a\,t^2$ und $v = a\,t$ gelten ja nur für a = konstant.
Die so gebildeten *Rechenschleifen* kann man mit *Tabellenkalkulation, Modellbildungssystemen* oder mithilfe von anderen Programmen (z. B. in PASCAL) schnell abarbeiten lassen. Wer den Luftwiderstand genauer untersuchen will, ändert ➠ *Versuch 1* ab, indem er z. B. das Segel verkleinert. Dann kann er am Realexperiment die Ergebnisse der Computerrechnungen bei anderen Konstanten und Startwerten nachprüfen. Er kann sogar das Gesetz zur Reibungskraft von $F_L = C\,v^2$ in $F_L = C\,v$ ändern, also das dem Computer eingegebene **Rechenmodell.** Letztlich bestimmen nicht Computer, sondern Experimente die Richtigkeit der Naturgesetze. Doch spart der Computer bei dieser **Modellbildung** Zeit und eröffnet viele Möglichkeiten, mit Gedankenmodellen zu experimentieren.

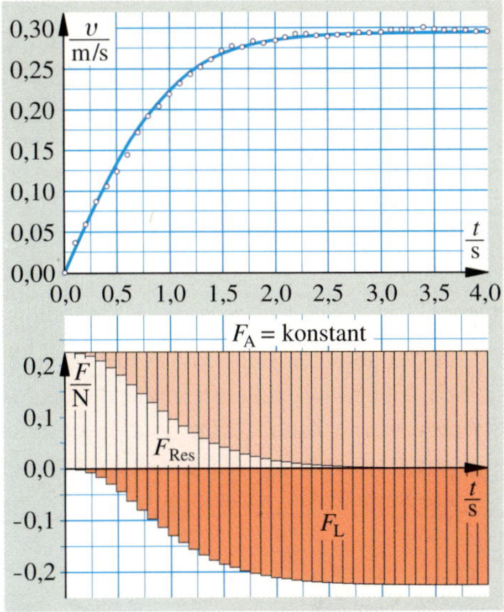

B 2: Computerprogramme liefern diese Diagramme nach der angegebenen Rechenschleife zu dem Rechenmodell für ➠ *Versuch 1*. In das t-v-Diagramm sind zusätzlich Messwerte aus ➠ *Bild 1* eingetragen; man sieht, wie gut Rechenmodell und Realexperiment übereinstimmen. Das Balkendiagramm der Kräfte zeigt, wie mit zunehmendem Luftwiderstand die resultierende Kraft kleiner und kleiner wird.

Vertiefung

Rechenmodell zum Zeit-Weg-Gesetz beim freien Fall

Im folgenden Rechenmodell zum freien Fall werden auch die Fallwege $\Delta s = v \cdot \Delta t$ zur ganzen Fallstrecke s aufsummiert:

Konstanten:	$g = 9{,}81$	(m/s^2)
	$\Delta t = 0{,}01$	(s)
Startwerte:	$t = 0$	(s)
	$v = 0$	(m/s)
	$s = 0$	(m)
Rechenschleife:	WIEDERHOLE	
	$t = t + \Delta t$	(1)
	$a = g$	(2)
	$v = v + a \cdot \Delta t$	(3)
	$s = s + v \cdot \Delta t$	(4)
	BIS $t = 1{,}6$	

In Zeile (3) wird die Geschwindigkeit v wie in Ziff. 2 ermittelt. Zeile (4) summiert nun die zurückgelegten Wegstücke $\Delta s = v \cdot \Delta t$ nach $s = s + v \cdot \Delta t$ zum Gesamtweg s auf. In ➠ *Bild 3a* sind die Zuwächse Δs bei großem Δt als Flächen $v \cdot \Delta t$. Der gesamte Weg s setzt sich in ➠ *Bild 3b* aus den vorangehenden Δs zusammen. – Der so erhaltene Fallweg stimmt mit dem Fallgesetz $s = \frac{1}{2} g\,t^2$ bei $\Delta t = 0{,}01$ s gut überein, ist aber bei $\Delta t = 0{,}2$ s deutlich zu groß. Das muss so sein: Die rechteckigen Streifen ragen in ➠ *Bild 3a* überall über das t-v-Diagramm hinaus – je größer Δt, desto stärker. Denn im Rechenmodell wird in Zeile (4) mit der in (3) berechneten Endgeschwindigkeit $v_{neu} = v_{alt} + a \cdot \Delta t$ des Intervalls Δt gerechnet und nicht mit dessen Durchschnittsgeschwindigkeit $\overline{v} = v_{alt} + a \cdot \Delta t / 2$.

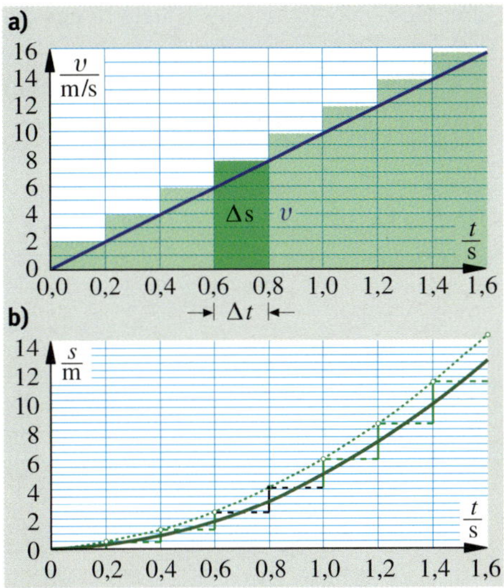

B 3: So berechnet der Computer den bis zu einem Zeitpunkt t zurückgelegten Weg aus der Fläche im t-v-Diagramm (a). Die ausgezogene Linie gehört zu $\Delta t = 0{,}01$ s. Bei $\Delta t = 0{,}2$ s (punktierte Linie) sieht man, dass die Δs-Werte immer etwas zu groß sind.

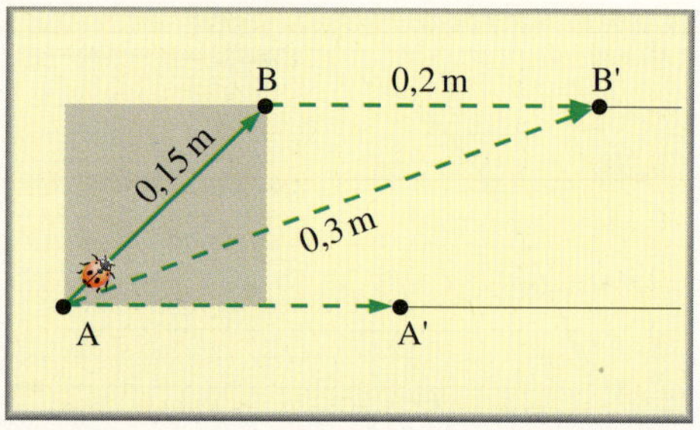

B 1: Während der Käfer in seiner Käferwelt auf der getönten Folie von A nach B krabbelt, ziehen wir außenstehende Beobachter diese von A nach A′. Für uns, in unserem Bezugssystem, legt der Käfer die viel längere Strecke AB′ zurück.

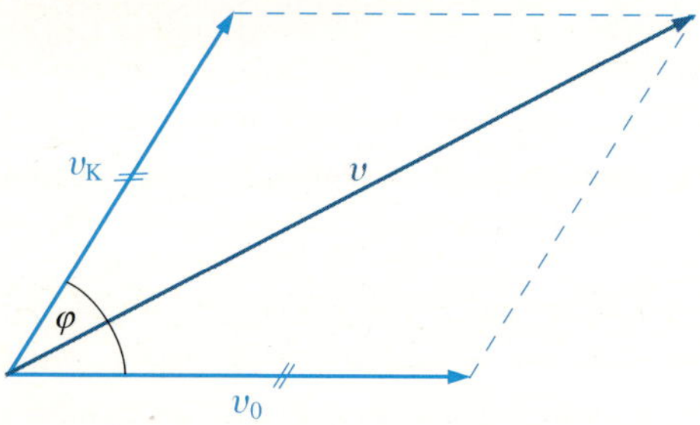

B 2: Geschwindigkeitsparallelogramm; v_K: Geschwindigkeit des Käfers in seiner Käferwelt, v_0: Geschwindigkeit der Käferwelt relativ zu unserem Bezugssystem, v: Geschwindigkeit des Käfers in unserem System (von uns aus gesehen).
Aus den Komponenten v_0 und v_K wird vektoriell die Resultierende v gebildet.

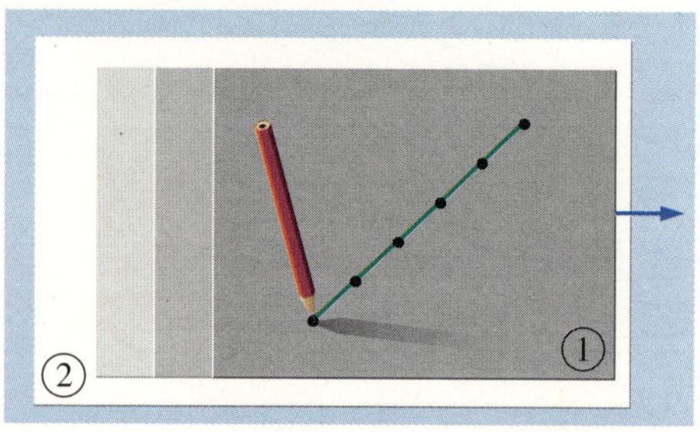

V 1: Legen Sie zwei Blatt Papier übereinander und markieren auf dem oberen Papier ① eine Gerade. Drücken Sie diese mit der Bleistiftspitze in gleichabständigen Punkten auch auf das untere Blatt ② durch. Nun verschieben Sie das obere Blatt um jeweils gleiche Stücke in gleichen Zeiten nach rechts und drücken die Punkte nochmals durch – wie oben beschrieben. Vergleichen Sie mit ➠ *Bild 1*.

Bewegungen in verschiedenen Bezugssystemen

1. Ein Wechsel beim Bezugssystem

Ein Käfer krabble nach ➠ *Bild 1* gleichförmig in seiner Käferwelt während der Zeit $t = 10$ s von A nach B. Dort legt er die Strecke AB = 0,15 m zurück. Diese Käferwelt ist als dunkler Kasten auf eine Folie des Tageslichtprojektors gezeichnet. Bei einer Wiederholung ziehen wir als **außenstehende Beobachter** diese Folie und damit die Käferwelt in der gleichen Zeit t gleichförmig von A nach A′ um die Strecke AA′ = 0,20 m. Der Käfer in seiner Käferwelt kommt wieder im Punkt B „seiner" Folie an, was Beobachter bestätigen, die *relativ zur Käferwelt* ruhen. Doch ist *relativ zu uns* dieser Punkt B um 0,20 m nach B′ verschoben. Für uns außenstehende Beobachter legt der Käfer den geraden Weg AB′ ≈ 0,3 m zurück. Die *Bahn*, auf der sich der Käfer bewegt, wird also von verschiedenen Beobachtern unterschiedlich „gesehen" und auch vermessen. Man beschreibt Bewegungen *relativ* zu dem gewählten **Bezugssystem**.

Die Wege AB, AA′ und AB′ werden alle *in der gleichen Zeit* $\Delta t = 10$ s zurückgelegt. Deshalb sind sie proportional zu den Beträgen der jeweiligen konstanten Geschwindigkeiten.

Geschwindigkeitsbetrag
a) des Käfers in der Käferwelt: $v_K \sim$ AB,
b) der Käferwelt gegenüber uns: $v_0 \sim$ AA′,
c) des Käfers gegenüber uns: $v \sim$ AB′.

Für jeden der drei Wege gilt also: Er hat dieselbe Richtung wie die zugehörige Geschwindigkeit; seine Länge ist ein Maß für den Betrag der Geschwindigkeit. Dies legt nahe, Geschwindigkeiten als Vektoren aufzufassen.

2. Vektorparallelogramm für Geschwindigkeiten

In ➠ *Bild 2* sind die drei Wege aus ➠ *Bild 1* in Geschwindigkeitsvektoren umgedeutet worden. Wir sehen: Man kann bei Geschwindigkeiten wie bei Kräften nach dem *Parallelogramm*-Gesetz aus einzelnen **Komponenten** eine **Resultierende** bilden (hier aus v_0 und v_K die Resultierende v). Man nennt dies die aus der Erfahrung abgeleiteten **Unabhängigkeitssätze** für Kräfte bzw. Geschwindigkeiten. Wir nahmen ja an, dass sich der Käfer relativ zur Folie unbeirrt mit der Geschwindigkeit v_K bewegt, *unabhängig* davon, ob wir die Folie – relativ zu uns – in Ruhe lassen oder bewegen.

Merksatz

Geschwindigkeiten hängen vom gewählten Bezugssystem ab. Ein Körper habe relativ zu einem System 1 die Geschwindigkeit v_1. Dieses System 1 bewege sich relativ zu einem System 2 mit der Geschwindigkeit v_2. Dann ist die Geschwindigkeit des Körpers im System 2 die *Vektor*summe aus v_1 und v_2. Sie kann man aus dem Vektorparallelogramm bestimmen.

3. Auf die Richtungen kommt es an!

In ➠ *Bild 2* hängt der Betrag der resultierenden Geschwindigkeit v nicht nur von den Beträgen der Komponenten v_K und v_0 ab, sondern auch vom Winkel φ dazwischen. Dies wird mit dem Pappmodell (➠ *Bild 3*) deutlich. Der vom v_0-Ende zur v_K-Spitze zeigende Vektor ist der Vektor der resultierenden Geschwindigkeit v. An diesem *Pappmodell* veranschaulichen wir einige praktische Sonderfälle, bei denen wir rechnen können:

a) Sie wollen mit dem Kahn ans andere Ufer eines Flusses der Breite AB = 36 m. Dessen Strömungsgeschwindigkeit relativ zum Ufer hat den Betrag $v_0 = 3$ m/s (➠ *Bild 3a*). Nun stellen Sie den Geschwindigkeitsvektor des Kahns relativ zum Wasser (Betrag $v_K = 4$ m/s) senkrecht zum Ufer. Relativ zum Ufer liegt die resultierende Geschwindigkeit v des Kahns nun schräg. Sie werden also flussabwärts abgetrieben. Im ruhend gedachten Wasser fahren Sie die Strecke AB = 36 m quer zum Ufer mit $v_K = 4$ m/s. Dazu brauchen Sie $t = \text{AB}/v_K = 9$ s. Während dieser Zeit treibt Sie der Fluss relativ zum Ufer um die Strecke $v_0\,t = 27$ m ab. Nach Pythagoras beträgt Ihre Fahrstrecke s relativ zum Ufer $s = \sqrt{(36\text{ m})^2 + (27\text{ m})^2} = 45$ m. Daraus folgt der Betrag Ihrer Geschwindigkeit relativ zum Ufer zu $v = 45$ m/9 s = 5 m/s. Dasselbe Ergebnis liefert $v = \sqrt{v_0^2 + v_K^2} = \sqrt{(3\text{ m/s})^2 + (4\text{ m/s})^2} = 5$ m/s.

b) Sie wollen auf dem kürzesten Weg über den Fluss. Dazu stellen Sie im Vektormodell die Resultierende nun senkrecht zum Ufer (➠ *Bild 3b*). Ihr Geschwindigkeitsbetrag berechnet sich jetzt zu $v = \sqrt{(4\text{ m/s})^2 - (3\text{m/s})^2} = \sqrt{7\text{ m}^2/\text{s}^2} = 2{,}6$ m/s. Die Überfahrt dauert jetzt $t = 36$ m/(2,6 m/s) = 14 s > 9 s, also länger als auf dem Weg in a). Dies ist verständlich, denn Sie müssen ja *schräg* gegen die Strömung fahren.

c) Wenn im ➠ *Bild 3c* der v_K-Pfeil so gedreht wird, dass v_K in die Richtung von v_0 zeigt, können wir als ruhende Beobachter die für uns beobachtbare Geschwindigkeit durch *Addition der Werte* für v_0 und v_K bestimmen (➠ *Beispiel*).

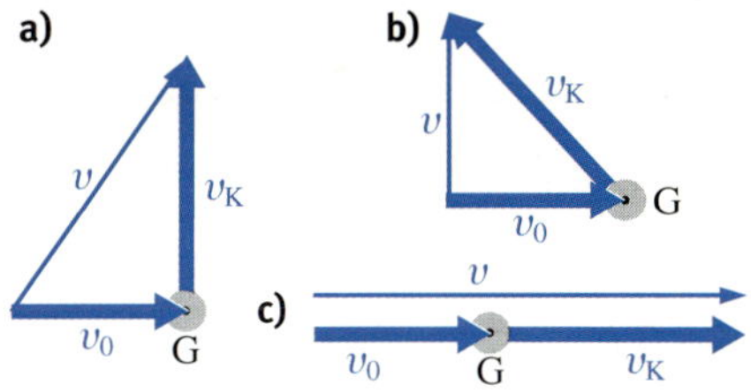

B 3: Die Vektoren v_0 und v_K sind aus Pappe ausgeschnitten und gelenkig (bei G) verbunden. v_0 ist die Geschwindigkeit des Bezugssystems relativ zu uns, v_K die in diesem Bezugssystem beobachtete Geschwindigkeit. Die von uns beobachtete resultierende Geschwindigkeit v hängt vom eingestellten Winkel ab.

Beispiel

Ein Flugzeug fliegt mit der Eigengeschwindigkeit $v_1 = 540$ km/h eine Strecke $s = 1\,200$ km von West nach Ost und zurück. Es herrscht Ostwind mit –60 km/h. Wie lange dauert der Flug?

Lösung: Die Geschwindigkeit vom Land aus gemessen beträgt auf dem Hinweg
$v_H = (-60\text{ km/h}) + 540\text{ km/h} = 480\text{ km/h}$
und auf dem Rückweg
$v_R = (-60\text{ km/h}) + (-540\text{ km/h})$
$= -600\text{ km/h}$.
Daraus berechnet man die Flugzeiten für die jeweils 1 200 km lange Strecke:
$t_H = 1\,200\text{ km}/(480\text{ km/h}) = 2{,}5$ h und
$t_R = -1\,200\text{ km}/(-600\text{ km/h}) = 2$ h.
Der Flug dauert also **4,5 h**.

Vertiefung

Inertialsysteme

Eine Kugel, die auf einer waagerechten Tischplatte liegt, bleibt in Ruhe. Sie setzt sich in Bewegung, wenn die Platte geneigt ist. Dies beobachten Sie auch im Allgemeinen in einem fahrenden Zug. Manchmal jedoch setzt sich dort *für Sie* die Kugel auf waagerechter Bahn „von selbst" ohne jede Kraft in Bewegung – wie von Geisterhand gezogen. Für Sie gilt also das Trägheitsgesetz nicht mehr. Ein *außenstehender Beobachter* stellt dagegen zweierlei fest:

1.) Die Kugel bewegt sich nach dem Trägheitsgesetz mit konstanter Geschwindigkeit geradlinig weiter.
2.) Der Zug ändert seine Geschwindigkeit nach Betrag oder Richtung.

Man sagt: Der außenstehende Beobachter, für den das Trägheitsgesetz erfüllt ist, befindet sich in einem **Inertialsystem**, der mit dem Zug beschleunigte Beobachter dagegen nicht. Was sieht nun ein Beobachter, der sich relativ zum außenstehenden **Inertialbeobachter** gleichförmig bewegt? Für ihn bewegt sich die Kugel ebenfalls gleichförmig, wenn auch mit anderer Geschwindigkeit. Auch er ist ein Inertialbeobachter.

Bezugssysteme, in denen das Trägheitsgesetz gilt, heißen Inertialsysteme. Alle relativ zu ihm gleichförmig bewegten Bezugssysteme sind ebenfalls Inertialsysteme.

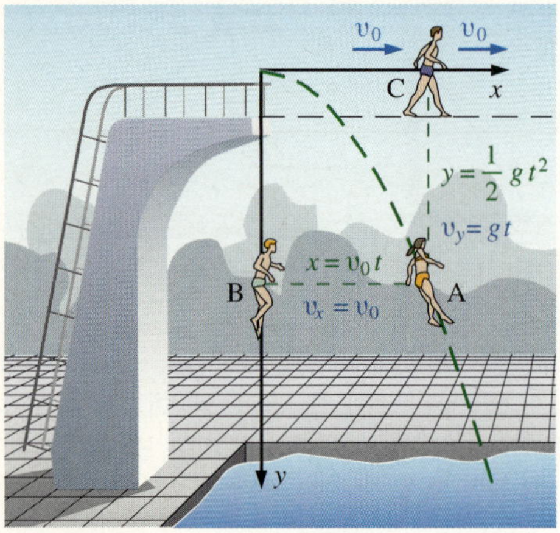

B 1: Anna springt mit Anlauf waagerecht ab. Bernd lässt sich einfach fallen. Beide tauchen gleichzeitig ein. – *In einem Gedankenexperiment* bleibt Claus in der Absprunghöhe. Er läuft mit Annas Absprunggeschwindigkeit über den Laufsteg und beobachtet ihren Fall in die Tiefe. – Der Fotograf des Bildes beobachtet vom Beckenrand.

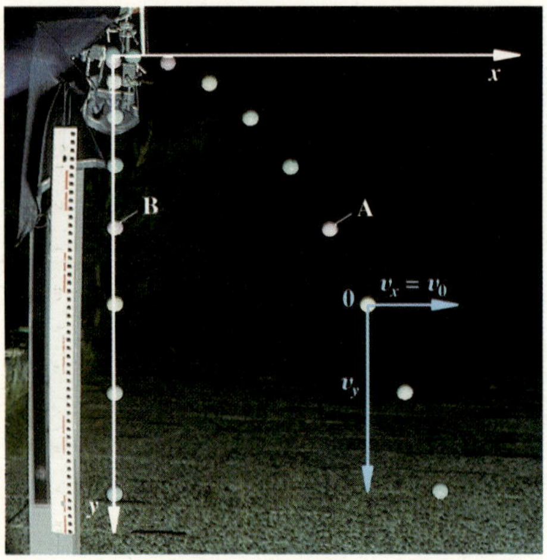

V 1: Zwei Kugeln A und B übernehmen die Rollen von Anna und Bernd. Kugel A wird von einer Feder waagerecht abgestoßen, Kugel B gleichzeitig in gleicher Höhe losgelassen. Die stroboskopische Beleuchtung zeigt: A und B befinden sich ständig in gleicher Höhe.

A 1: Wie würde der Fotograf ➠ *Versuch 1* beobachten, wenn er sich mit Annas v_0 nach rechts bewegte? Gehen Sie systematisch vor: Das Bezugssystem Badeanstalt bewegt sich für den Fotografen nach links, wir sind für ihn die bewegten Beobachter.

Waagerechter Wurf

1. Wer ist zuerst unten?

Anna und Bernd springen vom 5 m-Turm. Anna nimmt einen weiten Anlauf und bewegt sich dann auf krummer Bahn. Bernd lässt sich einfach fallen, wenn Anna abspringt (➠ *Bild 1*). Er denkt, dass er so schneller unten sei, weil doch Anna den weiteren Weg zurücklegt. Hat er Recht?

Im ➠ *Versuch 1* übernehmen zwei Kugeln **A** und **B** die Rollen von **A**nna und **B**ernd. Kugel A wird waagerecht geworfen, B im gleichen Moment und auf gleicher Höhe fallen gelassen. *Man hört*, dass die Kugeln gleichzeitig auf dem Boden aufprallen. Nach der Stroboskopaufnahme befinden sie sich sogar ständig auf gleicher Höhe. Sieht man vom Luftwiderstand ab, so hängt das Ergebnis des Experiments weder von der Abwurfhöhe über dem Boden, noch von der Abwurfgeschwindigkeit v_0 oder den Massen der Körper ab. – Anna und Bernd erreichen die Wasseroberfläche stets gleichzeitig.

2. Drei Beobachter – drei verschiedene Beschreibungen

Hält **B**ernd auf dem Weg in die Tiefe die Augen offen, dann sieht er **A**nna stets auf seiner Höhe. Nur in waagerechter Richtung bewegt sie sich von ihm weg. Im Bild zu ➠ *Versuch 1* kann man nachmessen, dass sich die Kugel **A** im Zeitraum zwischen zwei Blitzen in x-Richtung immer um das gleiche Wegstück von **B** entfernt. In x-Richtung wirkt keine Kraft, also bleibt v_x konstant: $v_x = v_0$.

Claus dagegen beobachtet **A**nnas Sprung von seinem Laufsteg aus (**C** in ➠ *Bild 1*). Er ruht in einem Bezugssystem, das sich für uns Außenstehende gleichförmig mit v_0 nach rechts bewegt; seine y-Achse zeigt nach unten. Für **Claus** fällt **Anna** beschleunigt senkrecht nach unten; gemäß dem Fallgesetz ist $y = \frac{1}{2} g t^2$. **A**nnas Geschwindigkeit nimmt dabei wie beim freien Fall zu: $v_y = g t$.

Als 3. Beobachter steht der **F**otograf des Bildes am Beckenrand. Er sieht **A**nna auf einer krummlinigen Bahn. Um diese zu beschreiben, verwendet er ein gegenüber dem Becken ruhendes Koordinatensystem (➠ *Bild 1*) mit der x-Achse nach rechts und der y-Achse nach unten. Als y-Koordinaten misst er die gleichen Werte, die **C**laus auf seinem bewegten Maßstab als Fallwege abliest: $y = \frac{1}{2} g t^2$. Als x-Werte übernimmt der Beobachter am Beckenrand die Ortskoordinaten $x = v_0\, t$ des auf dem Laufsteg bewegten **C**laus.

Merksatz

Ein Körper werde mit der Anfangsgeschwindigkeit v_0 waagerecht abgeworfen. Sieht man vom Luftwiderstand ab, so beschreibt ein außenstehender Beobachter Ort und Geschwindigkeit mit den Gleichungen

$$x = v_0 t, \qquad y = \tfrac{1}{2} g t^2, \qquad (1)$$

$$v_x = v_0, \qquad v_y = g t. \qquad (2)$$

Für gleichförmig mit v_0 bewegte Beobachter ist es ein freier Fall.

3. Wurfbahn mit Koordinaten beschrieben

Mit der Anfangsgeschwindigkeit v_0 und der Fallbeschleunigung g kann man Koordinaten für die **Orte zu verschiedenen Zeitpunkten** berechnen (➡ *Tabelle 1*) und in ein Koordinatensystem übertragen (➡ *Bild 2*).

Beim „Wasserwerfer" nach ➡ *Bild 3* strömt Wasser horizontal aus einer Düse. Am „Laufsteg" des mit v_0 horizontal bewegten Beobachters Claus sind Wegmarken angebracht und Maßstäbe für die Fallwege angehängt. Sie geben die Ortskoordinaten der abgespritzten Wasserteilchen an. Daraus lässt sich z. B. deren Startgeschwindigkeit v_0 berechnen. Für den senkrechten Fallweg $y = \frac{1}{2} g t^2 = 48$ cm braucht ein Wassertropfen im freien Fall $t = \sqrt{2y/g} = \sqrt{2 \cdot 0{,}48 \text{ m}/9{,}81 \text{ m·s}^{-2}} = 0{,}31$ s. Wenn der Beobachter Claus über ihm dabei in horizontaler Richtung $x = 80$ cm zurücklegt, dann ist wegen $x = v_0 t$ die Startgeschwindigkeit $v_0 = x/t = 0{,}8 \text{ m}/0{,}31 \text{ s} = 2{,}6$ m/s.

$g = 10$ m/s²
$v_0 = 75$ m/s

t in s	x in m	y in m	v_x in m/s	v_y in m/s	v in m/s
0,0	0,0	0,0	75,0	0,0	75,0
1,0	75,0	5,0	75,0	10,0	75,7
2,0	150,0	20,0	75,0	20,0	77,6
3,0	225,0	45,0	75,0	30,0	80,8
4,0	300,0	80,0	75,0	40,0	85,0
5,0	375,0	125,0	75,0	50,0	90,1
6,0	450,0	180,0	75,0	60,0	96,0
7,0	525,0	245,0	75,0	70,0	102,6
8,0	600,0	320,0	75,0	80,0	109,7

T 1: x-y-Wertepaare und v_x-v_y-Wertepaare für den waagerechten Wurf mit $v_0 = 75$ m/s und $g = 10$ m/s². $v = \sqrt{v_x^2 + v_y^2}$ ist der Betrag des Geschwindigkeitsvektors (➡ *Bild 2*).

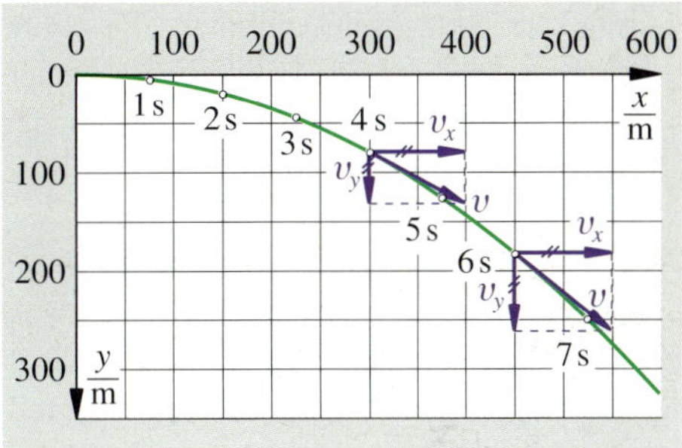

B 2: Bahnkurve mit den in ➡ *Tabelle 1* punktweise berechneten Werten. – Der Geschwindigkeitsvektor v schmiegt sich jeweils tangential an die Bahnkurve.

4. Geschwindigkeitsvektoren längs der Wurfbahn

Geworfene Körper legen längere Wege zurück als „nur" fallende. Wenn beide trotzdem unten gleichzeitig ankommen, muss der geworfene Körper unterwegs schneller sein. Der ruhende Beobachter kann die von ihm beobachtete **Geschwindigkeit *v*** des geworfenen Körpers **zu einem beliebigen Zeitpunkt *t*** bestimmen. Er setzt sie aus der *Horizontal*-Geschwindigkeit v_0 von Claus und der von ihm gemessenen *Vertikal*-Geschwindigkeit v_y (mit dem Betrag $g \cdot t$) des fallenden Körpers zusammen. Im ➡ *Bild 2* sind für den Zeitpunkt $t = 4$ s diese Vektoren sowie der resultierende Vektor v eingezeichnet. Er schmiegt sich tangential an die Bahnkurve. Könnte man nämlich die beschleunigende Kraft $G = m g$ abschalten, so bliebe nach dem Trägheitsgesetz die Geschwindigkeit v nach Betrag und Richtung konstant; der Körper flöge geradlinig weiter.

Den *Betrag* v der resultierenden Geschwindigkeit kann man mit dem Satz des PYTHAGORAS berechnen: $v^2 = v_0^2 + v_y^2$. Man sieht: v ist größer als jeder der beiden Beträge v_0 und v_y. Dem Vektorbild kann man auch den Winkel φ entnehmen, unter dem die Bahn des waagerechten Wurfs gegen die Horizontale geneigt ist: $\tan \varphi = v_y/v_x = g t/v_0$. – Obwohl die Bewegung nach rechts nicht aufhört, wird die Wurfbahn immer steiler.

5. Wie groß ist die Wurfweite?

Bei $y_1 = 80$ m Falltiefe kommt der waagerecht mit $v_0 = 75$ m/s abgeworfene Körper in ➡ *Bild 2* $x_1 = 300$ m weit. Wie weit geht der Wurf bei der Falltiefe $y_2 = 350$ m, die man auf dem Bild nicht mehr ablesen kann?

Mit der Fallzeit t_2 liefern die Koordinatengleichungen (1) und (2) (➡ *Merksatz*) für die Wurfweite x_2 und die Falltiefe y_2 den Ansatz $t_2 = \sqrt{2y_2/g}$ und $x_2 = v_0 t_2$. Daraus folgt $x_2 = v_0 \sqrt{2y_2/g} = 627$ m. – Könnte der Körper 500 m tief fallen (ohne Luftwiderstand), dann würde er sich 750 m weit waagerecht bewegen (in 10 s).

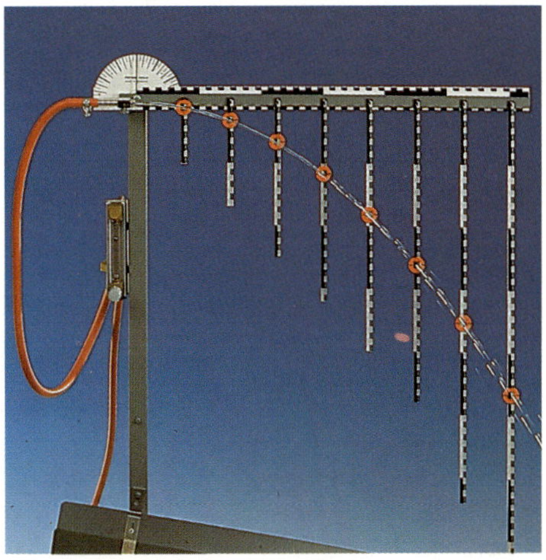

B 3: Während sich „der Beobachter auf dem Laufsteg" 80 cm nach rechts bewegt, fällt für ihn das Wasser 48 cm tief; in der Hälfte dieser Zeit nur 12 cm.

Interessantes

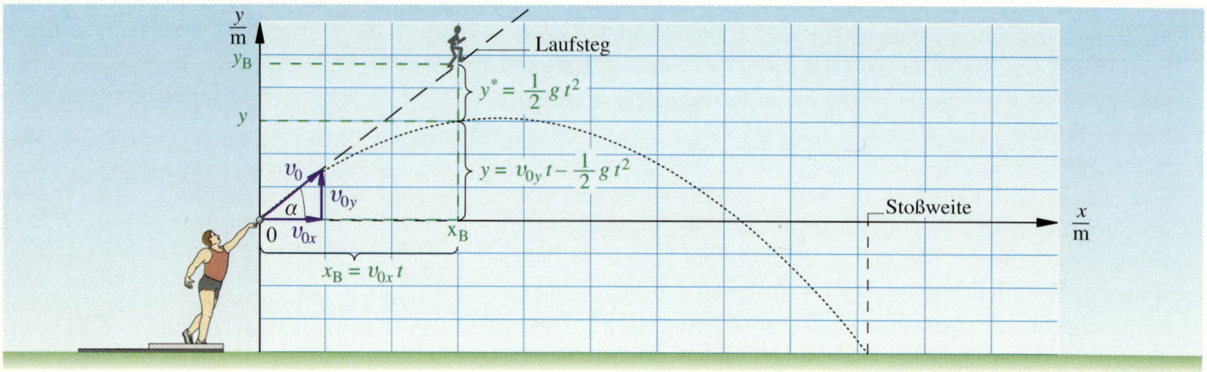

B 1: Kugelstoß ist schiefer Wurf

Bahnkurven beim Kugelstoß

Beim Kugelstoß kommt es auf große Stoßweiten an. Sportlerinnen und Sportler wissen, dass neben dem Betrag der Stoßgeschwindigkeit die Stoßrichtung eine wichtige Rolle spielt. Mit den beim waagerechten Wurf entwickelten Methoden können wir prüfen, ob der Sportler im ➠ *Bild 1* den richtigen Abwurfwinkel trainiert hat.

Wir zeichnen ein Koordinatensystem ins Bild – mit dem Ursprung dort, wo die Kugel die Hand verlässt, die positive y-Richtung nach oben. Wir denken uns einen Beobachter, der sich mit der Abstoßgeschwindigkeit v_0 schräg nach oben gleichförmig fortbewegt (➠ *Bild 1*). Er legt längs seines schrägen „Laufsteges" in der Zeit t den Weg $s = v_0\, t$ zurück. Der „Laufsteg" bildet mit der x-Achse den Winkel α. Die Ortskoordinaten dieses Beobachters entnehmen wir den rechtwinkligen Dreiecken in ➠ *Bild 1* zu:

$$x_B(t) = s \cos\alpha = v_0\, t \cos\alpha$$
$$y_B(t) = s \sin\alpha = v_0\, t \sin\alpha.$$

Wir denken uns einen Augenblick die Gewichtskraft ausgeschaltet. Dann würde die Kugel den Beobachter auf seinem schrägen „Laufsteg" ständig begleiten. Nun wirkt aber die Gewichtskraft. Deshalb stellt der bewegte Beobachter auf dem „Laufsteg" fest, dass die Kugel unter ihm senkrecht fällt. Der von ihm gemessene x^*-Wert bleibt immer $x^* = 0$; der y^*-Wert befolgt das Fallgesetz: $y^*(t) = -\frac{1}{2} g\, t^2$ (ohne Luftwiderstand).

Aus dem Unabhängigkeitssatz folgt, dass wir in unserem Bezugssystem die x- und y-Werte je für sich addieren dürfen. Also gilt:

$$x(t) = v_0\, t \cos\alpha + x^*(t) = v_0\, t \cos\alpha + 0 \qquad (1)$$
$$y(t) = v_0\, t \sin\alpha + y^*(t) = v_0\, t \sin\alpha + (-\tfrac{1}{2} g\, t^2) \qquad (2)$$

Wie wird man Meister?

Im Wettkampf kommt es auf die größte Weite an, dafür muss trainiert werden. Physikalische Sicht kann zum richtigen Trainingsprogramm beitragen:

Wenn man den Computer für die Auswertung der Koordinatengleichungen *Gl. (1)* und *(2)* eingerichtet hat, kann man leicht die Parameter v_0 und α ändern und deren Einfluss auf die Bahnkurve anschauen. In ➠ *Bild 3* ist bei einer festen Abstoßgeschwindigkeit von $v_0 = 8{,}5$ m/s der Abstoßwinkel variiert. Die Wurfbahn endet in der Sandgrube, 2 m unter dem Abstoßpunkt also bei $y = -2$ m.

Wir lassen den Computer für verschiedene Winkel α rechnen und tragen die Stoßweite über dem Abstoßwinkel in einem neuen Diagramm auf, um den Zusammenhang bei $v_0 = 8{,}5$ m/s abzuschätzen. Man sieht, dass es einen optimalen Abstoßwinkelbereich gibt (➠ *Bild 2*).

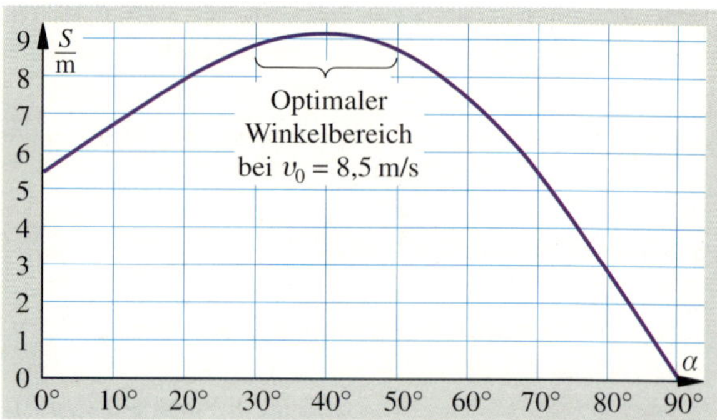

B 2: Stoßweite S über Abstoßwinkel α aufgetragen. Aus dem sehr flachen Buckel dieser Kurve folgt unser erster Rat fürs richtige Training: Man muss mit etwa 40° abstoßen, kleine Abweichungen vom optimalen Abstoßwinkel machen nichts aus.

Interessantes

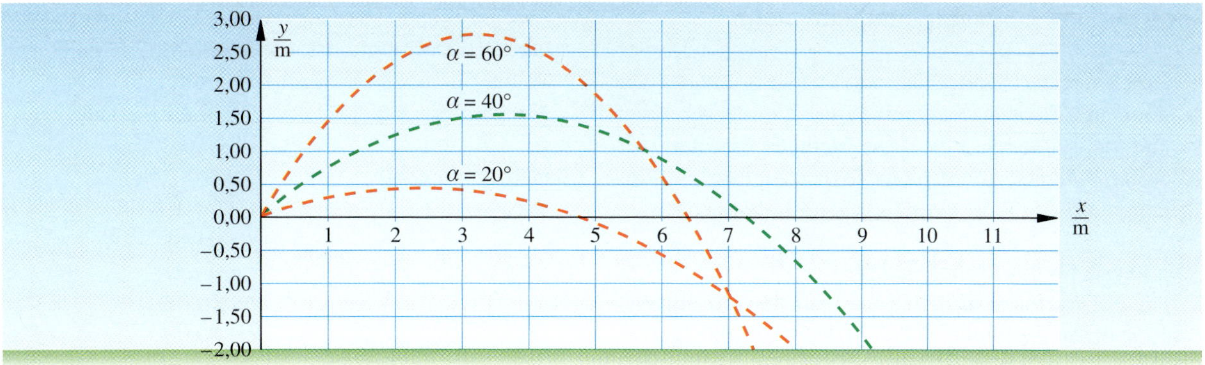

B 3: Kugelstoß bei konstanter Abstoßgeschwindigkeit $v_0 = 8{,}5$ m/s, aber verschiedenen Abstoßwinkeln

Lässt man umgekehrt den Computer mit festem Abstoßwinkel ($\alpha = 40°$) und verschiedenen Werten für v_0 rechnen, dann kann man studieren, wie die Kugelstoßweite von der Abstoßgeschwindigkeit abhängt (*Bild 4*). Der Anstieg der Kurve in *Bild 4* liefert den zweiten Rat fürs richtige Training: Anfangsgeschwindigkeit ist fast alles. Es lohnt, die Stoßtechnik so zu verbessern, dass die Anfangsgeschwindigkeit v_0 möglichst groß wird.

B 4: Stoßweite S in Abhängigkeit von der Abstoßgeschwindigkeit ($\alpha = 40°$)

Bahnkurven beim Wasserwurf

Wenn wir die Düse des Wasserwerfers schräg nach oben richten und mit ihr die Latte, an der die Maßstäbe für die Fallwege hängen, dann können wir auch an diesem Modell Koordinaten für die Punkte der Wurfbahn ablesen (*Bild 6*).

Wie beim waagerechten Wurf können wir vergleichen: Während der „Beobachter auf dem Laufsteg" um 80 cm schräg nach oben geht, beobachtet er den Fallweg 60 cm. Dies geschieht in der Zeit $t = \sqrt{2\,s/g} = \sqrt{2 \cdot 0{,}6\ \text{m}/9{,}81\ \text{m}\cdot\text{s}^{-2}} = 0{,}35$ s. In der halben Zeit 0,175 s kommt der Beobachter auf dem Steg 40 cm weit, das Wasser fällt $s/4 = 60$ cm/4 = 15 cm tief. Die Geschwindigkeit des „Beobachters auf dem Laufsteg" hat den Betrag $v_0 = s/t = 0{,}8$ m/0,35 s = 2,29 m/s. Das Wasser tritt mit eben dieser Geschwindigkeit aus der Düse aus.

Die Bahnkurven des Löschwassers in *Bild 5* verlaufen wenig gekrümmt. Wir erkennen daran, dass es mit großer Geschwindigkeit aus den Löschwasserkanonen geschossen wird.

B 5: Das Wasser schießt mit hoher Geschwindigkeit aus den Löschwasserkanonen

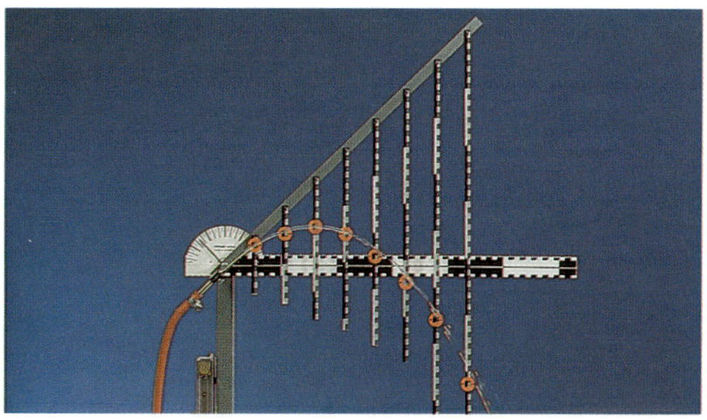

B 6: Wassermodell für den schiefen Wurf. Das Wasser verlässt mit $v_0 = 2{,}29$ m/s die Düse.

Vertiefung

Ballwurf mit Luftwiderstand und mehr

Durch stückweises Rechnen mit kleinem Δt haben wir mit dem Computer geradlinige Bewegungen berechnet und grafisch dargestellt. Diese Methode erweitern wir auf *krummlinige Bewegungen*. Wir schreiben ein Programm für den Wurf eines Balles mit Luftwiderstand.

Die Physik für das Rechenmodell

Für die Wurfbahn in der Ebene brauchen wir ein ***x*-*y*-Koordinatensystem** (➠ *Bild 1*). Der Ball soll vom Ort $(x \mid y) = (0\ \mathrm{m} \mid 0\ \mathrm{m})$ unter dem Abwurfwinkel $\alpha = 60°$ und mit dem Geschwindigkeitsbetrag $v_0 = 10$ m/s abgeworfen werden. Die Unabhängigkeitssätze erlauben eine Beschreibung und Berechnung der zu erwartenden krummlinigen Bewegungen mithilfe einer Horizontalbewegung längs der x-Achse und einer davon unabhängigen Vertikalbewegung längs der y-Achse. Deshalb zerlegen wir den durch die (Abwurf-)Richtung α und den Betrag v_0 festgelegten Geschwindigkeitsvektor in seine Komponenten mit den Werten $v_x = v_0 \cdot \cos\alpha$ und $v_y = v_0 \cdot \sin\alpha$.

Alle für das Rechenmodell benötigten **Startwerte** stehen jetzt in den Zeilen (a) bis (g). In den Zeilen (h) bis (k) folgen die erforderlichen **Konstanten**: die Masse des Balles, die Fallbeschleunigung, die Konstante C für den Betrag der Luftwiderstandskraft $F_L = C\,v^2$. Die Größe des Zeitschrittes Δt setzen wir mit 0,01 s fest.

Für die getrennt betrachteten Bewegungen in x- und y-Richtung gibt es je eine resultierende Kraft. Deren Berechnung bildet das Kernstück der **Rechenschleife**. Aus dem in (1) berechneten Geschwindigkeitsbetrag (Satz des PYTHAGORAS) wird in (2) der Betrag $F_L = C\,v^2$ der **Luftwiderstandskraft** ermittelt. Ihr Vektor zeigt stets dem Vektor der Geschwindigkeit entgegen. Für das Computerprogramm reichen die Betragsgleichung und das Wissen über die Richtung von F_L nicht aus, wir brauchen die Komponenten F_{Lx} und F_{Ly} von F_L. Deren *Werte* werden in (3) und (4) getrennt berechnet. Wie wir zu diesen Wertegleichungen kommen, ist bei ➠ *Bild 1* erläutert.

In Zeile (5) ist F_{Lx} die einzige Kraft der x-Bewegung. In y-Richtung muss in Zeile (6) zu F_{Ly} der Wert $-m \cdot g$ der nach unten gerichteten Gewichtskraft addiert werden. Der y-Wert der resultierenden Kraft ist somit $F_y = -m\,g + F_{Ly}$. In (7) und (8) werden aus F_x und F_y mithilfe des newtonschen Grundgesetzes die Werte a_x und a_y der **Beschleunigungskomponenten** berechnet. Diese liefern in (9) und (10) die Zuwächse der v_x- und v_y-Werte der **Geschwindigkeitskomponenten**. Mit den neuen Werten für v_x und v_y werden dann in (11) und (12) die **Koordinaten** x und y der **Wurfbahn** berechnet.

Das Rechenmodell

{Startwerte}	$t = 0$ (s)	(a)
	$x = 0$ (m)	(b)
	$y = 0$ (m)	(c)
	$v_0 = 10$ (m/s)	(d)
	$\alpha = 60$ (°)	(e)
	$v_x = v_0 \cdot \cos\alpha$ (m/s)	(f)
	$v_y = v_0 \cdot \sin\alpha$ (m/s)	(g)
{Konstanten}	$m = 1$ (kg)	(h)
	$g = 9{,}81$ (m/s²)	(i)
	$C = 0{,}1$ (Ns²/m²)	(j)
	$\Delta t = 0{,}01$ (s)	(k)
{Rechenschleife}		
WIEDERHOLE		
{Geschwindigkeitsbetrag}	$v = \mathrm{SQRT}(v_x^2 + v_y^2)$	(1)
{Luftwiderstandskraft}	$F_L = C\,v^2$	(2)
	$F_{Lx} = -v_x \cdot (F_L / v)$	(3)
	$F_{Ly} = -v_y \cdot (F_L / v)$	(4)
{resultierende Kraft}	$F_x = +F_{Lx}$	(5)
	$F_y = -m \cdot g + F_{Ly}$	(6)
{Beschleunigung}	$a_x = F_x / m$	(7)
	$a_y = F_y / m$	(8)
{Geschwindigkeit}	$v_x = v_x + a_x \cdot \Delta t$	(9)
	$v_y = v_y + a_y \cdot \Delta t$	(10)
{Bahnpunkte}	$x = x + v_x \cdot \Delta t$	(11)
	$y = y + v_y \cdot \Delta t$	(12)
{Zeit}	$t = t + \Delta t$	(13)
BIS …		

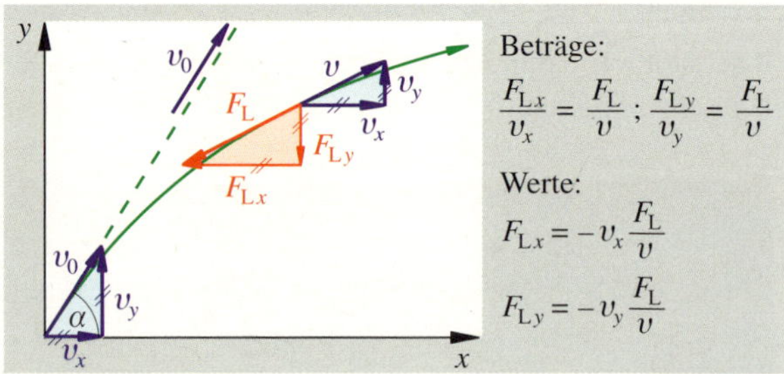

B 1: Die Vektoren von Geschwindigkeit v (blau) und Luftwiderstandskraft F_L (rot) schmiegen sich gegensinnig an die Wurfbahn (grün). Ihre Komponentenpaare bilden ähnliche Dreiecke und liefern so *Verhältnisgleichungen für die Beträge*. Wir machen daraus *Werte-Gleichungen* für F_{Lx} und F_{Ly}. Das Minuszeichen drückt unser Wissen über die stets gegensinnigen Richtungen von Geschwindigkeit und Luftreibungskraft aus.

Vertiefung

Proben aufs Exempel: Wurfbahnen …

Für den Test des Programms wählen wir einen Fall, dessen Lösung wir gut kennen, den waagerechten Wurf ohne Luftwiderstand. Mit $C = 0$ kommt für die Werte F_{Lx} und F_{Ly} der Luftwiderstandskraft immer null heraus; das Kraftgesetz ist allein durch $F_x = 0$ und $F_y = -m\,g$ bestimmt. Wir lassen uns für $v_0 = 12$ m/s und $\alpha = 0$ die Bahnkurve anzeigen:

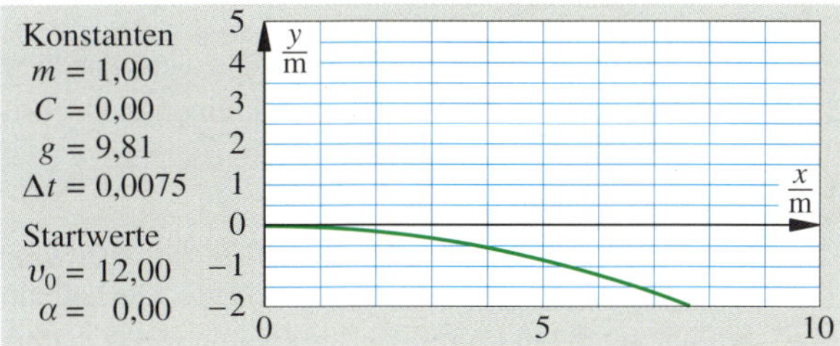

Wir überprüfen den für $t = 0{,}5$ s eingetragenen Punkt mit $x = 6$ m und $y = -1{,}25$ m. Diese Angaben werden mit $x = v_0\,t$ und $y = -\frac{1}{2}g\,t^2$ schnell bestätigt. Sobald wir für α den Winkel 50° angeben, wird aus dem waagerechten Wurf ein schiefer Wurf schräg nach oben:

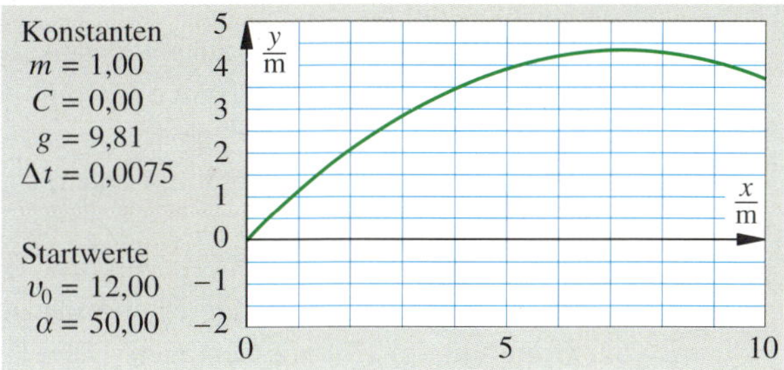

Ohne Luftwiderstand ist die Kurve symmetrisch, das ändert sich, wenn wir den Luftwiderstand einschalten:

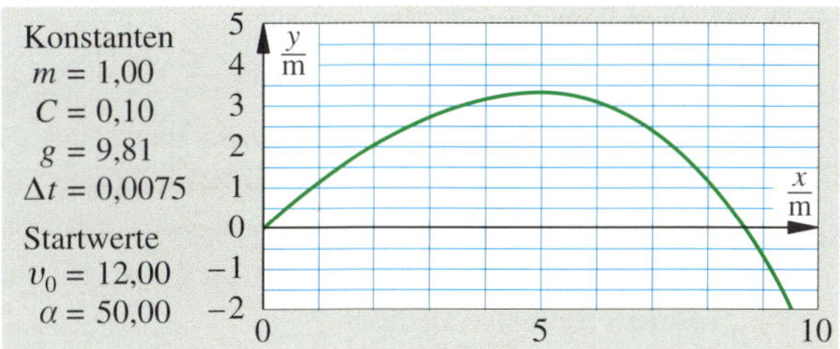

Das Ergebnis ist plausibel, das Programm zum Gebrauch freigegeben! So, wie man bei einem Experiment den Ablauf mit verschiedenen Einstellungen wiederholt, so können wir mit dem Programm Würfe mit verschiedenen Startwerten simulieren.

… oder Zeitfunktionen des senkrechten Wurfs

Wer einen Ball senkrecht nach oben wirft, erwartet, dass dieser sich auf gerader Bahn nach oben und dann wieder nach unten bewegt. Die Physik in unserem Programm gilt auch für diesen Fall. Mit den Startwerten $\alpha = 90°$, $v_0 = 5$ m/s und $C = 0$ (Luftwiderstand ausgeschaltet) zeichnet der Computer als Bahnkurve eine Linie auf der y-Achse – der x-Wert ist immer null. Damit wir mehr erkennen können, lassen wir nicht die x-y-Bahnkurven, sondern t-y- und t-v-Diagramme zeichnen:

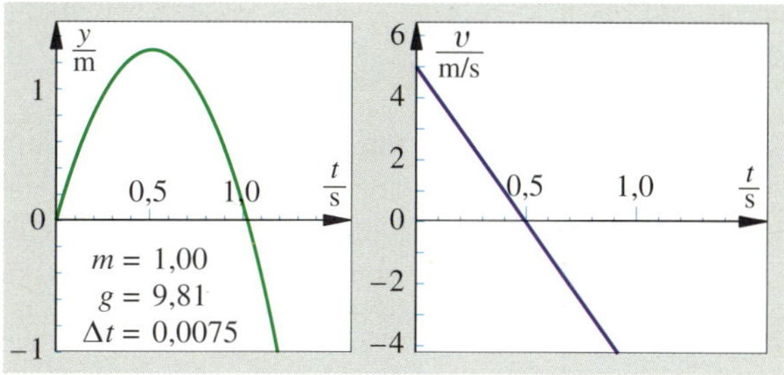

Aufgaben

A 1: Zeichnen Sie die Bahn des waagerechten Wurfs mit der Anfangsgeschwindigkeit $v_0 = 20$ m/s im Maßstab 1 : 1 000. Zeichnen Sie die Geschwindigkeitsvektoren für $t_1 = 2{,}0$ s und $t_2 = 4{,}0$ s ein (Geschwindigkeitsmaßstab 1 cm ≙ 10 m/s).

A 2: Ein unerfahrener Pilot lässt einen Versorgungssack genau senkrecht über dem Zielpunkt aus dem in 500 m Höhe fliegenden Flugzeug fallen. Der Sack schlägt 1,0 km vom Ziel entfernt auf. Welche Geschwindigkeit hat das Flugzeug, mit welcher Geschwindigkeit erreicht der Sack den Boden (ohne Luftwiderstand)?

A 3: Wie groß ist die Absprunggeschwindigkeit des Weitspringers? Benutzen Sie die eingeblendeten Informationen – es gibt verschiedene Lösungswege!

A 4: Widerstandsbeiwert c_w und wirksame Fläche eines Autos liefern zusammen mit der Dichte der Luft den C-Wert 0,875 Ns²/m². Bestimmen Sie die Antriebskraft, mit der das Auto die Endgeschwindigkeit 120 km/h erreicht.

Das ist wichtig

1. Die Fallbewegung eines Körpers, auf den allein die Gewichtskraft wirkt, wird **freier Fall** genannt. An ein und demselben Ort beobachtet man für alle Körper beim freien Fall die gleiche Beschleunigung; sie ist gleich dem Ortsfaktor g.
Für die Beschleunigung beim freien Fall gilt in Europa **g = 9,81 m/s.** Mit diesem Wert werden die Bewegungsgleichungen der gleichmäßig beschleunigten Bewegung zu den **Fallgesetzen für den freien Fall aus der Ruhe**:

Zeit-Weg-Gesetz: $s = \frac{1}{2} g t^2$
Zeit-Geschwindigkeit-Gesetz: $v = g t$

2. Bei **Fallbewegungen mit Luftwiderstand** bestimmt ständig die Resultierende aus Gewichtskraft G und Luftwiderstandskraft F_L die momentane Beschleunigung a. Der Luftwiderstand ist der Geschwindigkeit v entgegen gerichtet, für den Betrag gilt

$$F_L = \frac{1}{2} c_w \varrho A v^2.$$

Solange (für die Beträge) $F_L < G$ gilt, nimmt die Fallgeschwindigkeit zu. Ist $F_L = G$ erreicht, wird die Bewegung gleichförmig mit der **Endgeschwindigkeit v_{End}**. Es gilt:

$$G = \frac{1}{2} c_w \varrho A v_{End}^2, \quad \text{also} \quad v_{End} = \sqrt{\frac{2G}{c_w \varrho A}}.$$

3. **Bewegungen** können von verschiedenen Bezugssystemen aus betrachtet werden:
Ein Körper K habe die Geschwindigkeit v_K in einem Bezugssystem, das sich mit der Geschwindigkeit v_0 relativ zu einem Beobachter B bewegt. Die von B beobachtete Geschwindigkeit v des Körpers K kann einem **Vektorparallelogramm** aus v_0 und v_K entnommen werden (wie bei Kräften).

4. Bei **Wurfbewegungen ohne Luftwiderstand** denke man sich einen Beobachter, der sich gleichförmig mit der Abwurfgeschwindigkeit v_0 (Richtung und Betrag) unter dem Winkel α weiterbewegt. Er beobachtet eine Fallbewegung. Die Beschreibung von außen lässt sich in Koordinaten darstellen:

$$x = v_0 t \cos\alpha \qquad y = v_0 t \sin\alpha - \frac{1}{2} g t^2$$
$$v_x = v_0 \cos\alpha \qquad v_y = v_0 \sin\alpha - g t$$

Die Koordinatenrichtungen sind dabei horizontal (x) und senkrecht nach oben (y) gewählt.

Strategien beim Problemlösen

1. Galileo GALILEI hat für die Entwicklung von Denkschemata der Physik eine große Bedeutung. Wir arbeiten wie er oft mit dem **hypothetisch-deduktiven Verfahren**: Zu einer *Beobachtung* (Zunahme der Geschwindigkeit beim freien Fall) *deduzieren* wir aus einer *Hypothese* (Gewichtskraft ist alleinige Kraft) mit der schon verfügbaren Theorie (Bewegungsgesetze bei konstanter Kraft) eine *Vorhersage* (Fallgesetz), die wir im *Experiment* bestätigen.

2. Bei konstantem Wert der Beschleunigung a gelten – für Bewegungen aus der Ruhe – die Bewegungsgesetze für gleichmäßig beschleunigte Bewegungen: $v = a t$; $s = \frac{1}{2} a t^2$.
Bei sich ändernder Beschleunigung a verwenden wir **Rechenmodelle.** Während eines kleinen Zeitschritts Δt gelten jeweils die Gleichungen $v_{neu} = v_{alt} + a \cdot \Delta t$ und $s_{neu} = s_{alt} + v \cdot \Delta t$.
Dabei hilft der Computer. Dessen große Rechengeschwindigkeit erlaubt kleine Zeitschritte. Deshalb dürfen wir, auch bei komplizierten Bewegungen, a und v während des Zeitschritts Δt als konstant ansehen. In Rechenmodellen für Bewegungen steckt die Physik vor allem in dem **Kraftgesetz**. Bei Bewegungen mit Luftwiderstand setzt sich die resultierende Kraft aus den Kraftgesetzen für Schwerkraft $G = m g$ und Luftwiderstandskraft $F_L = \frac{1}{2} c_w \varrho A v^2$ zusammen. Zeitschritt für Zeitschritt wird die neue resultierende Kraft berechnet.

3. Um Fall- und Wurfbewegungen zu berechnen, hat der **Wechsel des Bezugssystems** den Erfolg beschert. Was der eine Beobachter als waagerechten Wurf in der Ebene sieht, beobachtet ein anderer als geradlinige Fallbewegung.
Diese Strategie haben wir erweitert: Für die Beschreibung einer **Bewegung in der Ebene** machen wir vom **Unabhängigkeitssatz** Gebrauch. Dazu legt man ein Koordinatensystem fest und rechnet mit **Komponenten** für Kraft, Beschleunigung und Geschwindigkeit sowie mit **Koordinaten** des Ortes. In jeder Komponentenrichtung lässt sich das NEWTON-Gesetz unabhängig von den anderen Komponenten anwenden.

Aufgaben

A 1: Wie muss die Antriebskraft eines Fahrzeugs gesteigert werden, wenn – mit Luftwiderstand – die Endgeschwindigkeit verdoppelt werden soll?

A 2: Wie hoch kann man Wasser spritzen, das mit 15 m/s die Düse verlässt?

A 3: Eine senkrecht nach oben geschossene Kugel kommt zurück! Es gibt einen Beobachter, der für diese Kugel nichts anderes beobachtet als eine Fallbewegung. Versetzen Sie sich in die Rolle dieses Beobachters und wenden Sie unsere Strategie an! Übertragen Sie das Ergebnis auf einen nebenstehenden Beobachter.

Hohe Trampolinsprünge wären ohne die Erhaltung mechanischer Energie unmöglich. Leider entweicht bei jedem Sprung ein Teil von ihr durch unvermeidliche Reibung. Die Sportlerin muss ihn ersetzen, wenn sie dieselbe Höhe erreichen will. Wir lernen mit Energie zu bilanzieren.

Wen wundert nicht das seltsame Verhalten der Kugeln? Nach dem Aufprall der ersten fliegt die letzte weg und erreicht die gleiche Höhe der ersten. Die übrigen haben sich scheinbar nicht bewegt. Doch sie müssen sich ein kleines Stück bewegt haben, denn frei herunterhängend berühren sie einander nicht: Beim Aufprall überträgt die linke Kugel ihre Bewegungsenergie vollständig auf die gestoßene und bleibt mit einem Schlag stehen. Die gestoßene trifft mit derselben Geschwindigkeit auf die folgende. So wandert die Energie durch die Reihe bis zur letzten Kugel, die schließlich die Höhe der ersten erreicht. Und warum gibt die stoßende Kugel jeweils ihre gesamte Energie weiter und nicht nur einen Teil? Die Frage führt uns auf eine weitere Erhaltungsgröße, den Impuls. Auch die Impulsbilanz muss stimmen. Sie lässt nur eine einzige Verteilung der Energie zu.

Ein „Raketenversuch“ im Labor. Eine Pumpe schleudert das Wasser nach links und beschleunigt den Wagen nach rechts. Die Impulsbilanz führt uns zur Berechnung der beschleunigenden Kraft.

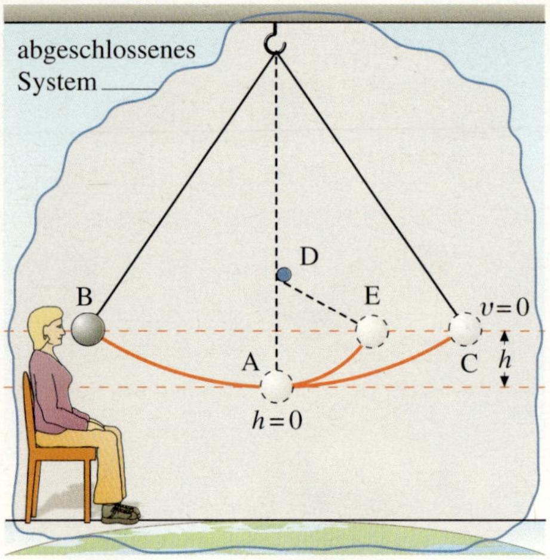

V 1: a) Wir hängen eine Kugel an der Decke auf. Aus der Gleichgewichtslage A lenken wir sie bis B aus, direkt vor die Nasenspitze einer Schülerin. Dort ist die Kugel gegenüber A um die Strecke h angehoben. Lassen wir los, so schwingt sie nach A zurück. Dann steigt sie auf der anderen Seite gleich hoch bis C und kommt zurück nach B, aber nicht höher! Die Schülerin kann beruhigt sitzen bleiben.

b) Während sich die Kugel zwischen A und B bewegt, befestigen wir bei D einen Stab. Anschließend schwingt die Kugel auf der Bahn BAE zum Punkt E, der gleich hoch liegt wie B und C, dann zurück zu B.

c) Erst mit der Zeit nimmt die Höhe der Umkehrpunkte B, C bzw. E infolge der nicht zu vermeidenden Reibung ab.

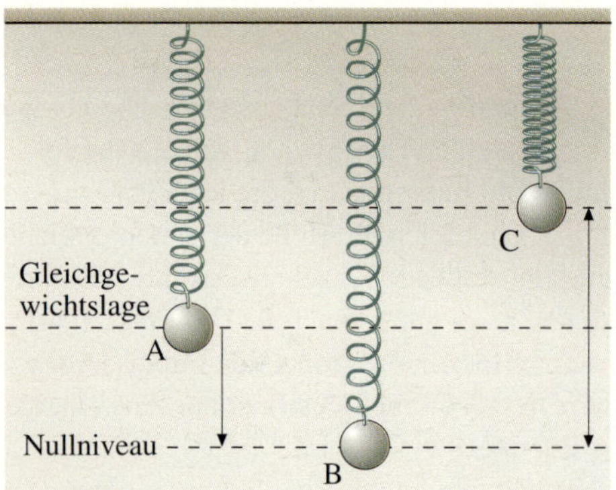

V 2: Ein Wägestück hängt an einer Feder. Aus der Gleichgewichtslage A lenken wir es bis B aus und lassen los. Es schwingt periodisch auf und ab (vertikales Federpendel). Die Höhen der Umkehrpunkte C und B bleiben zunächst gleich. Sie ändern sich mit der Zeit nur infolge der Reibung.

Energieerhaltung; Energieumwandlung

1. Immer dieselben Höhen und Geschwindigkeiten

Lassen wir ein Fadenpendel schwingen (➠ *Versuch 1a*). Der Bewegungszustand der Kugel ändert sich laufend. Trotzdem erreicht sie – wenn man nicht zu lange wartet – immer wieder den Zustand, aus dem sie gestartet ist, genauso wie alle Zwischenzustände. Allerdings darf sich von außen niemand einmischen, indem er etwa die Kugel hinterlistig anbläst. – Selbst wenn wir die Bewegung des Pendels durch den Stab D in ➠ *Versuch 1b* ändern, erreicht die Kugel ihre Ausgangshöhe, allerdings auf einem anderen Weg. – Ähnliche Bewegungen finden Sie bei ➠ *Versuch 2* und ➠ *Versuch 3*.

Die Versuche zeigen: Bei allem Wandel kehren dieselben Höhen und Geschwindigkeiten von Körpern oder Spannungszustände der Federn wieder. Lässt sich dabei eine Größe finden, die sich zwar in verschiedenen Formen äußert, die aber insgesamt erhalten bleibt? Aus der Mittelstufe kennen Sie die **Energie**. Erinnern Sie sich?

2. Energie tritt in vielen Formen auf und kann sich wandeln

Der Autofahrer kauft Energie mit Benzin teuer ein. Auch in Gas, Öl, Kohle und in unserer Nahrung steckt sie, allerdings in ganz verschiedenen **Formen**; sie ist ein Verwandlungskünstler:

In den Punkten B, C und E von ➠ *Versuch 1* ist die Kugel gegenüber A um die Strecke h angehoben, hat aber keine Geschwindigkeit. Die in dem System steckende Energie hängt mit der angehobenen Kugel zusammen. Man sagt, die Kugel habe in B, C und E gegenüber dem Niveau von A **Höhenenergie** (auch **Lageenergie** oder **potentielle Energie** genannt). Wie bei der Angabe einer Höhe muss man sich bei der Höhenenergie auf ein Ausgangsniveau beziehen. Man nennt es **Nullniveau,** abgekürzt **NN.**

Im Punkt A von ➠ *Versuch 1* hat die Kugel maximale Geschwindigkeit, ist aber gegenüber dem Nullniveau nicht angehoben, hat also keine Höhenenergie. Die nach wie vor vorhandene Energie hängt mit der Bewegung zusammen. Man sagt, die Kugel habe in A **Bewegungsenergie (kinetische Energie**). Zwischen B und A bzw. A und C besitzt die Kugel sowohl Höhen- als auch Bewegungsenergie. Dort finden laufend **Energieumwandlungen** statt.

Ist in ➠ *Versuch 2* das Wägestück im tiefsten Punkt B, wo wir das Nullniveau der Höhenenergie hinlegen, so hat es momentan keine Geschwindigkeit, also weder Höhen- noch Bewegungsenergie. Dafür ist die Feder maximal gespannt. Die Energie steckt in der gespannten Feder. Gespannte Federn haben **Spannenergie.** Beim Auf und Ab des Wägestücks wandeln sich laufend Spannenergie, Bewegungsenergie und Höhenenergie ineinander um. – Höhenenergie, Bewegungsenergie und Spannenergie fasst man unter dem Oberbegriff **mechanische Energieformen** (oder **mechanische Energie**) zusammen.

3. Energieerhaltung im abgeschlossenen System

Energie ist bei diesen Schwingungen (➠ *Versuche 1–3*) immer vorhanden. Sie verschwindet nicht, um sofort wieder aus dem Nichts aufzutauchen. *Vielmehr bleibt sie erhalten, wechselt aber ständig die Form.* Denken wir an die Geldmenge auf einer völlig abgeschlossenen Insel. Gleichgültig, was sich dort abspielt und wie dort das Geld auf Einwohner und Banken verteilt ist, immer bleibt die Geldsumme konstant.

Wie das Geld auf der Insel gewissermaßen in einem einzigen Tresor eingeschlossen ist, so können wir bei jedem der vorigen Versuche einen Bereich abgrenzen, der die Energie einschließt. Zu diesem Bereich gehören alle Körper, die während des Versuchs miteinander in Wechselwirkung stehen und die Energie untereinander austauschen. Beim Fadenpendel (➠ *Versuch 1*) z. B. muss man neben dem Pendelkörper, dem Faden und der Aufhängevorrichtung auch die Erde dazunehmen, da sie mit der Gewichtskraft auf den Pendelkörper einwirkt. Um diesen Bereich kann man in Gedanken eine Hülle legen, die nichts durchlässt. Beliebige Vorgänge in der Hülle sind aber möglich. Das so entstandene Gebilde nennt man ein **energetisch abgeschlossenes System**. Es ist ein **Energietresor**.

Allerdings kommt jedes Pendel infolge der Reibung allmählich zur Ruhe (➠ *Versuch 1c*). Daraus folgern Sie vielleicht, dass es doch kein abgeschlossenes System gibt oder dass Energie versickert. ➠ *Versuch 4* gibt eine andere Antwort.

In ➠ *Versuch 4a* können sich die kleinen Kugeln in der untersten Schale nicht gegeneinander bewegen. Der Wagen wird mit der betragsmäßig gleichen Geschwindigkeit an der Feder reflektiert. Sobald die kleinen Kugeln in den Schalen aber Eigenbewegungen ausführen können (➠ *Versuch 4b*), ist der Wagen nach der Reflexion an der Feder deutlich langsamer. Dafür bewegen sich jetzt die Kügelchen völlig ungeordnet. Sie haben einen Teil der Energie übernommen. Doch hört diese Bewegung der Kügelchen bald auf; sie versickert in deren Innern, im „ganz Kleinen" und mündet schließlich in einer verstärkten Bewegung der unsichtbaren kleinsten Teilchen, der Atome oder Moleküle. Man sagt die **innere Energie** der Körper sei größer geworden. Also bleibt das System abgeschlossen, seine Energie konstant. Genau dies passiert bei *Reibungsvorgängen.* Auch dort geht keine Energie verloren, vielmehr erhöht sich die innere Energie der im abgeschlossenen System zusammengefassten Körper.

Merksatz

1. Energie kann ihre Form wandeln. Mechanische *Energieformen* sind Höhenenergie, Bewegungsenergie und Spannenergie.
2. Einen Bereich, der mit seiner Umgebung keine Energie austauscht, nennt man ein energetisch *abgeschlossenes System.*
3. In einem abgeschlossenen System bleibt unabhängig von den Vorgängen, die sich darin abspielen, die *Energie erhalten.*

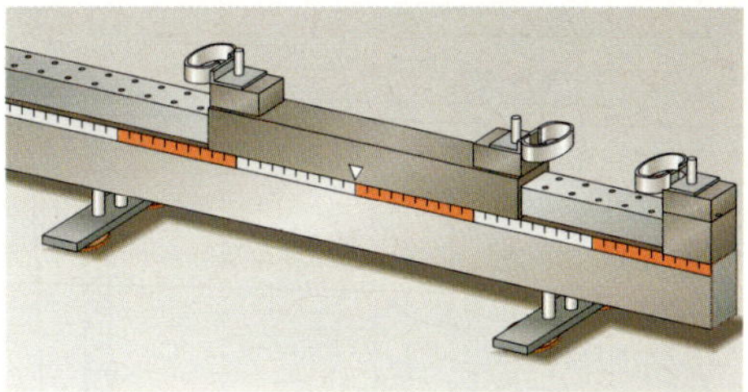

V 3: Auf einer waagerecht gestellten Luftkissenfahrbahn, an deren Enden elastische Federn befestigt sind, wird ein Schlitten angestoßen. Er gleitet – solange nicht eine der Federn zusammengedrückt wird – mit konstantem Geschwindigkeitsbetrag über die Bahn und dies trotz der Reflexionen an den Bahnenden. Nur die Reibung bremst ihn mit der Zeit ab.

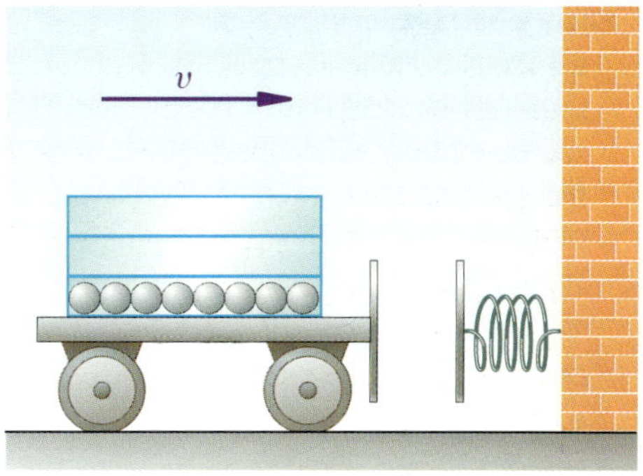

V 4: Auf einem leichten Wagen sind drei durchsichtige Schalen übereinander befestigt. Die zwei obersten sind leer, die unterste ganz mit Kugeln gefüllt, sodass dort keine Relativbewegung der Kugeln möglich ist.
a) Der Wagen wird auf einer ebenen Unterlage angestoßen. Nach der Reflexion an einer Feder hat er betragsmäßig dieselbe Geschwindigkeit wie vorher.
b) Man verteilt die Kugeln gleichmäßig auf die Schalen. Stößt der Wagen jetzt gegen die Feder, hat er nach der Reflexion betragsmäßig eine deutlich kleinere Geschwindigkeit als vorher. Dafür schwirren die Kugeln regellos in den Schalen herum, kommen aber bald zur Ruhe.

A 1: Beschreiben Sie in Versuch 1 bis 3 die auftretenden Energieumwandlungen. Geben sie jeweils das System an.

A 2: Ein Auto fährt einen Berg hinauf. Welche Energieumwandlungen treten auf? Welches System haben Sie betrachtet?

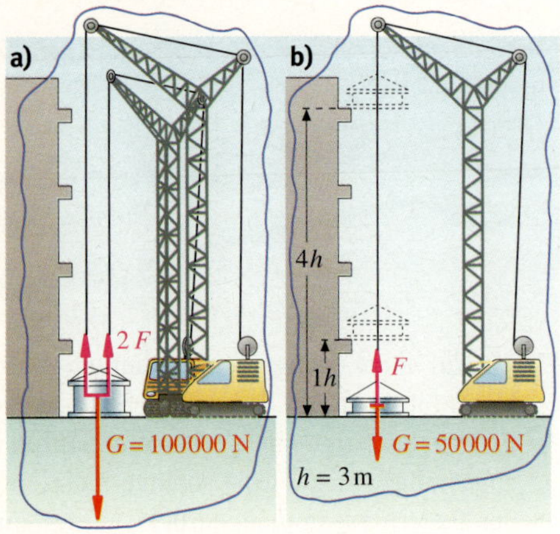

B 1: Die im Dieselöl steckende chemische Energie wird in Höhenenergie umgewandelt

Beispiel

Energiebeträge im Vergleich

a) Welche Höhenenergie W_H hat ein Eisenträger (m = 50 t) im 4. Stock eines Hauses (h = 12 m) gegenüber dem Erdboden?

b) Bei welcher Geschwindigkeit hat ein Pkw (m = 1 200 kg) die Bewegungsenergie W_B = 1 MJ?

Lösung:

a) Das Nullniveau NN ist am Erdboden:

$$W_H = m\,g\,h = 50\,000\text{ kg} \cdot 10\,\frac{\text{m}}{\text{s}^2} \cdot 12\text{ m}$$

$$= 6{,}0 \cdot 10^6\,\frac{\text{kg}\cdot\text{m}^2}{\text{s}^2} = 6{,}0 \cdot 10^6\text{ J} = \mathbf{6{,}0\text{ MJ}}.$$

b) Aus $W_B = \frac{1}{2}\,m\,v^2$ ergibt sich:

$$v = \sqrt{\frac{2\,W_B}{m}} = \sqrt{\frac{2 \cdot 1{,}0 \cdot 10^6\text{ J}}{1\,200\text{ kg}}}$$

$$= \sqrt{1{,}67 \cdot 10^3\,\frac{\text{m}^2\cdot\text{kg}}{\text{s}^2\cdot\text{kg}}} = \mathbf{40{,}8\,\frac{m}{s}} = 147\,\frac{\text{km}}{\text{h}}.$$

Zum Vergleich: 1 l Benzin hat einen Heizwert von etwa 43,5 MJ. Oder: 1 MJ erwärmt 10 l Wasser um $\Delta\vartheta$ = 24 °C.

Messen und Berechnen von Energie

1. Der Energiebuchhalter gießt Energie in eine Formel

Buchhalter Bill kann ohne Schwierigkeiten Geld in einem Banktresor zählen, wenn er den Inhalt kontrollieren soll. Will er dagegen im Energietresor die vorhandene Energie bilanzieren, so ergeben sich Probleme. Für die Energie hat er nämlich noch keine Messvorschrift. Um eine solche zu finden, hat der „Energiebuchhalter" sorgfältig zu beachten, dass in einem abgeschlossenen System die Energie erhalten bleibt. Bills Konzept ist es, unter dieser Vorgabe die Energieformen in „Formeln zu gießen"!

Bill sucht zunächst einen sinnvollen Ausdruck für die *Höhenenergie*. Dazu betrachtet er ein abgeschlossenes System (➠ *Bild 1a*), in dem sich ein Gebäude, zwei gleiche Kräne, die mit Dieselöl betrieben werden, und die Erde befinden. Beim Anheben von Lasten wird die im Dieselöl steckende chemische Energie in Höhenenergie umgewandelt. Die Menge an verbrauchtem Dieselöl kann Bill also als Maß für die Höhenenergie der angehobenen Last ansehen, selbst wenn ein bestimmter Bruchteil der Energie im Öl als Wärme abgeführt wird.

a) Hebt nur einer der Kräne einen Eisenträger (G = 50 000 N) in den 1. Stock, benötigt er eine bestimmte Menge Öl (➠ *Bild 1b*).

b) Hebt dieser Kran die Last in den 4. statt in den 1. Stock, so braucht er die 4fache Ölmenge, da er die 4fache Höhe h zu überwinden hat. Bill folgert: Der Eisenträger besitzt im 4. Stock eine 4-mal so große Höhenenergie wie im 1. Stock. Also ist die Höhenenergie W_H proportional zur Höhe h: $\mathbf{W_H \sim h}$. Als **Nullniveau NN,** das man beliebig festlegen kann, ist dabei der Erdboden gewählt.

c) Nun soll ein doppelt so schwerer Eisenträger (mit der Gewichtskraft G = 100 000 N) in den 1. Stock gehoben werden. Da die maximale Hubkraft eines Krans dazu nicht ausreicht, verwendet man beide Kräne, die zusammen gegenüber a) die doppelte Kraft F aufbringen, dafür aber die doppelte Menge an Öl benötigen. Vernünftigerweise sagt Buchhalter Bill deshalb: Im 1. Stock besitzt die Last mit G = 100 000 N gegenüber dem Nullniveau doppelt so viel Höhenenergie wie die mit G = 50 000 N. Allgemein setzt man also an: $\mathbf{W_H \sim G}$.

Zustand Nr.	Zeit t in s	Höhe h über dem Nullniveau in m	Höhenenergie $W_H = m\,g\,h$ in Joule	Geschwindigkeit $v = g\,t$ in m/s	Bewegungsenergie $W_B = \frac{1}{2}\,m\,v^2$ in Joule	Energiesumme $W_H + W_B$ in Joule
1	0	45	4 500	0	0	4 500
2	1	40	4 000	10	500	4 500
3	2	25	2 500	20	2 000	4 500
4	3	0	0	30	4 500	4 500

T 1: Energiebilanz $W_H + W_B$ für 4 Zustände beim freien Fall eines Körpers der Masse 10 kg aus einer Höhe h = 45 m. NN am Boden.

d) Hebt man die doppelt so schwere Last in den 4. Stock, so braucht man die 4 · 2fache = 8fache Ölmenge. Die Höhenenergie W_H einer Last G in der Höhe h über dem Nullniveau ist also dem Produkt $G \cdot h$ proportional. Nach diesen Überlegungen wird die Höhenenergie zu $\boldsymbol{W_H = G \cdot h = m \cdot g \cdot h}$ festgelegt. Ihre **Einheit** ist also **1 Nm**, **1 Joule (1 J)** genannt. Da sich Höhenenergie in andere Energieformen umwandeln lässt, *ist 1 Joule zugleich die Einheit einer jeden Form von Energie.*

Merksatz

1. Die *Höhenenergie* eines Körpers mit der Gewichtskraft G in der Höhe h über dem Nullniveau ist: $W_H = G\,h = m\,g\,h$.
2. Die Einheit der Energie ist 1 Joule, abgekürzt 1 J.
Es ist: 1 J = 1 Nm = 1 kg·m²/s².

2. Wie misst der Energiebuchhalter Bewegungsenergie?

Bill lässt einen Körper, der mit der Erde ein abgeschlossenes System bildet, aus der Höhe h frei fallen. Der Körper verliert Höhenenergie, gewinnt aber Bewegungsenergie. Fällt er die Strecke s, so nimmt seine Höhenenergie um ΔW_H ab. Es ist:

$$\Delta W_H = m \cdot g \cdot s = m \cdot g \cdot \frac{1}{2} g \cdot t^2 = \frac{1}{2} m \cdot (g \cdot t)^2 = \frac{1}{2} m \cdot v^2.$$

Wir werden zusammen mit Bill der Energieerhaltung gerecht, wenn wir festsetzen: Für die verschwundene Höhenenergie ΔW_H ist Bewegungsenergie entstanden. Ein Körper mit der Geschwindigkeit v hat also die Bewegungsenergie $\boldsymbol{W_B = \frac{1}{2} m \cdot v^2}$.

Tabelle 1 zeigt die Bilanz für 4 Zustände eines aus 45 m Höhe frei fallenden Körpers. Dabei bleibt die Summe $W_H + W_B = m\,g\,h + \frac{1}{2} m\,v^2$ konstant. Die Energien dieses Systems lassen sich also messen. Dies gilt auch für das Fadenpendel (*Versuch 1*)! Völlig gleichgültig ist es dabei, welche Vorgänge sich im Detail in einem abgeschlossenen System abspielen, in dem nur Höhen- und Bewegungsenergie auftreten. Die Summe $W_H + W_B$ ist immer konstant und gibt die Energie des Systems an. Bills Konzept stimmt.

Merksatz

Ein Körper der Masse m und der Geschwindigkeit v hat die *Bewegungsenergie* $W_B = \frac{1}{2} m\,v^2$.

3. Unterscheide Energie und Kraft!

Das Kranbeispiel (*Bild 1*) macht deutlich, dass *Energie Mengencharakter* hat und von Kraft klar zu unterscheiden ist! Je höher ein Kran die Last hebt, desto mehr Energie wird aus Dieselöl in Höhenenergie umgesetzt. Stellt der Kranfahrer den Motor ab und legt eine Sperrklinke ein, so bleibt die Last in einer bestimmten Höhe hängen. Energie wird nicht mehr umgesetzt; trotzdem muss der Kran die Last auf gleicher Höhe halten. Dazu braucht er nur Kraft, keine Energie!

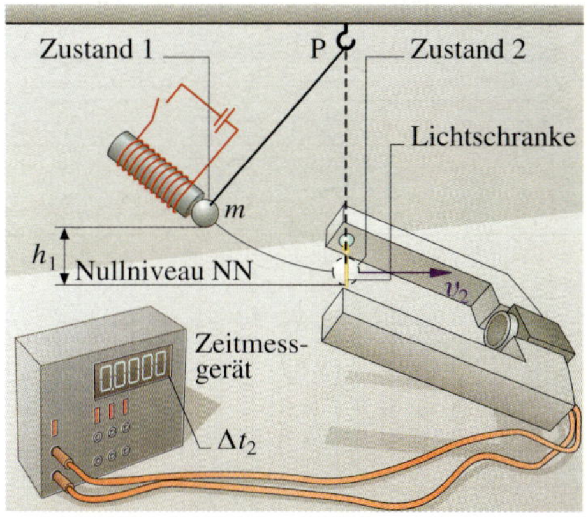

V 1: a) Wir halten die Kugel eines Fadenpendels (0,500 kg) mit einem Elektromagneten fest. Gegenüber der tiefsten Stellung (NN) wurde sie um $h_1 = 0{,}085$ m gehoben. In diesem *Zustand 1* hat die Kugel die Höhenenergie $W_{H1} = m\,g\,h_1 = 0{,}417$ J, die Bewegungsenergie $W_{B1} = 0$ und somit insgesamt die Energie W_1:

$$W_1 = m\,g\,h_1 + \frac{1}{2} m\,v_1^2 = 0{,}417\text{ J} + 0\text{ J} = 0{,}417\text{ J}.$$

Nachdem die Kugel vom Durchmesser $\Delta s = 5{,}0$ cm losgelassen worden ist, durchfällt sie im tiefsten Punkt, dem *Zustand 2*, eine Lichtschranke. Diese misst die Dunkelzeit $\Delta t_2 = 0{,}040$ s. Dort ist also $v_2 = \Delta s/\Delta t_2 = 1{,}25$ m/s und damit die Bewegungsenergie $W_{B2} = 0{,}391$ J. Für die Energiesumme im Zustand 2 gilt somit:

$$W_2 = m\,g\,h_2 + \frac{1}{2} m\,v_2^2 = 0\text{ J} + 0{,}391\text{ J} = 0{,}391\text{ J}.$$

Im Rahmen der Messfehler ist $W_1 = W_2$.

b) Wir bringen die Lichtschranke an eine andere Stelle der Bahn. Dann erhalten wir die Messwerte in *Tabelle 2* ($g = 9{,}81$ m/s²). Aus der letzten Spalte erkennen wir, dass in jedem Zustand der Bewegung des Fadenpendels $W_H + W_B$ konstant ist.

h_1 in mm	Δt in s	v in m/s	W_H in J	W_B in J	$W_H + W_B$ in J
0,085	–	–	0,417	0	0,417
0,062	0,081	0,617	0,304	0,095	0,399
0,035	0,052	0,962	0,172	0,231	0,403
0,015	0,044	1,136	0,074	0,323	0,397
0	0,040	1,250	0	0,391	0,391

T 2: Zu *Versuch 1b*

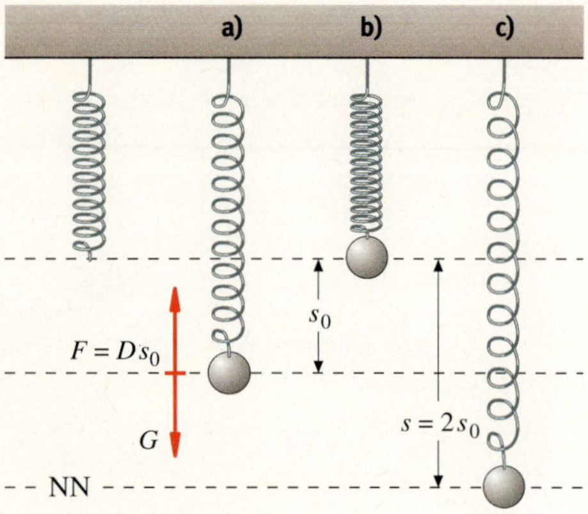

V 1: a) Wir hängen an eine entspannte Feder (z. B. $D = 5{,}5$ N/m) ein Wägestück (z. B. $m = 0{,}200$ kg) und lassen es vorsichtig bis in die Gleichgewichtslage absinken (➠ *Bild a*). Die Feder ist dann um die Strecke s_0 gedehnt und die Federkraft $F = D\,s_0$ hält dort der Gewichtskraft $G = m\,g$ das Gleichgewicht. Also gilt: $m\,g = D\,s_0$.

b) Wir hängen wie in a) das Wägestück an die entspannte Feder (➠ *Bild b*), lassen es aber jetzt fallen. Das Wägestück schwingt bis zum unteren Umkehrpunkt durch (➠ *Bild c*). Wir messen die Dehnung s der Feder in diesem Zustand und finden: $s = 2\,s_0$. Dies gilt für jede Feder.

c) Legen wir in den unteren Umkehrpunkt das Nullniveau der Höhenenergie, so ist dort die gesamte Höhenenergie des Ausgangszustandes $W_H = m\,g\,h = m\,g\,s$ in Spannenergie W_{Sp} der Feder umgewandelt worden (➠ *Bild b*). Da die Energie erhalten bleibt, gilt für diese Spannenergie:

$$W_{Sp} = m \cdot g \cdot s = D \cdot s_0 \cdot s = D \cdot \frac{s}{2} \cdot s = \frac{1}{2} D \cdot s^2.$$

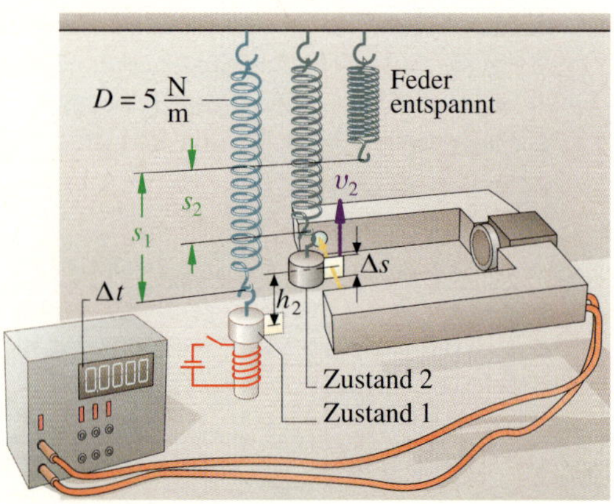

B 1: Zu ➠ *Versuch 2*

4. Mit Spannenergie zum Energieerhaltungssatz der Mechanik

Bill braucht noch eine Formel für die Spannenergie. Dazu setzt er wie in ➠ *Versuch 1* Höhenenergie in Spannenergie um. Die Auswertung zeigt:

Merksatz

Dehnt man eine Feder mit der Federhärte D aus der entspannten Lage um die Strecke s, dann hat sie die Spannenergie

$$W_{Sp} = \frac{1}{2} D\, s^2.$$

Unter Beachtung der Formeln für die Höhenenergie W_H, die Bewegungsenergie W_B und die Spannenergie W_{Sp} zeigt ➠ *Versuch 2* am vertikalen Federpendel quantitativ: Die Summe aus allen drei Energiebeträgen $W_H + W_B + W_{Sp}$ ist *in jedem beliebigen Zustand* des abgeschlossenen Systems konstant, wenn keine Reibung auftritt. Von diesem Ergebnis sind wir zusammen mit Bill ausgegangen. Doch sind wir nun in der Lage, für jede einzelne mechanische Energieform eine Formel anzugeben und damit die Energieerhaltung bei rein mechanischen Vorgängen experimentell zu bestätigen. Der **Energieerhaltungssatz der Mechanik** lautet damit:

Merksatz

Die **Summe aus Lage-, Bewegungs- und Spannenergie ist** bei reibungsfrei verlaufenden mechanischen Vorgängen in einem abgeschlossenen System **konstant**:

$$W_H + W_B + W_{Sp} = m\,g\,h + \frac{1}{2} m\,v^2 + \frac{1}{2} D\,s^2 = \text{konstant}.$$

Wenn also Energiebuchhalter Bill in einem System, in dem nur reibungsfreie mechanische Vorgänge auftreten, die Energiebilanzen in zwei beliebigen Zuständen 1 und 2 aufstellt, so muss die Summe der einzelnen mechanischen Energiebeträge in beiden Zuständen gleich sein, d. h. es gilt:

$$m\,g\,h_1 + \frac{1}{2} m\,v_1^2 + \frac{1}{2} D\,s_1^2 = m\,g\,h_2 + \frac{1}{2} m\,v_2^2 + \frac{1}{2} D\,s_2^2.$$

5. Vorhersagen mit Bilanzrechnungen

Mit dem Energieerhaltungssatz verfolgen wir eine andere Strategie als früher. Dort haben wir im Zusammenhang mit $F = m\,a$ nach den Kräften, also den *Ursachen* einer Bewegung gefragt. Die dort vertretene *kausale* Betrachtungsweise ergänzen wir nun durch ein *Bilanzdenken*. Dann können wir wie ein Buchhalter mithilfe des Energieerhaltungssatzes der Mechanik Energiebilanzen für bestimmte Zustände aufstellen und Vorhersagen treffen. So lassen sich, wie wir gleich sehen werden, Bewegungsaufgaben oft relativ einfach lösen. Allerdings können Fragen nach *dem zeitlichen Ablauf einer Bewegung* nicht unmittelbar mit dem Energieerhaltungssatz beantwortet werden, da die Zeit t in diesem Satz nicht auftritt.

Beispiel

Ballwurf

Ein Ball ($m = 300$ g) wird von einem 25 m (h_1) hohen Turm mit dem Geschwindigkeitsbetrag $v_1 = 10$ m/s weggeworfen. Mit welchem Geschwindigkeitsbetrag v_2 erreicht er den Erdboden, wenn man vom Luftwiderstand absieht? Diskutieren Sie das Ergebnis!

Lösung:

Wir bezeichnen im System Ball-Erde als Zustand 1 den Abwurf und als Zustand 2 das Auftreffen am Erdboden. Das Nullniveau der Höhenenergie legen wir auf den Erdboden. Für beide Zustände stellen wir die *Energiebilanz* auf:

	Zustand 1	Zustand 2
Höhenenergie W_H	$m g h_1$	0
Bewegungsenergie W_B	$\frac{1}{2} m v_1^2$	$\frac{1}{2} m v_2^2$
Energiesumme $W_H + W_B$	$W_1 = m g h_1 + \frac{1}{2} m v_1^2$	$W_2 = \frac{1}{2} m v_2^2$

Nach dem Energieerhaltungssatz der Mechanik gilt: $W_1 = W_2$.

Daraus folgt hier: $m g h_1 + \frac{1}{2} m v_1^2 = \frac{1}{2} m v_2^2$.

In dieser Bilanzgleichung sind mit Ausnahme von v_2 alle Größen bekannt. Man löst daher die Gleichung nach v_2 auf und setzt anschließend die gegebenen Werte ein. Man erhält:

$$v_2 = \sqrt{2 g h_1 + v_1^2} = \sqrt{2 \cdot 9{,}81\ \frac{\text{m}}{\text{s}^2} \cdot 45\ \text{m} + \left(10\ \frac{\text{m}}{\text{s}}\right)^2} = \mathbf{31{,}4\ \frac{m}{s}}.$$

Ergebnisse:

a) Dieses Ergebnis gilt für jeden Körper, den man auf dem Turm mit 10 m/s wegwirft, da sich die Masse m herauskürzt.

b) *Es ist gleichgültig, in welche Richtung man den Ball wirft.* Er kommt am Boden immer mit demselben Geschwindigkeitsbetrag v_2 an! In $\frac{1}{2} m v^2$ tritt die Geschwindigkeit v nämlich quadratisch auf. *Die Energie ist als Skalar richtungsunabhängig.*

c) Setzt man zur Kontrolle $v_1 = 0$ (freier Fall), so erhält man $v_2 = \sqrt{2 g h_1}$, ein Ergebnis, das uns längst bekannt ist.

V 2: a) An eine Feder ($D = 5{,}00$ N/m) wird ein Körper ($m = 0{,}200$ kg) aus Eisen gehängt und nach unten gezogen. Dort wird er von einem Elektromagneten festgehalten (➠ *Bild 1*). Hierbei ist die Feder um $s_1 = 0{,}500$ m verlängert. Legen wir in diesen *Zustand 1* des Systems das Nullniveau der Höhenenergie, so lassen sich dort die einzelnen Energiebeträge berechnen (➠ *Tabelle 1*).

b) Schaltet man den Magnetstrom aus, wird der Körper von der Feder nach oben gezogen. An einer beliebigen Stelle, die z. B. $h_2 = 0{,}150$ m über dem Nullniveau liegt, ist eine Lichtschranke befestigt. Ein am Körper seitlich angebrachter Flügel der Höhe $\Delta s = 0{,}020$ m unterbricht den Lichtstrahl während der Zeit $\Delta t = 0{,}041$ s. In diesem *Zustand 2* beträgt die Geschwindigkeit des Körpers somit $v_2 = \Delta s/\Delta t = 0{,}488$ m/s. Die Feder ist dabei um $s_2 = s_1 - h_2 = 0{,}350$ m verlängert. – Mit diesen Daten berechnet man die einzelnen Energiebeträge der Höhen-, Bewegungs- und Spannenergie im Zustand 2 (➠ *Tabelle 1*; $g = 9{,}81$ m/s²).

c) Wir finden im Rahmen der Messgenauigkeit wie erwartet, dass die Energiesummen $W_H + W_B + W_{Sp}$ jeweils gleich sind.

	Zustand 1	Zustand 2
$W_H = m g h$	0 J	0,294 J
$W_B = \frac{1}{2} m v^2$	0 J	0,024 J
$W_{sp} = \frac{1}{2} D s^2$	0,625 J	0,306 J
$W_H + W_B + W_{Sp}$	0,625 J	0,624 J

T 1: Zu ➠ *Bild 1* und ➠ *Versuch 2*

... noch mehr Aufgaben

Hinweis: Geben Sie jeweils das System an, das Sie betrachten.

A 1: Ein Auto prallt mit 108 km/h gegen eine feste Mauer. Aus welcher Höhe müsste es frei herabfallen, um die gleiche zerstörende Energie zu bekommen?

A 2: Ein Radfahrer kommt mit 10 m/s an einen Abhang, verliert 5 m Höhe und prallt auf eine Mauer. Welche Geschwindigkeit hat er kurz vor dem Aufprall?

A 3: Während ein Auto mit der Geschwindigkeit 72 km/h eine Straße mit 5° Steigung aufwärts fährt, kuppelt der Fahrer den Motor aus. Wie weit kommt das Auto dann noch (ohne Reibung)?

A 4: Ein Auto ($m = 1\,000$ kg) wird von null auf 36 km/h, dann von 36 km/h auf 72 km/h beschleunigt. Wird jeweils die gleiche Menge an Energie aus Benzin in Bewegungsenergie umgesetzt?

A 5: a) Welche Höhe müsste ein Wanderer ($m = 70$ kg) überwinden, um den „Brennwert" einer Scheibe Brot ($m = 40$ g) von 400 kJ [einer Tafel Schokolade mit 2 400 kJ] in Höhenenergie umzusetzen? **b)** Ein Lkw ($m = 5$ t) wird von 100 km/h zum Stillstand abgebremst. Um wie viel Grad werden die Bremsen aus Eisen erwärmt?
($m = 10$ kg; spezifische Wärme $c = 0{,}45\ \text{kJ} \cdot \text{kg}^{-1} \cdot \text{K}^{-1}$)

Beispiel

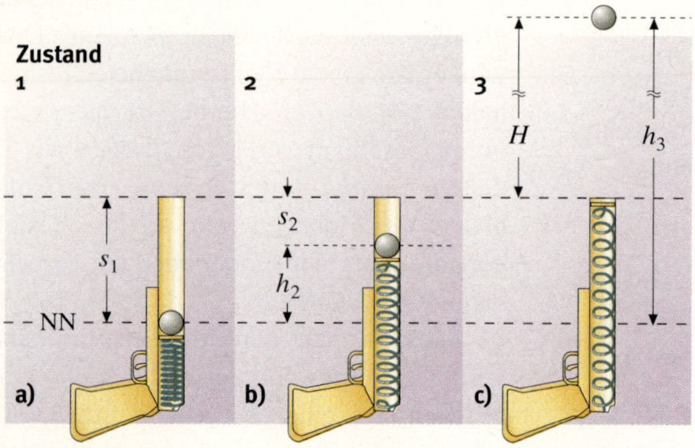

Federpistole

Die Feder (D = 100 N/m) einer vertikal gehaltenen Federpistole wird um $s_1 = 0{,}15$ m zusammengedrückt und rastet ein. Anschließend legt man eine Kugel (m = 200 g) auf die Feder (➠ *Bild a*) und schießt sie nach oben. **a)** Wo hat die Kugel bei der Aufwärtsbewegung ihre größte Geschwindigkeit v_2? **b)** Wie groß ist v_2? **c)** Welche Höhe H über der Pistolenmündung erreicht die Kugel? (Reibung, Luftwiderstand und Masse der Feder sind zu vernachlässigen; $g = 9{,}81\ \mathrm{m/s^2}$.)

Lösung:

a) In der Höhe h_2 über der Abschussstelle habe die Kugel die größte Geschwindigkeit (➠ *Bild b*). Die Feder ist dann noch um die Strecke s_2 zusammengepresst. Die größte Geschwindigkeit hat die Kugel, wenn die Kraft der Feder $D\,s_2$ nach oben genauso groß wie die Gewichtskraft $m\,g$ ist. Dann wird die Kugel nämlich weder beschleunigt noch verzögert. Aus $D\,s_2 = m\,g$ folgt:

$$s_2 = \frac{m\,g}{D} = \frac{0{,}20\ \mathrm{kg}\cdot 9{,}81\ \mathrm{m{\cdot}s^{-2}}}{100\ \mathrm{N{\cdot}m^{-1}}} = 0{,}020\ \mathrm{m}.$$

Die gesuchte Höhe ist somit $h_2 = s_1 - s_2 = \mathbf{0{,}13\ m}$.

b) und c):

Wir bezeichnen im System Feder-Kugel-Erde als:
Zustand 1: Den Abschuss, dort ist das Nullniveau NN,
Zustand 2: Maximale Geschwindigkeit der Kugel,
Zustand 3: Kugel am höchsten Punkt (➠ *Bild c*).
Die *Energiebilanzen* lauten dort:

	Zustand 1	Zustand 2	Zustand 3
Höhenenergie W_H	0	$m\,g\,h_2$	$m\,g\,h_3$
Bewegungsenergie W_B	0	$\frac{1}{2}\,m\,v_2^2$	0
Spannenergie W_{Sp}	$\frac{1}{2}\,D\,s_1^2$	$\frac{1}{2}\,D\,s_2^2$	0
Energiesumme $W_H + W_B + W_{Sp}$	$W_1 = \frac{1}{2}\,D\,s_1^2$	$W_2 = m\,g\,h_2 + \frac{1}{2}\,m\,v_2^2 + \frac{1}{2}\,D\,s_2^2$	$W_3 = m\,g\,h_3$

Nach dem Energieerhaltungssatz gilt: $W_1 = W_2$.

Daraus folgt: $\frac{1}{2}D\,s_1^2 = m\,g\,h_2 + \frac{1}{2}m\,v_2^2 + \frac{1}{2}D\,s_2^2$, aufgelöst nach v_2: $v_2 = \sqrt{\frac{D}{m}\,(s_1^2 - s_2^2) - 2\,g\,h_2}$ und damit:

$$v_2 = \sqrt{\frac{100\ \mathrm{N{\cdot}m^{-1}}}{0{,}20\ \mathrm{kg}}\cdot[(0{,}15\ \mathrm{m})^2 - (0{,}02\ \mathrm{m})^2] - 2\cdot 9{,}81\,\frac{\mathrm{m}}{\mathrm{s}^2}\cdot 0{,}13\ \mathrm{m}}$$

$= \mathbf{2{,}92\ m/s}$.

Aus $W_1 = W_3$ folgt hier: $\frac{1}{2}\,D\,s_1^2 = m\,g\,h_3$.

Auflösung nach h_3 liefert: $h_3 = \frac{D\,s_1^2}{2\,m\,g}$, also ergibt sich:

$$h_3 = \frac{100\ \mathrm{N{\cdot}m^{-1}}\cdot(0{,}15\ \mathrm{m})^2}{2\cdot 0{,}20\ \mathrm{kg}\cdot 9{,}81\ \mathrm{m{\cdot}s^{-2}}} = 0{,}57\ \mathrm{m}.$$

Deshalb ist die gesuchte Höhe: $H = h_3 - s_1 = \mathbf{0{,}42\ m}$.

Vertiefung

Rückblick

Am Anfang unserer Überlegungen zum Thema Energie haben wir im Grunde genommen den Energieerhaltungssatz als Tatsache oder Absichtserklärung verwendet. Beobachtungen an periodischen Bewegungen wie dem Fadenpendel zeigten, Energie wandelt sich und präsentiert sich in verschiedenen Formen. Wir haben dann sinnvolle Ausdrücke für die Höhenenergie W_H, die Bewegungsenergie W_B und die Spannenergie W_{Sp} gebildet und konnten so den Energieerhaltungssatz mathematisch formulieren und experimentell bestätigen sowie als Energiebuchhalter Bilanzen ziehen. Dabei haben wir u. a. die Grundgleichung der Mechanik und bekannte Messvorschriften verwendet. Alle Überlegungen zur Energie waren in sich konsistent und deshalb können wir sie guten Gewissens in unser Grundlagenwissen einbinden. Nur, „was Energie ist“, können wir trotzdem nicht sagen. Für uns stellt sie eine *Rechengröße* dar, der wir infolge der Beliebigkeit des Nullniveaus bei der Höhenenergie nicht einmal einen „absoluten Nullpunkt“ zuschreiben können. Richard FEYNMAN sagt in seinem Buch The Feynman Lectures on Physics: „It is important to realize that in physics today, we have no knowledge of what energy *is*.“

... noch mehr Aufgaben

A 1: Die *Bilder 1 und 2* zeigen Energieumwandlungen mit Wasser. Beschreiben Sie jeweils die Umwandlungen. Geben Sie das System an, das Sie betrachten.

A 2: **a)** Mit welcher Anfangsgeschwindigkeit v_0 muss ein Handball senkrecht nach oben geworfen werden, damit er eine Höhe von 20 m erreicht? **b)** In welcher Höhe ist die Geschwindigkeit $v_0/2$?

A 3: Eine Radfahrerin kommt mit 20 km/h an den Beginn einer 150 m langen Strecke mit 3% Gefälle und hört auf zu treten. Welche Geschwindigkeit hat sie am Ende dieser Strecke, wenn ca. 10% der ursprünglichen Bewegungsenergie durch Reibung und Luftwiderstand als mechanische Energie verloren gehen?

A 4: Bei einem Lkw versagen beim Bergabwärtsfahren die Bremsen. Glücklicherweise gibt es an dieser Steigung Bremsstrecken, die von der Straße abbiegen und steil ansteigen. Der Fahrer lenkt deshalb seinen Lkw mit 90 km/h auf eine dieser Bremsstrecken, die unter einem Winkel von 14° gegen die Waagerechte ansteigt. Wie weit fährt der Lkw die Bremsstrecke hinauf, wenn ca. 20% der anfänglichen Bewegungsenergie durch Reibung und Luftwiderstand in innere Energie umgesetzt werden?

A 5: Eine Trampolinspringerin (m_1 = 50 kg) hat in jeder Hand eine Hantel (m_2 = 5 kg). Sie springt aus einer Höhe von 2 m auf das Sprungtuch. In dem Augenblick, in dem sie den tiefsten Punkt erreicht hat, wirft sie die Hanteln zur Seite. Wie hoch kommt sie jetzt, wenn man von Reibung und Luftwiderstand absieht?

A 6: Betrachten Sie ein Trampolin als eine vertikal geführte Feder, die sich zusammenpressen lässt. Ein Junge (m = 60 kg) stellt sich auf das Trampolin und drückt die „Feder" um 25 cm zusammen. Anschließend wird das Trampolintuch zusammen mit dem Jungen um weitere 40 cm nach unten ausgelenkt und losgelassen. **a)** Welche Richtgröße D hat dieses Trampolin? **b)** Wo hat der Junge bei der Aufwärtsbewegung seine größte Geschwindigkeit und wie groß ist sie? **c)** Wie groß ist die Geschwindigkeit des Jungen, wenn er die Höhe des entspannten Trampolintuchs erreicht hat? **d)** Welche Höhe über dem entspannten Trampolin erreicht der Junge?

A 7: Die zwei gleichen Pufferfedern eines Eisenbahnwagens (m = 10 t) werden um je 10 cm zusammengedrückt, wenn er mit v = 1 m/s auf ein Hindernis prallt. Wie groß ist die Härte einer Feder?

A 8: Man hängt an eine Feder (D = 5 N/m) ein Wägestück von 100 g Masse und lässt es los. Wo kommt es momentan zur Ruhe? Wo hat es seine größte Geschwindigkeit? Wie groß ist sie?

A 9: An eine entspannte Feder der Federhärte D = 100 N/m wird ein Wägestück der Masse m = 3 kg gehängt. Dabei wird die Feder insgesamt um 50 cm ausgedehnt. Anschließend wird die Feder losgelassen. **a)** Welche Geschwindigkeit hat das Wägestück, wenn es von der Feder wieder 10 cm hoch gezogen worden ist? **b)** In welcher Höhe über dem unteren Umkehrpunkt kommt es vorübergehend zur Ruhe? **c)** In welcher Höhe hat es die Geschwindigkeit 0,80 m/s? Warum gibt es hier zwei Lösungen? **d)** In welcher Höhe hat es die größte Geschwindigkeit?

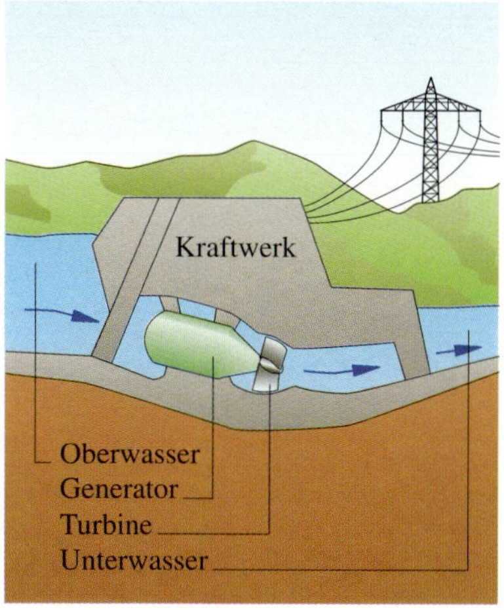

B 2: Laufwasserkraftwerk

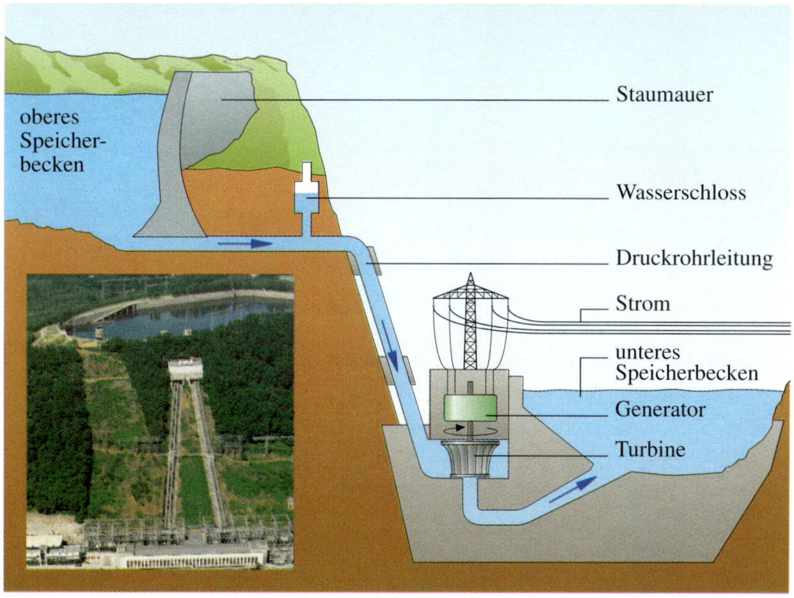

B 1: Prinzip und Bild eines Speicherkraftwerkes

B 1: Gleichgültig, wie das Fass angehoben wird, das Produkt $F_s \cdot s$ ist immer gleich

Vertiefung

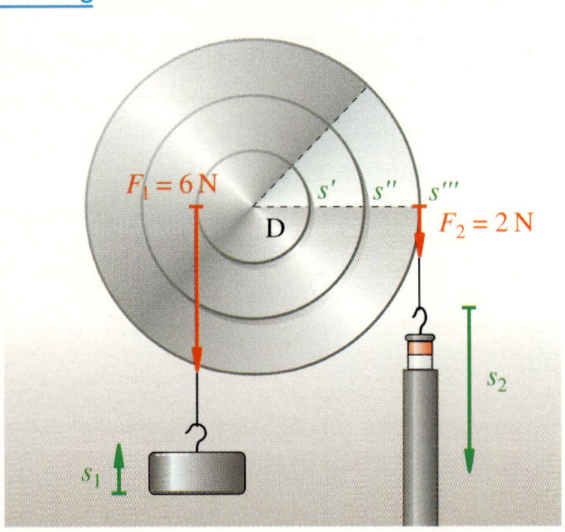

Energieübertragung mit dem Wellrad

Wird links am Wellrad die Last L ($F_1 = G = 6$ N) um die Strecke s_1 gehoben, so muss man die Höhenenergie $G \cdot h = F_1 \cdot s_1$ zuführen. Zieht man nun rechts am Rad mit dem 3fachen Radius, benötigt man nur die Kraft $F_2 = F_1/3 = 2$ N. Man muss allerdings einen 3-mal so langen Kraftweg $s_2 = 3\,s_1$ in Kauf nehmen, wenn die Last um die Strecke s_1 gehoben werden soll. Das Produkt aus F_2 und s_2 ist:

$$F_2 \cdot s_2 = \frac{F_1}{3} \cdot 3\,s_1 = F_1 \cdot s_1 = G \cdot h.$$

Arbeit: Energie überschreitet die Systemgrenzen

1. Der Energietresor wird geöffnet und Energie zugeführt

Legt man Geld in einen Banktresor, so erhöht sich sein Geldbestand. Kann man analog dazu einem Energietresor, also einem abgeschlossenen System mit festgelegten Systemgrenzen, Energie zuführen?

a) Ein Fass mit der Gewichtskraft G soll auf einen Lastwagen geladen werden. Ein kräftiger Mann hebt es senkrecht um die Strecke h an (➡ *Bild 1a*), gibt ihm also auf kürzestem Weg die Höhenenergie $W_H = G\,h = m\,g\,h$ gegenüber dem Boden. Sie kommt nicht aus dem Nichts, sondern wird von dem Mann auf das System „Fass-Erde" übertragen.
Bei diesem Energieübergang benötigt er längs des Verschiebungsweges $s = h$ die Kraft F, die den gleichen Betrag wie die Gewichtskraft G hat. Energiebuchhalter Bill bilanziert. Dazu legt er eindeutige *Systemgrenzen fest, um klarzumachen, was zu welchem System gehört.* Er stellt fest, dass der Energietresor des Systems „Fass-Erde" offen war; seine Energie nahm um $G\,h = F\,h$ zu. Dafür hat die Energie des Systems „Mann" um denselben Betrag abgenommen. Andernfalls wäre der Energieerhaltungssatz im Gesamtsystem „Fass-Erde-Mann" verletzt.

b) Ein anderer Mann legt eine Leiter an die Laderampe und bringt so das Fass längs der schiefen Ebene (Winkel φ) auf den Wagen (➡ *Bild 1b*). Sie hat die Länge $s = h/\sin\varphi$. Der Mann braucht *in Wegrichtung* nur eine Kraft F_s, die betragsmäßig gleich der Hangabtriebskraft $F_H = G \cdot \sin\varphi$ ist. Also gilt:
$F_s \cdot s = [G \cdot \sin\varphi] \cdot [h/\sin\varphi] = G \cdot h.$
Wieder ist $F_s \cdot s$ die dem System „Fass-Erde" zugeführte Energie. Die Kraft ist zwar kleiner als in a), der Weg aber länger.

c) Ein dritter Mann zieht ein Fass mit einem einfachen Flaschenzug hoch (➡ *Bild 1c*). Er braucht am Seil nur die Kraft $F_s = G/4$. Doch muss er die Seillänge $s = 4\,h$ durch „die Hand ziehen", bis das Fass auf dem Lastwagen ist. Auch jetzt ist: $F_s \cdot s = (G/4) \cdot 4\,h = G \cdot h$.

d) Solange im Beispiel c) das Fass in gleichbleibender Höhe am Seil des Flaschenzugs hängt, braucht der Mann zwar eine Kraft F, aber dem System „Fass-Erde" wird keine Energie zugeführt. Auch das Produkt $F_s \cdot s$ ist null, da kein Seil durch seine Hand läuft ($s = 0$). Dies gilt auch, wenn der Mann den Flaschenzug horizontal hin und her verschiebt, ohne ihn anzuheben. Die Kraft, mit der das Fass festgehalten wird, steht nun senkrecht zur Bewegungsrichtung. Doch ist die Kraft in Bewegungsrichtung F_s null und damit auch das Produkt $F_s \cdot s$.

e) Vorrichtungen zum Hochheben enthalten häufig Getriebe mit Zahnrädern. Ihre Wirkung kennen Sie vom *Wellrad*. Auch hier ist das Produkt $F_s \cdot s$ beim Anheben eines Körpers um die Strecke h immer gleich $G\,h$. Dies zeigt die nebenstehende ➡ *Vertiefung*.

2. Die Bewegungsenergie wird erhöht

Ein Auto wird mit einem Seil abgeschleppt (➠ *Bild 3*). Das System „Auto" ist nicht abgeschlossen, da über das Seil eine Kraft F ausgeübt wird. Ist sie konstant, wird das Auto mit $a = F/m$ beschleunigt. Nach der Zeit t hat es den Weg $s = \frac{1}{2}\,a\,t^2$ zurückgelegt und die Geschwindigkeit $v = a\,t$ erreicht. Daher gilt:

$$F_s \cdot s = (m\,a) \cdot (\tfrac{1}{2}\,a\,t^2) = \tfrac{1}{2}\,m\,a^2\,t^2 = \tfrac{1}{2}\,m\,v^2.$$

Das Produkt $F_s \cdot s$ aus der in Wegrichtung am System „Auto" angreifenden konstanten Kraft F_s und dem Weg s ist also genauso groß wie die Zunahme der Bewegungsenergie des Autos. Dies gilt völlig unabhängig davon, mit welcher Kraft das Auto auf die Geschwindigkeit v beschleunigt wird (➠ *Tabelle 1*).

In allen Beispielen gibt das Produkt $\boldsymbol{F_s \cdot s}$ *aus der in Wegrichtung am System angreifenden* ***konstanten*** *Kraft F_s und dem Weg s die dem System zugeführte Energie W an.*

3. Die mit Kraft übertragene Energie heißt Arbeit

Was wir zu einem System zählen wollen, legen wir durch Grenzen fest. In den obigen Beispielen überschritt Energie diese Grenzen mithilfe einer am System angreifenden Kraft F_s. Dabei war die in Wegrichtung wirkende Kraftkomponente F_s zu berücksichtigen (➠ nebenstehende *Vertiefung*). Der mithilfe einer Kraft F_s längs eines Verschiebungsweges s von einem System auf ein anderes übertragenen Energiemenge W gibt man einen eigenen Namen und nennt sie **Arbeit** (➠ *Bild 2*). *Diese Energieübertragung geht nicht von allein,* sondern nur mittels einer Kraft vor sich. Dagegen nennt man Energie, die allein *von sich aus* aufgrund eines Temperaturgefälles von einem Körper auf einen anderen übergeht, **Wärme**.

Merksatz

1. Die Grenzen eines Systems müssen eindeutig festgelegt sein.
2. Arbeit ist die mithilfe einer Kraft von einem System auf ein anderes übertragene Energiemenge W.
3. Ist die in Richtung des Verschiebungsweges s wirkende Kraft F_s konstant, so ist die Arbeit das Produkt aus F_s und s: $\boldsymbol{W = F_s \cdot s}$.

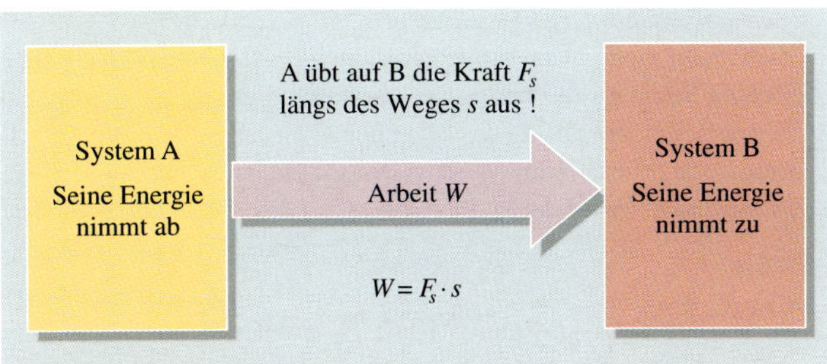

B 2: A übt auf B die Kraft F_s längs des Weges s aus und überträgt so die Energiemenge $W = F_s \cdot s$, Arbeit genannt, von A nach B

F_s in N	a in m/s²	t in s	s in m	$F_s \cdot s$ in J
100	0,1	150	1 125	$1{,}125 \cdot 10^5$
1 000	1,0	15	112,5	$1{,}125 \cdot 10^5$
1 500	1,5	10	75	$1{,}125 \cdot 10^5$

T 1: Ein Auto (m = 1 000 kg) wird mit verschiedenen Kräften auf 15 m/s beschleunigt

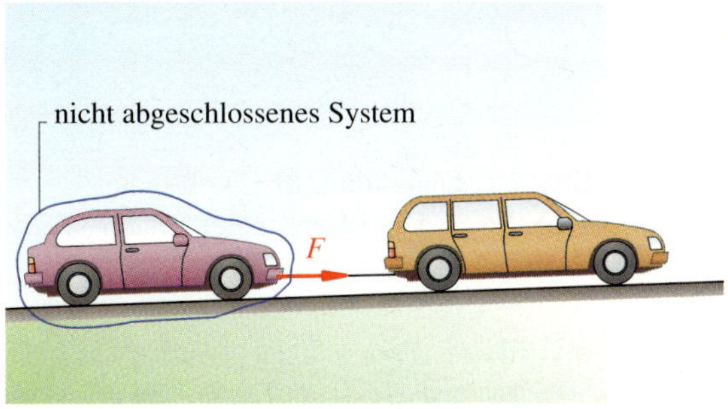

B 3: Dem System Auto wird über das Seil mit der Kraft F Energie zugeführt

Vertiefung

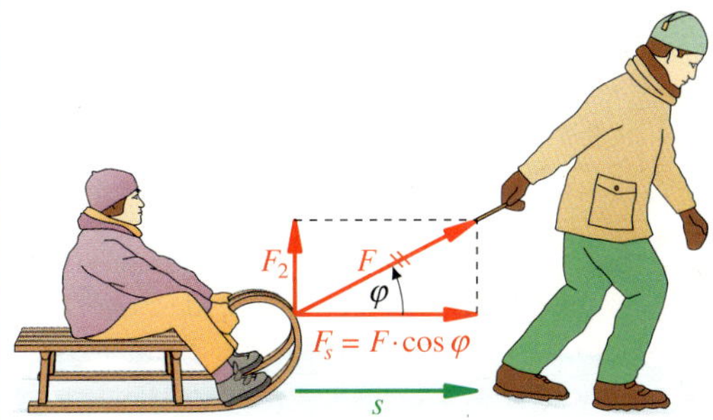

Wenn Kraft und Weg verschiedene Richtungen haben

Sie ziehen fast reibungslos einen Schlitten über eine Eisfläche. Dazu üben Sie über die Schnur eine Kraft F schräg noch oben auf den Schlitten aus. Man zerlegt sie in eine Komponente F_s in Wegrichtung und eine Komponente F_2 senkrecht dazu. Den Schlitten beschleunigt nur die Komponente F_s. Die Kraft F_2 hebt einen Teil der Gewichtskraft auf. Somit übertragen Sie nur mit der Kraft F_s auf den Schlitten Energie. Für die übertragene Energie ist also das Produkt $F_s\,s$ verantwortlich und nicht das Produkt $F\,s$. Es ist $F_s = F \cdot \cos\varphi$ mit dem Winkel φ zwischen den Richtungen von F und s. Die übertragene Energie ist:

$$\boldsymbol{W = F_s \cdot s = F \cdot s \cdot \cos\varphi.}$$

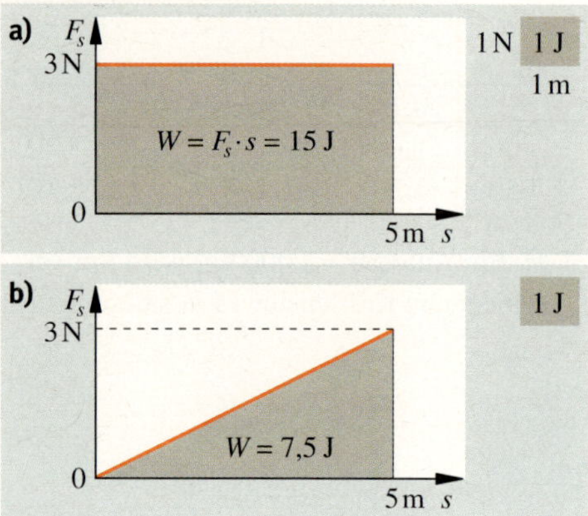

B 1: s-F_s-Diagramm: **a)** F_s konstant
b) $F_s \sim s$. Die Fläche unter der s-F_s-Kurve entspricht der Arbeit.

A 1: Fässer (je $m = 50$ kg) werden auf einen Lastwagen (Ladehöhe $h = 1{,}30$ m) verladen. Die erste Person hebt ein Fass lotrecht an, die zweite schiebt eines auf einer 2,70 m langen Laderampe hoch. Bestimmen Sie für beide Wege die Arbeit.

A 2: Der Förderkorb eines Grubenaufzuges ($m = 4\,000$ kg) wird gleichmäßig nach oben beschleunigt und erreicht nach 10 s $v = 8$ m/s. Welche Arbeit ist dazu nötig?

A 3: Ein Junge ($m = 50$ kg) hat sich ein Seil um den Bauch gebunden, das über eine Rolle läuft. **a)** Mit welcher Kraft muss er am anderen Seilende mit den Händen ziehen, wenn er schwebt? **b)** Wie viel Seil muss er „durch die Hand ziehen“, damit er 5 m höher kommt? **c)** Welche Energie setzt er um? (System angeben!)

A 4: Ein Pkw ($m = 1\,000$ kg) wird von einem Abschleppwagen einen 150 m langen Berg (Höhenunterschied $\Delta h = 10$ m) hochgezogen. Am Fuße des Berges ist $v = 1$ m/s, oben 3 m/s. Es ist $f_{gl} = 0{,}40$. Wie groß ist die übertragene Energiemenge? (Systeme angeben!)

A 5: Ein Elektromotor zieht einen Baumstamm ($m = 500$ kg) mit einem Seil mit konstanter Geschwindigkeit 70 m über einen waagerechten Steinboden ($f_{gl} = 0{,}8$). **a)** Beschreiben Sie die Energieumwandlungen. Unterscheiden Sie verschiedene Systeme. **b)** Wie groß ist die Arbeit?

4. Und wenn F_s nicht konstant ist?

Thomas dehnt eine zu Beginn entspannte Feder ($D = 5$ N/m). Bei der Kraft $F = 2$ N ist sie um $s = F/D = 0{,}4$ m verlängert. Thomas meint, damit habe er dem System „Feder“ die Energie $W = F_s \cdot s = 0{,}8$ J zugeführt. Diese Energie müsste jetzt als Spannenergie in der Feder stecken. Leider ist $W_{Sp} = \frac{1}{2} D s^2 = 0{,}4$ J nur halb so groß! Die Kraft F zur Dehnung der Feder ist nämlich nicht konstant, sondern folgt dem hookeschen Gesetz $F \sim s$. Was nun?

a) Ist die an einem System angreifende Kraft F_s konstant und trägt man sie in einem s-F_s-Diagramm auf, so erhält man eine Parallele zur s-Achse (➠ *Bild 1a*). Die Fläche darunter stellt die Arbeit $W = F_s \cdot s$ dar.

b) Folgt die Kraft F_s dem hookeschen Gesetz, so erhält man im s-F_s-Diagramm eine Ursprungsgerade (➠ *Bild 1b*). Hier ist die grau getönte Dreiecksfläche mit der Grundseite s und der Höhe $F_s = D\,s$ ein Maß für die gesamte beim Spannen um die Strecke s auf die Feder übertragene Energie, also ein Maß für die Arbeit. Man findet so: $W = \frac{1}{2} \cdot s \cdot F_s = \frac{1}{2} \cdot s \cdot (D \cdot s) = \frac{1}{2} \cdot D \cdot s^2$, genau wie erwartet!

Merksatz

Im s-F_s-Diagramm entspricht die Fläche unter der s-F_s-Kurve der dem System zugeführten Energie, also der Arbeit.

5. Reibungskräfte erhöhen die innere Energie

Hinweis: Zur Vereinfachung bedeuten in diesem Abschnitt die Symbole s, v, a und F immer nur Beträge physikalischer Größen.

Ein Autofahrer bremst sein Fahrzeug bei der Geschwindigkeit v_0 durch Blockieren der Räder scharf ab und bringt es zum Stillstand. Die konstante Gleitreibungskraft F_{gl} bremst das Auto mit $a = F_{gl}/m$. Nach dem Bremsweg $S = v_0^2/2a$ steht das Auto. Die Energie $W_B = \frac{1}{2} m v_0^2$ ist verschwunden und hat sich innerhalb des Systems „Auto-Straße“ als innere Energie „verkrümelt“. Sowohl Reifen als auch Straßenoberfläche werden erwärmt. Es ist:

$$\frac{1}{2} m v_0^2 = \frac{1}{2} m \cdot (2a \cdot S) = m \cdot a \cdot S = F_{gl} \cdot S.$$

Das Produkt aus Kraft F_{gl} und Weg S liefert also die Abnahme der mechanischen Energie des Systems.

Zieht man einen Wagen mit konstanter Kraft F_s längs der waagerechten Strecke s mit konstanter Geschwindigkeit, so hält die Kraft F_s der Reibungskraft F_R das Gleichgewicht. Die Energie $F_R \cdot s$, die sich – wie gezeigt – im System „Wagen-Boden“ als innere Energie „verkrümelt“, wird durch die Arbeit $F_s \cdot s$ des Ziehenden geliefert.

Merksatz

Reibung mit der konstanten Kraft F_R entzieht dem System längs des Reibungsweges s die mechanische Energie $W = F_R\,s$ und wandelt diese in innere Energie des Systems um.

Beispiel

Bilanzdenken am Schanzentisch

Die Anlaufbahn einer Sprungschanze ist eine schiefe Ebene mit $\varphi = 30°$ Neigung (➠ *Bild 2*). Im Punkt A, der $h_1 = 40$ m über dem Sprungtisch liegt, hat der Skispringer ($m = 80$ kg) durch Anlauf die Geschwindigkeit $v_1 = 5$ m/s. Wie groß ist seine Geschwindigkeit v_2 am Schanzentisch **a)** ohne und **b)** mit Reibung ($f_{gl} = 0{,}05$)?

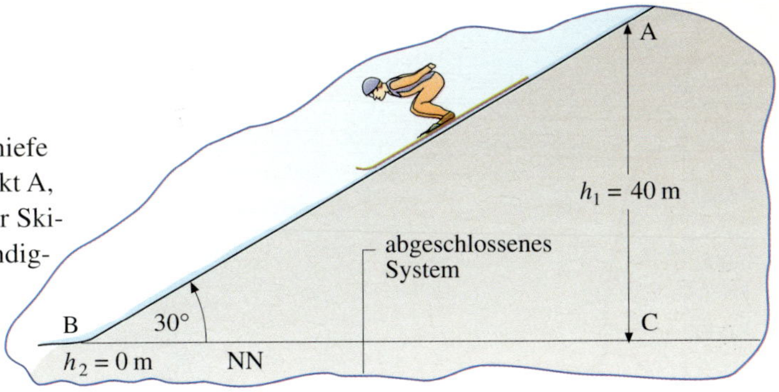

B 2: System Schanze und Skispringer

Lösung:
Wir fassen die Schanze und den Skispringer zu einem einzigen System zusammen und legen das Nullniveau der Höhenenergie auf den Schanzentisch, d. h. durch den Punkt B.

a) *Ohne Reibung:*
Die mechanische Energie W_1 im Punkt A ist ($g = 10$ m/s²):

$$W_1 = W_{H1} + W_{B1} = m\,g\,h_1 + \tfrac{1}{2}\,m\,v_1^2 = 32\,000 \text{ J} + 1\,000 \text{ J} = 33\,000 \text{ J}.$$

Die mechanische Energie W_2 im Punkt B ist:

$$W_2 = W_{H2} + W_{B2} = m\,g\,h_2 + \tfrac{1}{2}\,m\,v_2^2 = 0 + \tfrac{1}{2}\,m\,v_2^2.$$

Nach dem Energieerhaltungssatz der Mechanik ist $\boldsymbol{W_1 = W_2}$, also $m\,g\,h_1 + \frac{1}{2}\,m\,v_1^2 = \frac{1}{2}\,m\,v_2^2$ oder nach v_2 aufgelöst:

$$v_2 = \sqrt{2\,g\,h_1 + v_1^2} \Rightarrow \boldsymbol{v_2} = \sqrt{2 \cdot 10\,\frac{\text{m}}{\text{s}^2} \cdot 40 \text{ m} + \left(5\,\frac{\text{m}}{\text{s}}\right)^2} = \mathbf{28{,}7\ m/s.}$$

Winkel φ und Länge s der Bahn muss man hier gar nicht kennen.

b) *Mit Reibung:*
Die Geschwindigkeit am Sprungtisch sei jetzt v_2' und die kinetische Energie W_2'. Die Energiesumme W_1 im Punkt A ist unverändert, im Punkt B dagegen gilt $W_2' = \frac{1}{2}\,m\,v_2'^2$.
Die Energiebilanz liefert jetzt $\boldsymbol{W_2' = W_1 - W_R}$, wobei W_R die durch Reibung dem System entzogene mechanische Energie ist. Sie bestimmen wir zuerst. Die Gleitreibungskraft ist:

$$F_{gl} = f_{gl} \cdot F_N = f_{gl} \cdot m\,g \cos\varphi = 35 \text{ N}.$$

Die Strecke s folgt aus dem rechtwinkligen Dreieck ABC. Es ist $\sin\varphi = \frac{h_1}{s}$ und damit $s = \frac{h_1}{\sin\varphi} = \frac{40 \text{ m}}{\sin 30°} = 80$ m. Somit wird $W_R = F_{gl} \cdot s = 2\,800$ J und damit: $W_2' = 33\,000 \text{ J} - 2\,800 \text{ J} = 30\,200$ J.
Mit $W_2' = \frac{1}{2}\,m\,v_2'^2$ folgt daraus: $\boldsymbol{v_2' = 27{,}5}$ **m/s.**

Allgemeine Lösung mit Reibung:
Die dem System entzogene mechanische Energie ist

$$W_R = F_{gl} \cdot s = f_{gl} \cdot m\,g \cos\varphi \cdot \frac{h_1}{\sin\varphi} = \frac{f_{gl}\,m\,g\,h_1}{\sin\varphi/\cos\varphi}, \quad \text{also}$$

$$W_R = \frac{f_{gl}\,m\,g\,h_1}{\tan\varphi}.$$

Aus der Energiebilanz $\boldsymbol{W_2' = W_1 - W_R}$ folgt:

$$\frac{1}{2}\,m\,v_2'^2 = \left(m\,g\,h_1 + \frac{1}{2}\,m\,v_1^2\right) - \frac{f_{gl}\,m\,g\,h_1}{\tan\varphi} \quad \text{und somit}$$

$$v_2'^2 = 2\,g\,h_1\left(1 - \frac{f_{gl}}{\tan\varphi}\right) + v_1^2.$$

Man erhält schließlich das Ergebnis $\boldsymbol{v_2' = 27{,}5}$ **m/s.**
Auch hier spielt – wie ohne Reibung – die Masse m keine Rolle.

... noch mehr Aufgaben

A 6: **a)** Eine entspannte Feder wird durch 20 N um 10 cm verlängert. Welche Arbeit ist nötig? **b)** Welche Arbeit ist nötig, um sie weitere 10 cm zu verlängern? **c)** Lösen Sie a) und b) mit einem s-F_s-Diagramm.

A 7: Ein Stein ($m = 2$ kg) rutscht mit der Anfangsgeschwindigkeit 15 m/s einen Berg hinunter (Höhenunterschied $\Delta h = 50$ m) und kommt infolge der Reibung am Fuße des Berges zum Stillstand. Um wie viel hat die innere Energie des Systems „Stein-Berg" zugenommen?

A 8: Eine Schlittenfahrerin fährt mit ihrem Schlitten einen Hang ($\varphi = 8°$) von 200 m Länge hinab. Welche Geschwindigkeit erreicht sie ($f_{gl} = 0{,}1$)?

A 9: In einem Auto ($m = 800$ kg) werden bei $v_1 = 72$ km/h die Bremsen gezogen, sodass alle Räder blockieren. Wie groß sind Bremsweg und Bremszeit ($f_{gl} = 0{,}50$)?

A 10: Eine Autofahrerin fährt mit ihrem Pkw ($m = 900$ kg) eine Straße bergauf ($\varphi = 5°$). Plötzlich muss sie scharf bremsen, sodass alle Räder blockieren. Eine Polizistin misst die Länge der Bremsspur zu 10 m und schätzt $f_{gl} = 0{,}5$. Hielt die Autofahrerin die Geschwindigkeit von 30 km/h ein?

A 11: Ein Autofahrer fährt mit seinem Pkw ($m = 1\,000$ kg) mit $v_1 = 20$ m/s einen Berg ($\varphi = 10°$) hinauf und kuppelt den Motor aus. Wie hoch und wie weit kommt er **a)** ohne Reibung **b)** mit Reibung ($f_{roll} = 0{,}02$)? **c)** Mit welcher Geschwindigkeit passiert er beim Zurückrollen die Stelle des Auskuppelns mit bzw. ohne Reibung?

A 12: Ein Körper ($m = 100$ kg) wird eine 20 m lange schiefe Ebene ($\varphi = 30°$) mit 20 m/s hochgestoßen. Wie groß ist f_{gl}, wenn er oben mit $v = 0$ m/s ankommt?

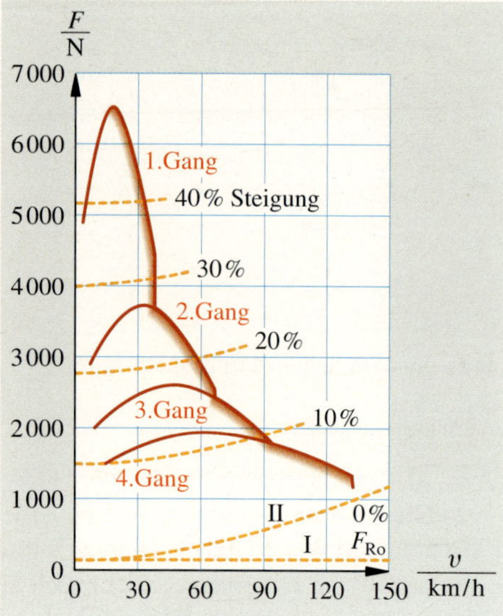

B 1: Kraft-Geschwindigkeitsdiagramm für einen Pkw (53 kW). Rot: Kräfte, die das Auto höchstens aufbringen kann; Orange: Kräfte, die es beim Fahren braucht.

Interessantes

Die Kraft ändert sich beim Schalten

In ➡ *Bild 1* sind die Antriebskräfte F (rot) eines Pkw ($m = 800$ kg) im 1. bis 4. Gang in Abhängigkeit von der Geschwindigkeit v aufgetragen (bei Vollgas). Jeder Gang zeigt ein für ihn ausgeprägtes Maximum. Anschließend sinkt die Kraft F schnell ab; bei diesem Pkw muss man deshalb bald in den nächsten Gang schalten. Orange sind die zur Fortbewegung nötigen Kräfte eingetragen.

Kurve I gibt den Rollwiderstand F_{Ro} (ca. 200 N) an. In Kurve II ist dazu die schnell mit der Geschwindigkeit v ansteigende Luftwiderstandskraft F_L addiert. Damit haben wir die Kraft, die auf waagerechter Straße ($\varphi = 0°$) zu überwinden ist. Unser Pkw bringt sie im 4. Gang bis 130 km/h noch auf. Schneller wäre er nur bei Rückenwind oder bergab.

In den Kurven darüber sind die Kräfte addiert, die bei Bergfahrten hinzutreten. Was unser Wagen darüber hinaus noch an Kraft aufbringt, kann er zum Beschleunigen verwenden. Im 3. Gang hat er z. B. bei 60 km/h am Hang mit 10% Steigung noch ca. 2600 N – 1800 N = 800 N übrig. Er kann dort mit $a = F/m = 1\ \text{m/s}^2$ beschleunigen.

Leistung

1. Wie schnell wird Energie abgegeben?

Eine Familie will sich ein neues Auto kaufen und schaut sich Prospekte an. Über die Leistung steht dort z. B.: 66 kW bei genormten Bedingungen. Gemeint ist damit, dass der Motor in der Zeit $\Delta t = 1$ s die Energie $\Delta W = 66$ kJ liefert. Die Leistung $P = \Delta W/\Delta t$ beschreibt also, wie schnell Energie – z. B. von einer Maschine – abgegeben wird. Geschieht dies ungleichmäßig, so unterscheidet man zwischen **mittlerer Leistung** $\bar{P}$ und **Momentanleistung** P. Die Letztere bildet man aus $\bar{P}$, so wie die Momentangeschwindigkeit v aus der mittleren Geschwindigkeit $\bar{v}$. Man betrachtet dazu die Änderung ΔW in einem messtechnisch möglichst kleinen Intervall Δt. Die Einheit der Leistung ist **1 Watt**. Es ist 1 W = 1 J/s oder 1 kW = 1kJ/s. Für die häufig benutzte **Energieeinheit 1 kWh** gilt: 1 kWh = 1 kW · 1 h = 10^3 W · $3{,}6 \cdot 10^3$ s = 3,6 MJ.

Merksatz

1. Die mittlere Leistung $\bar{P}$ ist der Quotient aus der Energie ΔW und der Zeit Δt, in der sie abgegeben wird: $\bar{P} = \Delta W/\Delta t$.
2. Die Momentanleistung P ist der Quotient $\Delta W/\Delta t$ für messtechnisch möglichst kleines Δt.
3. Die Einheit der Leistung ist 1 Watt: 1 W = 1 J/s; 1 kW = 10^3 W.
4. Eine Einheit der Energie ist 1 kWh = 3,6 MJ.

2. Kraft haben ist noch keine Leistung

Übt ein Motor bei größerer Leistung nicht auch eine größere Kraft aus? Betrachten wir dazu die Gleichung $\bar{P} = \Delta W/\Delta t$ genauer. Die Energie ΔW werde mithilfe einer Kraft F_s längs eines Weges Δs von einem System an ein anderes abgegeben, d. h. es werde die Arbeit $\Delta W = F \cdot \Delta s$ übertragen. Somit ist:

$$\bar{P} = \frac{\Delta W}{\Delta t} = \frac{F_s \cdot \Delta s}{\Delta t} = F_s \cdot \frac{\Delta s}{\Delta t} = F_s \cdot \bar{v}.$$

In einem genügend kleinen Intervall Δt können wir Kraft und Geschwindigkeit als konstant ansehen. Dort ist $\bar{v}$ durch die Momentangeschwindigkeit v und $\bar{P}$ durch die Momentanleistung P zu ersetzen und wir finden: $\boldsymbol{P = F_s \cdot v}$. Die Kraft F_s und die Momentangeschwindigkeit v haben dabei dieselbe Richtung, da F_s immer die Richtung des Weges Δs und damit auch von $\Delta s/\Delta t$ hat. – Der Zusammenhang $P = F_s \cdot v$ ist vom Autofahren her bekannt. Im 1. Gang setzt das Getriebe die gelieferte Leistung P mit großer Kraft, aber nur kleiner Geschwindigkeit v ein. Im höchsten Gang dagegen wird bei annähernd gleicher Leistung des Motors nur wenig Kraft bei großer Geschwindigkeit v geliefert (➡ *Bild 1*).

Merksatz

Wird die Energie ΔW durch eine Kraft F_s in Richtung der Geschwindigkeit v übertragen, so ist die **Leistung** $\boldsymbol{P}$ das Produkt aus der Kraft F_s und der Geschwindigkeit v: $P = F_s \cdot v$.

3. Warum wächst der Luftwiderstand mit v^2?

Ein schnell bewegter Körper wirbelt Luft auf. Die Luftteilchen bekommen dabei kinetische Energie. Wir schätzen ab, welche Energie W_L die Luftteilchen zusammen erhalten:

Ein Pkw mit der Querschnittsfläche A überstreicht bei der Geschwindigkeit v in der Zeit Δt die Strecke $\Delta s = v \cdot \Delta t$ (*Bild 2*). Er schiebt in dieser Zeit Luft etwa vom Volumen $V = A \cdot \Delta s = A \cdot v \cdot \Delta t$, also der Masse $m = \varrho \cdot V = \varrho \cdot A \cdot v \cdot \Delta t$ beiseite (ϱ: Dichte der Luft). Wir nehmen weiter an, dass alle Luftteilchen bei diesem Wegschieben eine Geschwindigkeit u erhalten, die proportional zur Geschwindigkeit v ist. Dann hat die beiseite geschobene Luftmasse m die kinetische Energie:

$$W_L = \tfrac{1}{2}\, m \cdot u^2 = \tfrac{1}{2}\, \varrho \cdot A \cdot v \cdot \Delta t \cdot u^2 \quad \text{oder}$$
$$W_L = \tfrac{1}{2}\, c_w \cdot \varrho \cdot A \cdot \Delta t \cdot v^3.$$

Hierbei wurde $u^2 = c_w \cdot v^2$ gesetzt, da aus der Annahme $u \sim v$ auch $u^2 \sim v^2$ folgt. Der Proportionalitätsfaktor c_w wird *Widerstandsbeiwert* genannt. Er hängt von der „Windschnittigkeit" des Pkw ab.

Zum Beschleunigen der Luft muss der Pkw die Leistung $P_L = W_L/\Delta t$ aufbringen. Er erfährt die Luftwiderstandskraft F_L, der er bei der Geschwindigkeit v das Gleichgewicht halten muss. Deshalb ist andererseits $P_L = F_L \cdot v$. Für F_L folgt also:

$$F_L = \tfrac{1}{2}\, c_w \cdot \varrho \cdot A \cdot v^2.$$

F_L wächst also proportional zu v^2! F_L ist zudem umso kleiner, je kleiner c_w ist. *Autos mit einem kleinen c_w-Wert und kleinem Querschnitt A sparen Benzin*! In jedem Autoprospekt wird deshalb der c_w-Wert angegeben. Er liegt für Pkw bei 0,3 bis 0,4.

4. Leistungsgesellschaft in Watt gemessen

Ein Mensch selbst braucht pro Tag beim Nichtstun etwa 1 kWh = 3,6 MJ an Energie, bei Schwerstarbeit 4 kWh. Die Intensität seines Energieumsatzes wird durch die Leistung $P = W/t$ gekennzeichnet. Beim Nichtstun sind das ca. 40 W, bei Schwerstarbeit 160 W, das entspricht 4 Glühlampen von je 40 W, die ständig leuchten. – Ein Mensch kann übrigens kurzzeitig maximal 1 kW Leistung erbringen.

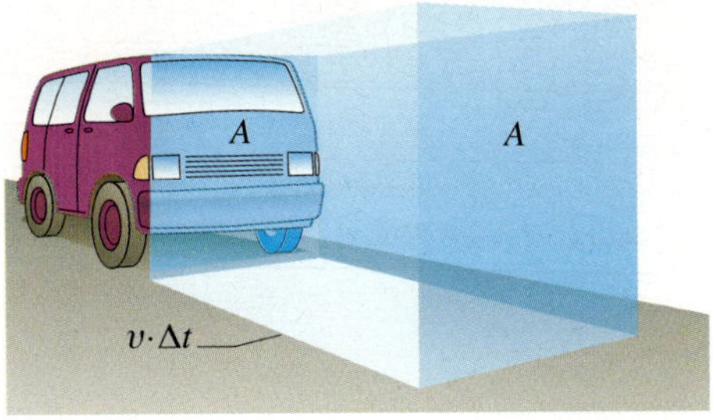

B 2: Luft, die ein Pkw bei der Geschwindigkeit v in der Zeit Δt wegschiebt

Beispiel

Wettlauf im Treppenhaus

Ein Lehrer (75 kg) und ein Schüler (50 kg) rennen ein 7,5 m hohes Treppenhaus hoch. Der Lehrer braucht 8,6 s, der Schüler 7,1 s. Wer hat die größere Leistung erbracht? – Die Leistung des Lehrers beträgt $P = \Delta W/\Delta t = m\,g\,h/\Delta t = 5\,625\ \text{J}/8{,}6\ \text{s} \approx 650\ \text{W}$, die des Schülers $P = 3\,750\ \text{J}/7{,}1\ \text{s} \approx 530\ \text{W}$!

Interessantes

Ein technisch wichtiger Begriff

Maschinen setzen Energie um, ein Elektromotor z. B. elektrische Energie in mechanische. Die Umsetzung gelingt aber nie zu 100%, da z. B. von den Maschinen nutzlose Wärme abgeht. Man nennt den Quotienten aus **Nutzleistung** und **Eingangsleistung** den **Wirkungsgrad η** der Maschine:

$$\text{Wirkungsgrad } \eta = \frac{\text{Nutzleistung}}{\text{Eingangsleistung}}.$$

Ein Elektromotor hat z. B. einen Wirkungsgrad von über 95%, eine Glühlampe mit Wendel bei Erzeugung von Licht aus elektrischer Energie nur ca. 5%.

... noch mehr Aufgaben

A 1: Welche Leistung kann einem 50 m hohen Wasserfall entnommen werden, der 0,60 m³ Wasser je Sekunde führt?

A 2: Ein Mensch (Masse mit Gepäck: 100 kg) leistet 160 W. Um wie viele Meter steigt er im Gebirge in 1 h höher?

A 3: Ein Auto ($m = 900$ kg) wird in 22 s von 0 auf 80 km/h konstant beschleunigt. **a)** Wie groß ist die Momentanleistung zum Beschleunigen bei $t = 5$ s und 11 s? **b)** Wie groß ist die mittlere Leistung zum Beschleunigen in den ersten 5 s bzw. 11 s?

A 4: **a)** Berechnen Sie die Leistung des Motors (*Bild 1*) für die vier Gänge bei ihrer größten Kraft. **b)** Welcher Anteil entfällt jeweils auf die Überwindung von Roll- und Luftwiderstand? **c)** Wie viele Liter Benzin braucht der Motor in einer Stunde (1 h) bei $v = 100$ km/h und $v = 120$ km/h auf ebener Straße (1 l Benzin liefert 43,5 MJ)?

A 5: Welche Leistung braucht ein Pkw (Querschnittsfläche 2,0 m², Widerstandsbeiwert $c_w = 0{,}45$) bei 72 km/h, welche bei 144 km/h?

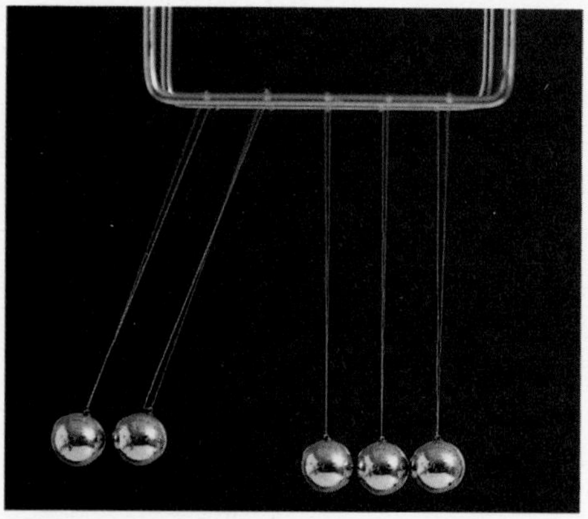

B 1: Gern gesehene Zusammenstöße. Wie viele Kugeln fliegen rechts weg?

V 1: Wir lenken in → *Bild 1* zunächst die erste Kugel der Reihe aus und lassen sie auf die anderen prallen. Nur die letzte fliegt in der gleichen Richtung weg und erreicht dieselbe Höhe wie die erste. Diese kam beim Aufprall zur Ruhe.
Auch wenn wir zwei oder noch mehr Kugeln auslenken, so sehen wir stets ebenso viele wegfliegen wie auftreffen.
Wir nehmen jetzt nur zwei Kugeln und lassen die eine Kugel auf die andere ruhende gleicher Masse prallen. Die stoßende kommt mit einem Schlag zum Stillstand und überträgt ihre gesamte Bewegungsenergie auf die gestoßene. Wie wird sich die Energie auf beide Kugeln verteilen, wenn ihre Massen unterschiedlich sind?

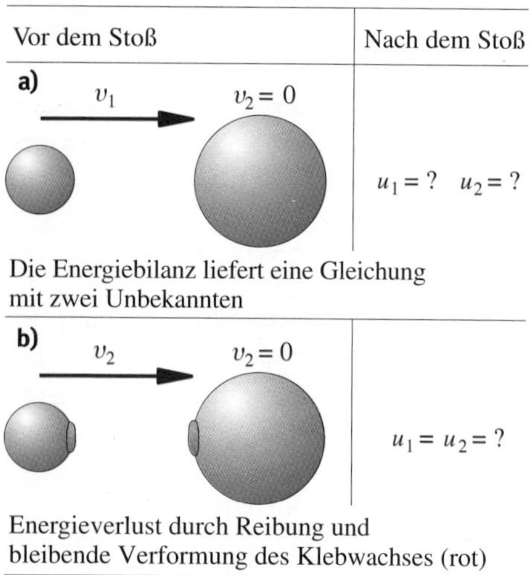

B 2: Probleme des Energieerhaltungssatzes der Mechanik beim **a)** elastischen und **b)** unelastischen Stoß?

Impulserhaltung

1. Der Energiesatz auf dem Prüfstand

Was fasziniert uns an dem Kugelspiel in → *Versuch 1*? Auch schon für zwei Kugeln gibt es uns Rätsel auf. Wir lassen eine Kugel auf eine ruhende gleicher Masse prallen. Die auftreffende Kugel kommt zur Ruhe. Am Ausschlag der gestoßenen erkennen wir, dass ihr die gesamte Bewegungsenergie übertragen wurde. Der Energieerhaltungssatz ist also erfüllt. Gilt er, so sprechen wir von **elastischen Stößen**. Erstaunlicherweise teilt sich die Energie nicht auf beide Kugeln auf, zum Beispiel so, dass jede die Hälfte erhält.

Und wenn ihre Massen verschieden sind? Vermutlich bewegen sich nach dem Stoß beide Kugeln. Wie, wissen wir noch nicht. Versuchen wir es deshalb mit dem Energiesatz zu berechnen. Kugel 1 stößt mit der Geschwindigkeit v_1 elastisch auf die ruhende Kugel 2. Wir suchen die Geschwindigkeiten u_1 und u_2 nach dem Stoß (→ *Bild 2a*). Es gilt der Energieerhaltungssatz:

$$\tfrac{1}{2} m_1 u_1^2 + \tfrac{1}{2} m_2 u_2^2 = \tfrac{1}{2} m_1 v_1^2.$$

Die Gleichung enthält die *zwei* Unbekannten u_1 und u_2. Wir können dem Energiesatz allein also keine Vorhersage entlocken. Es fehlt noch eine weitere Gleichung, die u_1 und u_2 enthält.

Gelingt uns eine Vorhersage, wenn wir den Versuch so abändern, dass nach dem Stoß beide Kugeln dieselbe Geschwindigkeit $u_1 = u_2 = u$ haben? Mit kleinen Klumpen Klebwachs an den Kugeln sorgen wir dafür, dass sie nach dem Stoß zusammenhaften (→ *Bild 2b*). Doch darf man den Energiesatz der Mechanik hier anwenden? Sicher nicht, denn beim Aufprall wird Energie durch Reibung und Verformung abgezweigt. Solche Stöße, bei denen die Stoßpartner wie Kletten aneinander hängen und sich gemeinsam weiter bewegen, heißen **(völlig) unelastische Stöße**. Wie hilfreich war also der **Energiesatz der Mechanik**? Wir sehen:

Beim **elastischen** Stoß **reicht er nicht**,
beim **unelastischen** Stoß **gilt er nicht**.

2. Ein neues Gesetz für Stoßvorgänge?

Wir beschränken uns auf so genannte **gerade Stöße**. Bei ihnen liegen die Geschwindigkeitsvektoren der Stoßpartner auf einer Geraden. Gibt es eine für alle geraden Stöße gültige Aussage? Vielleicht sogar für solche, die weder elastisch noch völlig unelastisch sind, wie etwa der Auffahrunfall in → *Bild 3*?

Die dort paarweise auftretenden Kräfte gehorchen zu jedem Zeitpunkt dem Gesetz über **actio und reactio**. Erfährt der langsame Wagen in einem Augenblick des Stoßvorgangs vom schnellen eine Kraft nach rechts, so wirkt der langsame mit einer gleich großen Kraft zurück.

Wie ändern nun diese Kräfte die Geschwindigkeiten der Wagen? NEWTONS Grundgesetz $F = m \cdot \Delta v/\Delta t$ sagt, wie eine konstante Kraft F die Geschwindigkeit eines Körpers in der Zeit Δt um Δv ändert. Nun sind die Kräfte auf Wagen 1 und 2 während des Stoßvorgangs sicher nicht konstant, doch stimmen sie *in jedem Moment* betragsmäßig überein. Wir können sie uns deshalb durch zwei konstante mittlere Kräfte F_1 und F_2 ersetzt denken, die *ebenfalls* in ihren Beträgen übereinstimmen. Sie rufen während der Stoßdauer Δt dieselben Geschwindigkeitsänderungen Δv_1 und Δv_2 hervor wie die dauernd wechselnden Momentankräfte. Wir wählen sie nach rechts positiv und nach links negativ. Wegen actio = reactio gilt:

$$\boldsymbol{F_{2\,\text{auf}\,1} = -F_{1\,\text{auf}\,2}}.$$

Wagen 1 wird um Δv_1 langsamer, Wagen 2 um Δv_2 schneller. Mit $F = m \cdot \Delta v/\Delta t$ folgt

$$m_1 \cdot \Delta v_1/\Delta t = -m_2 \cdot \Delta v_2/\Delta t$$

und nach Multiplikation mit der gemeinsamen Stoßdauer Δt

$$m_1 \cdot \Delta v_1 = -m_2 \cdot \Delta v_2.$$

Aus $\Delta v_1 = u_1 - v_1$ und $\Delta v_2 = u_2 - v_2$ folgt somit

$$m_1 \cdot (u_1 - v_1) = -m_2 \cdot (u_2 - v_2)$$

oder geordnet $\quad \boldsymbol{m_1 u_1 + m_2 u_2 = m_1 v_1 + m_2 v_2}.$

In dieser Gleichung kommen nur die Produkte *Masse mal Geschwindigkeit* vor. Die Kräfte und die Stoßdauer müssen nicht bekannt sein. Um sich bequem ausdrücken zu können, gibt man dem Produkt $\boldsymbol{p = m\,v}$ den Namen **Impuls**. Die Einheit des Impulses ist dann 1 kg·m/s = 1 Ns. Wir haben einen neuen Erhaltungssatz gefunden, hier als Wertegleichung formuliert:

Merksatz

Impulserhaltungssatz für gerade Stöße:
Die Impulssumme $p = m_1 v_1 + m_2 v_2$ beider Partner vor dem Stoß ist gleich ihrer Impulssumme $p = m_1 u_1 + m_2 u_2$ nach dem Stoß.
Der Gesamtimpuls *p* bleibt beim Stoß erhalten.
Auf die Körper wirken dabei nur Kräfte, die mit ihrer reactio zum System der Körper gehören. Man nennt sie **innere Kräfte**.

Das Produkt $m \cdot \Delta v = \Delta p$ ist nichts anderes als die Änderung des Impulses $p = m\,v$. Sie ist bei beiden Stoßpartnern gleich groß, aber entgegengesetzt gerichtet. Was der eine verliert, gewinnt der andere hinzu (*Beispiel*). Das ist wie bei Geld, das der Inhaber zweier Konten von einem zum anderen überträgt. Auch dabei ändert sich sein Gesamtvermögen nicht.
Der betrachtete Auffahrunfall ist weder elastisch noch völlig unelastisch. Die Impulssumme ändert sich beim Stoß nicht, wohl aber die Summe der Bewegungsenergien. Wie viel Energie abgezweigt wird, kann erst ein Experiment entscheiden. Das ist anders bei Stößen, die elastisch oder völlig unelastisch verlaufen. Diese werden wir nun berechnen.

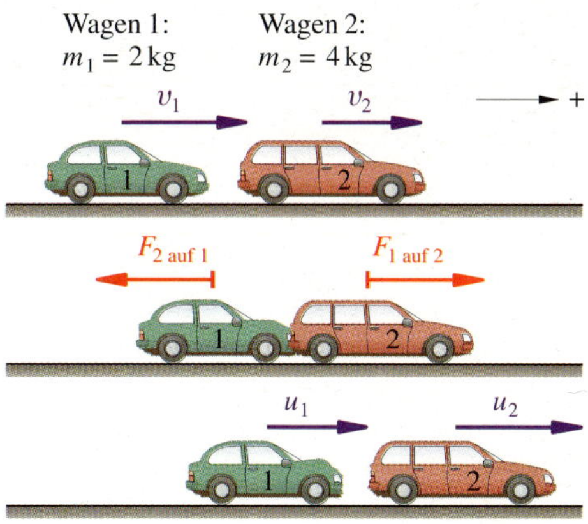

B 3: Auch bei diesem Auffahrunfall gilt actio = reactio. Der Stoß ist weder elastisch noch völlig unelastisch. Wir nennen ihn unelastisch, da auch hier Bewegungsenergie durch Reibung und bleibende Verformung verloren geht.

Beispiel

Impulsübertrag beim Zusammenstoß
Wir lassen zwei Modellautos nach *Bild 3* zusammenstoßen:
Wagen 1 ($m_1 = 2$ kg; $v_1 = 5$ m/s) fährt auf Wagen 2 ($m_2 = 4$ kg; $v_2 = 4$ m/s). Der stoßende Wagen hat also den Impuls $m_1\,v_1 = 10$ Ns, der gestoßene $m_2\,v_2 = 16$ Ns. Der Gesamtimpuls beträgt $p = 26$ Ns. Nach dem Stoß misst man $u_1 = 4$ m/s und $u_2 = 4{,}5$ m/s. Die Wagen haben also die Impulse $m_1 u_1 = 8$ Ns und $m_2 u_2 = 18$ Ns. Der Gesamtimpuls ist nun wieder $p =$ 26 Ns. Der schnelle Wagen übertrug also auf den langsamen den Impuls $\Delta p = 2$ Ns.

Wir dürfen den Impuls nicht mit der Bewegungsenergie verwechseln. Während der Gesamtimpuls erhalten blieb, sank in dem Beispiel die Summe der Bewegungsenergien von 57 J auf 56,5 J. Die Differenz von 0,5 J wurde zur Verformung der Autos benutzt und erhöhte deren innere Energie.

Der Impuls $\vec{p} = m\,\vec{v}$ ist ein Vektor in Richtung des Geschwindigkeitsvektors $\vec{v}$. Bei einer Bewegung des Wagen nach links ist der Wert v und damit auch p negativ. Das unterscheidet den Impuls besonders auffällig von der Bewegungsenergie, die ja nie negativ ist; dafür sorgt schon v^2 im Energieterm.

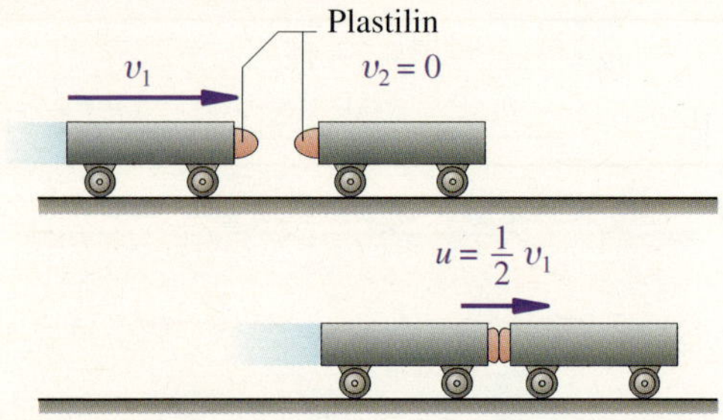

V 1: Ein Wagen der Masse m_1 fährt auf einen ruhenden gleicher Masse ($m_2 = m_1$). Die Geschwindigkeiten vor und nach dem Stoß messen wir mit zwei Lichtschranken. Sie werden von einer am stoßenden Wagen angebrachten Fahne nacheinander unterbrochen.

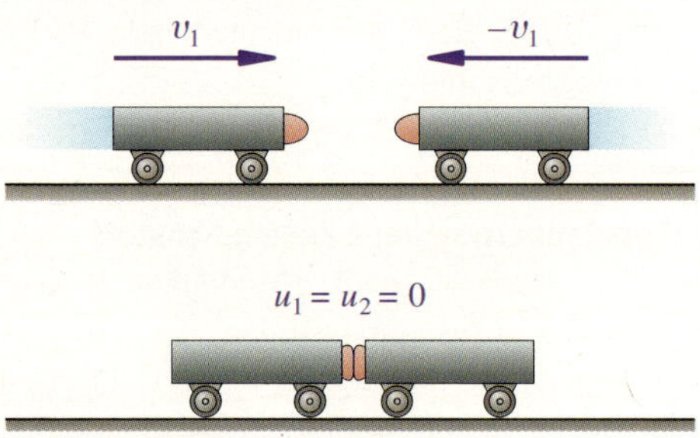

V 2: Hier ist vor dem Stoß der Gesamtimpuls null.

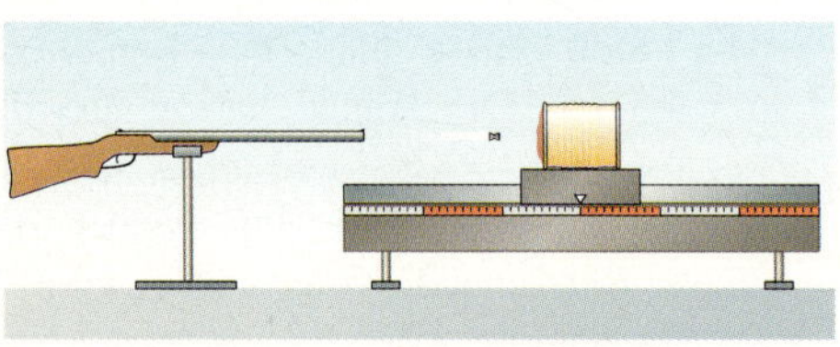

B 1: Schuss in den Luftkissengleiter

A 1: In ➡ *Bild 1* wird eine Luftgewehrkugel (m = 0,5 g) abgeschossen. Sie bleibt in der mit Plastilin gefüllten Dose stecken. Dose und Wagen wiegen zusammen 150 g. Anschließend legt der Gleiter 0,8 m in 3,2 s zurück. Welche Geschwindigkeit hatte die Kugel?

A 2: In ➡ *Bild 2* fahre jetzt der schwere Wagen mit v_2 = 4 m/s nach rechts, sodass der leichtere von hinten mit v_1 = 5 m/s auffährt. Wie groß sind die Geschwindigkeit und der Energieverlust nach einem völlig unelastischen Stoß? Warum unterscheidet sich der Energieverlust (hier) von dem im Zahlenbeispiel auf der vorangegangenen Seite?

Stöße werden berechenbar

1. Gerade unelastische Stöße

Nach einem *völlig unelastischen* Stoß haften beide Körper aneinander. Sie haben danach also die gleiche Geschwindigkeit. Diese können wir nun allein mit dem Impulssatz bestimmen.

a) Ein Wagen mit dem Impuls $p_1 = m_1 v_1$ stößt völlig unelastisch auf einen ruhenden gleicher Masse (➡ *Versuch 1*). Der Gesamtimpuls $p = m_1 v_1 + 0$ Ns $= 2 m_1 u$ bleibt erhalten. Er ist nun verteilt auf beide Wagen. Jeder hat den Impuls $p/2$ und die Geschwindigkeit $u = u_1 = u_2 = v_1/2$.

b) Beide Wagen haben dieselbe Masse und bewegen sich gleich schnell aufeinander zu (➡ *Versuch 2*). Ihr Gesamtimpuls ist $p = m_1 v_1 + m_2 v_2 = m_1 v_1 + m_1 (-v_1) = 0$. Sie kommen also zur Ruhe.

In ➡ *Versuch 2* wird der Vektorcharakter des Impulses besonders deutlich. Vor dem Stoß sind die Impulse wegen $v_2 = -v_1$ entgegengesetzt gerichtet, nur ihre Beträge stimmen überein. Der Gesamtimpuls ist also schon vor dem Aufprall null. Dagegen ist die Summe der Bewegungsenergien von null verschieden. Sie geht bei diesem Stoß völlig in innere Energie des Plastilins über.

Beispiel

Musteraufgabe für gerade unelastische Stöße (➡ *Bild 2*):
Zunächst betrachten wir die Impulssumme jeweils vor und nach dem Stoß und vereinfachen die Terme:
Vorher: $p_v = m_1 v_1 + m_2 v_2 = 2\text{ kg} \cdot 5\text{ m/s} + 4\text{ kg} \cdot (-4\text{ m/s}) = -6\text{ Ns}$.
Nachher: $p_n = (m_1 + m_2) u = (2\text{ kg} + 4\text{ kg}) u = 6\text{ kg} \cdot u$.
Wir setzen $p_n = p_v$ und lösen nach der gesuchten Größe u auf:
$6\text{ kg} \cdot u = -6$ Ns oder $\boldsymbol{u = -1}$ **m/s**.
Ergebnis: Beide Wagen bewegen sich mit 1 m/s nach links.

Wir berechnen auch noch den Verlust ΔW der gesamten Bewegungsenergie:
Energiesumme vorher: $W_v = \frac{1}{2} m_1 v_1^2 + \frac{1}{2} m_2 v_2^2 = 57$ J.
Energiesumme nachher: $W_n = \frac{1}{2} (m_1 + m_2) u^2 = 3$ J.
Energieverlust: $\Delta W = W_v - W_n = 57\text{ J} - 3\text{ J} = \mathbf{54\ J}$.
Ergebnis: Von anfangs 57 J Bewegungsenergie bleiben nur 3 J übrig. Der Rest $\Delta W = 54$ J steckt im verformten Plastilin.

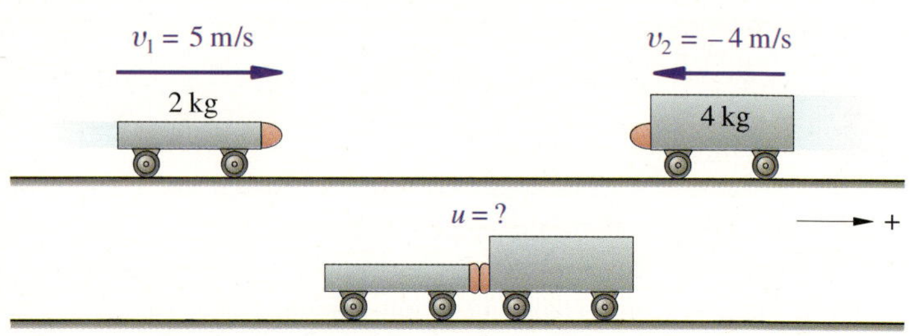

B 2: Zusammenstoß zweier Modellautos

2. Gerade elastische Stöße

Nach einem elastischen Stoß haben die beiden Wagen verschiedene Geschwindigkeiten. Um diese zu berechnen, brauchen wir sowohl den Impuls- als auch den Energieerhaltungssatz.

In *Versuch 3a* stößt ein Wagen auf einen ruhenden gleicher Masse. Er überträgt diesem vollständig seine Bewegungsenergie. Der Energiesatz wäre jedoch auch erfüllt, wenn jeder die Hälfte erhielte. Doch lässt der Impulssatz nur eine einzige Verteilung zu. Jetzt legen nämlich zwei Gleichungen die beiden Unbekannten u_1 und u_2 eindeutig fest.
Wir berechnen u_1 und u_2 für einen geraden Stoß auf einen ruhenden Körper. Die Massen m_1 und m_2 sollen beliebig sein. Das Verhältnis der Massen bezeichnen wir mit $k = m_2/m_1$.

Energieerhaltung: $\frac{1}{2} m_1 v_1^2 + 0 = \frac{1}{2} m_1 u_1^2 + \frac{1}{2} m_2 u_2^2$
Impulserhaltung: $m_1 v_1 + 0 = m_1 u_1 + m_2 u_2$

Wir setzen $m_2 = k \cdot m_1$ und teilen durch $\frac{1}{2} m_1$ bzw. m_1:

$v_1^2 = u_1^2 + k \cdot u_2^2$
$v_1 = u_1 + k \cdot u_2$

Wir subtrahieren die u_1-Terme und setzen $v_1^2 - u_1^2 = (v_1 - u_1)(v_1 + u_1)$:

$(v_1 - u_1)(v_1 + u_1) = k \cdot u_2^2$
$v_1 - u_1 = k \cdot u_2$

Wir teilen jede Seite der ersten Gleichung durch die der zweiten:

$v_1 + u_1 = u_2$
$v_1 - u_1 = k \cdot u_2$

Wir lösen das Gleichungssystem durch Addition bzw. Einsetzung und erhalten

das Ergebnis: $\boldsymbol{u_1 = v_1 (1 - k)/(1 + k)}$ und $\boldsymbol{u_2 = 2\, v_1/(1 + k)}$.

Beispiel

a) In *Versuch 3a* ist das Massenverhältnis $k = m_2/m_1 = 1$. Wir erhalten $\boldsymbol{u_1 = 0}$ und $\boldsymbol{u_2 = v_1}$.

b) In *Versuch 3b* stößt ein Wagen auf einen ruhenden doppelter Masse. Mit $k = 2$ folgt $\boldsymbol{u_1 = -\frac{1}{3} v_1}$ und $\boldsymbol{u_2 = \frac{2}{3} v_1}$.
Der leichte Wagen prallt mit einem Drittel seiner Geschwindigkeit zurück, während der schwere auf $\frac{2}{3} v_1$ beschleunigt wird. Dabei ändert der leichte stoßende Wagen seinen Impuls um $m_1 \cdot \Delta v_1 = m_1 (-\frac{1}{3} v_1 - v_1) = -1\frac{1}{3} m_1 v_1$, überträgt also dem gestoßenen mehr Impuls als er vor dem Stoß besaß. Er hat nicht nur seinen Besitz abgegeben, sondern sogar Schulden gemacht. Deshalb bewegt er sich dem Minuszeichen folgend nach dem Stoß nach links. Der schwere Wagen besitzt nun den Impuls $m_2 u_2 = 2 m_1 \cdot \frac{2}{3} v_1 = 1\frac{1}{3} m_1 v_1$. Sie sehen, die Impulsbilanz stimmt.

c) In *Versuch 3c* hat der gestoßene Wagen (2) die halbe Masse. Also ist $k = \frac{1}{2}$ und $\boldsymbol{u_1 = \frac{1}{3} v_1}$ sowie $\boldsymbol{u_2 = 1\frac{1}{3} v_1}$. Der leichte Wagen fährt schneller weg als sich der schwere näherte. Der schwere folgt mit $\frac{1}{3}$ seiner Anfangsgeschwindigkeit.

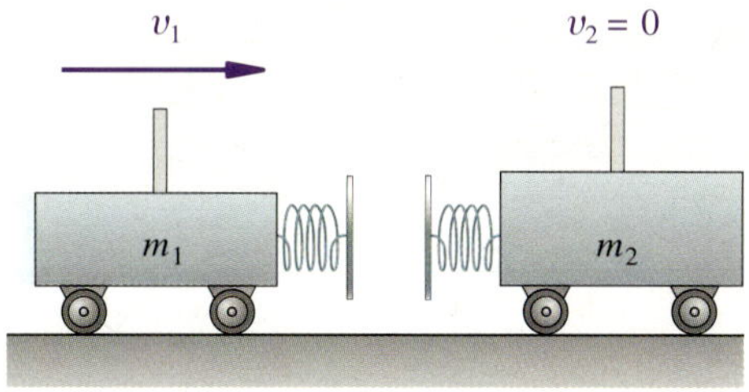

V 3 a)–c): Wir führen die elastischen Stöße zu *Bild 3a)–c)* mit zwei Wagen aus. Die Fahnen der Wagen unterbrechen zwei Lichtschranken. Die Geschwindigkeiten gewinnen wir aus der Fahnenbreite und den Verdunkelungszeiten.

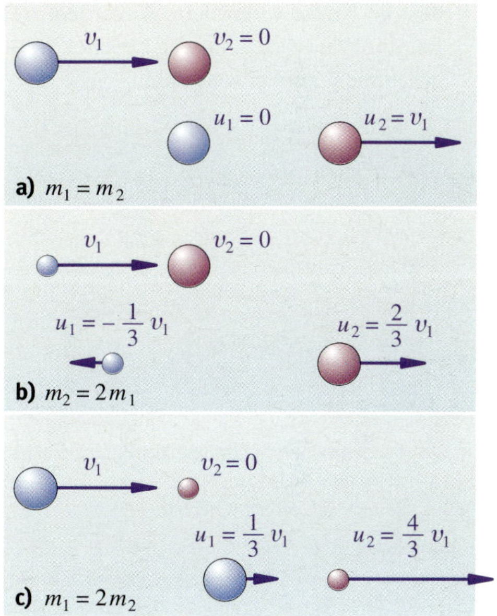

B 3 a)–c): Elastische Stöße auf einen ruhenden Körper

A 3: Eine 250 g-Kugel stößt mit 2 m/s elastisch auf eine ruhende 100 g-Kugel. Wie groß sind die Geschwindigkeiten nach dem Stoß?

A 4: Welchen Bruchteil seiner Bewegungsenergie hat der stoßende Wagen in *Versuch 3a)–c)* jeweils an seinen Stoßpartner übertragen?

A 5: Ein Wagen stößt elastisch auf einen ruhenden. Wie viel seines Impulses und seiner Energie wird jeweils bei sehr großem bzw. bei sehr kleinem Massenverhältnis $k = m_2/m_1$ auf den gestoßenen Wagen übertragen?

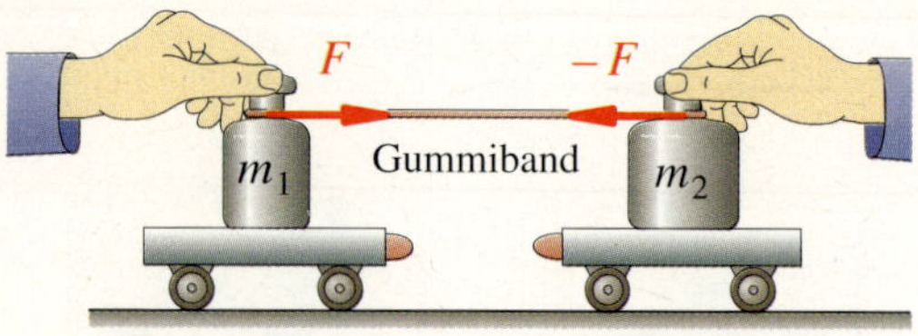

V 1: Wir bewegen die Wagen (im Bild oben) auseinander und spannen dabei das sie verbindende Gummiband. Dann geben wir beide gleichzeitig frei. Plastilin sorgt dafür, dass die Wagen nach dem Zusammenstoß aneinander haften. Erstaunt Sie, dass sie in diesem Moment gleichzeitig zum Stillstand kommen? Das ändert sich auch nicht, wenn wir durch Verkürzen des Gummibandes die Kräfte vergrößern. Außerdem treffen die Wagen stets an der gleichen Stelle zusammen, am Schwerpunkt.

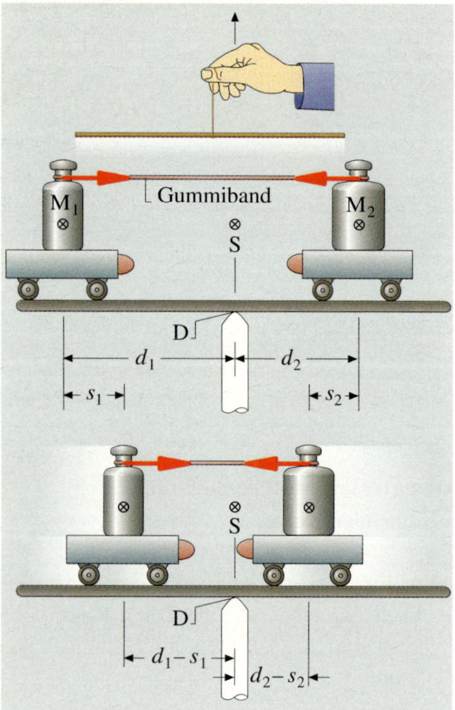

V 2: Bleibt die Waage im Gleichgewicht? Wir stellen die Wagen aus *Versuch 1* auf eine Wippe und sorgen für Gleichgewicht. Ein möglichst leichter Holzstab hält sie dabei zunächst gegen die Zugkräfte des Gummibandes auseinander. Wir entfernen den Stab rasch nach oben, ohne dabei in Fahrtrichtung auf die Wagen eine Kraft auszuüben. Die Wagen bewegen sich so wie in *Versuch 1*, ohne dass die Wippe kippt.

Der Schwerpunkt ist Zentrum des Geschehens

1. Wenn innere Kräfte längere Zeit am Werk sind

Wie bewegen sich die Wagen in *Versuch 1* nach dem Loslassen? Beim Start ist ihr Gesamtimpuls null. Nach dem Loslassen wirken die Zugkräfte des Gummibandes als innere Kräfte auf die Wagen. Wegen actio = reactio stimmen sie in jedem Augenblick betragsmäßig überein. Folglich ändert sich während des Bewegungsablaufs der Gesamtimpuls $p = m_1 u_1 + m_2 u_2 = 0$ nicht, denn dieselben Überlegungen, die uns zum Impulssatz führten, gelten ebenso bei länger wirkenden Kräften. Auch nach dem Aufprall ist $p = 0$. Beide Wagen sind dann wieder in Ruhe.

Was wissen wir über die in *Versuch 1* zurückgelegten Strecken? In jedem Augenblick haben die Wagen entgegengesetzt gerichtete Impulse von gleichem Betrag: $|m_1 u_1| = |m_2 u_2|$. Der Wagen 1 ist also in jedem Moment (m_2/m_1)-mal so schnell wie der Wagen 2. Dann ist seine Fahrstrecke s_1 auch (m_2/m_1)-mal so lang wie die vom Wagen 2 zurückgelegte Strecke s_2. Es gilt:

$$s_1/s_2 = m_2/m_1 \Rightarrow m_1 \cdot s_1 = m_2 \cdot s_2. \qquad (1)$$

2. Der Schwerpunkt lässt sich nicht beirren

In *Versuch 2* befinden sich die Wagen auf einer Wippe im Gleichgewicht. Ein zwischen sie geklemmter Holzstab hält sie zunächst auseinander. Entfernen wir den Stab rasch nach oben, so bewegen sich die Wagen so wie in Versuch 1. Warum bleibt dabei die Anordnung zu jedem Zeitpunkt im Gleichgewicht?

Gleichgewicht besteht, wenn der Schwerpunkt S beider Massen über dem Drehpunkt D liegt. Für die Abstände $d_1 = \mathrm{M_1 S}$ und $d_2 = \mathrm{M_2 S}$ der Massenmittelpunkte $\mathrm{M_1}$ und $\mathrm{M_2}$ zum Schwerpunkt gilt (Hebelgesetz):

$$m_1 \cdot d_1 = m_2 \cdot d_2. \qquad (2)$$

Legen nun die Wagen bei ihrer Bewegung die Strecken s_1 bzw. s_2 zurück, so verkleinern sich zwar die Abstände zum Schwerpunkt S von d_1 bzw. d_2 auf $(d_1 - s_1)$ bzw. $(d_2 - s_2)$, S selbst ändert seine Lage jedoch nicht. Dies folgt aus der Subtraktion der Gleichung (1) von Gleichung (2). Man erhält wieder das Hebelgesetz

$$m_1 \cdot (d_1 - s_1) = m_2 \cdot (d_2 - s_2).$$

Der Schwerpunkt S bleibt also während der ganzen Bewegung an derselben Stelle, genau über dem Drehpunkt D der Wippe.

Man kann den Versuch auch in einem fahrenden Zug ausführen. Ein Beobachter am Bahndamm wird dann feststellen, dass sich der Schwerpunkt beider Wagen so wie der Zug bewegt. Unsere Überlegungen führen zu dem **Schwerpunktsatz**:

Merksatz

Die Bewegung des Schwerpunkts eines Systems wird durch innere Kräfte nicht geändert.

3. Die Erde, ein vergessener Partner?

Beim Fallen des Springers in *Bild 1* betrachteten wir bisher nur dessen Gewichtskraft. Doch sie hat einen Partner, eine reactio, die an der Erde angreift und diese auch beschleunigt. Wir kamen zu den Fallgesetzen, ohne die Impulsänderung der Erde zu betrachten. Haben wir sie zu Recht außer Acht gelassen?

In *Bild 1* nimmt die Geschwindigkeit des Springers von A nach B um Δv, sein Impuls um $m \cdot \Delta v$ zu. Die Erde erfährt folglich eine Impulsänderung $m_E \cdot \Delta v_E$ von gleichem Betrag zum Springer hin. Ihre Geschwindigkeit ändert sich nur um $\Delta v_E = m/m_E \cdot \Delta v \approx 10^{-23} \cdot \Delta v$, also einem wahrlich vernachlässigbaren Bruchteil von Δv. Der Schwerpunkt von Erde und Springer bleibt also (praktisch) im Erdmittelpunkt. Wir haben folglich richtig gerechnet.

B 1: Während des Falls erhält der Springer von der Erde Impuls, den er beim Eintauchen an sie zurückgibt. Den Schwerpunkt beider hat dies auf seiner Bahn um die Sonne nicht erschüttert.

4. Eine äußere Kraft ändert den Gesamtimpuls

Impulserhaltung finden wir in jedem System, das alle Wechselwirkungspartner enthält. Dennoch schließen wir häufig einen oder mehrere aus unserem Beobachtungsrahmen aus.

Wer die Autotür hinter sich geschlossen hat, ist überzeugt, in einem abgeschlossenen System zu sitzen. Lässt er den Motor an, so werden in der Tat zunächst nur innere Kräfte erzeugt. Bei Glatteis bleibt es dabei. Impuls bekommt das Auto erst durch äußere Kräfte. Hilfreiche Passanten, die auf gestreutem Boden stehen, üben zur *actio* auf das Auto die *reactio* auf die Straße aus. Auf das Auto wirkt jetzt eine **äußere Kraft**, die dessen Gesamtimpuls ändert.

Auch die Gewichtskraft des Autos (samt Insassen) ist eine äußere Kraft. Für die waagerechte Bewegung ist sie bei reibungsfreiem Gleiten ohne Belang. Deshalb brauchen wir sie weder hier noch bei der Anwendung des Impulssatzes auf waagerechte Stöße zu berücksichtigen.

A 1: a) Beschreiben Sie zum *Bild 1* die Wechselwirkungskräfte und Impulsänderungen vom Absprung bis zum Eintauchen. **b)** Welche Impulsänderung erfährt der 60 kg schwere Springer auf der 5 m langen Strecke AB, welche die Erde?

... noch mehr Aufgaben

A 2: Münchhausen begleitet eine Kanonenkugel, die plötzlich explodiert. Wie bewegen sich die Bruchstücke aus seiner Sicht? Kann ein Beobachter auf der Erde seine Schilderung überprüfen?

A 3: In *Bild 2* hält ein Faden die beiden Luftkissengleiter gegen die gedrückten Federn zusammen. Nach dem Durchbrennen des Fadens werden die Wagen kurz beschleunigt und gleiten anschließend gleichförmig weiter. **a)** Der linke Wagen ($m_1 = 100$ g) legt in 2 s 60 cm, der rechte 20 cm zurück. Welchen Impuls bekam jeder Wagen, welchen habe beide zusammen? Welche Energie wurde aus der Feder freigesetzt? **b)** Wo befindet sich der Schwerpunkt der beiden Wagen? Wie bewegt er sich?

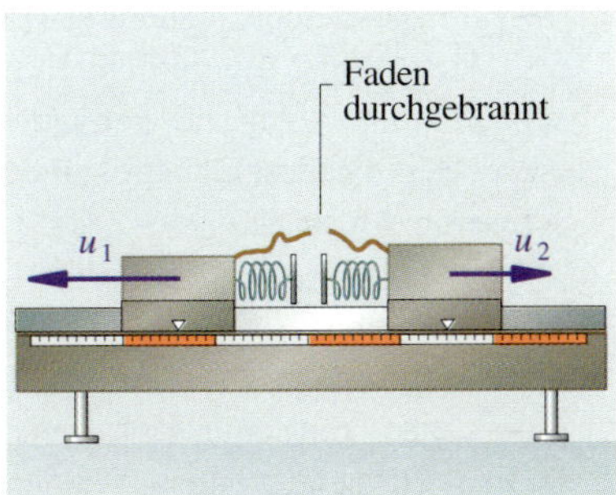

B 3: Eine gezähmte Explosion auf der Luftkissenfahrbahn

B 1: Beim Anschieben erhält das Auto Impuls. Kraft und Kraftdauer bestimmen seinen Wert.

Beispiel

Wird das Auto 8 s lang mit der konstanten Kraft $F = 300$ N beschleunigt, so nimmt sein Impuls um $\Delta p = F \cdot \Delta t = 300\ \text{N} \cdot 8\ \text{s} = 2\,400\ \text{Ns} = 2\,400\ \text{kg}\cdot\text{m/s}$ zu. Der Kraftstoß ändert die Geschwindigkeit des 600 kg schweren Autos um $\Delta v = \Delta p / m = 2\,400\ \text{Ns}/600\ \text{kg} = 4\ \text{m/s}$.

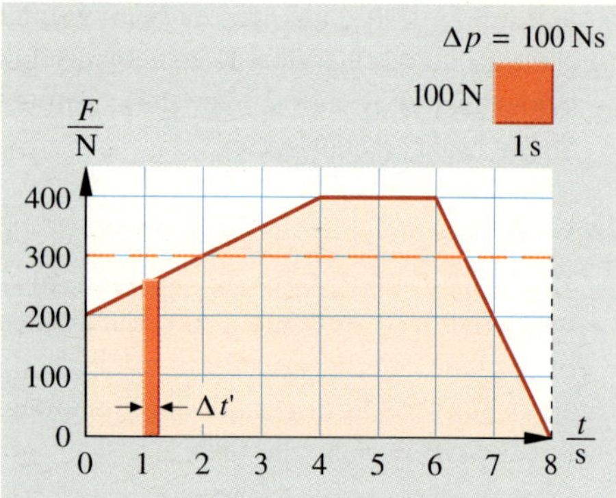

B 2: Die Fläche des *t-F*-Diagramms ist ein Maß für die Impulsänderung Δp

A 1: Bestimmen Sie zum Kraftverlauf nach *Bild 2* die Impulsänderung von 2 s bis 5 s. Wie groß ist die mittlere Kraft in diesem Zeitraum? Um wie viel ändert sich in dieser Zeit die Geschwindigkeit des 600 kg schweren Wagens?

A 2: a) Der gemäß *Bild 2* in 8 s beschleunigte Wagen soll danach innerhalb von 4 s durch eine konstante Kraft wieder zum Stehen gebracht werden. Wie groß muss sie sein? **b)** Ergänzen Sie das Diagramm bis $t = 12$ s. Warum hat der Flächeninhalt von 8 s bis 12 s einen negativen Wert?

Kräfte ändern den Impuls

1. Wie viel Impuls erhält das Auto?

Wir schieben ein Auto an und versuchen dabei, die Kraft konstant zu halten (*Bild 1*). Nehmen wir an, die Reibungskräfte seien vergleichsweise klein. Aus Erfahrung wissen wir: Das Auto erhält eine umso größere Geschwindigkeit, je größer unsere Kraft ist und je länger wir schieben. Nach NEWTONS Gesetz ist $F = m\,a = m \cdot \Delta v / \Delta t$ oder nach Multiplikation mit Δt:

$$F \cdot \Delta t = m \cdot \Delta v = \Delta p.$$

Wir erhalten also aus der Kraft F und der Beschleunigungsdauer Δt die Impulsänderung Δp – auch ohne die Masse zu kennen.

Merksatz

Wird ein Körper während der Zeit Δt durch eine konstante Kraft F beschleunigt, so erfährt er die Impulsänderung

$$\Delta p = F \cdot \Delta t.$$

Das Produkt $F \cdot \Delta t$ nennt man auch Kraftstoß.

2. Der Kraftstoß bei veränderlicher Kraft

Beim Anschieben eines Autos gelingt es kaum, die Kraft konstant zu halten. Nehmen wir an, die ausgezogene Linie in *Bild 2* zeige den tatsächlichen Verlauf. Können wir aus diesem *t-F*-Diagramm die Impulsänderung ermitteln?

Betrachten wir zunächst die gestrichelte Linie. Sie zeigt die konstante Kraft $F = 300$ N, mit der im *Beispiel links* das Auto während der Zeit $\Delta t = 8$ s beschleunigt wird. Das Produkt $F \cdot \Delta t = 2\,400$ Ns (Hochwert mal Rechtswert) entspricht dem Flächeninhalt des Rechtecks unter der gestrichelten Linie. Dieser ist also ein Maß für den Kraftstoß. – Bei der sich ändernden Kraft ist nur in einem sehr kurzen Zeitabschnitt $\Delta t'$ die Kraft F hinreichend konstant. Der dunkel getönte Streifen gibt durch seine Fläche den Kraftstoß $F \cdot \Delta t'$ an; das ist die Impulsänderung des Autos in der Zeit $\Delta t'$. Die Summe all solcher Streifen ergibt die hell getönte Fläche, also die gesamte Impulszunahme Δp des Autos.

Beispiel

In *Bild 2* besteht die Fläche unter der ausgezogenen Linie aus einem Trapez, einem Rechteck und einem Dreieck. Die gesamte Fläche liefert in der Stoßzeit $\Delta t = 8$ s die Impulsänderung:

$$\Delta p = \tfrac{1}{2} \cdot (200\ \text{N} + 400\ \text{N}) \cdot 4\ \text{s} + 400\ \text{N} \cdot 2\ \text{s} + \tfrac{1}{2} \cdot 400\ \text{N} \cdot 2\ \text{s} = 2\,400\ \text{Ns}.$$

Diese Impulsänderung erhält das Auto in derselben Zeit auch durch die konstante Kraft $F = 300$ N. F ist der zeitliche Mittelwert der sich ändernden Kraft. Mit einem Kraftstoß nach links ($F < 0$) könnten wir das Auto wieder abbremsen. Die Fläche liegt dann unterhalb der Rechtsachse.

Interessantes

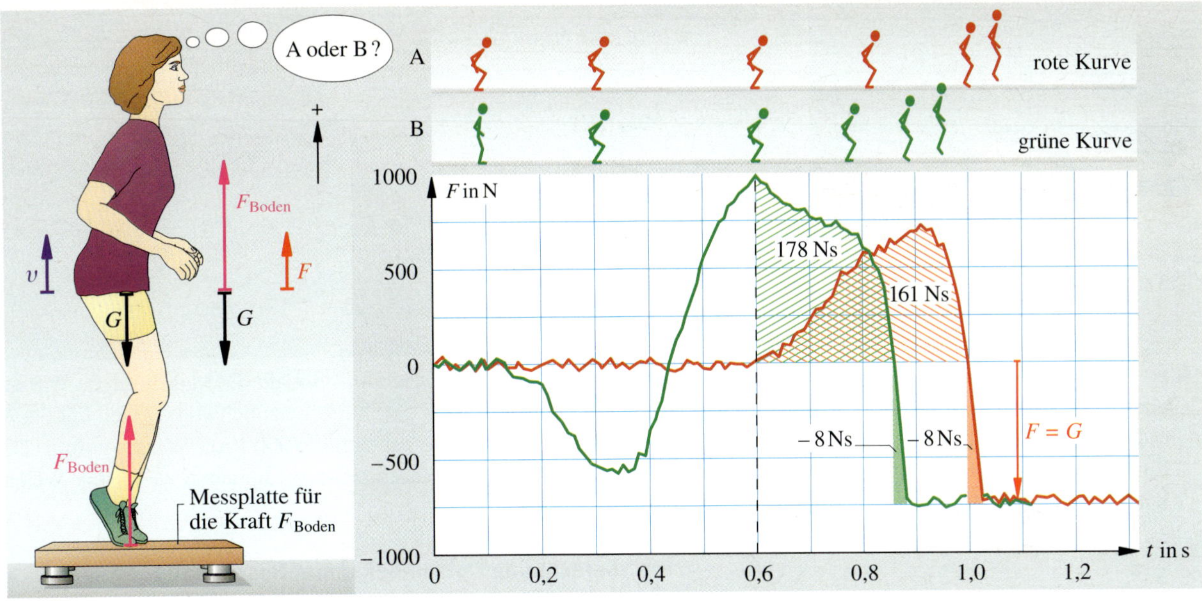

B 3: Gesamtkraft F auf eine Sportlerin beim senkrechten Sprung A *ohne* und B *mit* Gegenbewegung. Die Bodenkraft F_{Boden} wurde mit einer Messplatte registriert. Für die Kraftwerte gilt: $F = F_{Boden} + G$.

Warum beschäftigen sich Sportler mit dem Kraftstoß?

Sensoren ermöglichen die Registrierung des zeitlichen Kraftverlaufs. Er hilft dem Sportler, den Einsatz seiner Kräfte zu analysieren und zu verbessern. Je größer die Fläche unter der t-F-Kurve, umso größer ist die Impulsänderung und damit der Erfolg des Sportlers.

Das ➠ *Bild 3* zeigt zwei verschiedene Sprünge (A und B) senkrecht nach oben. Bei A beginnt die Sportlerin zum Zeitpunkt 0,6 s mit der Bewegung aus einer ruhenden Hockstellung. Bei B führt sie bis zu dieser Hockstellung zunächst aus dem Stand eine Gegenbewegung nach unten aus. In beiden Fällen beginnt also die Aufwärtsbewegung in derselben Körperhaltung zum Zeitpunkt 0,6 s. Warum erreicht die Sportlerin beim Sprung B dennoch eine größere Höhe? Betrachten wir die auf die Sportlerin wirkende Gesamtkraft F:

Fall A: Bei A ruht die Sportlerin bis zum Zeitpunkt 0,6 s. Ihre Gewichtskraft und die Kraft des Bodens auf sie sind im Gleichgewicht. Sie erfährt also zur Zeit 0,6 s die Gesamtkraft $F = 0$. Durch die dann beginnende Streckbewegung der Beine vergrößert sie die Kraft auf den Boden über ihre Gewichtskraft hinaus. Die reactio des Bodens F_{Boden} überwiegt nun die Gewichtskraft G, der Körperschwerpunkt wird nach oben beschleunigt. Von 0,98 s bis 1,02 s, dem Zeitpunkt des Abhebens, ist die reactio geringer als die Gewichtskraft. Die Aufwärtsbewegung wird ein wenig verzögert. Die rot schraffierte Fläche liefert den Impuls 161 Ns. Er wird von 0,98 s bis 1,02 s um 8 Ns verringert. Die Sportlerin hebt mit dem Impuls $p_A = 161\ \text{Ns} - 8\ \text{Ns} = 153\ \text{Ns}$ ab.

Fall B: Bei B ist die Gesamtkraft F bei 0,6 s bereits voll entwickelt. Warum? Betrachten wir die vorangehende Abwärtsbewegung des Körperschwerpunkts. Bis 0,43 s wird der Körper zunächst nach *unten* beschleunigt, denn die Gesamtkraft F hat einen negativen Wert. Dann verzögert die Sportlerin die Abwärtsbewegung. Das erfordert eine Kraft F_{Boden} nach oben, die G überwiegt. $F = F_{Boden} + G$ ist nun positiv. Im tiefsten Punkt der Bewegung ist $F = 1\,000$ N. Mit dieser Kraft beginnt bei B zum Zeitpunkt 0,6 s die Aufwärtsbewegung. Bei A dagegen wächst F von null beginnend erst an.

Beim Sprung A aus der Hockstellung gelingt es der Sportlerin nicht, mit einem Schlag die Kraft $F = F_{Boden} + G$ von 0 N auf 1 000 N zu erhöhen. Zur Entfaltung dieser Kraft benötigen die Muskeln eben Zeit. Bei B entwickelt sich die große Anfangskraft von 1 000 N schon vorher allmählich durch das Verzögern der Gegenbewegung. Das führt bei B zu einer größeren Fläche (grün schraffiert). Ihr Inhalt ergibt den Impuls 178 Ns. Er wird wie bei A um etwa 8 Ns verringert. Beim Sprung nach B hebt die Sportlerin mit dem größeren Impuls $p_B = 178\ \text{Ns} - 8\ \text{Ns} = 170\ \text{Ns}$ ab.

B 1: Waldbrandbekämpfung aus der Luft: Das Wasser wird fast „im Flug“ geschöpft. Sobald die Maschine die Wasseroberfläche streift, gibt der Pilot Gas, um eine Geschwindigkeit von etwa 180 km/h beizubehalten. Zwei 1 566 kW-Motoren geben jetzt fast ihre volle Leistung. In nur 12 Sekunden sind die Tanks mit 6 000 Liter Wasser gefüllt. Das Einziehen der Schöpfdorne reicht, um die auf vollen Touren laufende Maschine sofort abheben zu lassen. Welche Kraft müssen die Motoren beim Schöpfen aufbringen?

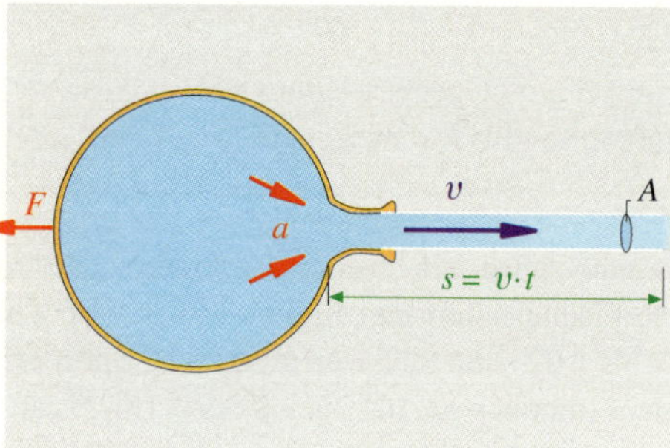

B 2: Messung der Rückstoßkraft ausströmender Luft (➡ *Versuch 1*)

V 1: Eine Fußballblase (ohne Lederhülle) wird bis zu einem Durchmesser von 38 cm, also bis zum Volumen $V = 28{,}7\ \text{dm}^3$, aufgeblasen. Dabei bleibt – wie ein Manometer zeigt – der Überdruck von etwa 50 mbar (50 mbar = 50 hPa = 50 cN/cm²) ziemlich konstant. Bei diesem Druck und einer Temperatur von 20 °C ist die Dichte der Luft $\varrho = 1{,}26\ \text{g/dm}^3$. Ihre Masse in der Blase beträgt also $m = \varrho \cdot V = 36$ g.
Gibt man die Öffnung mit der Querschnittsfläche $A = 0{,}35\ \text{cm}^2$ frei, so strömt die Luft infolge des konstanten Überdrucks mit konstanter Geschwindigkeit aus. Hierzu braucht sie die Zeit $t = 16$ s. Die Luft bildet beim Strömen insgesamt den blau getönten Zylinder der Länge $s = v \cdot t$ mit einem Volumen von $V = A \cdot s = A \cdot v \cdot t = 28{,}7\ \text{dm}^3$.
Hieraus ergibt sich die Geschwindigkeit der Luft zu $v = V/(A \cdot t) = 50$ m/s.

3. Kraftberechnung trotz unbekannter Beschleunigung

Die Größe $\Delta p/\Delta t$ gibt je nach Vorzeichen den Zuwachs oder Verlust Δp in einer Sekunde an. Es gilt:

$$\boldsymbol{F = \Delta p/\Delta t}.$$

Zur Berechnung der Kraft muss man also nur wissen, um wie viel sich der Impuls p der betrachteten Materie während der Zeit Δt insgesamt ändert. Welche Beschleunigungen dabei die einzelnen Masseteilchen erfahren, braucht nicht bekannt zu sein.

1. Beispiel:
Das Löschflugzeug in ➡ *Bild 1* füllt seine Wassertanks bei ca. 180 km/h = 50 m/s in nur 12 s. In dieser Zeit „schält“ es durch einen Schöpfdorn (➡ *Bild 3*) im streifenden Flug 6 000 Liter Wasser von der Oberfläche des Sees in seine Tanks. Die hierzu notwendige Kraft können wir mit der Gleichung $F = m\,a$ nicht berechnen. Wir kennen nämlich nicht die Beschleunigung, welche die zunächst noch ruhenden Wasserteilchen am Schöpfdorn (➡ *Bild 3*) erfahren. Wir wissen aber, dass insgesamt 6 000 kg Wasser in $\Delta t = 12$ s die Impulsänderung $\Delta p = 6\,000\ \text{kg} \cdot 50\ \text{m/s} - 0\ \text{kg·m/s} = 3 \cdot 10^5$ Ns erfährt. Die Motoren des Flugzeugs müssen allein hierfür die zusätzliche Kraft $F = \Delta p/\Delta t = 3 \cdot 10^5\ \text{Ns}/12\ \text{s} = 2{,}5 \cdot 10^4$ N aufbringen.

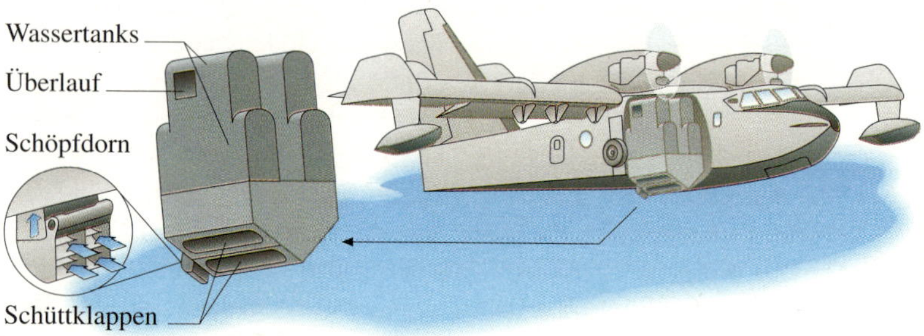

B 3: Prinzip des Wasserschöpfens

2. Beispiel:
Im ➡ *Versuch 1* strömt Luft aus einer Fußballblase und übt auf diese eine Rückstoßkraft F aus. Wir wissen, dass die Luft mit der Geschwindigkeit $v = 50$ m/s die Düse verlässt und insgesamt Luft der Masse $m = 36$ g ausströmt. Sie erfährt die Impulszunahme $\Delta p = m\,v - 0 = 1{,}8$ kg·m/s. Dies geschieht in der Zeit $\Delta t = t = 16$ s. Das Beschleunigen der Luft beim Ausströmen führt somit zur Rückstoßkraft $F = \Delta p/\Delta t = 0{,}11$ N. Dies bestätigt ein Kraftmesser, an den die Blase gehängt wird.

3. Beispiel:
Ein Hammer übt beim Einschlagen eines Nagels kurzzeitig eine sehr große Kraft auf diesen aus. Er ändert dabei nämlich in sehr kurzer Zeit seinen Impuls. Dies spüren wir, wenn wir den Daumen treffen. In ➡ *Bild 4* erleidet eine Hauswand den Schlag einer Abrissbirne. Diese prallt manchmal erfolglos zurück. Wir untersuchen einen solchen Aufprall im Kleinen.

In ➡ *Versuch 2* trifft eine Kugel (50 g) mit $v = 5$ m/s auf den Hammer und prallt mit gleicher Geschwindigkeit wieder ab. Während des Stoßes wird sie in der Zeit $\Delta t \approx 10^{-4}$ s zunächst auf null verzögert und dann auf $-v$ beschleunigt. Ihre Impulsänderung beträgt

$$\Delta p = m \cdot \Delta v = m \cdot ((-v) - v) = -2\,m\,v = -0{,}5 \text{ kg·m/s}.$$

Die Kugel erfährt somit die Kraft $F = \Delta p/\Delta t = -0{,}5 \text{ Ns}/10^{-4} \text{ s} = -5\,000$ N. Die mittlere Stoßkraft auf den Hammer beträgt also 5 000 N. Das ist das 10^4fache des Kugelgewichts.

Hier können wir nur den zeitlichen Mittelwert der Kraft bestimmen. Die realen Kräfte sind am Anfang und Ende des Stoßvorgangs kleiner, im Umkehrpunkt der Bewegung größer als der Mittelwert.

B 4: Schlagartige Impulsänderung

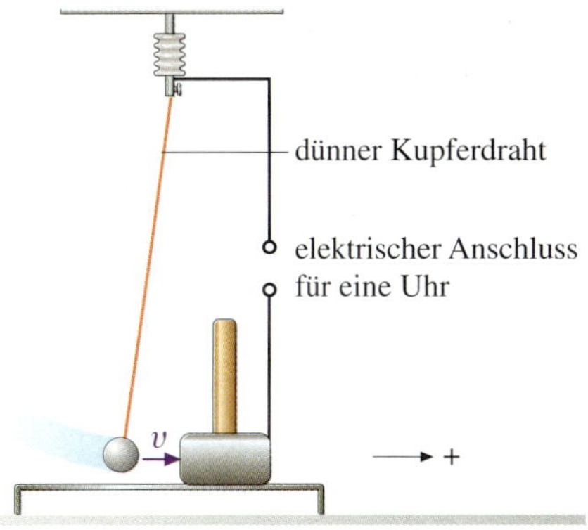

V 2: Eine Stahlkugel (m = 50 g) hängt an einem 1,25 m langen dünnen Kupferdraht. Wir lenken sie bis zur Höhe ihres Aufhängepunktes aus und lassen sie gegen einen schweren Hammer prallen. Ein Kurzzeitmesser registriert die Stoßzeit $\Delta t \approx 10^{-4}$ s.

... noch mehr Aufgaben

A 1: a) Ein Stein der Masse 2,0 kg wird mit 5 m/s nach unten geworfen. Welche Impulsänderung erfährt er in den nächsten 3,0 s infolge seiner Gewichtskraft? Welche Geschwindigkeit hat er dann? **b)** Welchen Kraftstoß erteilt er der Erde, wenn er mit dieser Geschwindigkeit aufschlägt und liegen bleibt?

A 2: Ein 75 kg schwerer Sportler springt aus der Hocke senkrecht nach oben. Er stemmt sich dabei mit der Durchschnittskraft 1 200 N vom Boden ab. Die Beschleunigung bis zum Abheben dauert 0,4 s. Wie groß ist die ihn beschleunigende Gesamtkraft? Welchen Impuls hat er nach 0,4 s? Mit welcher Geschwindigkeit hebt er ab? Wie hoch springt er (sein Schwerpunkt)?

A 3: Auf ein horizontal laufendes Förderband fallen von oben je Sekunde 20 kg Sand. Er wird mit der Geschwindigkeit 1 m/s weitertransportiert. Welche Kraft muss der Motor allein zur waagerechten Beschleunigung des Sandes aufbringen? Warum werden die Sandteilchen beim Auftreffen nicht mit 1 m/s² beschleunigt?

A 4: Beim Abbrennen einer Spielzeugrakete wird in 5 s etwa 10 g Substanz ausgestoßen und die Schubkraft 1,0 N gemessen. **a)** Wie schnell strömen die Gase aus? **b)** Aus der 1. Stufe der Saturn-V-Rakete strömen die Gase mit 2,5 km/s aus und erzeugen während 2,5 min eine Schubkraft von etwa $3{,}5 \cdot 10^7$ N. Wie groß ist die Masse der ausgestoßenen Gase?

A 5: Aus einer Düse strömen je Sekunde 10 cm³ Wasser mit 1,0 m/s Geschwindigkeit waagerecht aus. Welche reactio erfährt das Gefäß, wenn in ihm das Wasser ruht?

A 6: Die Motoren des Löschflugzeugs in Abschnitt 3 müssen allein zum Schöpfen die Kraft $F = 2{,}5 \cdot 10^4$ N in Flugrichtung aufbringen. Auf welcher Strecke wirkt diese Kraft? Welche Energie wurde zum Schöpfen aufgewendet? Welche Bewegungsenergie erhielt das Löschwasser? Erklären Sie den Unterschied.

Interessantes

B 1: Startende Saturn-V-Rakete

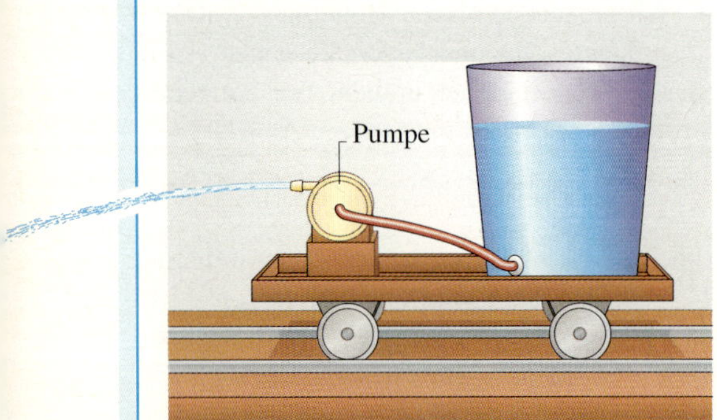

B 2: Raketenwagen mit Wasserstrahl

V 1: ➡ *Bild 2* zeigt den „Raketenwagen" mit einem Wassertank und einer kleinen Pumpe (aus einer Scheibenwischanlage), die mit einem Akku angetrieben wird. Diese presst in 3,5 Sekunden 140 cm^3 Wasser durch eine Öffnung von 7,1 mm^2.
Die Ausströmgeschwindigkeit ist also v_r = 140 cm^3/(0,071 cm^2 · 3,5 s) = 5,6 m/s. Beim Start beträgt die Gesamtmasse m_0 = 500 g. Wir messen nach 3,5 s die Wagengeschwindigkeit v = 1,8 m/s. Reibung wird durch Neigen der Fahrbahn ausgeglichen.

Die Schubkraft bei Raketen

Am 16. Juli 1969 startete die 111 m hohe Saturn-V-Rakete mit den drei Astronauten Armstrong, Aldrin und Collins ihren Flug zum Mond. Um die 2 900 Tonnen schwere Rakete aus der Startrampe zu heben, erzeugten fünf Triebwerke in jeder Sekunde 14 Tonnen Verbrennungsgase, die mit einer Geschwindigkeit von $v_r = 2{,}5$ km/s ausgestoßen wurden. Diese erfuhren in einer Sekunde die Impulsänderung $\Delta p = 14\,000 \text{ kg} \cdot 2\,500 \text{ m/s} = 3{,}5 \cdot 10^7$ Ns.
Die Schubkraft der Rakete betrug folglich:
$F_S = \Delta p/\Delta t = 3{,}5 \cdot 10^7 \text{ Ns}/1 \text{ s} = 3{,}5 \cdot 10^7 \text{ N} = 1{,}25 \cdot$ Raketengewicht.

Allgemein: In der Zeit Δt strömen Gase der Masse Δm aus der Raketendüse mit der Geschwindigkeit v_r relativ zum ruhend gedachten Raketenkörper. Ihre Impulsänderung ist $\Delta p = \Delta m \cdot v_r$, die Schubkraft $F_S = \Delta p/\Delta t = \Delta m \cdot v_r/\Delta t = v_r \cdot \Delta m/\Delta t = v_r \cdot D$. Dabei gibt $D = \Delta m/\Delta t$ den *Durchsatz* der ausströmenden Materie (Masse je Sekunde) an.

Schubkraft = Durchsatz mal Ausströmgeschwindigkeit:

$$F_S = v_r \cdot D$$

Die Gesamtkraft $F = F_S - G$ (Schubkraft minus Gewichtskraft) sorgt für die Beschleunigung $a = F/m$ der Rakete, deren Masse m mit dem Ausströmen der Gase abnimmt. Nach der Brenndauer t beträgt sie $m(t) = m_0 - D\,t$. Die Beschleunigung a nimmt also bis zum Brennschluss mit der Zeit t zu:

$$a(t) = F/m = (F_S - m\,g)/m \quad \text{mit} \quad m = m_0 - D\,t.$$

In ➡ *Versuch 1* untersuchen wir einen solchen Bewegungsablauf. Da die Bewegung waagerecht verläuft, ist $F = F_S$. Beim Start (t = 0 s) ist die Gesamtmasse des Wagens m_0 = 500 g. Innerhalb von 3,5 s werden 140 g Wasser mit der Geschwindigkeit v_r = 5,6 m/s ausgestoßen. Also ist die Schubkraft

$$F = v_r \cdot D = 5{,}6 \text{ m/s} \cdot 0{,}04 \text{ kg/s} = 0{,}224 \text{ N}.$$

Die Gesamtmasse m nimmt dabei je Sekunde um 0,04 kg ab und beträgt zum Zeitpunkt t nur noch

$$m = m_0 - D\,t = 0{,}5 \text{ kg} - 0{,}04 \text{ kg/s} \cdot t.$$

Nun können wir zu jedem Zeitpunkt t die Beschleunigung $a = F/m$ berechnen. Sie ist in einem genügend kleinen Zeitintervall Δt nahezu konstant. Die Geschwindigkeit nimmt in dieser kurzen Zeit um $\Delta v = a \cdot \Delta t$ zu. Mit einem Computerprogramm berechnen wir jeweils Δv zum Zeitpunkt $t = 0$, Δt, $2\,\Delta t$, $3\,\Delta t$, ..., 3,5 s und addieren alle Geschwindigkeitsänderungen. Wir erhalten so zur Zeit t = 3,5 s die Geschwindigkeit v = 1,85 m/s.

A 1: Berechnen Sie zu ➡ *Versuch 1* mithilfe eines Computerprogramms die Geschwindigkeit und den zurückgelegten Weg zur Zeit t = 3,5 s.

A 2: Welche Beschleunigung erfährt die Saturn V beim Start, welche 2 Minuten danach? Wie groß ist dann ihre Geschwindigkeit?

Interessantes

Schiefe Stöße

Ein völlig unelastischer Zusammenstoß

In *Bild 3* treffen ein Lieferwagen (v_1 = 36 km/h; m_1 = 2 000 kg) und ein Pkw (v_2 = 54 km/h; m_2 = 800 kg) aufeinander. Beide Fahrer versuchen zu bremsen, doch fehlt bei der völlig vereisten Fahrbahn jede Bodenhaftung. Die Wagen stoßen mit voller Wucht zusammen und rutschen ineinander verkeilt weiter. In welche Richtung gleiten sie nach dem Stoß? Wie groß ist jetzt ihre gemeinsame Geschwindigkeit v?

Hier liegt kein *gerader* Stoß vor; deshalb können wir dem Vektorcharakter der Impulse nicht mehr allein durch Vorzeichen gerecht werden (*Bild 3*). Mit $\tan\alpha = 12/20 = 0{,}6$ ist $\alpha = 31°$. Der Betrag des Gesamtimpulses ist $\sqrt{p_1^2 + p_2^2} = 23{,}3 \cdot 10^3$ Ns.

Die verkeilten Wagen rutschen in Richtung von p weiter mit dem Geschwindigkeitsbetrag $v = p/(m_1 + m_2) = 23{,}3 \cdot 10^3$ Ns/2 800 kg = 8,3 m/s = 30 km/h.

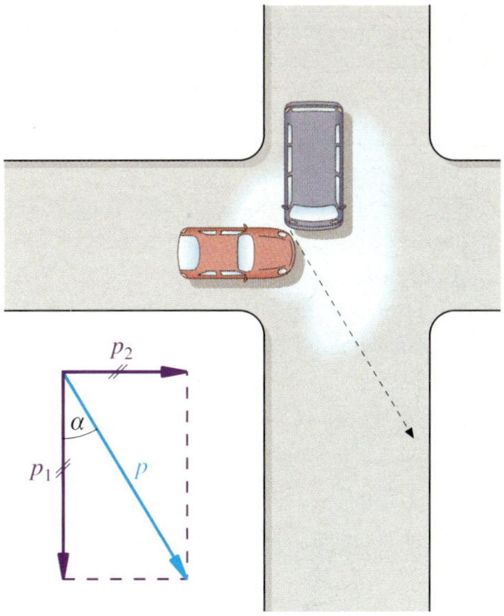

B 3: Zusammenstoß bei Glatteis

Elastischer Stoß einer Billardkugel

Nach *Bild 4* wird ein Ball (m_1) unter dem „Einfallswinkel" α gegen das Lot schräg auf eine Wand mit der sehr viel größeren Masse $m_2 \gg m_1$ geworfen. Da Geschwindigkeiten und Impulse Vektorgrößen sind, zerlegen wir $\vec{v}_1$ (vor dem Stoß) in eine zur Wand parallele und eine dazu senkrechte Komponente: $\vec{v}_1 = \vec{v}_{1,s} + \vec{v}_{1,p}$. Was gewinnen wir damit? Die senkrechte Komponente kehrt sich einfach um. Es gilt $\vec{u}_{1,s} = -\vec{v}_{1,s}$, denn das Massenverhältnis m_2/m_1 ist sehr groß. Die parallele Komponente $\vec{u}_{1,p}$ bleibt konstant, falls wir von Reibung und damit einer Tangentialkraft zwischen Ball und Wand absehen. Die resultierende Geschwindigkeit nach dem Stoß ergibt sich nun zu $\vec{u}_1 = \vec{u}_{1,p} + \vec{u}_{1,s} = \vec{v}_{1,p} - \vec{v}_{1,s}$. Sie hat den gleichen Betrag wie $\vec{v}_1$ und zeigt, dass der Ball in der Einfallsebene unter dem gleichen Reflexionswinkel $\beta = \alpha$ wie ein Lichtstrahl von der Wand zurückkommt. Solche Stöße findet man bei Billardkugeln an der Bande, wenn man von Drehungen absieht, die durch Reibung entstehen.

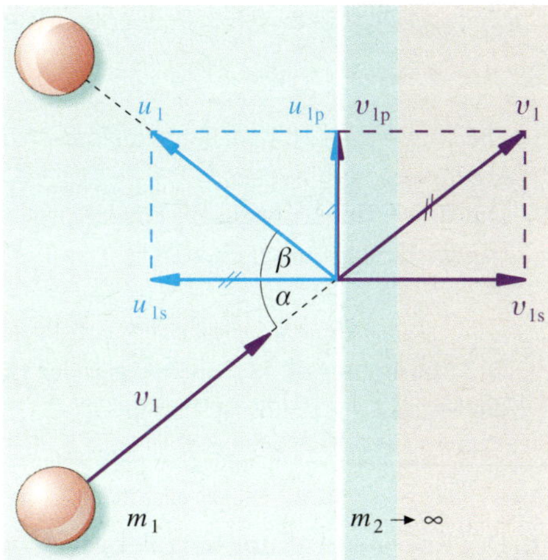

B 4: Ball prallt schief von einer Wand

Stöße im Mikrokosmos

P. Backet (Nobelpreis 1948) entdeckte in der von ihm verbesserten wilsonschen Nebelkammer elastische Stöße zwischen Atomkernen (*Bild 5*). Die Auswertung der Teilchenspuren ergab, dass alle Stöße dem Impuls- und (allgemeinen) Energieerhaltungssatz folgten.

In Kernreaktoren werden die bei der Kernspaltung entstehenden schnellen Neutronen durch elastische Stöße mit Wasserstoffkernen abgebremst. Sie können nämlich nur bei geringer Geschwindigkeit weitere Urankerne spalten. Wasserstoff ist im umgebenden Wasser reichlich vorhanden. Neutronen haben fast die gleiche Masse wie Wasserstoffkerne, sodass sie bei einem geraden Stoß ihre Energie fast völlig verlieren. Da sie jedoch selten gerade stoßen, werden die Neutronen erst nach mehreren Stößen langsam.

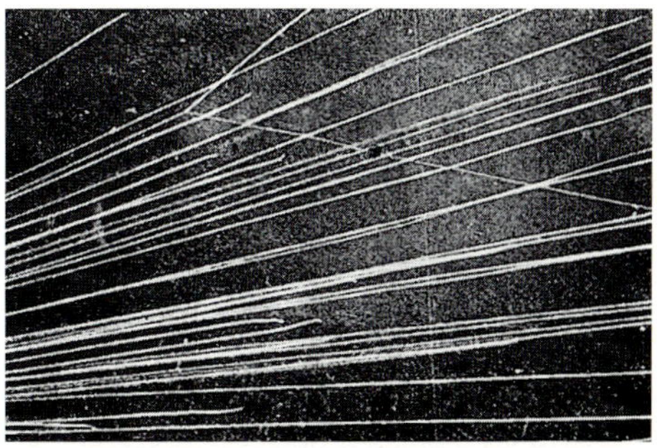

B 5: Billardspiel in der Nebelkammer: Der von links kommende Heliumkern stößt einen Wasserstoffkern nach rechts unten und fliegt selbst nach rechts oben weiter.

Das ist wichtig beim Thema Energie

1. a) *Energie bleibt* in einem abgeschlossenen System *erhalten.*

b) Energie tritt in vielen Formen auf. Mechanische *Energieformen* sind: *Höhenenergie*, *Bewegungsenergie* und *Spannenergie*.

Höhenenergie nennt man auch Lageenergie oder potentielle Energie, Bewegungsenergie auch kinetische Energie.

c) Die *Energie* ist eine richtungsunabhängige Größe, ein *Skalar*, und keine Vektorgröße.

2. Die *Einheit der Energie* ist 1 Joule (1 J). Es ist

$$1\,\text{J} = 1\,\text{N} \cdot 1\,\text{m} = 1\,\frac{\text{kg}\cdot\text{m}^2}{s^2}.$$

Eine andere *Einheit der Energie* ist 1 kWh. Es ist

$$1\,\text{kWh} = 3{,}6\cdot 10^6\,\text{J} = 3{,}6\,\text{MJ}.$$

3. Die **Höhenenergie W_H** eines Körpers mit der Gewichtskraft G in der Höhe h über dem *Nullniveau* ist

$$W_\text{H} = G\,h = m\,g\,h.$$

Die Angabe der Höhenenergie erfordert zuerst die Festlegung des Nullniveaus.

Die **Bewegungsenergie W_B** eines Körpers der Masse m bei der Geschwindigkeit v ist

$$W_\text{B} = \frac{1}{2}\,m\,v^2.$$

Die **Spannenergie W_{Sp}** einer Feder der Härte D, die um die Strecke s gedehnt ist, beträgt

$$W_\text{Sp} = \frac{1}{2}\,D\,s^2.$$

4. Der **Energieerhaltungssatz der Mechanik** lautet:
Die Summe aus Lage-, Bewegungs- und Spannenergie ist bei *reibungsfrei* verlaufenden mechanischen Vorgängen in einem abgeschlossenen System konstant:

$$W_\text{H} + W_\text{B} + W_\text{Sp} = m\,g\,h + \frac{1}{2}\,m\,v^2 + \frac{1}{2}\,D\,s^2 = \text{konstant}.$$

5. *Energie kann* von einem System auf ein anderes *übertragen werden.*

Energie, die mithilfe einer Kraft F längs eines Weges s übertragen wird, heißt **Arbeit**. Arbeit ist also Energie beim Übertragen!

Ist die Kraft F_s in Wegrichtung längs des Weges s konstant, so ist die Arbeit das Produkt aus F_s und s

$$W = F_s\,s.$$

Bilden die Richtungen von Kraft F und Weg s den Winkel φ, so wirkt in Wegrichtung die Kraft F_s. Es ist

$$F_s = F \cdot \cos\varphi, \quad \text{also} \quad W = F\,s \cdot \cos\varphi.$$

6. Tritt in einem System **Reibung** auf, so wird diesem durch die Reibungskraft vom Betrag F_R längs des Weges s die mechanische Energie $W_\text{R} = F_\text{R}\,s$ entzogen. Sie wird in innere Energie des Systems verwandelt.

7. Die **mittlere Leistung $\overline{P}$** ist der Quotient aus der Energie ΔW und der Zeit Δt, in der sie abgegeben wird:

$$\overline{P} = \Delta W/\Delta t.$$

Die **Momentanleistung P** ist die mittlere Leistung $\overline{P} = \Delta W/\Delta t$ für messtechnisch möglichst kleines Δt.

Die *Einheit der Leistung* ist 1 Watt. Es ist

$$1\,\text{W} = 1\,\text{J/s}; \quad 1\,\text{kW} = 10^3\,\text{W}.$$

8. Wird die Energie ΔW durch eine Kraft F_s in Richtung der Geschwindigkeit v übertragen, so ist die Leistung P das Produkt aus Kraft F_s und Geschwindigkeit v:

$$P = F_s\,v.$$

Die Strategie des Bilanzierens

1. a) Liegt ein *abgeschlossenes System* vor, in dem sich eine Bewegung abspielt, so versucht man eine Aufgabe zuerst mit dem Energieerhaltungssatz der Mechanik zu lösen.

b) Ist nach dem *zeitlichen Ablauf* der Bewegung gefragt, so kann der Energieerhaltungssatz allein *nicht* weiterhelfen, da in ihm die Zeit nicht auftritt.

2. Mit dem **Energieerhaltungssatz** der Mechanik zieht man **Bilanzen**. Man vergleicht die Energiesumme W_1 und W_2 in zwei verschiedenen Zuständen und kann daraus Vorhersagen ableiten. Es ist:

$$W_1 = W_\text{H1} + W_\text{B1} + W_\text{Sp1} = m\,g\,h_1 + \frac{1}{2}\,m\,v_1^2 + \frac{1}{2}\,D\,s_1^2$$

$$W_2 = W_\text{H2} + W_\text{B2} + W_\text{Sp2} = m\,g\,h_2 + \frac{1}{2}\,m\,v_2^2 + \frac{1}{2}\,D\,s_2^2.$$

a) Verläuft der Vorgang *reibungsfrei*, gilt:

$$W_1 = W_2.$$

b) Tritt zwischen dem Zustand 1 und 2 *Reibung* auf, so wird dem System durch die Reibungskraft vom Betrag F_R die mechanische Energie $W_\text{R} = F_\text{R} \cdot s$ entzogen. Es gilt:

$$W_2 = W_1 - W_\text{R}.$$

Das ist wichtig beim Thema Impuls

1. a) Der *Impuls* p eines Körpers ist das Produkt aus seiner Masse m und seiner Geschwindigkeit v:

$$p = m\,v.$$

b) Der *Impuls* ist so wie die Geschwindigkeit ein *Vektor*. Bei geradlinigen Bewegungen geben wir beiden je nach Richtung einen positiven oder negativen Wert. Dazu legen wir die positive Richtung fest. Auf diese Weise schreiben wir alle Gleichungen mit Vektorgrößen als *Wertegleichungen*.

2. Eine Kraft F, die eine Zeit Δt auf den Körper einwirkt, ändert dessen Impuls p um

$$\Delta p = F \cdot \Delta t.$$

Man nennt $F \cdot \Delta t$ auch *Kraftstoß*. F ist der *zeitliche Mittelwert* der Kraft.

3. a) Geht die beschleunigende Kraft auf den Körper 1 von einem einzigen Körper 2 aus, so erfährt dieser eine vom Betrag gleich große Kraft in entgegengesetzte Richtung (actio = reactio). Die Wechselwirkungskräfte zwischen den beiden Körpern sind **innere Kräfte**. Die Körper bilden bezüglich dieser Kräfte ein abgeschlossenes System. Der **Schwerpunkt** dieses Systems wird durch sie nicht beeinflusst.

b) In einem abgeschlossenen System gilt der **Impulserhaltungssatz**. Er besagt, dass die Impulsänderungen beider Körper denselben Betrag, aber verschiedene Vorzeichen haben:

$$\Delta p_1 = -\Delta p_2.$$

Was der Körper 2 an Impuls verliert, gewinnt der Körper 1 hinzu. Ihre Impulssumme bleibt also konstant:

$$m_1\,v_1 + m_2\,v_2 = m_1\,u_1 + m_2\,u_2$$

(v und u bezeichnen die Geschwindigkeiten der beiden Körper zu verschiedenen Zeiten; zum Beispiel vor und nach dem Zusammenstoß der Körper). Die Kräfte und deren Einwirkungsdauer brauchen nicht bekannt zu sein.

Der Impulssatz gründet sich auf NEWTONS Gesetz von actio = reactio. Er gilt deshalb auch, wenn *Reibungskräfte* zwischen beiden Körpern im Spiel sind, sowie bei länger wirkenden Kräften.

4. a) Bei einem **völlig unelastischen Stoß** hängen die Körper wie Kletten aneinander und bewegen sich mit gemeinsamer Geschwindigkeit $u = u_1 = u_2$ weiter. Der Impulssatz vereinfacht sich zu

$$m_1 v_1 + m_2 v_2 = (m_1 + m_2)\,u.$$

Bei einem unelastischen Stoß verringert sich die Summe der *Bewegungsenergien* beider Körper um

$$\Delta W = \frac{1}{2}\,m_1\,v_1^2 + \frac{1}{2}\,m_2\,v_2^2 - \frac{1}{2}\,(m_1 + m_2)\,u^2.$$

Dieser Energieverlust erhöht die innere Energie der Körper.

b) Bei einem **elastischen Stoß** ist die Summe der Bewegungsenergien vor und nach dem Stoß gleich groß. *Jetzt gilt sowohl der Impulserhaltungssatz als auch der Energieerhaltungssatz der Mechanik*:

$$m_1\,v_1 + m_2\,v_2 = m_1\,u_1 + m_2\,u_2,$$

$$\frac{1}{2}\,m_1\,v_1^2 + \frac{1}{2}\,m_2\,v_2^2 = \frac{1}{2}\,m_1\,u_1^2 + \frac{1}{2}\,m_2\,u_2^2.$$

Sind die Massen und die Geschwindigkeiten vor dem Stoß bekannt, lassen sich die beiden unbekannten Geschwindigkeiten u_1 und u_2 nach dem Stoß berechnen. Wir beschränken uns auf den Fall, dass der gestoßene Körper ruht. Für *gerade Stöße* gilt mit $k = m_2/m_1$:

$$u_1 = v_1\,(1 - k)/(1 + k) \quad \text{und} \quad u_2 = 2\,v_1/(1 + k).$$

Die Strategie des Bilanzierens

am *Beispiel* eines unelastischen Stoßes:

Ein 2 kg schwerer Experimentierwagen stößt mit 1 m/s völlig unelastisch von hinten auf einen 4facher Masse und halber Geschwindigkeit. Mit welcher gemeinsamen Geschwindigkeit fahren sie weiter? Wie viel der gesamten Bewegungsenergie verschwand in innerer Energie? Wie groß waren die beim Stoß auftretenden Kräfte, wenn dieser 0,1 s dauerte?

Lösung:

Beim Aufprall ändern nur innere Kräfte die Bewegung der beiden Wagen. Die *Impulssumme nach dem Stoß*

$$(m_1 + m_2)\,u = (2\text{ kg} + 8\text{ kg})\,u = 10\text{ kg} \cdot u$$

ist gleich der Impulssumme vor dem Stoß

$$m_1\,v_1 + m_2\,v_2 = 2\text{ kg} \cdot 1\text{ m/s} + 8\text{ kg} \cdot 0{,}5\text{ m/s} = 6\text{ Ns}.$$

Also ist $10\text{ kg} \cdot u = 6\text{ Ns}$ oder $\boldsymbol{u = 0{,}6}$ **m/s**.

Energiesumme vor dem Stoß: $\frac{1}{2}\,m_1\,v_1^2 + \frac{1}{2}\,m_2\,v_2^2 = 2\text{ J}$

Energiesumme nach dem Stoß: $\frac{1}{2}\,(m_1 + m_2)\,u^2 = 1{,}8\text{ J}$

$\boldsymbol{\Delta W = 0{,}2}$ **J** verschwand beim Stoß in innere Energie.

Für die Kraft können wir nur einen zeitlichen Durchschnittswert berechnen. Er beträgt

$$F = \Delta p_1/\Delta t = m \cdot \Delta v_1/\Delta t = 2\text{ kg} \cdot (0{,}6\text{ m/s} - 1\text{ m/s})/0{,}1\text{ s}$$
$$= 2\text{ kg} \cdot (-0{,}4\text{ m/s})/0{,}1\text{ s} = \mathbf{-8\ N}.$$

Diese Kraft bremst Wagen 1 ab (negatives Vorzeichen).

Aufgaben

A 1: Unterscheiden Sie die Begriffe **a)** Impuls und Bewegungsenergie, **b)** Arbeit und Kraftstoß.

A 2: Die Geschwindigkeit einer Gewehrkugel (2,6 g) lässt sich leicht mit einem *ballistischen Pendel* (→ *Bild 1a*) bestimmen. Man feuert die Kugel in eine mit Sand gefüllte Kiste. In ihr wird die Kugel so rasch abgebremst, dass beide fast noch in der tiefsten Pendellage die gleiche Geschwindigkeit annehmen. Bei einer Pendellänge von $l = 2$ m erfährt ein 2,5 kg schwerer Pendelkörper die Auslenkung $d = 15$ cm. **a)** Mit welcher Geschwindigkeit beginnt das Pendel samt Kugel seine Bewegung? Wie schnell war die Kugel ($d^2 = 2lh - h^2$; h: Höhe)? **b)** Wie groß ist der Verlust an mechanischer Energie?

A 3: Die 2,6 g-Kugel eines bei Olympischen Spielen verwendeten Kleinkaliber-Gewehrs verlässt den Lauf mit $v = 330$ m/s. **a)** Welche Geschwindigkeit müsste man einem 3 kg schweren Medizinball geben, damit er denselben Impuls hat wie die Gewehrkugel? Hat der Ball dann auch dieselbe Bewegungsenergie? **b)** Die Kugel dringt 5 cm tief in einen Holzbalken. Welche Kraft erfährt dieser dabei im Mittel? Wie groß ist die Bremsdauer? Wie groß sind Bremskraft und Bremsdauer beim Medizinball, wenn er auf der Strecke 5 cm abgebremst wird?

A 4: Drei zusammengekoppelte Eisenbahnwagen von je 20 t stehen auf einem Gleis; ein vierter von gleicher Masse fährt mit 5 m/s auf. Dabei rastet die Kupplung ein. Wie schnell rollen die Wagen (reibungsfrei) weiter?

A 5: Ein Pendelkörper hängt an einem 0,5 m langen Faden. Er wird um die Strecke $d = 10$ cm horizontal ausgelenkt und losgelassen (→ *Bild 1b*). **a)** Mit welcher Geschwindigkeit bewegt er sich durch die Gleichgewichtslage? **b)** Zwischen der Höhe h und der Auslenkung d gilt die Beziehung $d^2 = (2l - h)\,h$. Leiten Sie die Gleichung her. **c)** Bei kleiner Auslenkung d ist näherungsweise $d^2 \approx 2lh$. Welchen Fehler macht man, wenn man diese Näherung in a) anwendet? **d)** Zeigen Sie: Bei kleinen Ausschlägen ist die Auslenkung d proportional zur Geschwindigkeit in der tiefsten Lage.

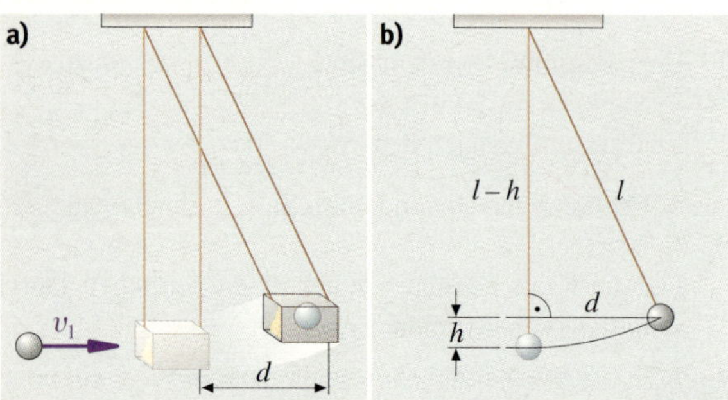

B 1: a) Ballistisches Pendel (→ *Aufgabe 2*) **b)** Zu → *Aufgabe 5*

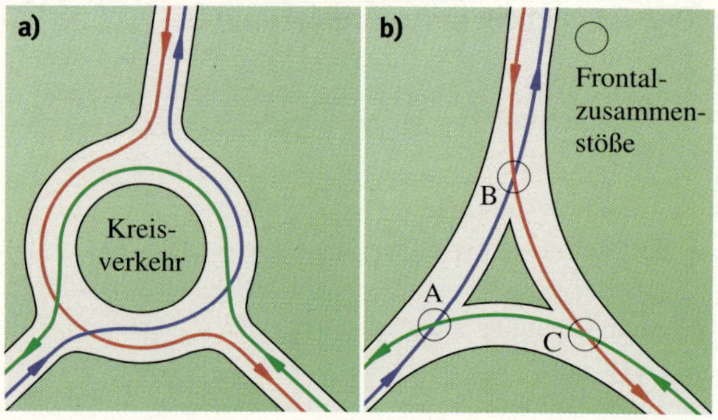

B 2: Verkehrsregelung im Kreis **a)** oder Dreieck **b)**

A 6: *Heimversuch*: Eine 50 Pf-Münze ($m_1 = 3{,}5$ g) trifft in einem geraden Stoß auf eine ruhende 5 DM-Münze ($m_2 = 10$ g). **a)** Wie groß ist das Verhältnis ihrer Geschwindigkeiten u_1/u_2 nach einem elastischen Stoß? **b)** Überprüfen Sie in einem Versuch das Ergebnis mit folgender Anordnung: Befestigen Sie (mit Klebestreifen) die Münzen als Pendelkörper an etwa 50 cm langen Fäden. Hängen Sie die Pendel so an ein vertikal gestelltes Brett, dass sich die Münzen gerade berühren und ihre Mittelpunkte sich in gleicher Höhe befinden. Neigen Sie das Brett ein wenig, damit die Münzen leicht am Brett anliegen und sich beim Pendeln nicht aus der Schwingungsebene herausdrehen. Befestigen Sie unter den Münzen am Brett ein glattes Papier, auf dem Sie die Gleichgewichtslagen und die maximalen Auslenkungen nach dem Stoß markieren. Verwenden Sie zur Bestimmung von u_1/u_2 die Beziehung $u \sim d$ aus Aufgabe 5d). **c)** Untersuchen Sie den Einfluss von Reibung zwischen Münze und Papier. Lassen Sie die Münzen ohne Stoß pendeln. Wie viel Prozent der Auslenkung erreicht jede Münze nach einem Hin und Zurück? Schätzen Sie die Wirkung der Reibung auf das Ergebnis von b) ab.

A 7: Bei einem geraden elastischen Stoß eines Wagens auf einen ruhenden größerer Masse gibt der stoßende Wagen mehr Impuls ab, als er besitzt. **a)** Warum ist dies bei der Energie unmöglich? **b)** Wie viel Impuls kann der stoßende Wagen maximal abgeben? Wie bewegt er sich anschließend?

A 8: Welche Vorteile hat die Verkehrsführung im Kreis (→ *Bild 2a*) gegenüber der im Dreieck (→ *Bild 2b*)? Betrachten Sie die Impulsänderungen und die umgesetzte Energie im Fall eines Zusammenstoßes.

A 9: Zu → *Interessantes: Kraftstoß im Sport*: **a)** Mit welcher Geschwindigkeit hebt die Sportlerin bei A bzw. bei B ab? Wie hoch springt sie jeweils? Zu welchem Zeitpunkt bewegt sie sich jeweils am schnellsten aufwärts? **b)** Beim Sprung B führt die Sportlerin zunächst eine Gegenbewegung aus. Zu welchem Zeitpunkt bewegt sie sich am schnellsten abwärts? Welche Fläche liefert den zugehörigen Impuls? Wie groß ist er?

Überall in unserer Umgebung können Sie Kreisbewegungen beobachten. Viele sind auf dem Volksfest zu bestaunen. Zum Beispiel beim Kettenkarussell, wo die kreisenden Personen wie fliegende Massenpunkte aussehen, oder beim Rotor, wo die Menschen an den Wänden kleben. Im höchsten Punkt einer Loopingbahn sitzt man im Wagen mit dem Kopf nach unten und fällt nicht herunter. Hexerei oder nur angewandte Physik?

Auch im Verkehr, bei Sport und Spiel findet man vielfach Kreisbewegungen. Jedes Auto fährt durch Kurven und fliegt nicht hinaus, es sei denn, der Autofahrer fährt zu schnell. Wie groß darf eigentlich die Geschwindigkeit sein, damit das Auto nicht aus der Kurve getragen wird?

Beim Schleuderball- oder beim Hammerwurf bewegt der Sportler den an einem Seil befestigten Ball oder Hammer mehrfach im Kreis herum, bevor er loslässt. In welcher Richtung fliegt der Ball oder der Hammer weg, wenn der Werfer das Seil loslässt?

Das Skateboardfahren macht in einer Rinne viel Spaß, wenn man die notwendige Technik beherrscht. Wer diese hat, weiß, dass er im tiefsten Punkt der Rinne eine viel höhere Kraft als seine Gewichtskraft aushalten muss. Warum ist das so?

Sicher finden Sie noch weitere Beispiele in Ihrer Umwelt, bei denen man „kreisende Massenpunkte“ beobachten kann!

B 1: Stroboskopische Beleuchtung eines Balles, der an einer Schnur gleichmäßig im Kreis herum geschleudert wird.

Beispiel

Schleuderball

Ein gleichförmig kreisender Ball führt in $t = 10$ s 30 Umläufe auf einem Kreis mit dem Radius $r = 0{,}6$ m aus. Wie groß sind die Drehfrequenz f, die Umlaufdauer T und die Geschwindigkeit v des Balls?

Lösung:

$$f = \frac{n}{t} = \frac{30}{10\text{ s}} = \mathbf{3\ s^{-1}};\quad T = \frac{t}{n} = \mathbf{\frac{1}{3}\ s};$$

$$v = 2\pi r f = 2\pi \cdot 0{,}6\text{ m} \cdot 3\text{ s}^{-1} \approx \mathbf{11\ m{\cdot}s^{-1}}$$

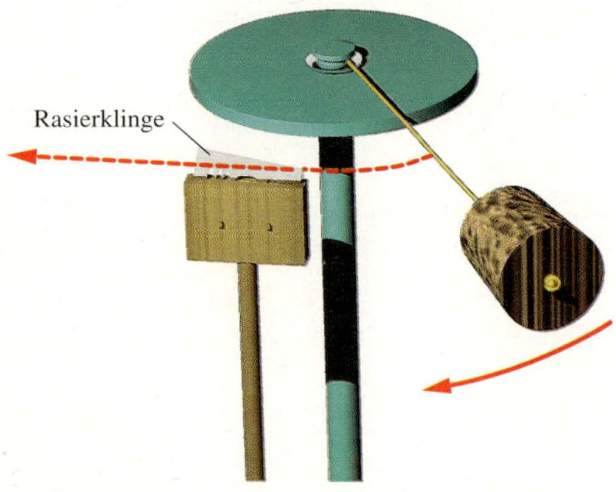

V 1: Wir zwingen einen an einen Faden gebundenen Gummistopfen auf eine Kreisbahn. Dazu befestigen wir den Faden an einer rotierenden horizontalen Scheibe. Wir nähern dem Faden von unten eine schräg gehaltene Rasierklinge im Punkt P_1; sie schneidet den Faden durch. Der Gummistopfen fliegt tangential weg, genauso wie z. B. die Funken an einem Schleifstein.

Beschreibung der Kreisbewegung; Zentripetalkraft

1. Erste Überlegungen; Grundbegriffe

Beobachtet man ein Auto bei einer Kurvenfahrt von einem hochfliegenden Hubschrauber aus, so erscheint es als bewegter *Massenpunkt*, genauso wie der Volksfestbesucher im Kettenkarussell. Die Ausdehnung der kreisenden Körper ist nämlich klein im Vergleich zum Radius r der Kreisbahn. Die Vorstellung des kreisenden Massenpunktes erfasst viele andere Beispiele von Kreisbewegungen, z. B. auch die Bewegung des Mondes auf seiner Bahn um die Erde. Wir legen sie deshalb den folgenden Überlegungen zugrunde.

Das einfachste Beispiel ist ein Ball, der an einer Schnur im Kreis waagerecht herumgeschleudert wird. Lassen wir den Ball gleichmäßig kreisen, durchläuft er nach ➠ *Bild 1* in gleichen Zeitabschnitten Δt gleich große Kreisbögen Δs. Also ist hier der **Betrag der Geschwindigkeit** $v = \Delta s/\Delta t$ konstant. Man spricht von einer **gleichförmigen Kreisbewegung**.

Die Zeit, die der Ball für einen Umlauf auf der Kreisbahn braucht, nennt man **Umlaufdauer** $\boldsymbol{T}$. In der Zeit $\Delta t = T$ durchläuft der gleichförmig kreisende Ball also den Kreisumfang $\Delta s = 2\pi r$, wenn r der Radius der Kreisbahn ist. Demnach ist

$$v = \frac{\Delta s}{\Delta t} = \frac{2\pi r}{T}.$$

Je kürzer die Umlaufdauer T des gleichförmig kreisenden Balls ist, desto häufiger durchläuft er in einer Sekunde den Kreis. Wir sagen, seine **Drehfrequenz** $\boldsymbol{f}$ wird größer. Unter der Drehfrequenz versteht man allgemein den Quotienten $\boldsymbol{f = n/t}$ aus der Zahl n der Umläufe des Balls und der dazu benötigten Zeit t. Ihre Einheit ist $1/\text{s} = \text{s}^{-1}$, da die Zahl der Umläufe eine reine Zahl ist. – Da die Umlaufdauer $T = t/n$ ist, gilt $\boldsymbol{f = 1/T}$. Der Betrag der Geschwindigkeit v lässt sich daher auch bestimmen nach

$$v = 2\pi r/T = 2\pi r f.$$

Den Ausdruck $2\pi f = 2\pi/T$ fasst man oft zu einer neuen Größe $\boldsymbol{\omega = 2\pi f}$ zusammen, die man **Winkelgeschwindigkeit** nennt. Ihre Bedeutung zeigt sich z. B. beim Thema „Schwingungen".

Merksatz

1. Die Kreisbewegung eines Massenpunktes heißt gleichförmig, wenn der Betrag v seiner Geschwindigkeit konstant ist.
2. Die Zeit, die der Massenpunkt für einen Umlauf auf der Kreisbahn benötigt, nennt man Umlaufdauer T.
3. Die Drehfrequenz $f = n/t$ ist der Quotient aus der Zahl n der Umläufe eines Körpers auf der Kreisbahn und der dazu benötigten Zeit t.
4. Für die Winkelgeschwindigkeit ω gilt: $\omega = 2\pi f$.
5. Ist r der Kreisradius, so gilt:

$$f = \frac{1}{T} \quad \text{und} \quad v = \frac{2\pi r}{T} = 2\pi r f.$$

2. Welche Bewegungsrichtung hat der kreisende Körper?

Schleudert ein Kind einen Ball an einer Schnur über seinem Kopf möglichst waagerecht und gleichmäßig im Kreis herum, so bewegt sich der Ball mal auf einen in der Nähe stehenden Beobachter zu und mal von ihm weg. Die Bewegungsrichtung des Balls ändert sich also ständig. Der Geschwindigkeitsvektor $\vec{v}$ zeigt – wie wir insbesondere beim waagerechten Wurf erfahren haben – in jedem Punkt einer Bahnkurve in die Richtung der jeweiligen Bahntangente und gibt die momentane Bewegungsrichtung des Körpers an. Demzufolge ändert sich bei der gleichförmigen Kreisbewegung die *Richtung* des Geschwindigkeitsvektors $\vec{v}$ laufend. Er ist in jedem Punkt der Kreisbewegung tangential zur Kreisbahn gerichtet und steht immer senkrecht auf dem jeweiligen Kreisradius (➠ *Bild 1*). Der *Betrag* des Geschwindigkeitsvektors ist dagegen konstant $2\pi r/T$. In ➠ *Bild 1* sind daher alle eingezeichneten $\vec{v}$-Pfeile gleich lang. ➠ *Versuch 1* bestätigt die Richtung von $\vec{v}$ und die Tatsache, dass die momentane Bewegungsrichtung eines kreisenden Körpers immer tangential zur Kreisbahn gerichtet ist.

Merksatz

Der Geschwindigkeitsvektor eines Körpers, der eine gleichförmige Kreisbewegung ausführt, hat in jedem Kreispunkt denselben Betrag $v = 2\pi r/T$, ändert aber ständig seine Richtung. Er steht immer senkrecht auf dem Kreisradius.

3. Ohne Kraft kein Kreis

Viele Autofahrer glauben, sie brauchten nur das Lenkrad einzuschlagen und schon fahre ihr folgsames Auto in die Kurve – bis sie bei Glatteis oder Aquaplaning eines anderen belehrt werden (➠ *Bild 2*). Dort fährt ihr Wagen geradlinig weiter. Er gehorcht nicht dem Steuer, sondern dem Trägheitsgesetz. Die Ursache ist das Fehlen einer äußeren Kraft, die das Fahrzeug in die Kurve zwingt. *Damit also ein Körper eine Kreisbahn durchläuft, muss auf ihn in jedem Punkt der Bahn eine äußere Kraft einwirken.* Welche Richtung hat diese Kraft?

Wird ein Ball an einer Schnur im Kreis herum geschleudert, kann die äußere Kraft auf den Ball nur von der Schnur aufgebracht werden. Diese kann aber eine Zugkraft nur in ihrer Längsrichtung ausüben. *Also ist die am Ball angreifende Kraft ständig zum Kreismittelpunkt hin gerichtet* und steht senkrecht zum jeweiligen Geschwindigkeitsvektor $\vec{v}$ (➠ *Versuch 2*). – Die äußere Kraft, die auf einen Körper einwirken muss, damit er eine gleichförmige Kreisbewegung ausführt, nennt man **Zentripetalkraft**. Ihr Betrag F_z ist in jedem Punkt der Kreisbahn gleich groß (➠ *Versuch 3*).

Merksatz

Durchläuft ein Körper eine Kreisbahn gleichförmig, so wirkt auf ihn in jedem Punkt der Kreisbahn eine zum Kreismittelpunkt hin gerichtete Zentripetalkraft $\vec{F}_z$ ein, deren Betrag konstant ist.

B 2: Das Auto fliegt tangential aus der Kurve

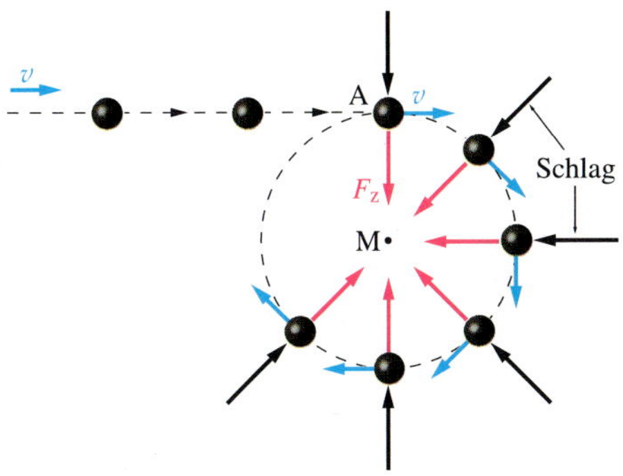

V 2: Auf einem waagerechten Tisch rollt eine Kugel. Vom Punkt A an soll sie auf Kommando eine Kreisbahn beschreiben. Kommt die Kugel bei A vorbei, pfeifen wir. Das kümmert sie wenig; infolge ihrer Trägheit rollt sie geradlinig weiter. Wollen wir sie auf eine Kreisbahn zwingen, so müssen wir auf sie ab A ständig eine konstante Kraft in Richtung auf das Kreiszentrum ausüben.

V 3: Ein Ball ist an einer Schnur befestigt, in die ein Federkraftmesser eingebaut ist. Rotiert der Ball gleichförmig, so zeigt der Kraftmesser einen konstanten Ausschlag.

A 1: Bestimmen Sie in ➠ *Bild 1* die Umlaufdauer T, die Umdrehungszahl pro Minute, die Drehfrequenz und die Geschwindigkeit des kreisenden Balls. Das Stroboskop blitzt im Abstand von 0,12 s, $r = 0{,}6$ m.

A 2: **a)** Die Erde bewegt sich etwa auf einer Kreisbahn um die Sonne ($r = 1{,}5 \cdot 10^{11}$ m). Bestimmen Sie ihre Geschwindigkeit.

b) Die Erde ($r_E = 6\,370$ km) rotiert in ca. 1 Tag einmal um ihre Achse. Wie groß ist die Geschwindigkeit eines Punktes am Äquator, wie groß die Ihres Heimatortes?

Vertiefung

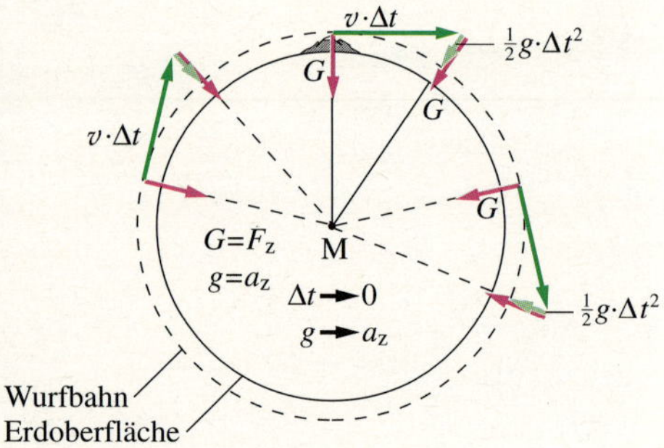

B 1: Zur Bestimmung von a_z

Die Zentripetalbeschleunigung a_z

Bei den Versuchen zum waagerechten Wurf wirkte die Gewichtskraft G in jedem Augenblick nach unten, genau genommen zum Erdmittelpunkt M. NEWTON konnte deshalb die weitsichtige Frage stellen: Mit welcher Geschwindigkeit v muss man Körper horizontal abschießen, damit sie nicht zu Boden fallen, sondern die Erde als Satelliten umkreisen (ohne Luftwiderstand)? – Ohne Gewichtskraft G würden sie nach ➠ *Bild 1* in der Zeit Δt die Strecke $v\cdot\Delta t$ zurücklegen. Doch wirkt G in jedem Punkt der Kreisbahn als Zentripetalkraft; g wird so zur Zentripetalbeschleunigung a_z. Beim Wurf im Physiksaal war die Flugzeit Δt recht klein gegenüber einer zu erwartenden Umlaufdauer T. Nur deshalb durften wir davon absehen, dass sich die stets zum Erdmittelpunkt gerichtete Fallstrecke $\Delta s = \frac{1}{2}\, g \cdot \Delta t^2$ ein wenig gedreht hat, wie der G-Vektor. Hat ein Körper – wie es NEWTON vorschwebte – die für eine Kreisbahn mit Radius r nötige Geschwindigkeit v tatsächlich, so gilt Bild 1. Ersetzen wir g durch a_z, so folgt für die Beträge nach Pythagoras:

$$r^2 + v^2 \cdot \Delta t^2 = (r + \tfrac{1}{2}\, a_z \cdot \Delta t^2)^2$$
$$= r^2 + r \cdot a_z \cdot \Delta t^2 + \tfrac{1}{4}\, a_z^2 \cdot \Delta t^4$$

oder $\quad v^2 = r \cdot a_z + \frac{1}{4}\, a_z^2 \cdot \Delta t^2$

Für sehr kleine Δt können wir die Terme mit Δt^2 und Δt^4 vernachlässigen. Also folgt für den gesuchten Zusammenhang zwischen der Kreisbahngeschwindigkeit v, dem Radius r und der Zentripetalbeschleunigung a_z:

$$\boldsymbol{a_z = v^2/r.}$$

Wir hätten also mit $v = \sqrt{a_z \cdot r} = \sqrt{g \cdot r} =$ 8 km·s^{-1} horizontal abschießen müssen.

4. Welchen Betrag F_z hat die Zentripetalkraft?

Bei allen bisher betrachteten Bewegungen galt die Grundgleichung der Mechanik $F = m\,a$. Die resultierende äußere Kraft F bewirkte eine gleichgerichtete Beschleunigung a. Wir nehmen deshalb an, die Grundgleichung in der Form $F = m\,a$ beherrscht auch die gleichförmige Kreisbewegung. Damit behaupten wir allerdings gleichzeitig, dass die Zentripetalkraft F_z eine zu ihr *gleichgerichtete Beschleunigung* a_z hervorruft. Kennen wir diese Beschleunigung, können wir den Betrag F_z bestimmen.

Aber erfährt z. B. ein Auto in der Kurve überhaupt eine Beschleunigung? Wer behauptet schon, dass ein Auto, das mit einer konstanten Geschwindigkeit von 30 km·h^{-1} durch eine Kurve fährt, sich beschleunigt bewegt? Die Physik tut genau dies, obgleich der Betrag der Geschwindigkeit gleich bleibt. Und zwar deshalb, weil sich die *Richtung* der Geschwindigkeit dauernd ändert. Zu dieser Richtungsänderung ist die Zentripetalkraft F_z nötig. *Die gleichförmige Kreisbewegung ist also eine beschleunigte Bewegung,* wobei die Beschleunigung nicht entlang der Bahntangente, sondern zum Kreismittelpunkt gerichtet ist. Die auftretende Beschleunigung nennt man **Zentripetalbeschleunigung a_z**.

In der ➠ *Vertiefung* wird gezeigt, dass für den Betrag a_z der Zentripetalbeschleunigung gilt: $a_z = v^2/r$. Er ist in jedem Punkt der Kreisbewegung gleich groß, da v und r konstant sind. Mit der Grundgleichung finden wir somit für den Betrag von F_z:

$$F_z = m \cdot a_z = \frac{m \cdot v^2}{r}.$$

Aber nur ein Versuch kann zeigen, ob dieses Ergebnis für F_z richtig ist und wir die Grundgleichung auch wirklich anwenden durften. Tatsächlich demonstriert ➠ *Versuch 1*, dass es so ist.

Merksatz

1. Die gleichförmige Kreisbewegung ist eine beschleunigte Bewegung, für die die Grundgleichung der Mechanik gilt.
2. Zentripetalbeschleunigung a_z und Zentripetalkraft F_z sind in jedem Punkt der Bahn zum Kreismittelpunkt hin gerichtet und haben einen konstanten Betrag.
3. Es ist: $\boldsymbol{a_z = \frac{v^2}{r}}$ und $\boldsymbol{F_z = m\,a_z = \frac{m\,v^2}{r}}$.

Beispiel

Ein Auto durchfährt eine Kurve

Ein Auto ($m = 1\,000$ kg) fährt mit einer Geschwindigkeit von 72 km·h^{-1} durch eine Kurve mit dem Radius $r = 200$ m. Wie groß sind die Zentripetalbeschleunigung a_z und die Zentripetalkraft F_z?

Lösung: Zunächst sind 72 km·h^{-1} = 20 m·s^{-1}. Es wird damit:
$a_z = v^2/r = 400$ m^2·s^{-2}/200 m = **2 m·s^{-2}**.
$F_z = m\,a_z = m\,v^2/r = 1\,000$ kg · 400 m^2·s^{-2}/200 m = **2 000 N**.

Vertiefung

Eine Frage des Standpunktes: Die Zentrifugalkraft

Haben wir nicht etwas falsch gemacht, als es um die Richtung der Zentripetalkraft ging? Sie haben vielleicht argumentiert: „Wenn ich mit dem Auto durch eine Kurve fahre, drückt es mich doch nach außen. Wir haben es mit einer vom Kreismittelpunkt weg gerichteten Kraft zu tun, der *Zentrifugalkraft*!" Vorsicht! Bedenken Sie, von wo aus Sie eine Bewegung beschreiben. Bisher haben wir dies von außen, d. h. von einem Inertialsystem aus getan. Im Auto sind wir aber *mitbeschleunigter Beobachter*. Folglich erscheint uns vieles anders.

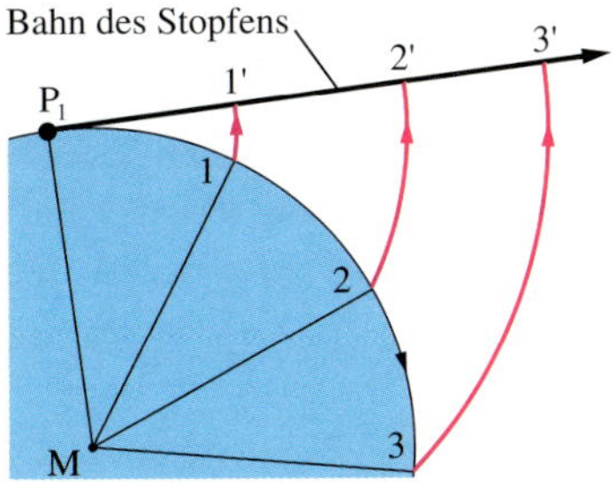

Um dies genauer zu verstehen, betrachten wir noch einmal den Gummistopfen in dem Versuch, bei dem der Faden durchtrennt wird. Kurz nachdem der Faden durchschnitten ist, entfernt sich der Stopfen von der Mitte der Scheibe (Punkte 1′, 2′, 3′ usw.). Ein auf der Scheibe mitbewegter Beobachter würde sich dabei auf dem Kreisbogen bewegen (Punkte 1, 2, 3 usw.). Von ihm aus gesehen würde sich der Stopfen nach außen entfernen, und zwar beschleunigt (die roten Strecken 1′1, 2′2, 3′3 usw. wachsen etwa wie die Quadratzahlen an). Dies führt zur Annahme einer nach außen gerichteten Zentrifugalkraft. Wir spüren sie als mitrotierender Beobachter, der stets von einer Bewegungsrichtung in die andere gezwungen wird. Dabei befinden wir uns in einem beschleunigten Bezugssystem, also *nicht* in einem Inertialsystem! Ein außenstehender Beobachter ist dagegen in einem Inertialsystem und sieht den Stopfen entsprechend dem Trägheitsgesetz tangential und unbeschleunigt wegfliegen. Wir nehmen immer diesen Standpunkt ein. *Eine Zentrifugalkraft gibt es für uns dann nicht!*

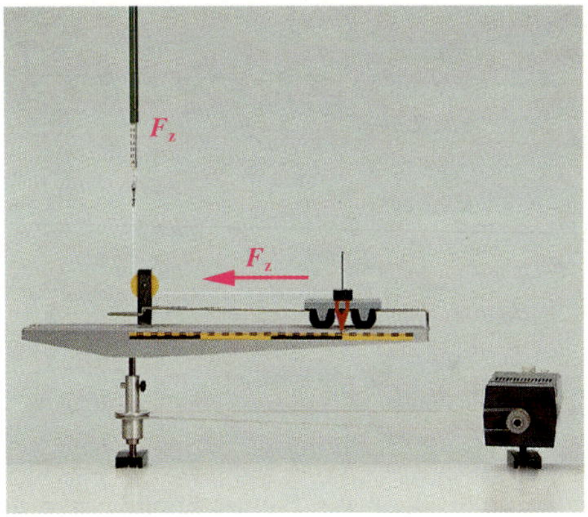

V 1: Ein Wagen kann sich auf der Schiene bewegen und ist mit einem Faden über eine Umlenkrolle und ein Kugelgelenk an einem Federkraftmesser befestigt. Lässt man die Schiene gleichförmig rotieren, so beschreibt der Wagen eine Kreisbahn mit festem Radius r, den man an der Schiene ablesen kann. Der Kraftmesser übt über den Faden die notwendige Zentripetalkraft F_z aus.

Wenn man die im Bild angegebenen Messwerte für m, r und T in die Gleichung für die Zentripetalkraft einsetzt, erhält man: $v = 2\pi r/T = 1{,}38\ \text{m·s}^{-1}$; $a_z = v^2/r = 9{,}2\ \text{m·s}^{-2}$ und damit $F_z = m\,v^2/r = 0{,}92\ \text{N}$, also den gemessenen Wert für F_z.

Auch bei anderen Versuchsbedingungen stimmt der aus m, r und T berechnete F_z-Wert mit dem gemessenen F_z-Wert überein.

... noch mehr Aufgaben

A 1: Suchen Sie Beispiele, bei denen man das Ablösen von Teilchen von einer Kreisbahn entlang einer Tangente beobachtet.

A 2: Ist die gleichförmige Kreisbewegung eine Bewegung mit konstanter Geschwindigkeit oder eine mit konstanter Beschleunigung?

A 3: Eine Wäscheschleuder mit einem Durchmesser von 25 cm dreht sich 40-mal je Sekunde. Mit welcher Geschwindigkeit läuft die Trommelwand um? Wie groß ist die Beschleunigung a_z an der Wand? Mit welcher Kraft müsste dort ein Wasserteilchen ($m = 1$ g) vom Stoffgewebe festgehalten werden, um nicht wegzufliegen?

A 4: Ein Käfer ($m = 1$ g) rotiert windgeschützt auf der Flügelspitze ($r = 15$ m) einer Windkraftanlage mit. Er muss sich mit der Kraft von 0,15 N festhalten. Bestimmen Sie die Geschwindigkeit der Flügelspitzen und die Drehfrequenz der Rotorblätter.

A 5: Ein Stein ($m = 0{,}20$ kg) wird immer schneller an einer Schnur ($l = 50$ cm) in einem horizontalen Kreis herumgeschleudert. Bei welcher Drehfrequenz f reißt sie, wenn sie 100 N aushält?

A 6: **a)** Ein Mensch ($m = 75$ kg) befindet sich am Äquator. Wie groß ist die Zentripetalkraft F_z, die nötig ist, damit er die Erdrotation mitmacht (Erde als Kugel mit Radius $r_E = 6\,370$ km)? **b)** Wer bringt die Zentripetalkraft F_z auf? **c)** Wird F_z zu den Polen hin größer oder kleiner? Warum? **d)** Wie groß ist F_z bei uns in Mitteleuropa (50° nördlicher Breite)?

A 7: Aus der Gleichung $F_z = m\,v^2/r$ folgt $F_z \sim 1/r$: Setzt man $v = 2\pi r/T$ in $m\,v^2/r$ ein, so folgt $F_z = 4\pi^2 m\,r/T^2$ und daraus $F_z \sim r$. Erklären sie diesen scheinbaren Widerspruch.

B 1: Reifen bei einer schnell durchfahrenen Kurve. Quer zur Fahrtrichtung wirkt die Haftkraft F_h.

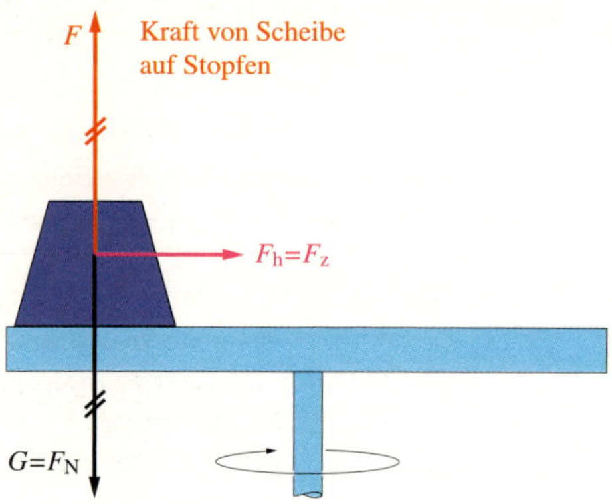

V 1: Wir lassen eine waagerechte Scheibe mit einem darauf liegenden Gummistopfen im Abstand r vom Kreismittelpunkt rotieren. Erhöht man langsam die Drehfrequenz, so bleibt der Stopfen zunächst liegen und fliegt erst bei einer ganz bestimmten Geschwindigkeit v weg. – Solange der Stopfen liegenbleibt, liefert die Haftkraft F_h die für die Kreisbewegung notwendige Zentripetalkraft F_z zum Zentrum hin.

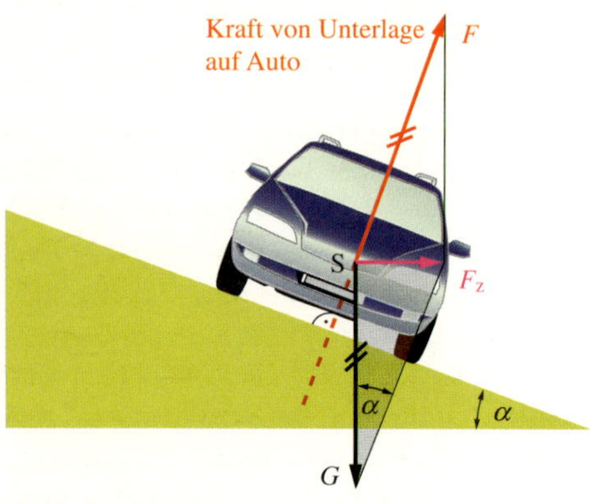

B 2: Ein Auto durchfährt ohne Reibung eine überhöhte Kurve (Schnittbild)

Physik und Verkehr

1. Fahrzeuge in einer nicht überhöhten Kurve

Woran liegt es, dass manche Fahrzeuge, vor allem, wenn sie zu schnell sind, nicht durch eine Kurve kommen und hinausfliegen? ➡ *Versuch 1* gibt eine erste Antwort. Der Stopfen auf der Scheibe kann nur mitrotieren, solange eine Zentripetalkraft F_z auf ihn einwirkt, denn sonst würde er tangential wegfliegen. Wer aber bringt in diesem Versuch die für die Kreisbewegung notwendige Zentripetalkraft F_z auf? Es kann nur die Haftkraft F_h sein, denn die Gewichtskraft G des Stopfens wird durch die Kraft F der Scheibe auf den Stopfen ausgeglichen (➡ *Versuch 1*). Die Gewichtskraft wirkt zudem nicht in Richtung auf den Kreismittelpunkt. Von der Haftkraft wissen wir, dass sie einen maximalen Wert $F_{h,\,max}$ besitzt. Der Stopfen bleibt also liegen, solange $\boldsymbol{F_z \leq F_{h,\,max}}$ ist. Es gilt:

$F_{h,\,max} = f_h \cdot F_N = f_h \cdot m \cdot g$, da hier $F_N = G$ ist. Aus $F_z \leq F_{h,\,max}$ folgt:

$$\frac{m\,v^2}{r} \leq f_h\,m\,g \quad \text{oder} \quad v \leq \sqrt{f_h\,g\,r}.$$

Ganz ähnlich können wir angeben, wie groß die Geschwindigkeit v eines Autos höchstens sein darf, damit es eine *nicht überhöhte Kurve* durchfahren kann. Schlägt man das Lenkrad ein, so führen die Räder das Auto auf eine Kreisbahn. Dabei erfahren sie quer zur Bewegungsrichtung eine Haftkraft F_h mit dem Maximalwert $F_{h,\,max}$ (➡ *Bild 1*), der bei Nässe von der Qualität des Reifenprofils abhängt. F_h liefert wie in ➡ *Versuch 1* die notwendige Zentripetalkraft F_z. Das Auto schleudert also in einer nicht überhöhten Kurve mit dem Radius r nicht, solange gilt:

$$F_z \leq F_{h,\,max} \quad \text{oder} \quad v \leq \sqrt{f_h\,g\,r}.$$

2. Fahrzeuge in einer überhöhten Kurve

Ohne Reibung kommt man nur durch eine Kurve, wenn sie *überhöht* ist. ➡ *Bild 2* verdeutlicht die Situation in einer Linkskurve. Welche Bedingungen müssen hier gelten? Grundsätzlich merke man sich: *Bildet man die Summe aller an dem Körper (hier dem Auto) angreifenden äußeren Kräfte, so muss die Zentripetalkraft F_z entstehen.* Vergleichen Sie dazu nochmals ➡ *Versuch 1*. Dort wurde die Gewichtskraft G durch die nach oben gerichtete Kraft F der Unterlage ausgeglichen. Die Summe aller äußeren Kräfte an dem Stopfen ist die Haftkraft F_h, die als Zentripetalkraft F_z wirkt.

Die äußeren Kräfte, die bei der Kurvenfahrt nach ➡ *Bild 2* bei fehlender Reibung am Auto angreifen, sind die Gewichtskraft G und eine Kraft F der Straße auf das Auto. Ohne Reibung kann diese Kraft F nur senkrecht zur Straßenoberfläche wirken. G und F müssen zusammen die Zentripetalkraft F_z aufbringen: Hat F einen solchen Betrag, dass F_z waagerecht verläuft, durchfährt das Auto (v konstant) einen horizontalen Kreis in konstanter Höhe.

Aus dem grauen Dreieck in *Bild 2* folgt die Betragsgleichung:

$$\tan\alpha = \frac{F_z}{G} = \frac{m\,v^2}{r\,m\,g} \Rightarrow v = \sqrt{r\,g\tan\alpha}.$$

Ohne Reibung gibt es also bei vorgegebenem α nur *eine* Geschwindigkeit v, mit der das Auto durch die Kurve kommt.
In Wirklichkeit hilft bei einer Kurvenfahrt sowohl die Reibung als auch eine gewisse Kurvenüberhöhung. Die obige Gleichung gibt dann die Geschwindigkeit v an, bei der zu vorgegebenem α die Straßenlage des Autos optimal ist (Haftkraft $F_h = 0$). Bei einer größeren Geschwindigkeit muss die Reibung zwischen Reifen und Straße verhindern, dass das Auto nach außen, bei einer kleineren Geschwindigkeit, dass es nach innen rutscht.

Interessantes

Achtung: Kurvenfahrt !

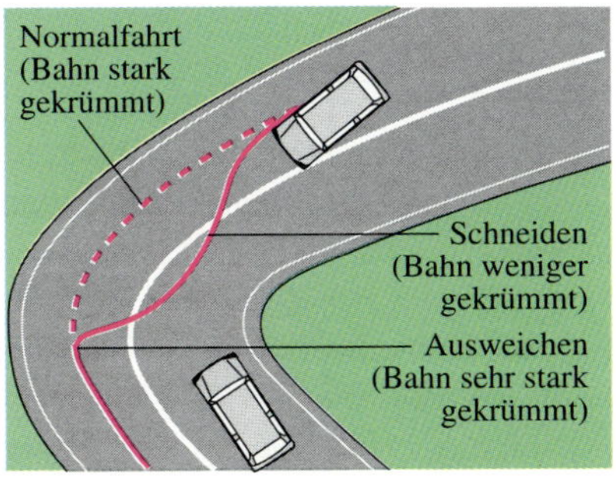

a) Bei glitschiger Straße ist es lebenswichtig, langsam zu fahren! Da die Zentripetalkraft F_z quadratisch von der Geschwindigkeit v abhängt, setzt z. B. eine Halbierung der Geschwindigkeit die für ein sicheres Durchfahren der Kurve nötige Zentripetalkraft und damit die nötige Haftkraft auf den vierten Teil herab.

b) In der Kurve den Fuß weg vom Gaspedal und von der Bremse! Auch die Kräfte zum Beschleunigen oder Bremsen müssen von der Haftkraft aufgebracht werden. Sie verringern die für die Kurvenfahrt zur Verfügung stehende maximale Zentripetalkraft. Oft genug aber hat das Auto in der Kurve eine so große Zentripetalbeschleunigung, dass es die maximale Haftkraft voll als Zentripetalkraft beansprucht. Bremst oder beschleunigt man dann noch, so fliegt das Auto aus der Kurve. Bremsen soll man vor der Kurve! (Leichtes Gasgeben hilft allerdings oft beim Kurvenfahren; denn ohne Gas bremst der Motor.)

Beispiel

Mit dem ICE-Zug in die Kurve

Ein ICE-Zug durchfährt mit der Geschwindigkeit von 216 km·h⁻¹ eine Kurve mit dem Radius $r = 2\,500$ m. Wie stark muss die äußere Schiene überhöht sein, damit beide Schienen gleich belastet werden, sodass jegliche Kipp- und Schleudergefahr ausgeschlossen ist (Spurweite $w = 1\,435$ mm)?

Lösung: Es liegt dieselbe Situation vor, wie bei einem Auto, das ohne Reibung durch eine überhöhte Kurve fährt (*Bild 2*). Wirkt die Kraft F der Schienen auf den Zug *senkrecht* zur Schienenebene, so erzeugt sie zusammen mit der Gewichtskraft G die notwendige Zentripetalkraft F_z. Für den Neigungswinkel α der Schienenebene gegenüber der Waagerechten gilt (Betragsgleichung):

$$\tan\alpha = \frac{F_z}{G} = \frac{m\,v^2}{r\,m\,g} = \frac{v^2}{r\,g}$$

$$\tan\alpha = \frac{(60\ \text{m}\cdot\text{s}^{-1})^2}{2\,500\ \text{m}\cdot 10\ \text{m}\cdot\text{s}^{-2}} = 0{,}144 \Rightarrow$$

$$\alpha = 8{,}2°$$

Für die Überhöhung $ü$ der äußeren gegenüber der inneren Schiene gilt dann:
$\sin\alpha = ü/w$ oder $ü = w \cdot \sin\alpha \Rightarrow$
$ü = 1\,435\ \text{mm} \cdot \sin 8{,}2° =$ **205 mm**

... noch mehr Aufgaben

A 1: Bei welcher Drehfrequenz f fliegt in *Versuch 1* ein Körper weg ($m = 30$ g), der 20 cm von der Achse der Scheibe entfernt liegt ($f_h = 0{,}4$)? Würde er bei $v = 1{,}0$ m·s⁻¹ liegen bleiben? Wie ändert sich das Ergebnis mit m?

A 2: a) Wie schnell darf ein Auto in einer nicht überhöhten Kurve ($r = 100$ m) höchstens fahren, wenn es bei $f_h = 0{,}4$ nicht rutschen soll? **b)** Mit welcher Geschwindigkeit muss eine mit $\alpha = 5{,}7°$ überhöhte Kurve ($r = 100$ m) durchfahren werden, sodass keine Haftkräfte quer zur Fahrtrichtung zwischen Rädern und Straße auftreten?

A 3: a) Warum muss ein rasanter Autofahrer, der seine Geschwindigkeit nicht drosseln möchte, eine Kurve „schneiden"? **b)** „Kurvenschneiden" ist deswegen so gefährlich und daher verboten, weil man zum Ausweichen vor einem nicht vermuteten entgegenkommenden Fahrzeug eine sehr enge Kurve fahren müsste. Begründen Sie, warum dies nicht möglich ist.

A 4: Ein Bob durchfährt eine Kurve ($r = 25$ m) mit der Geschwindigkeit 100 km·h⁻¹. Welche Neigung muss die Bahn haben, damit er nicht seitlich wegrutscht?

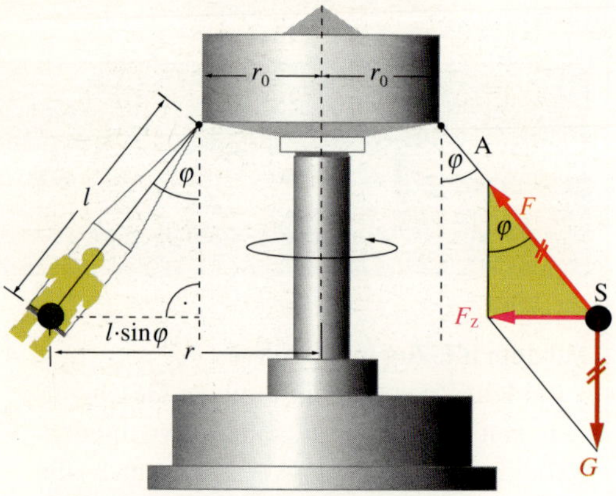

B 1: Kräftebilanz beim Kettenkarussell

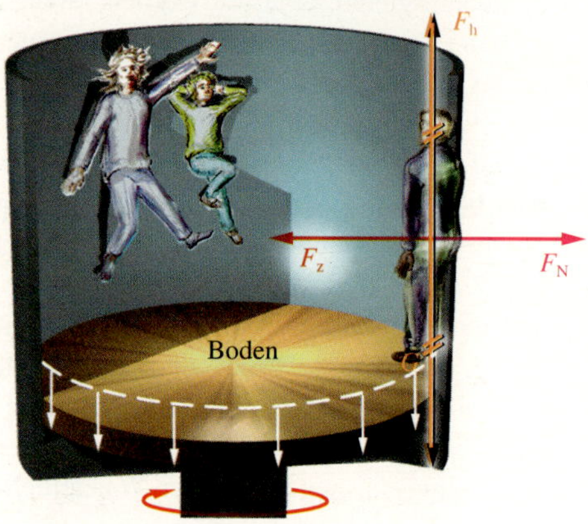

B 2: Rotor auf dem Volksfest

V 1: Ein zylindrisches Gefäß rotiert um seine vertikale Achse. Wirft man an die Innenwand eine Schachtel im Drehsinn, so kreist sie mit, ohne herabzufallen. Erkläre!

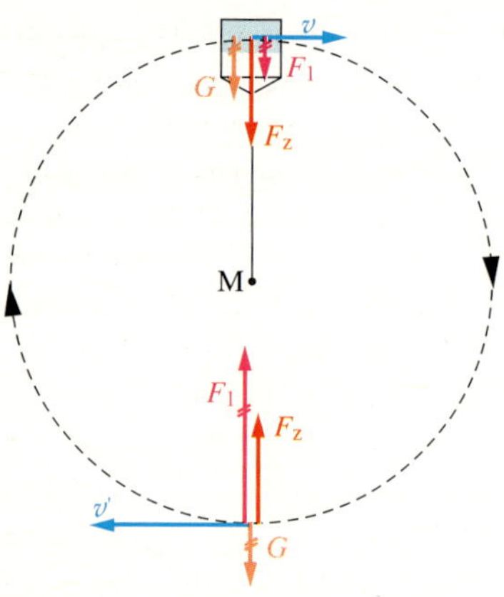

V 2: Wir schleudern eine mit Wasser gefüllte Blechbüchse an einer Schnur in einem vertikalen Kreis. Im obersten Punkt der Kreisbahn zeigt die Öffnung der Büchse nach unten. Trotzdem fließt bei nicht zu langsamem Kreisen kein Wasser aus.

Physik auf dem Volksfest

1. Auf dem Kettenkarussell

Das Kettenkarussell (➠ *Bild 1*) ist ein Beispiel einer Kreisbewegung mit *vertikaler Achse*. Der Sitz S mit dem Fahrer hat vom Aufhängepunkt A den Abstand l und A von der Drehachse den Abstand r_0. Rotiert das Karussell gleichförmig, so bilden die Ketten einen konstanten Winkel φ mit der Vertikalen. Die Kette hält den Sitz mit Fahrgast durch die schräg nach oben gerichtete von der Aufhängung aufgebrachte Kraft F. F und G ergeben die notwendige Zentripetalkraft F_z. F ist so groß, dass F_z waagerecht verläuft. Es gilt in dem gelben Dreieck in ➠ *Bild 1*:

$$\tan\varphi = \frac{F_z}{G} = \frac{m\,v^2}{r\,m\,g} = \frac{v^2}{r\,g} \quad \text{mit} \quad r = r_0 + l \cdot \sin\varphi.$$

2. Im Rotor

Der Rotor auf dem Volksfest (➠ *Bild 2*) ist eine große um ihre *vertikale Achse* drehbare Trommel von etwa 5 bis 10 m Durchmesser. Bei schneller Rotation bleiben die Personen an der Wand hängen, auch wenn sich der Boden senkt. Wegen ihrer Trägheit würden sie ohne Krafteinwirkung tangential weiterfliegen. Sie verformen etwas die Wand durch eine auf diese gerichtete Normalkraft F_N (➠ *Bild 2*). F_N greift an der Wand an. Die verformte Wand übt auf die Person die zu F_N entgegengesetzt gerichtete reactio F_z nach innen aus. F_z wirkt als Zentripetalkraft. Normalkraft F_N und Zentripetalkraft F_z haben hier denselben Betrag. Damit die Person nicht abrutscht, muss infolge der Normalkraft F_N eine Haftkraft F_h an der Person angreifen und der Gewichtskraft G das Gleichgewicht halten. Die Person rutscht also nicht ab, solange $\boldsymbol{G \leq F_{h,\,max}}$ ist, d. h. solange gilt:

$$m\,g \leq f_h\,F_N \quad \text{oder} \quad m\,g \leq f_h\,F_z = \frac{f_h\,m\,v^2}{r} \Rightarrow v^2 \geq \frac{r\,g}{f_h}.$$

3. Die Loopingbahn

Warum fallen die Wagen in ➠ *Bild 3* beim Durchfahren der „Todesspirale“, einer Kreisbewegung mit *horizontaler Achse*, nicht herunter? Um diese Frage zu beantworten, führen wir einen Modellversuch mit einer mit Wasser gefüllten und an einer Schnur im Kreis geschleuderten Blechbüchse durch (➠ *Versuch 2*).

Damit die Büchse samt dem in ihr befindlichen Wasser auf einem Kreis läuft, muss sie andauernd in Richtung auf den Kreismittelpunkt beschleunigt werden, also fortwährend auf M zu „fallen“. Die dazu notwendige Zentripetalbeschleunigung a_z wächst mit der Drehfrequenz. Macht man diese so groß, dass $a_z = g$ ist, so wird im höchsten Punkt der Bahn die zur Kreisbewegung notwendige Zentripetalbeschleunigung gerade vom freien Fall geliefert. Man muss in diesem Augenblick überhaupt nicht an der Schnur ziehen: Büchse und Wasser fallen beide „von selbst“ mit dem richtigen Betrag der Zentripetalbeschleunigung $a_z = g$ auf den Mittelpunkt zu.

Bei größerer Drehfrequenz ist $a_z > g$: Jetzt muss man also die wassergefüllte Büchse der Masse m im obersten Punkt der Bahn noch mit der zusätzlichen Kraft $F_1 = m(a_z - g) = F_z - G$ nach unten ziehen. – Im tiefsten Punkt des vertikalen Kreises hat die Kraft den Betrag $F_1 = F_z + G$. Man muss nämlich G das Gleichgewicht halten und zusätzlich die Zentripetalkraft F_z aufbringen.

Die Überlegungen gelten auch, wenn die Kreisbewegung *nicht gleichförmig* erfolgt (➠ *Beispiel*). Mit der Geschwindigkeit v ändert sich dann allerdings der Betrag der Zentripetalkraft F_z.

B 3: Warum fallen die Wagen nicht herab?

Beispiel

Bergab, bergauf auf der Loopingbahn

Der Wagen (Masse mit Fahrgast $m = 150$ kg; der Wagen hat keinen Motor) durchläuft die skizzierte Loopingbahn ohne Reibung. Er startet bei A aus der Ruhe. **a)** Aus welcher Höhe muss er mindestens losfahren, damit er im Kreis ($r = 5$ m) bei B nicht herabfällt? **b)** Welche Kraft übt der Wagen im Punkt C in dem Augenblick auf die Schiene aus, in dem er in die Kreisbahn eingefahren ist, wenn er aus der Grenzhöhe der Teilaufgabe a) losfährt?

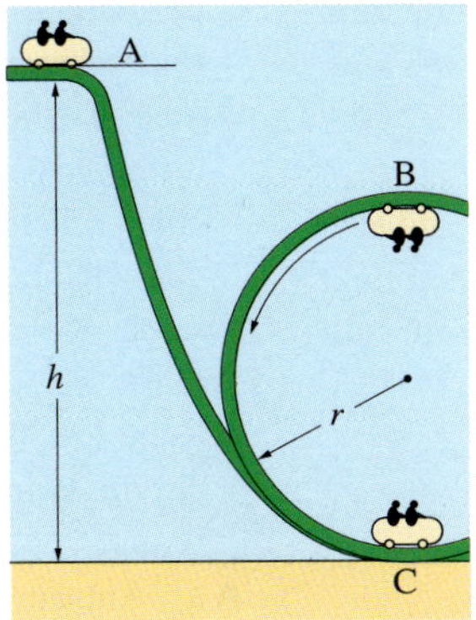

Lösung:

a) Damit der Wagen in B nicht herabfällt, muss dort $F_z \geq G$ sein. Daraus folgt für die notwendige Geschwindigkeit v_B im Punkt B:

$$m\, v_B^2/r \geq m\, g \Rightarrow v_B \geq \sqrt{r\, g}. \qquad (1)$$

v_B ergibt sich aus dem Energieerhaltungssatz. Legt man das Nullniveau der Höhenenergie auf die Höhe von B, gilt:

$$m\, g\,(h - 2\,r) + 0 = 0 + \tfrac{1}{2}\, m\, v_B^2 \Rightarrow v_B = \sqrt{2\, g\,(h - 2\,r)}. \qquad (2)$$

Aus (1) und (2) folgt:

$$\sqrt{2\, g\,(h - 2\,r)}. \geq \sqrt{r\, g} \;\Rightarrow\; 2\,h - 4\,r \geq r \Rightarrow h \geq 2{,}5\,r \Rightarrow \boldsymbol{h \geq 12{,}5\ \mathrm{m}}.$$

b) Die Geschwindigkeit v_C erhält man aus dem Energieerhaltungssatz, wenn man das Nullniveau der Höhenenergie auf die Höhe von C legt. Es folgt wie oben: $\quad v_C = \sqrt{2\, g\, h}. \qquad (3)$

Im Punkt C muss die Schiene zunächst die Gewichtskraft $G = m\, g$ des Wagens ausgleichen und zusätzlich die für die Kreisbewegung nötige Zentripetalkraft F_z aufbringen. Der Wagen wirkt deshalb mit seiner Gewichtskraft G und der reactio von F_z auf die Unterlage ein. Die gesuchte Kraft ist also (Betragsgleichung):

$$F = G + F_z = m\, g + m\, v_C^2/r, \text{ mit (3) folgt } F = m\, g + 2\, m\, g\, h/r.$$

Setzt man hier nach a) die Grenzhöhe $h = 2{,}5\, r$ ein, so findet man:

$$F = m\, g + \frac{2\, m\, g \cdot 2{,}5\, r}{r} = 6\, m\, g, \text{ in Zahlen } \boldsymbol{F = 9\,000\ \mathrm{N}}.$$

... noch mehr Aufgaben

A 1: Bei einem Kettenkarussell (➠ *Bild 1*) ist $r_0 = 6{,}0$ m und $l = 5{,}0$ m. Es dreht sich gleichförmig und ($\varphi = 55°$). **a)** Wie groß ist die Geschwindigkeit v des Fahrgastes? **b)** Wie groß sind Umlaufdauer T und Drehfrequenz f? **c)** Welche Kraft greift im Aufhängepunkt der Kette an? ($m = 85$ kg).

A 2: **a)** Von welcher Drehfrequenz f an bleibt eine Person ($m = 75$ kg) an der Wand des Rotors (➠ *Bild 2*) mit 4,2 m Durchmesser hängen ($f_h = 0{,}5$; Abstand Schwerpunkt der Person – Wand: 10 cm)? **b)** Von welcher Frequenz f_1 an könnte man die Achse des Rotors horizontal legen, ohne dass die Person im höchsten Punkt der Bewegung herabfällt? **c)** Der Rotor rotiert gleichförmig mit der Frequenz f_1 (Achse horizontal). Welche Kraft übt er im tiefsten Punkt auf die Person nach oben aus?

A 3: Eine Milchkanne wird in einem vertikalen Kreis mit $r = 1{,}0$ m geschwungen (➠ *Versuch 2*). **a)** Wie groß muss die Geschwindigkeit im höchsten Punkt sein, damit keine Milch ausläuft? **b)** Welche Geschwindigkeit hat dann die Kanne im tiefsten Punkt, wenn der Schleudernde keine Energie zuführt? **c)** Mit welcher Kraft muss er die Kanne ($m = 2{,}0$ kg) im höchsten bzw. im tiefsten Punkt halten?

A 4: **a)** Welche Geschwindigkeit muss ein Wagen im höchsten Punkt B einer Spielzeugloopingbahn (➠ *Beispiel*; $r = 15$ cm) mindestens haben, damit er auf der Bahn bleibt? **b)** Wie schnell ist er dann im tiefsten Punkt C. Welche Kraft übt er dort auf die Bahn aus ($m = 100$ g)? **c)** Aus welcher Höhe h muss der Wagen mindestens losfahren, um sicher den Kreis zu durchlaufen?

Das ist wichtig

1. a) Die Kreisbewegung eines Massenpunktes heißt **gleichförmig**, wenn der **Betrag der Geschwindigkeit v konstant ist**. Ist r der Radius des Kreises, T die Umlaufdauer und f die Drehfrequenz, so gilt:

$$f = \frac{1}{T} \quad \text{und} \quad v = \frac{2\pi r}{T} = 2\pi r f.$$

b) Der **Geschwindigkeitsvektor** $\vec{v}$ ist in jedem Punkt der Kreisbewegung **tangential** zur Kreisbahn gerichtet.

2. Damit ein Körper eine Kreisbahn gleichförmig durchläuft, muss auf ihn in jedem Punkt der Bahn eine zum Kreismittelpunkt gerichtete **Zentripetalkraft F_z** einwirken, deren **Betrag konstant** ist.

3. a) Die Zentripetalkraft F_z erzeugt am Körper eine gleichgerichtete, also ebenfalls zum Kreismittelpunkt gerichtete **Zentripetalbeschleunigung a_z**. Dafür gilt die Grundgleichung der Mechanik: $F_z = m\,a_z$.

b) Für die **Beträge** a_z und F_z gilt:

$$a_z = \frac{v^2}{r} \quad \text{sowie} \quad F_z = m\,a_z = \frac{m\,v^2}{r}.$$

Strategien beim Aufgabenlösen

1. Zu einer Kreisbewegung ist eine zum Kreismittelpunkt hin gerichtete Zentripetalkraft F_z notwendig.

2. a) Die Zentripetalkraft F_z muss von den an dem Körper angreifenden Kräften aufgebracht werden.

b) Man überlege daher bei allen Aufgaben zur Kreisbewegung zunächst, welche äußeren Kräfte an dem kreisenden Körper angreifen. Die Vektorsumme dieser Kräfte muss die Zentripetalkraft F_z ergeben.

Beispiel

Mit welcher konstanten Geschwindigkeit darf ein Auto (m = 1 300 kg) höchstens über einen kreisförmigen Brückenbogen (r = 50 m) fahren, damit es im höchsten Punkt nicht von der Straße abhebt?

Lösung: Am Auto greift als resultierende Kraft die Gewichtskraft G an. Nur sie kann die für die Kreisbewegung auf der Brücke notwendige Zentripetalkraft F_z aufbringen. Im höchsten Punkt des Brückenbogens hebt das Auto also nicht von der Straße ab, solange gilt: $F_z \leq G$, also

$$\frac{m\,v^2}{r} \leq m\,g \Rightarrow v \leq \sqrt{r\,g} \Rightarrow v \leq 22{,}4 \text{ m/s} \approx 80 \text{ km/h}.$$

Das Ergebnis ist unabhängig von der Masse des Autos!

Aufgaben

A1: a) Mit welcher Geschwindigkeit können Späne von Werkzeugschleifscheiben (r = 10 cm) wegfliegen, wenn die Scheiben 2 800-mal in der Minute rotieren?
b) Punkte an der Oberfläche des kugelförmigen Kopfes (Durchmesser 1 mm) eines Zahnbohrers können eine Geschwindigkeit von 75 km/h erreichen. Wie groß ist dann die Umdrehungszahl pro Minute des Bohrkopfes?

A2: Eine Skifahrerin (m = 50 kg) fährt mit 50 km/h durch eine Mulde und über eine Welle (Radius jeweils 20 m). **a)** Welche Kraft übt der Boden im tiefsten Punkt der Mulde auf die Skifahrerin aus? **b)** Was geschieht im höchsten Punkt der Welle?

A3: Ein Skateboardfahrer (m = 65 kg) übt in einer halbkreisförmigen Rinne (r = 2 m) seine Kunststücke. Er fährt bei A aus der Ruhe los. Welche Kraft übt die Wand auf ihn in B aus?

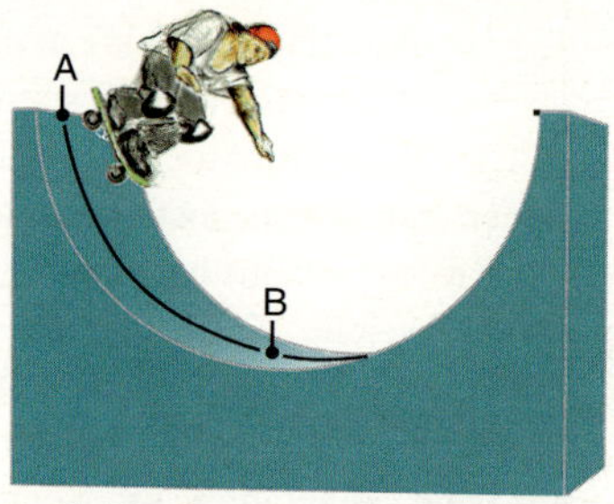

A4: Auf einem größeren Ball (Radius r) steht auf dem höchsten Punkt ein kleines Spielzeugauto. Es rollt aus der Ruhe heraus reibungsfrei den Ball entlang nach unten. Nach welchem Höhenverlust h löst es sich von der Balloberfläche?

A5: Die Kugel eines Fadenpendels (l = 1,2 m) wird aus der Gleichgewichtslage um 60 cm ausgelenkt. Welche Geschwindigkeit muss man der Kugel erteilen, damit sie eine horizontale Kreisbahn beschreibt?

A6: Ein Rotor hat die Form einer Halbkugel (r = 10 cm). Er rotiert um die vertikale Achse 5-mal je Sekunde. In seinem Innern kreist an der Wand in der Höhe h über dem tiefsten Punkt der Halbkugel eine kleine Kugel mit. Reibung ist ausgeschlossen. Wie groß ist h?

A7: a) Wenn Sie mit Ihrer Hand H einen Ball P an einer Schnur der Länge l im Kreis herumschleudern, beschreiben Sie automatisch mit der Hand einen kleinen Kreis. Die Hand eilt dabei dem Ball um etwa 90° voraus. Erklären Sie diesen Sachverhalt. Hinweis: Die Kraft F hat dann eine Tangentialkomponente F_t. Wozu ist diese nötig? **b)** Erklären Sie, wie man beim Schleuderball- oder Hammerwurf den Ball bzw. den Hammer beschleunigen kann.

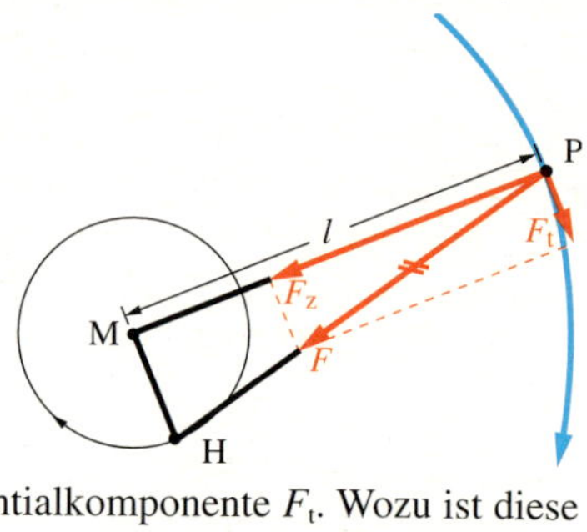

Gravitation und Planetenbewegung

Die Erforschung des Sternenhimmels sowie der Bewegungen von Sonne und Mond standen schon immer im Zentrum des Interesses der Menschheit. Fast alle Völker glaubten, das Schicksal der Menschen sei durch die Gestirne bestimmt. Man könne es vorhersagen, wenn man ihren Lauf im Voraus kenne.
So versteht man, dass seit etwa 5 000 Jahren Ägypter, Babylonier, Chinesen und Inder die Vorgänge am Himmel systematisch beobachtet haben.

Die Eroberung des Weltalls durch den Menschen begann 1957 mit dem Start des Erdsatelliten *Sputnik* in der Sowjetunion. 1961 fing die Geschichte der bemannten Raumfahrt an, als der Russe *Juri Gagarin* die Erde umkreiste. Mit einer Apollo-Rakete und der Mondfähre *Eagle* gewannen die Amerikaner den Wettlauf zum Mond. *Neil Armstrong* und *Edwin Aldrin* landeten 1969 als Erste auf dem Erdtrabanten. Deutsche Astronauten wie *Sigmund Jähn, Ulf Merbold* und *Thomas Reiter* flogen als Wissenschaftler in sowjetischen Sojus-Raketen, dem amerikanischen Space-Shuttle und in der russischen Raumstation Mir mit.

Heute ist es für uns selbstverständlich, Fernsehprogramme über Erdsatelliten zu empfangen und via Satellit in entfernte Länder zu telefonieren.

Interessantes

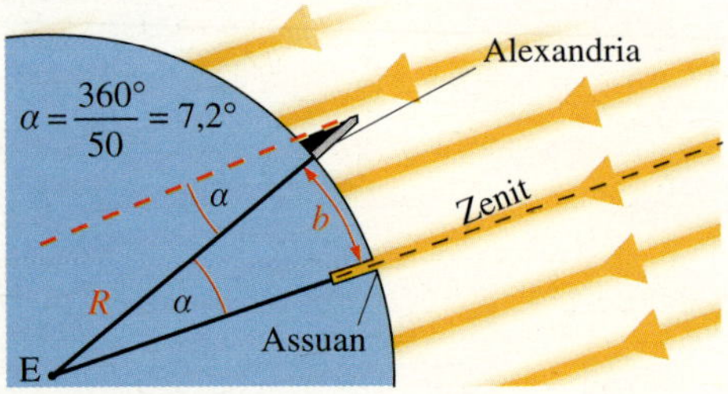

Vermessung von Erde und Mond

B 1: Erdradius R von *Eratosthenes* (230 v. Chr.) gemessen: Nahe *Assuan* (Südägypten) scheint die Sonne jedes Jahr bei ihrem Höchststand bis auf den Grund eines tiefen Brunnens. Sie steht für dortige Beobachter in der Verlängerung des Erdradius, im Zenit. Zur gleichen Zeit jedoch wirft nördlich davon in Alexandria ein Obelisk einen Schatten nach Norden. Mit dem dortigen Erdradius bilden die Sonnenstrahlen den Winkel $\alpha = 7{,}2°$, der 1/50 des vollen Winkels 360° beträgt. Da die Strahlen der Sonne fast parallel einfallen, bilden auch die Erdradien für Assuan und Alexandria den Winkel α. Beide Orte sind $b = 800$ km voneinander entfernt. Also ist der Vollkreis (Erdumfang) 50-mal so groß. Er misst somit $U = 50 \cdot 800\ \text{km} = 40\,000\ \text{km}$. Der Radius R beträgt $R = U/(2\pi) = 6\,400$ km.

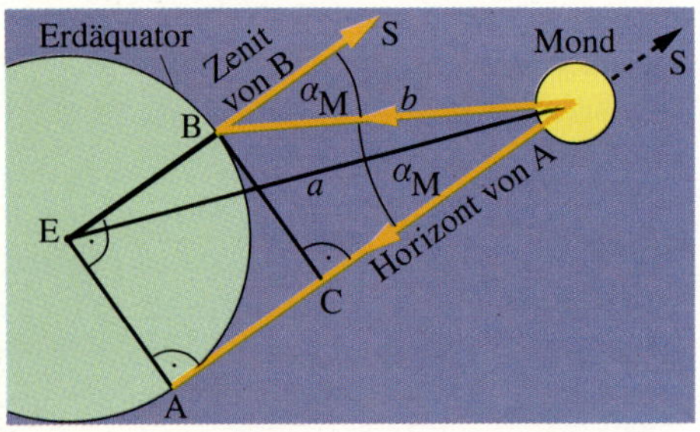

B 2: Für Beobachter A geht soeben der Mond auf – zusammen mit dem Fixstern S. Beobachter B ist um $\frac{1}{4}$ des Erdumfangs entfernt. Wäre der Mond ähnlich weit entfernt wie der Stern S, so müsste er in diesem Augenblick für B genau im Zenit neben S stehen. B sieht den Mond jedoch um fast zwei Vollmondbreiten, um $\alpha_M = 0{,}967°$, von S entfernt. Aus dem rechtwinkligen Dreieck BCM ergibt sich $b = R/\sin \alpha_M = 59\,R$. Also ist der Mittelpunktsabstand Erde – Mond $60\,R$.

In drei Schritten zum Gravitationsgesetz

1. Guter Mond, du fällst so stille

Schon im Altertum hat man den Umfang und den Radius der Erdkugel berechnet (➠ *Bild 1*). Trigonometrische Messungen auf der Erdoberfläche ergaben (➠ *Bild 2*): *Der Mond ist vom Erdmittelpunkt 60 Erdradien (384 000 km) entfernt. 60-mal so weit wie wir.* Bei der ersten Mondlandung haben die Astronauten dort einen Spiegel aufgestellt. Aus der Laufzeit von Laserimpulsen, die von der Erde ausgesandt und an ihm reflektiert werden, kann man heute die Entfernung zum Mond auf 2 cm genau messen.

NEWTON hatte als erster die Idee, der Mond brauche für seine Kreisbahn genauso eine Zentripetalkraft wie irdische Körper. Die Überlegungen von NEWTON wollen wir im Prinzip nachvollziehen. Betrachten wir $m = 1$ kg Mondgestein, das auf der Mondbahn die Erde umkreist. Aus der Entfernung Erde – Mond $r = 60\,R$ (R Erdradius) und der Umlaufdauer $T = 27{,}3$ Tage erhält man die für den Stein notwendige Zentripetalkraft

$$F_Z = \frac{4\pi^2 m \cdot 60\,R}{T^2} = 0{,}002\,72\ \text{N}.$$

Kann eine solche Kraft von der Erdanziehung kommen?
Die Erde zieht doch einen Stein der Masse 1 kg an der Erdoberfläche mit der 3 600fachen Kraft ($9{,}81\ \text{N} = 3\,600 \cdot 0{,}0272\ \text{N}$) an. Nun ist $3\,600 = 60^2$; nimmt die Anziehungskraft der Erde vielleicht mit dem Quadrat des Abstands r ab?
Beim 60fachen Abstand käme man dann auf $1/60^2$. Diese Überlegungen sind aber nur dann sinnvoll, wenn man die Abstände der Himmelskörper von ihren Mittelpunkten aus misst, hier von Erde und Mond. NEWTON schloss, dass die Kraft umgekehrt proportional zum Quadrat des Abstandes der Massenmittelpunkte ist: $\boldsymbol{F \sim 1/r^2}$.

Weiterhin folgerte er aus der Gleichung für die Zentripetalkraft, dass F auch proportional zur Masse m des kreisenden Körpers ist; er sprach von einer **Gravitationskraft** $\boldsymbol{F \sim m/r^2}$.

2. Gilt die Gravitationskraft auch für Planeten?

Die Erde hat nur einen natürlichen Trabanten, den Mond. Die Sonne besitzt dagegen neun große Trabanten (➠ *Tabelle 1*); man nennt sie **Planeten.** Einer dieser Planeten ist unsere Erde (Umlaufdauer $T = 1$ Jahr $= 1$ a). Wie die Erde leuchten die anderen Planeten nicht von selbst, sondern werden von der Sonne beschienen. Wir sehen hier ihre Bahnen in guter Näherung als Kreise an. Dann können wir an neun weiteren Himmelskörpern prüfen, ob die vermutete Anziehungskraft $F \sim m/r^2$ durch den Zentralkörper, hier die Sonne, auch die Zentripetalkraft $F_Z = 4\pi^2 m\,r/T^2$ liefert. Hierzu müsste bei den Planeten gelten

$$\frac{4\pi^2 m\,r}{T^2} \sim \frac{m}{r^2}.$$

Vereinfachen wir den Term, so ist $T^2 \sim r^3$ oder

$$\frac{r^3}{T^2} = C \quad (C \text{ eine Konstante}).$$

In der rechten Spalte von *Tabelle 1* ist dieser Quotient aus den Messdaten berechnet. Wie schon der deutsche Astronom Johannes KEPLER fand, ist er für alle Planeten konstant.

Die Proportionalität $F \sim m/r^2$ bewährt sich also auch bei der Anziehung der Planeten durch die Sonne. Allerdings hat der Quotient $C = r^3/T^2$ einen viel kleineren Wert, wenn die Erde statt der Sonne Zentralkörper ist (*Tabelle 1*). Anscheinend kann sie nicht so stark ziehen wie die viel größere Sonne!

Stellen wir in Gedanken neben die Erde eine zweite, genau gleiche; dann dürfen wir erwarten, dass beide zusammen (doppelte Masse M) auf den Mond auch die doppelte Kraft F ausüben. Die Anziehungskraft ist daher auch proportional zu der Masse M des Zentralkörpers:

$$F \sim \frac{M\,m}{r^2} \quad \text{oder} \quad F = \gamma\,\frac{M\,m}{r^2}.$$

Der Proportionaltitätsfaktor γ heißt *Gravitationskonstante.* Die beiden Körper sind nun in dem Produkt $M \cdot m$ ihrer Massen gleichberechtigt vertreten; man kann M und m vertauschen. Der Mond (m) zieht gemäß dem Wechselwirkungsgesetz die Erde (M) mit dem gleichen Betrag der Kraft an, mit der sie auf ihn zurückwirkt.

Merksatz

NEWTONsches Gravitationsgesetz:
Alle Körper üben aufeinander Gravitationskräfte aus. Zwei kugelsymmetrische Körper der Masse m und M, deren Mittelpunkte voneinander den Abstand r haben, ziehen sich mit der Gravitationskraft F an:

$$F = \gamma\,\frac{M\,m}{r^2}.$$

Name	Bahnradius r in 10^6 km	Umlaufdauer T in Jahren	$C = r^3/T^2$ in $10^{18}\,\text{m}^3\cdot\text{s}^{-2}$
Merkur	57,91	0,2408	3,363
Venus	108,21	0,6152	3,362
Erde	149,60	1,0000	3,362
Mars	227,94	1,8810	3,361
Jupiter	778,34	11,8610	3,366
Saturn	1 427,01	29,4560	3,363
Uranus	2 869,60	84,0090	3,362
Neptun	4 496,70	164,7870	3,362
Pluto	5 899,00	247,7000	3,360
Mond	0,384	0,0748	$1{,}019 \cdot 10^{-5}$
Erdsatellit	0,04215	1/366,26	$1{,}009 \cdot 10^{-5}$

T 1: Sonnen- und Erdtrabanten

B 4: Die Erde – der blaue Planet

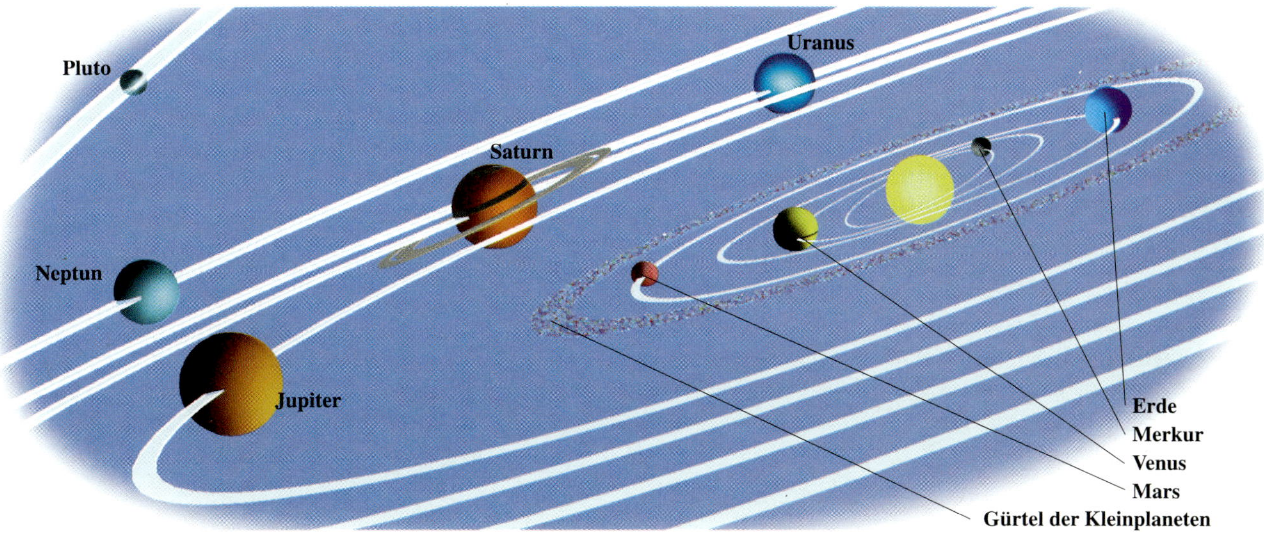

B 3: Das Planetensystem der Sonne; alle Planeten laufen etwa in der gleichen Ebene um die Sonne

... noch mehr Aufgaben

A 1: Bestimmen Sie mit einem Pfennig-Stück den Durchmesser des Mondes. Peilen Sie dazu durch ein Papierblatt mit einem feinen Loch den Vollmond an, sodass er gerade durch das Pfennig-Stück verdeckt wird und messen Sie den Abstand Pfennig – Loch.

A 2: In welcher Höhe über dem Erdboden erfährt ein Kilogrammstück die Gewichtskraft $\frac{1}{4} \cdot 9{,}8$ N? Wie groß ist die Fallbeschleunigung in den Höhen $2R$, $10R$ über dem Boden (R: Erdradius)?

A 3: Schätzen Sie aus den Bahndaten der Erde die Masse der Sonne ab.

A 4: Die Umlaufdauer der Mondfähre im Abstand $r = 1\,848$ km vom Mondmittelpunkt war $T = 7\,130$ s. Wie groß ist die Mondmasse M_M? Welcher Ortsfaktor gilt für die Mondoberfläche, wenn der Mondradius $r_M = 1\,738$ km beträgt?

3. Die Gravitationskraft zwischen bekannten Massen liefert die Gravitationskonstante γ

Der Wert der Konstanten γ im NEWTONschen Gravitationsgesetz wurde erst über 100 Jahre nach dessen Entdeckung von dem Engländer CAVENDISH im Labor bestimmt (→ *Vertiefung*). Er ließ einen frei beweglich aufgehängten Körper mit Masse m durch einen anderen mit Masse M anziehen und ermittelte die eintretende Beschleunigung a. Daraus folgt die Gravitationskraft $F = m\,a$ zwischen beiden. Aus dem Gravitationsgesetz folgt:

$$\gamma = \frac{F \cdot r^2}{m \cdot M} = \frac{a \cdot r^2}{M}.$$

Wie → *Tabelle 1* zeigt, sind die dabei auftretenden Beschleunigungen sehr klein.

Merksatz

Der Proportionalitätsfaktor im Gravitationsgesetz heißt **Gravitationskonstante γ** und hat den Wert

$$\gamma = 6{,}672 \cdot 10^{-11}\ \text{m}^3 \cdot \text{kg}^{-1} \cdot \text{s}^{-2}.$$

Er stellt eine universelle Konstante dar.

Beispiel

Das Gravitationsgesetz hilft weiter

1. Bestimmen Sie aus der Fallbeschleunigung g, dem Erdradius $R = 6\,370$ km und der Gravitationskonstanten γ die Masse M_E der Erde und ihre mittlere Dichte ϱ.

Lösung: Körper der Masse m erfahren im Abstand $r = R = 6\,370$ km vom Erdmittelpunkt die Gravitationskraft $F = m\,g$. Aus dem Gravitationsgesetz $F = \gamma\, m M_E / R^2$ folgt für die Erdmasse M_E:

$$M_E = \frac{F \cdot R^2}{\gamma \cdot m} = \frac{g \cdot R^2}{\gamma} = \frac{9{,}81\ \text{m} \cdot \text{s}^{-2} \cdot (6\,370 \cdot 10^3)^2\ \text{m}^2}{6{,}67 \cdot 10^{-11}\ \text{m}^3 \cdot \text{kg}^{-1} \cdot \text{s}^{-2}} \Rightarrow$$

$M_E = \mathbf{6 \cdot 10^{24}}$ **kg** (genauer $5{,}97 \cdot 10^{24}$ kg)

Das Volumen der Erde ist $V = (4/3)\,\pi\,R^3 = 1{,}08 \cdot 10^{21}\ \text{m}^3$. Für die mittlere Dichte ϱ erhält man

$$\varrho = \frac{M_E}{V} = \mathbf{5{,}5\ g \cdot cm^{-3}}.$$

Bemerkung: Die Dichte der uns zugänglichen oberen Gesteinsschichten liegt bei $2{,}7\ \text{g} \cdot \text{cm}^{-3}$. Geologen schreiben deshalb dem Erdinnern eine Dichte von $13\ \text{g} \cdot \text{cm}^{-3}$ zu. Es besteht wahrscheinlich aus Eisen und Nickel bei einem Druck von $3{,}5 \cdot 10^6$ bar.

2. In welcher Höhe würde ein Satellit stationär über dem Äquator stehen?

Lösung: Die Umlaufdauer des Satelliten der Masse m beträgt $T = 24$ h. Aus

$$\gamma\,\frac{m M_E}{r^2} = \frac{4\pi^2 m\,r}{T^2} \text{ folgt: } r = \sqrt[3]{\frac{\gamma M_E T^2}{4\pi^2}} = 42\,200\ \text{km}.$$

Der Satellit muss also in der **Höhe 36 000 km** über dem Äquator stehen. Der Umlaufsinn muss mit dem der Erde übereinstimmen und die Bahn in der Äquatorebene liegen. Da die Weiterbewegung der Erde um die Sonne hier ohne Belang ist, hätte man eigentlich den sog. *„Sterntag"* zugrunde legen müssen. Dieser gibt die Zeit an, nach der man einen weit entfernten Fixstern wieder am gleichen Punkt sieht (→ *Bild 1*). Die Zeit, nach der man die Sonne wieder an der gleichen Stelle sieht, ist der so genannte *„Sonnentag"* (= 24 h). Dieser Tag ist ca. 4 Minuten länger als ein Sterntag. Der Sonnentag ist länger, da sich die Erde innerhalb von 24 Stunden etwas weiterbewegt hat.

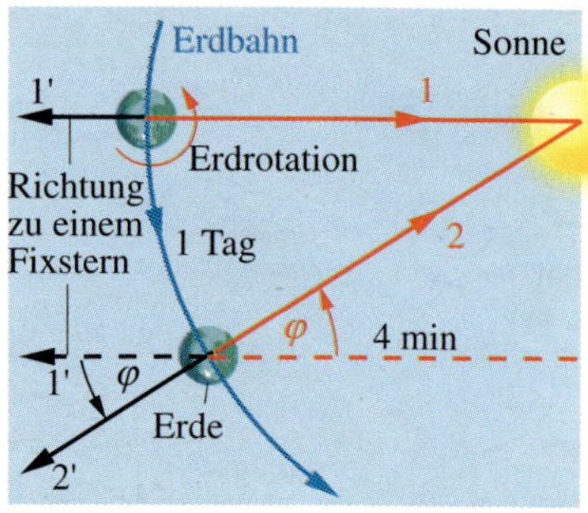

B 1: Sonnen- und Sterntag

Vertiefung

Der Versuch von Cavendish zur Bestimmung der Gravitationskonstanten g

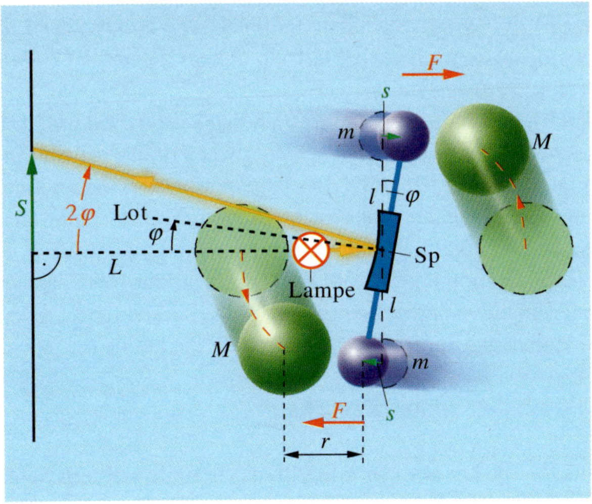

B 2: Gravitationsdrehwaage in Draufsicht

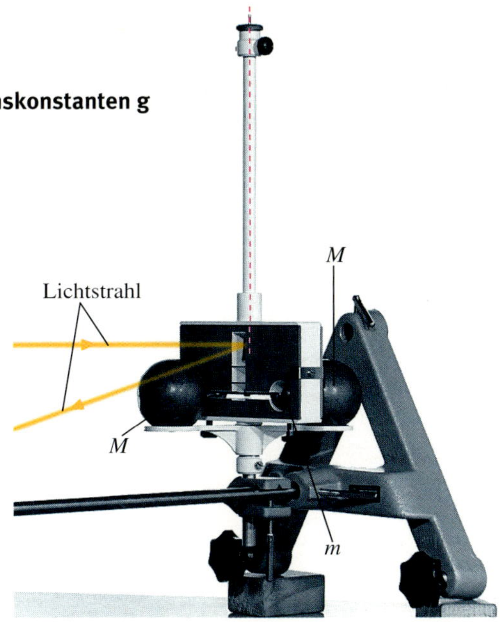

B 3: Gravitationsdrehwaage zur Bestimmung von γ

Versuchsdaten:

kleine Bleikugeln:	$m = 15$ g
große Bleikugeln:	$M = 1{,}5$ kg
Länge der horizontalen Stange:	$2\,l = 10$ cm
Länge des Lichtzeigers:	$L = 9{,}70$ m
Abstand der Kugelmitten nach dem Annähern der großen Kugeln:	$r = 4{,}6$ cm

Ein waagerechter Stab trägt an seinen Enden zwei kleine Bleikugeln der Masse m. Der Stab hängt in seiner Mitte an einem langen, sehr dünnen Draht (rot gestrichelt ➠ *Bild 2, 3*). Er kann sich in dem durch Glas vor Luftzug geschützten Querschlitz der Gravitationsdrehwaage frei bewegen. Am Stab ist ein Spiegelchen befestigt, das einen Lichtstrahl auf eine entfernte Skala lenkt. Die horizontale Bewegung der Kugeln wird auf diese Weise stark vergrößert sichtbar. Zunächst sind die großen Bleikugeln symmetrisch zu den kleinen angebracht. Die Gravitationskräfte, die von den großen Kugeln ausgehen, drehen den Stab noch nicht um seinen Aufhängepunkt A. Dann nähert man die großen Kugeln den kleinen. Diese fallen auf die großen beschleunigt zu – im Prinzip wie ein Apfel zur Erde. Die kleine Kugel erfährt die beschleunigende Kraft:

$$m\,a = \gamma\,\frac{m\,M}{r^2}. \qquad (1)$$

Doch ist dabei die Beschleunigung a gering. Deshalb ist die Strecke s, um die sich die kleinen Kugeln zu Beginn der Messung bewegen, gegenüber dem Abstand r der beiden Kugelmittelpunkte sehr klein. r ändert sich während dieser Bewegung praktisch nicht. Die Kraft bleibt konstant und es gilt $s = \frac{1}{2}\,a\,t^2$. Dabei dreht sich die horizontale Stange um den Winkel $\varphi = s/l$ (in Bogenmaß) und mit ihr das Einfallslot für den reflektierten Lichtstrahl (➠ *Bild 2*). Dieser wird um den Winkel $2\,\varphi = 2\,s/l$ abgelenkt. Die Auslenkung S auf der Skala im Abstand L ist wegen des langen Lichtzeigers gut ablesbar. Nach ➠ *Bild 2* gilt $\tan 2\,\varphi = S/L$. Bei den kleinen Winkeln gilt mit großer Genauigkeit $\tan 2\,\varphi \approx 2\,\varphi$. Daraus folgt:

$$\frac{S}{L} = \frac{2\,s}{l} \quad \text{oder} \quad s = \frac{S\,l}{2\,L}.$$

Mit $a = 2\,s/t^2$ und den Messungen für S und l erhalten wir die ➠ *Tabelle 1:*

Zeit t in s	Auslenkung S in mm	Fallweg s in 10^{-6} m	Beschleunigung a in 10^{-8} m·s^{-2}
0	0	0	–
30	7,6	20	4,4
60	30	77	4,3
90	68	175	4,3
120	120	310	4,3

T 1: Messwertetabelle

Der Mittelwert der Beschleunigung ist nun $\bar{a} = 4{,}33 \cdot 10^{-11}$ m·s^{-2}. Für γ erhalten wir damit aus Gleichung 1:

$$\gamma = \frac{\bar{a} \cdot r^2}{M} = 6{,}1 \cdot 10^{-11}\ \text{m}^3 \cdot \text{kg}^{-1} \cdot \text{s}^{-2}.$$

Dieser Wert ist etwas zu klein, denn jede der beiden großen Kugeln übt auf die entfernter liegende kleine eine Kraft aus, die der beobachteten Drehbewegung entgegenwirkt.

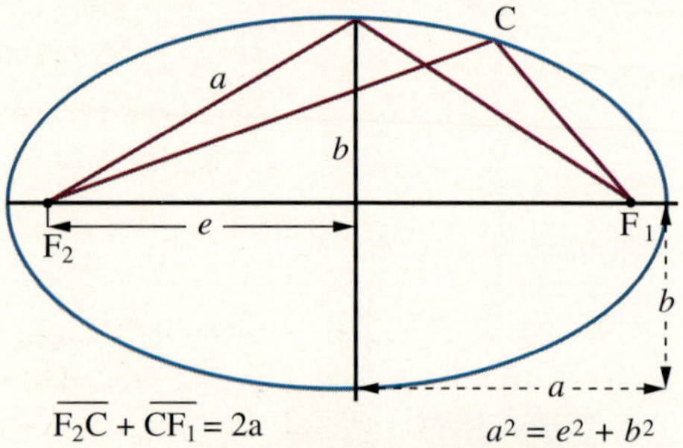

B 1: Gärtnerkonstruktion einer Ellipse

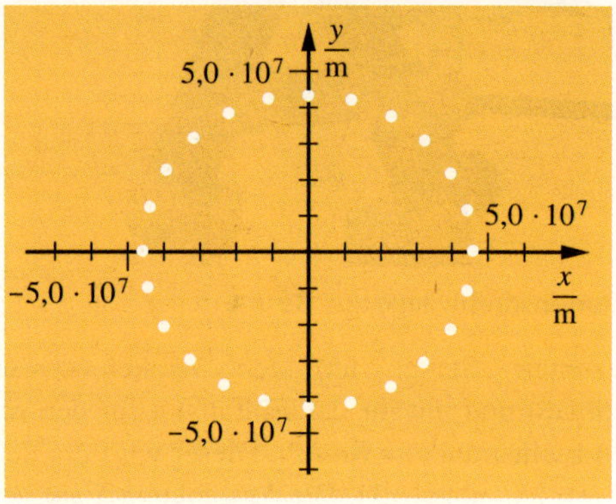

B 2a: Satellit auf einer Kreisbahn

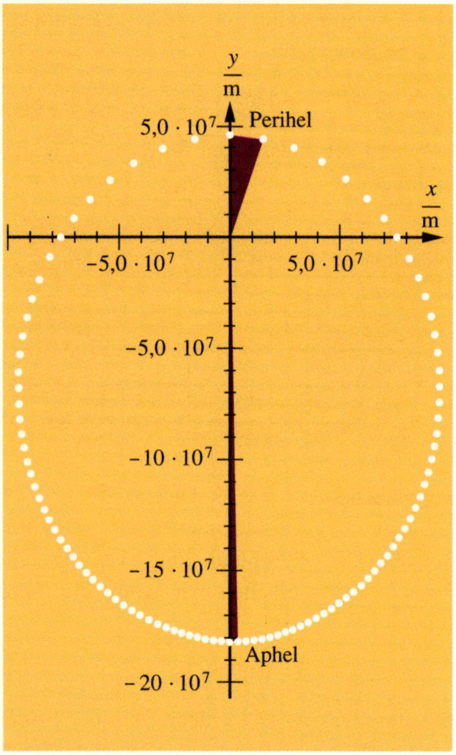

B 2b: Der Satellit fliegt mit einer größeren Startgeschwindigkeit als in Bild 2a auf einer ellipsenförmigen Bahn

Die KEPLER-Gesetze

Die Ellipse ist die Menge aller Punkte, für die die *Summe der Entfernungen* von zwei gegebenen *Punkten,* den so genannten *Brennpunkten* F_1 *und* F_2, konstant ist.

Von dieser Eigenschaft wird bei der *„Gärtnerkonstruktion"* Gebrauch gemacht (*Bild 1*). Man schlägt zwei Pflöcke im Abstand $2e$ in den Punkten $F_1\,(e\,|\,0)$ und $F_2\,(-e\,|\,0)$ ein und befestigt an ihnen eine Schnur der Länge $2a$. Mit einem „Schreibpflock" spannt man die Schnur um die beiden Brennpunkte und zeichnet die Ellipse. F_1 und F_2 heißen „Brennpunkte", weil Lichtstrahlen, die von F_1 ausgehen, an einer innen verspiegelten Ellipse nach F_2 reflektiert werden. Die große Halbachse der Ellipse nennt man *a,* die kleine *b*.

1. Mit dem PC auf den Spuren KEPLERS

Im Abstand 42 200 km vom Erdmittelpunkt befinde sich ein Satellit. Welche Geschwindigkeit v senkrecht zur y-Achse muss man ihm geben, damit er auf einem Kreis umläuft?

Aus $\frac{m\,v^2}{r} = \gamma\,\frac{m\,M_E}{r^2}$ erhält man $v^2 = \gamma\,\frac{M_E}{r}$ und $v = 3\,070\ \text{m}\cdot\text{s}^{-1}$.

Geben wir diese Anfangsbedingungen sowie die Masse M_E der Erde und die Gravitationskonstante einem Computer-Simulationsprogramm ein, das Planeten- bzw. Satellitenbahnen berechnet, erhalten wir tatsächlich einen Kreis. Genauer gesagt, wir erhalten Punkte, die auf einem Kreis liegen, da der Computer nur Bahnpunkte für Zeitabstände von 60 min Satellitenlauf zeichnen soll (*Bild 2a*). Der Abstand der Punkte ist somit auch ein Maß für die Bahngeschwindigkeit.

Was geschieht aber, wenn wir für den Satelliten den Betrag der Startgeschwindigkeit vergrößern und die senkrechte Richtung zur Verbindungslinie beibehalten?

Die Simulation zeigt uns (*Bild 2b*), dass die Bahn anscheinend ellipsenförmig wird und nicht etwa eiförmig, wie KEPLER zunächst vermutete. Wir überprüfen, ob es sich tatsächlich um eine Ellipse handelt, indem wir aus der Computersimulation die große und die kleine Halbachse ablesen. In einer weiteren Simulation lassen wir eine Ellipse mit diesen Halbachsen zeichnen. Beide Kurven kommen tatsächlich zur Deckung.

Aus unserem Diagramm kann man aber noch mehr ablesen. Die Geschwindigkeit im sonnenfernsten Punkt (*Aphel*) ist wesentlich kleiner als im sonnennächsten Punkt (*Perihel*). Die Geschwindigkeit erhalten wir dabei als Quotient aus dem Abstand von zwei aufeinanderfolgenden Punkten und der vom Satelliten tatsächlich benötigten Zeit. Das Produkt $r \cdot v$ ist für Aphel und Perihel wieder gleich. Es entspricht dem doppelten Flächeninhalt des Dreiecks, das man aus dem Zentralkörper (hier der Erde) und den beiden Positionen des Satelliten bildet.

Weiter sehen wir, dass bei der größeren Startgeschwindigkeit neben der Halbachse auch die Anzahl der Punkte für einen Umlauf und damit die Umlaufdauer T größer wird. Verändert man die Startgeschwindigkeit und bestimmt jeweils die große Halbachse a sowie die Umlaufdauer, so findet man, dass T stärker als linear und schwächer als mit dem Quadrat der Halbachse anwächst. Genauere Untersuchungen zeigen, dass $T \sim a^{3/2}$ ist (➠ *Tabelle 1*). Dies alles hat bereits Johannes Kepler gefunden.

v in $m \cdot s^{-1}$	große Halbachse a in 10^7 m	Umlaufdauer T in h	a^3/T^2 in $10^{20}\ m^3/h^2$
3 070	4,22	24,0	1,3
3 500	6,00	40,7	1,3
3 900	10,90	99,6	1,3

T 1: Die Umlaufdauer von Erdsatelliten in Abhängigkeit von ihrer großen Halbachse. Die Umlaufdauer wurde durch Zählen der Punkte in der Simulation bestimmt (zeitlicher Abstand zwischen zwei Punkten: 1 h).

2. Ordnung am Himmel

Der Astronom Johannes Kepler kannte das Gravitationsgesetz nicht und hatte natürlich auch keinen Computer. Er besaß aber – als unwahrscheinlich wertvollen Schatz – die für die damalige Zeit äußerst präzisen Messungen des Dänen Tycho Brahe (1546 – 1601) an der Bahn des Planeten Mars. Nach mühsamen Zahlenrechnungen fand Kepler, dass dieser eine Ellipse durchläuft, in deren einem Brennpunkt die Sonne steht. Kepler verallgemeinerte das Bewegungsgesetz für den Mars auf alle Planeten.
Es gilt aber auch für alle vergleichbaren Systeme.

Merksatz

Erstes Kepler-Gesetz: Trabanten bewegen sich auf Ellipsen, in deren einem Brennpunkt der Zentralkörper (z. B. Sonne) steht.

B 3: Der Planet Mars

Bei der Untersuchung der Marsbahn (➠ *Bild 3*) fiel Kepler auf, dass der Planet in Sonnennähe *(Perihel)* am schnellsten, in der Sonnenferne *(Aphel)* am langsamsten läuft. Die Verbindungsstrecke vom Planeten zur Sonne, der so genannte „Fahrstrahl", wird länger, wenn der Planet seine Geschwindigkeit verkleinert. Der Fahrstrahl wird kürzer, wenn der Planet seine Geschwindigkeit vergrößert. Die Änderung erfolgt dabei so, dass die überstrichene Fläche bei gleichen Zeiten gleichen Inhalt hat.

Merksatz

Zweites Kepler-Gesetz *(Flächensatz)*: Der Fahrstrahl Trabant – Zentralkörper überstreicht in gleichen Zeiten gleiche Flächen.

Das Langsamer- und Schnellerwerden des Planeten kann man verstehen, wenn man bedenkt, dass der Fahrstrahl die Richtung der Anziehungskraft des Zentralkörpers auf den Trabanten angibt.
Die Gravitationskraft zeigt im Allgemeinen schräg zur Bahn. Wir zerlegen sie in eine Komponente tangential (F_t) und senkrecht (F_n) zur Bahn. Entfernt sich der Trabant von dem Zentrum (z. B. in P_1 ➠ *Bild 4*), wirkt die Kraftkomponente F_t entgegen der Bewegungsrichtung. So verlangsamt sie den Trabanten. Die Normalkraft F_n dagegen macht weder schneller noch langsamer, sondern krümmt die Bahn nach innen. F_n wirkt als Zentripetalkraft. Nähert sich der Trabant wieder dem Zentralkörper (Stelle P_2), so zeigt F_t in Richtung der Bahngeschwindigkeit und macht den Trabanten schneller. Newton konnte zeigen, dass für jede Zentralkraft (eine Kraft, die auf einen festen Punkt gerichtet ist) der Flächensatz gilt.

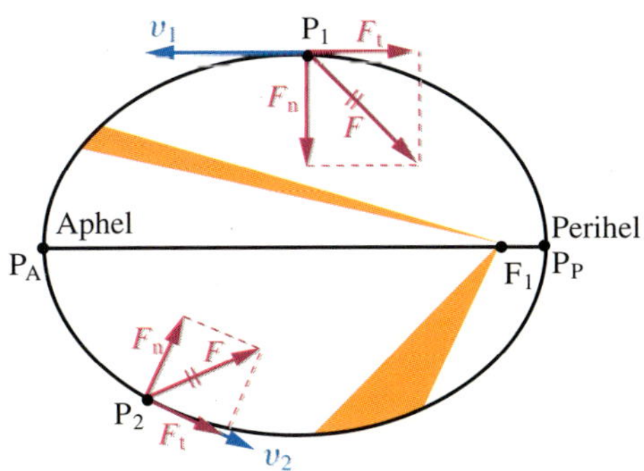

B 4: Tangential- und Normalkräfte F_t und F_n bei einer Zentralkraft F. Im Brennpunkt F_1 steht der Zentralkörper.

B 1: Die Planeten unseres Sonnensystems

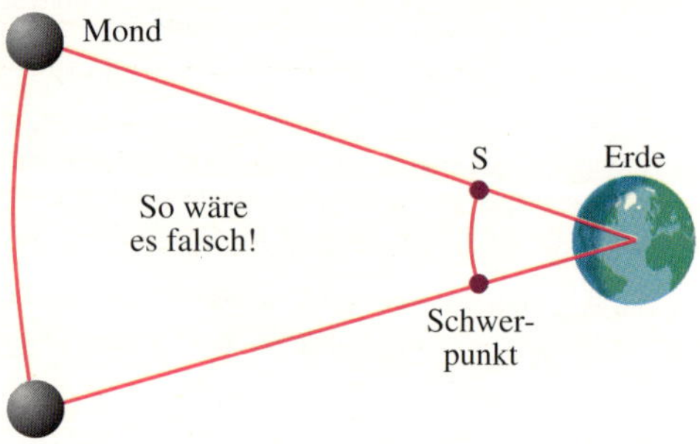

B 2a: Das System Erde – Mond: Bei ruhender oder ruhend gedachter Erde würde sich der Schwerpunkt S bewegen

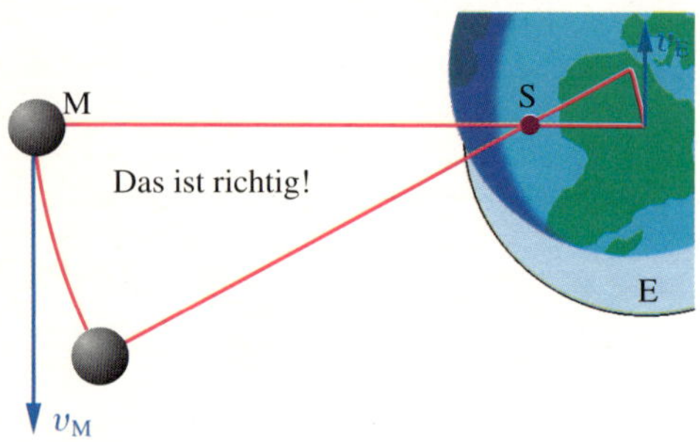

B 2b: Der Schwerpunkt S von Erde und Mond bleibt durch die Gegenbewegung der Erde in Ruhe

KEPLER fand aus Messdaten von Planeten für deren Ellipsenbahnen:

Merksatz

Drittes KEPLER-Gesetz: Die Quadrate der Umlaufdauern T_1 und T_2 zweier Trabanten um den gleichen Zentralkörper verhalten sich wie die dritten Potenzen der großen Halbachsen a_1 und a_2:

$$\frac{T_1^2}{T_2^2} = \frac{a_1^3}{a_2^3}; \quad \text{allgemein} \quad \frac{a^3}{T^2} = C.$$

Wir sehen daraus, dass der großen Halbachse a einer KEPLER-Ellipse eine größere physikalische Bedeutung zukommt als der kleinen (b) oder dem Brennpunktsabstand $2e$. b und e für sich sind ohne Einfluss auf die Umlaufdauer T. Diese ist allein durch die große Halbachse bestimmt. Deshalb ist T bei einer KEPLER-Ellipse genauso groß wie bei einer Kreisbahn über der großen Ellipsen-Halbachse ($r = a$). Wenn man dies weiß, kann man sofort nach

$$\gamma\,\frac{mM}{r^2} = \frac{4\pi^2}{T^2}\,m\,r \quad \text{oder} \quad T^2 = 4\pi^2\,\frac{r^3}{\gamma M}$$

die Umlaufdauer T berechnen, wenn man M und die große Halbachse a kennt und $r = a$ setzt. Man sieht daraus auch, dass für eine Kreisbahn r^3/T^2 konstant ist, wie wir bei den Überlegungen zur Gravitationskraft schon gefunden haben.

3. Das wahre Zentrum der Mondbahn

Bisher sind wir immer davon ausgegangen, dass sich um einen ruhend gedachten großen Zentralkörper ein wesentlich kleinerer Trabant bewegt. Für das System, das von der Erde und dem Mond gebildet wird, stimmt dies aber nicht. Erde und Mond ziehen sich gegenseitig mit betragsgleichen Kräften an. Für das System Erde – Mond sind dies „innere Kräfte", die den Schwerpunkt nicht verschieben, sondern in Ruhe lassen.

Wenn sich nun der Mond um den als ruhend gedachten Erdmittelpunkt bewegte (➠ *Bild 2a*), würde der zwischen beiden – aber näher bei der Erde – liegende Schwerpunkt S wandern. Nach dem Schwerpunktsatz muss er aber in Ruhe bleiben, wenn man von äußeren Kräften absieht. Das geht nur, wenn die Erde nach ➠ *Bild 2b* eine Gegenbewegung zur Mondbewegung durchführt. Da S Schwerpunkt sein soll, gilt:

$$M_E : m_M = r_M : r_E.$$

Die in gleichen Zeiten zurückgelegten Bögen und somit die Geschwindigkeiten, verhalten sich wie die zugehörigen Radien:

$$\upsilon_M : \upsilon_E = r_M : r_E.$$

Daraus ergibt sich $\quad M_E : m_M = \upsilon_M : \upsilon_E$

und somit die Gleichheit der Impulsbeträge

$$M_E \cdot \upsilon_E = m_M \cdot \upsilon_M.$$

Da die Impulse gegengleich sind, ist der Gesamtimpuls $p = 0$, also konstant, wenn man von äußeren Kräften absieht. Der Schwerpunkt S liegt wegen der 81fachen Erdmasse im Erdinnern ($M_E = 81\ m_M$; $a_{E-M} = 60\ R_E$)

Beispiele

Rechnen mit KEPLER

1. Berechnen Sie Umlaufdauer T und Geschwindigkeit v eines Satelliten, der die Erde in 500 km Höhe umkreist. Benutzen Sie die Tatsache, dass der 384 000 km (r_M) entfernte Mond in 27,3 Tagen (T_M) umläuft.

Lösung: Nach dem dritten KEPLER-Gesetz gilt für den Satelliten und den Mond $T^2/r^3 = T_M^2/r_M^3$. Also ist

$$T = \sqrt{\frac{r^3}{r_M^3}} \cdot T_M.$$

Mit $r = 6\,870$ km folgt
$T = 5\,644$ s = **94 min.**
Die Geschwindigkeit ergibt sich nach $v = 2\pi r/T$ zu $v =$ **7,65 km·s⁻¹.**

2. Angenommen, die Tangentialgeschwindigkeit der Erde sei null. Wie lange würde es danach dauern, bis die Erde in die Sonne gestürzt wäre?

Lösung: Näherungsweise bewegt sich die Erde mit der Umlaufdauer $T_E = 1$ a auf einem Kreis um die Sonne (➡ *Bild 3*). Die Entfernung Erde – Sonne ist gleich dem Kreisradius r_E. Verkleinert man in Gedanken die Geschwindigkeit v_E der Erde im Aphel, so wird ihre Bahn zu einer immer flacher werdenden Ellipse mit der großen Halbachse a und der Umlaufdauer T. Dabei gilt das dritte KEPLER-Gesetz
$T^2/a^3 = T_E^2/r_E^3$.
Für $v_E \to 0$ klappt die Ellipse zur Strecke $\overline{SE} = r_E$ zusammen. Auch in diesem Grenzfall gilt noch das dritte KEPLER-Gesetz.
Es gilt die Beziehung $e^2 = a^2 - b^2$. In unserem Grenzfall ist $b = 0$, also $e = a$. Die beiden Brennpunkte der „Ellipse" liegen auf dieser selbst; im einen steht die Sonne, im anderen die Erde. Somit ist $2a = r_E$, also $a = r_E/2$. Nun ist

$$\frac{T^2}{(r_E/2)^3} = \frac{T_E^2}{r_E^3},$$

also $T = T_E/(2\sqrt{2})$.
Die „Fallzeit" bis zur Sonne (nur „hin", nicht „hin und her") ist
$T/2 = 0{,}177 \cdot T_E =$ **64,6 d.**

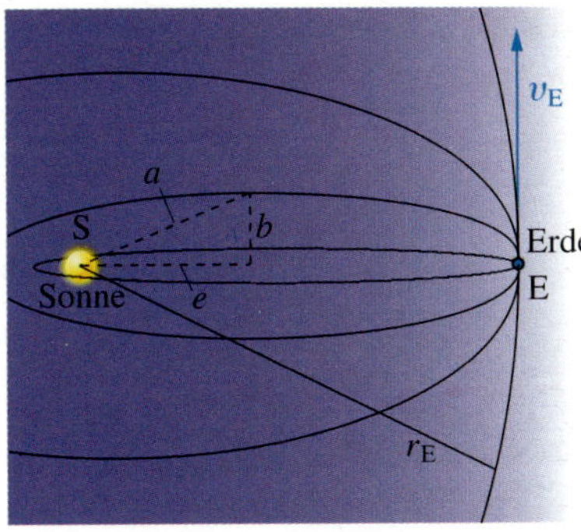

B 3: Schar von Ellipsen, die sich immer mehr der geradlinigen Verbindung Sonne – Erde annähern

... noch mehr Aufgaben

A 1: Warum ist die Konstante a^3/T^2 für die Planeten etwa 330 000-mal so groß wie für den Mond oder andere Erdsatelliten? Wie groß wäre sie für Mondsatelliten?

A 2: **a)** Einer der Jupitermonde läuft auf einem Kreis mit Radius $r_1 = 420\,000$ km in $T_1 = 1{,}77$ d um. Wie groß ist die Masse des Jupiters? Können Sie hieraus auch die Masse dieses Mondes bestimmen? **b)** Ein anderer Jupitermond hat den Bahnradius $r_2 = 670\,000$ km und die Umlaufdauer $T_2 = 3{,}55$ d. Prüfen Sie das dritte KEPLER-Gesetz, bestimmen Sie r^3/T^2 und vergleichen Sie mit A 1.

A 3: Ein Satellit bewegt sich auf einer Ellipsenbahn um die Erde. Sein erdnächster Abstand beträgt 300 km, sein größter Abstand 2 000 km. In welchem Verhältnis stehen die Geschwindigkeiten an diesen Stellen?

A 4: Der russische Sputnik 1 war der erste künstliche Erdsatellit. Im erdnächsten Punkt seiner Bahn (Höhe über der Erdoberfläche 250 km) war seine Geschwindigkeit etwa 8 km·s⁻¹. Bestimmen Sie seine Geschwindigkeit im erdfernsten Punkt (Höhe 900 km).

A 5: In welchen Punkten hat ein Planet auf seiner Ellipsenbahn die Bahnbeschleunigung null? Warum muss man zwischen Zentral- und Zentripetalkraft unterscheiden?

A 6: Der halleysche Komet hat eine Umlaufdauer von 75,6 Jahren. Die Entfernung zur Sonne beträgt im Perihel $8{,}5 \cdot 10^7$ km. Wie groß ist seine Entfernung im Aphel?

A 7: Zwei Sterne gleicher Masse m kreisen um ihren gemeinsamen Schwerpunkt S jeweils im Abstand r mit der Umlaufdauer T. Wenn man r und T im Fernrohr bestimmt hat, berechnet man m zu $m = (16\,\pi^2\, r^3)/(T^2\,\gamma)$. Zeigen Sie dies!

A 8: Entwerfen Sie ein Modell des Sonnensystems im Längenmaßstab $1 : 10^9$ (Daten ➡ Tabellenanhang). Bestimmen Sie Größe und Abstände der Modellkörper. Welche Masse hätten sie mit der Originaldichte?

A 9: Kann sich die Bundesrepublik Deutschland einen eigenen Satelliten leisten, der ständig über ihr schwebt? Können dies die USA? Kann es Ecuador (es ist doch viel ärmer als die beiden anderen Länder)?

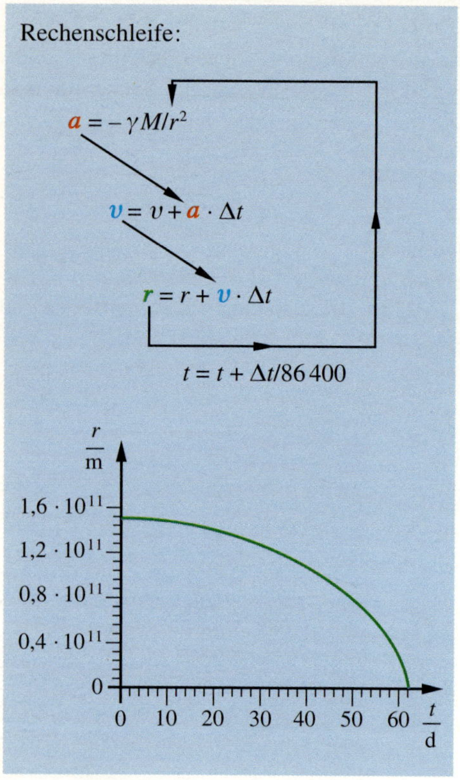

B 1: Flussdiagramm für den „Fall" in die Sonne

Entfernung r in m	Zeit t in d
1,4995596E + 11	1
1,4986786E + 11	2
1,4973564E + 11	3
…	
…	
…	
2,7897700E + 10	63
1,9592111E + 10	63
8,7051902E + 10	**64**
–1,5256977E + 10	65

T 1: Tabelle mit einem Modellbildungssystem berechnet. Zeitschritt in Tagen.

Vertiefung

Unsere Computerphilosophie

Der Computer erlaubt uns mit Kenntnis des Gravitationsgesetzes und der Definitionsgleichungen für Geschwindigkeit und Beschleunigung beliebig komplizierte Bewegungen am Himmel zu berechnen. Er führt uns also zurück zu den Grundgesetzen.

Die Macht des Computers – numerische Berechnung von Satellitenbahnen

1. Der Fall in die Sonne

Wir haben schon an verschiedenen Stellen den Computer als Hilfsmittel zur Berechnung von Bewegungsabläufen kennengelernt. Das Prinzip all dieser Berechnungen ist einfach, besonders wenn wir uns zuerst nur auf eine Koordinatenrichtung beschränken.

Wir kehren nochmals zu der Aufgabe 2 der letzten Beispielaufgaben zurück, die wir dort nur mit einem „Trick" (als Grenzfall einer Ellipse mit der kleinen Halbachse der Länge null) lösen konnten: Ein Raumschiff ruht zunächst gegenüber der Sonne in der Entfernung 149 Mio. km. Durch die Gravitationsanziehung stürzt das Raumschiff in die Sonne. Wie lange braucht es dazu?

Die beschleunigende Kraft ist die Gravitationsanziehung zwischen den beiden Körpern $m\,a = \gamma\, m\, M/r^2$. Diese Kraft ist nicht konstant, sondern ändert sich mit der Entfernung r. Es gilt weder $r = v\,t$ noch $r = \frac{1}{2}\,a\,t^2$. Man kann keine einfache Weg-Zeit-Funktion finden.

Die Grundgleichungen, die wir in einem Modellbildungssystem benutzen, nämlich $\Delta r = v \cdot \Delta t$; $\Delta v = a \cdot \Delta t$, gelten dagegen stets, wenn Δt hinreichend klein ist. Nach $a = \gamma\, M/r^2$ wird die Beschleunigung aus dem Gravitationsgesetz berechnet. Die Geschwindigkeit am Ende eines Zeitintervalls Δt erhalten wir, indem wir zu der Geschwindigkeit am Anfang des Intervalls die Geschwindigkeitsänderung $a \cdot \Delta t$ addieren. Entsprechend verfahren wir beim Abstand r und der Geschwindigkeit v.
Dann lauten die Gleichungen der ständig wiederholten Rechenschleife:

$$a = -\gamma\, M/r^2$$
$$v = v + a \cdot \Delta t$$
$$r = r + v \cdot \Delta t$$
$$t = t + \Delta t/86\,400,$$

sodass der Computer die Zeit in Tagen ausdruckt.

Dies ist tatsächlich das ganze Programm! Das Flussdiagramm für dieses Problem sehen wir in *Bild 1*. Wir müssen in den Computer nur noch die Masse der Sonne, $M = 1{,}99 \cdot 10^{30}$ kg, die Gravitationskonstante $\gamma = 6{,}672 \cdot 10^{-11}\ \mathrm{m^3 \cdot kg^{-1} \cdot s^{-2}}$ und das Zeitintervall Δt eingeben. Dazu brauchen wir noch die Startwerte für r, v und t, natürlich im Computerprogramm alles ohne Benennungen:

$$r_0 = 1{,}50 \cdot 10^{11}\ \mathrm{m}, \quad v_0 = 0\ \mathrm{m \cdot s^{-1}}, \quad t_0 = 0\ \mathrm{s}.$$

Als Zeitintervall nehmen wir einen Tag $\Delta t = 86\,400$ s. Die Ergebnisse stellen wir in einer Tabelle (*Tabelle 1*) dar und brechen ab, wenn r kleiner als der Sonnenradius ist. Wie bei den Überlegungen aufgrund des dritten KEPLER-Gesetzes erhält man für die Flugzeit bis zur Sonne etwa 64 Tage.

2. Berechnung von Planetenbahnen – ein zweidimensionales Beispiel

Die Bewegung eines Satelliten um die Erde erfolgt in einer Ebene. Wir stellen Satelliten- wie Planetenbahnen in einem *x*-*y*-System dar. Entsprechend gehen die Gleichungen für r, v und a in Gleichungen für x, y, v_x, v_y, a_x und a_y über. Ursprung ist der Mittelpunkt des Zentralkörpers. x, v_x, a_x und F_x werden nach *rechts positiv*, y, v_y, a_y und F_y nach *oben positiv* gerechnet. Die beschleunigende Kraft F zerlegen wir in *x*- und *y*-Richtung (*Bild 2*). Deren Werte F_x und F_y haben immer (in allen vier Quadranten) das entgegengesetzte Vorzeichen von x bzw. y. Aus der Ähnlichkeit des roten Kraftdreiecks und des grünen Lagedreiecks (*Bild 2*) erhalten wir:

$$F_x = m\,a_x = -F \cdot \frac{x}{r}; \qquad F_y = m\,a_y = -F \cdot \frac{y}{r}.$$

Setzt man noch für F die Gravitationskraft ein, so ist:

$$F_x = -\gamma\,\frac{m\,M}{r^3} \cdot x; \qquad F_y = -\gamma\,\frac{m\,M}{r^3} \cdot y$$

und entsprechend für die Beschleunigungen:

$$a_x = -\gamma\,\frac{M}{r^3} \cdot x; \qquad a_y = -\gamma\,\frac{M}{r^3} \cdot y.$$

Durch den Abstand $r = \sqrt{x^2 + y^2}$ sind die Gleichungen für die *x*- und *y*-Werte der Kraft miteinander verknüpft.

Wir rechnen zunächst für einen uns schon bekannten Fall, den eines stationären Erdsatelliten. Als Startpunkt wählen wir einen Punkt auf der *x*-Achse, 42 200 km vom Erdmittelpunkt entfernt. Die Startgeschwindigkeit v steht senkrecht zur *x*-Achse (*Bild 4*):

$$x = 4{,}22 \cdot 10^7\ \text{m}, \quad y = 0\ \text{m}, \quad v_x = 0\ \text{m} \cdot \text{s}^{-1}, \quad v_y = 3\,070\ \text{m} \cdot \text{s}^{-1}.$$

Wie erwartet, ergibt sich ein Kreis (*Bild 4*).

Was macht aber ein Satellit, der nach dem Start auf einer der großen Weltraumrampen aus Versehen eine andere Geschwindigkeitsrichtung erhalten hat?

Wir können das Experiment in der Schule nicht machen, aber wir können unseren Computer mit diesen veränderten Anfangswerten füttern. Die Geschwindigkeit wählen wir so, dass der Satellit unter einem Winkel von 45° gegen die *x*-Achse fliegt, aber der Betrag der Gesamtgeschwindigkeit gleich bleibt. Dazu brauchen wir die neuen Werte $v_x = v_y = 3\,070\ \text{m} \cdot \text{s}^{-1}/\sqrt{2}$. Den Startpunkt lassen wir unverändert.

Es ergibt sich eine Ellipse, deren große Halbachse unter 45° gegen die *x*-Achse geneigt ist. Wie wir aus *Bild 4* sehen, ist die Länge der großen Halbachse gleich dem Kreisradius im vorigen Beispiel. Die Zeit, die für einen Umlauf benötigt wird, ist in beiden Fällen gleich.

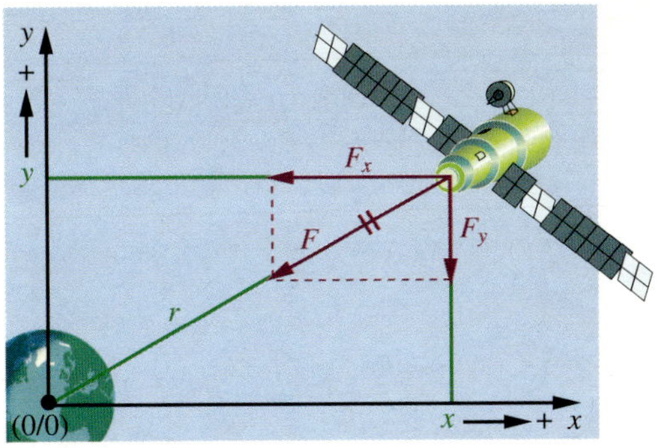

B 2: Kräftezerlegung bei der Bewegung eines Satelliten

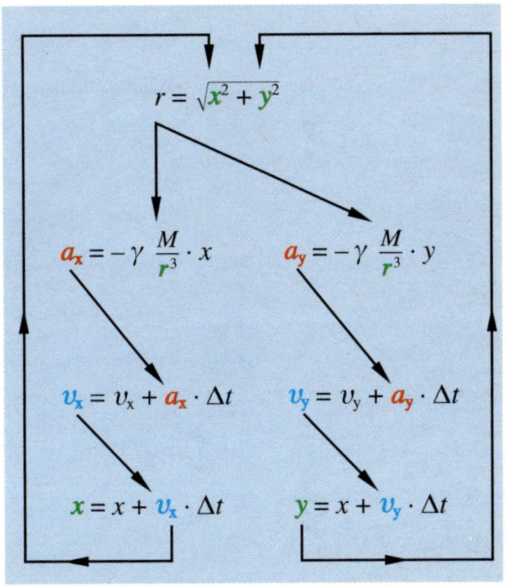

B 3: Flussdiagramm für eine zweidimensionale Bewegung

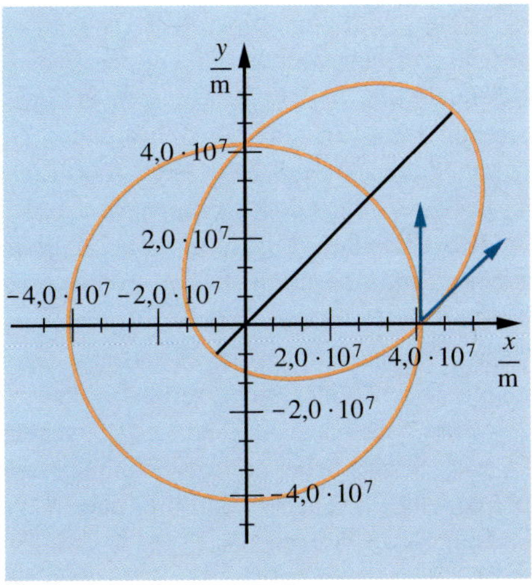

B 4: Kreis und Ellipsenbahn bei gleichem Betrag der Anfangsgeschwindigkeit und verschiedenen Anfangsrichtungen

Interessantes

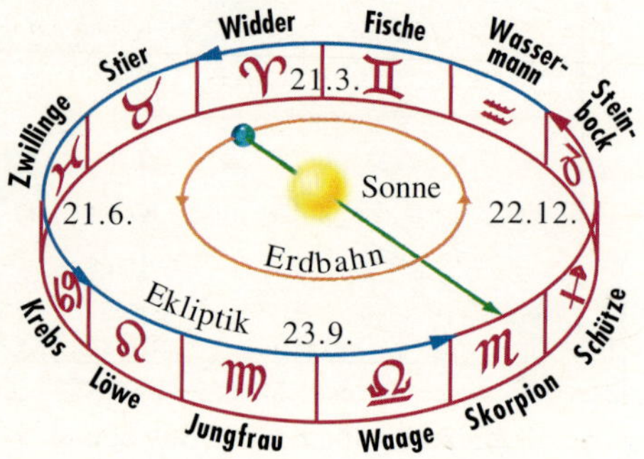

B 1: Die Sternzeichen

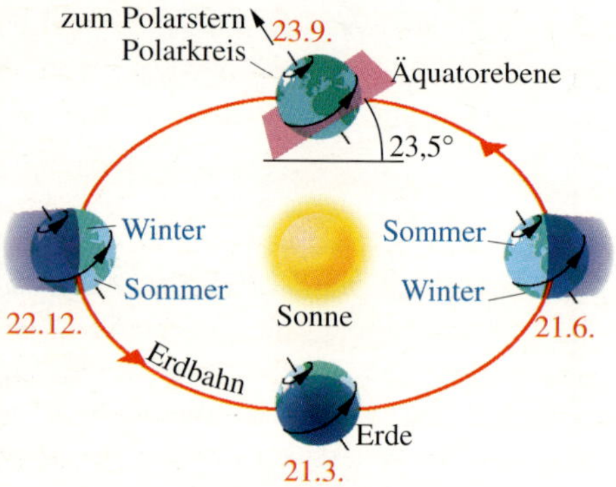

B 2: Die Entstehung von Sommer und Winter

Heimversuch:

Stellen Sie zur Veranschaulichung eine Lampe auf einen großen Tisch; sie stelle die Sonne dar. Ein Globus verdeutlicht bei Rotation um seine (schiefe) Achse die Entstehung von *Tag und Nacht*. Dann bewegen Sie den Globus auf einer Kreisbahn einmal um die „Sonne". Lassen Sie dabei immer die Richtung der Achse gleich. Sie simulieren so den Ablauf eines *Jahres*. Dabei muss die Globusachse nach Norden, dem Polarstern, zeigen. In unserem „Sommer" wird die nördliche, im „Winter" die südliche Halbkugel stärker beleuchtet. An den Nordpol darf während unseres „Winters" kein „Sonnenlicht" fallen.

Vom Globus aus gesehen wird die scheinbare Sonnenbahn auf die Zimmerwände projiziert. So entsteht dort die waagerechte Ekliptik. Zwischen der Ekliptik und dem Himmelsäquator (der Verlängerung des Globus- bzw. Erdäquators zum Himmel) finden Sie den Winkel von 23,5°.

Beobachtungen am Himmel

Könnten wir bei Tag von unserem Beobachtungsposten Erde aus an der Sonne vorbei die Sterne sehen, so würde sich der scheinbare Ort der Sonne vor dem Fixsternhimmel ändern. In ➡ *Bild 1* steht die Sonne gerade im Sternbild des Skorpions. Die Sonne bleibt täglich um (1/365)-tel Tag (≈ 4 min) gegenüber den Fixsternen zurück. Sie scheint auf der Himmelskugel einen Kreis zu beschreiben, *Ekliptik* genannt. Auf ihm liegen 12 der Sternbilder, nach denen man die Fixsterne von alters her eingeteilt hat. Sie haben teilweise Tiernamen: Widder, Löwe, Stier, Krebs. Daher heißt dieser Kreis auch *Tierkreis*. Hier liegt ein Ausgangspunkt der *Astrologie*. Diese glaubt das Schicksal eines Menschen vorhersagen zu können, wenn man weiß, in welchem Tierkreiszeichen die Sonne stand, als er geboren wurde.

Bei Nacht blicken wir in die entgegengesetzte Richtung, also den um 6 Monate verschobenen Teil des Tierkreises. Die scheinbare Bewegung der Fixsterne sieht man am Besten, wenn man mit einer feststehenden Kamera die Gegend um den Himmelsnordpol mit mehreren Stunden Belichtungszeit fotografiert. Die Sterne bewegen sich dabei auf Kreisbögen, in deren Zentrum der Polarstern steht.

Warum ist es im Sommer wärmer als im Winter?

Naheliegend (aber leider falsch) ist die Vermutung, dass die Erde auf ihrer KEPLER-Ellipse im Sommer näher an der Sonne sei als im Winter. Im Gegenteil! Im Januar ist die Erde nur $147 \cdot 10^6$ km, im Juli dagegen $152 \cdot 10^6$ km von der Sonne entfernt. Im Sommer wird es aber früher hell und später dunkel. Die Sonne steht im Durchschnitt höher am Himmel. Die Sonnenstrahlen fallen steiler auf unsere nördliche Halbkugel. So wird der Nordhalbkugel im Sommer viel mehr Energie zugeführt als im Winter.

Woher rührt das? Die Rotationsachse der Erde steht schräg zur Ebene der KEPLER-Ellipse; sie ist zum Lot auf ihr um 23,5° geneigt (➡ *Bild 2*). Beim Umlauf um die Sonne behält die Erdachse ihre Richtung stets bei. Sie zeigt auf den Polarstern, den Himmelspol. Am 21. Juni, dem Tag der Sommersonnenwende, steht die Sonne über dem Breitenkreis mit 23,5° nördlicher Breite um 12 Uhr mittags genau im Zenit. Zur selben Zeit erreicht die Sonne in höheren Breiten ihren höchsten Stand. Am nördlichen Polarkreis (66,5° nördlicher Breite) geht an diesem Tag die Sonne nicht unter; am südlichen Polarkreis (66,5° südlicher Breite) herrscht durchgehend Polarnacht. Der Kreis mit 23,5° nördlicher Breite wird als nördlicher *Wendekreis* oder Wendekreis des Krebses bezeichnet; der Kreis mit 23,5° südlicher Breite ist der Wendekreis des Steinbocks. Entsprechend gilt für den 21. Dezember, den Tag der nördlichen Wintersonnenwende, dass die Sonne um 12 Uhr über dem Wendekreis des Steinbocks senkrecht steht und am südlichen Polarkreis nicht untergeht. Am 21. März (Frühlingsanfang auf der Nordhalbkugel) sind Tag- und Nachtbogen der Sonne gleich.

Projektideen

Die folgenden Probleme sind umfangreicher als die sonst üblichen Aufgaben. Ein paar Tips:
Testen Sie Ihr Programm zuerst an einem Beispiel, bei dem man das Ergebnis kennt, z. B. dadurch, dass es in der Natur verwirklicht ist. Bei umfangreichen Berechnungen lohnt es sich, bessere Näherungsverfahren kennenzulernen und zu verwenden. Trauen Sie Ergebnissen erst, wenn auch bei Halbierung des Zeitintervalls und Verdoppelung der Schrittzahl (im Wesentlichen) die gleichen Ergebnisse folgen. Welche Programmiersprache oder was für ein Modellbildungssystem Sie verwenden, ist meistens nicht so wichtig.

1. Projekt: Flächengeschwindigkeit
Zeigen Sie mit Hilfe einer Simulation, dass die Flächengeschwindigkeit bei einer Ellipsenbahn konstant ist. Bestätigen Sie so das zweite KEPLER-Gesetz.

2. Projekt: Zweikörperproblem
Berechnen Sie die gegenseitige Bewegung von Erde und Mond. Legen Sie den Ursprung in den gemeinsamen Schwerpunkt von Erde und Mond.

3. Projekt: Fall des Meteors mit Luftwiderstand
Informieren Sie sich über ein realistisches Modell für die Abnahme der Dichte der Luft mit der Höhe. Lösen Sie Aufgabe 1 von dieser Seite unter Berücksichtigung des Luftwiderstands bei veränderlicher Dichte der Luft.

4. Projekt: Dreikörperproblem:
Bei diesem Problem gibt es für den allgemeinen Fall – auch in Hochschulbüchern – keine fertige Lösung, in die Sie nur die Anfangswerte einsetzen müssten.

a) Stellen Sie für drei Körper, die sich unter dem gegenseitigen Einfluss ihrer Gravitationsanziehung bewegen, ein Computerprogramm auf.

b) In dem Tabellenanhang des Buches sind die Bahndaten für Sonne, Erde und Mond enthalten. Bestimmen Sie daraus sinnvolle Anfangswerte für Ihr Programm. Wie lange dauert nach Ihren Berechnungen ein Jahr, wie lange ein Mondumlauf um die Erde? Vergleichen Sie mit den tatsächlichen Werten in der Natur!

c) Nehmen Sie drei Körper mit verschiedenen Massen (z. B. $m_1 = 4m_2 = 16m_3$). Richten Sie die Startwerte der Geschwindigkeit stets so ein, dass der Impuls des Schwerpunktes null ist. Wenn Sie ungezielt mit den Anfangsgeschwindigkeiten probieren, wird sich im Allgemeinen keine geschlossene Bewegung ergeben. Vorschlag: Ordnen Sie drei Körper auf einer Geraden an, fassen m_2 und m_3 als Doppelsternsystem auf, das um den gemeinsamen Schwerpunkt S_2 kreist. Geben Sie sich den Abstand der Massen vor und berechnen mit dem Gravitationsgesetz und der Gleichung für die Zentripetalkraft die Geschwindigkeiten von m_2 und m_3. Die in S_2 vereinte Masse $m_2 + m_3$ bildet mit m_1 wieder ein Doppelsternsystem. Berechnen Sie so für beide Systeme die Startwerte, mit denen dann die Iteration durchgeführt werden kann.

... noch mehr Aufgaben

A 1 und A 2 können nur mit dem Computer gelöst werden.

A 1: Ein Meteor ($m = 10$ kg) hat in 500 km Höhe die Geschwindigkeit $v = 10\ \text{km·s}^{-1}$. Der Meteor stürzt senkrecht auf die Erde zu. **a)** Mit welcher Geschwindigkeit trifft er auf die Erde, wenn wir vom Luftwiderstand absehen? **b)** Welche Endgeschwindigkeit erreicht der Körper unter Berücksichtigung des Luftwiderstandes? Nehmen Sie dazu an, dass die Atmosphäre in 10 km Höhe über der Erde beginnt und die Dichte der Luft auf dieser Strecke konstant $\varrho = 0{,}6\ \text{kg/m}^3$ ist. Den Luftwiderstand können Sie mit $F = \frac{1}{2} \cdot c_w \cdot \varrho \cdot A \cdot v^2$ berechnen. Die Querschnittsfläche sei $A = 100\ \text{cm}^2$ und $c_w \approx 1$.

A 2: Zwei Körper haben jeweils die Masse 1,5 kg und den Radius 3 cm. Ihr Mittelpunktsabstand beträgt 10 cm und sie befinden sich zunächst in Ruhe. Die Körper sollen sich nur unter dem Einfluss der gegenseitigen Gravitationskraft aufeinander zubewegen. Nach welcher Zeit treffen sie aufeinander? Welche Geschwindigkeit haben die Körper dann?

A 3: Wie würde sich das Bild der Jahreszeiten ändern, wenn die Neigung der Erdachse gegen das Lot auf der unveränderten Erdbahnebene kleiner oder größer als 23,5° wäre? Wie verliefe das Jahr bei einer Neigung von 0°, wie bei 90°?

A 4: Geben Sie eine grobe Abschätzung, wie viel mehr Energie an einem Sommertag (16 Stunden Sonnenschein) gegenüber einem Wintertag (8 Stunden Sonnenschein) ein Ort 52° nördlicher Breite empfängt.

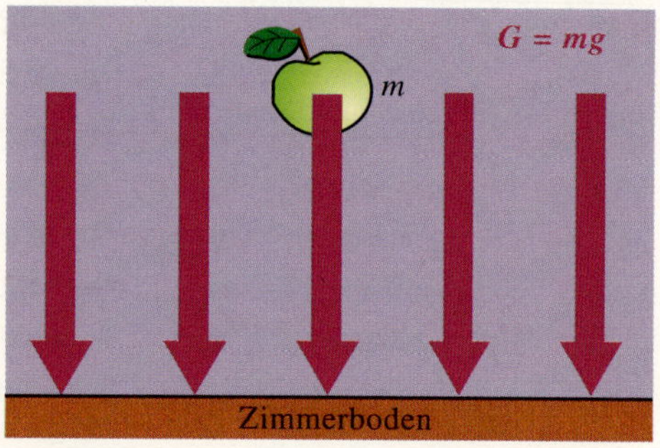

B 1: Ein Apfel fällt immer senkrecht nach unten. Woher weiß der Apfel dies?

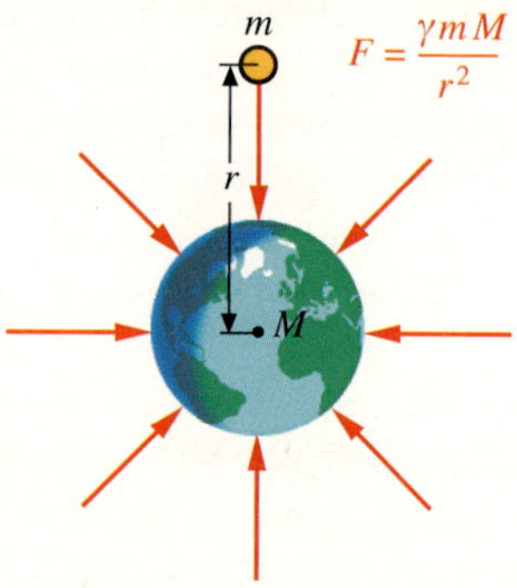

B 2: Das radiale Feld der Erde

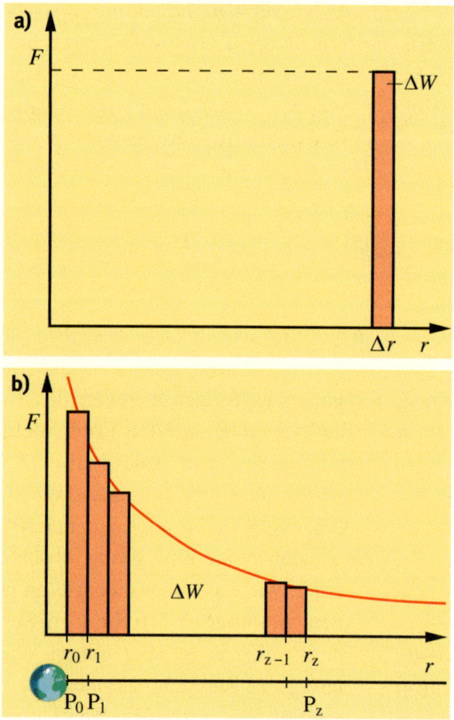

B 3: a) Beim Heben entspricht die zugeführte Energie dem Flächeninhalt des Rechtecks im F-r-Diagramm **b)** Zur Energiezufuhr bei veränderlicher Kraft

Potentielle Energie im Gravitationsfeld

1. Wir leben in Schwerefeldern

An jeder Stelle auf unserer Erde fallen Körper senkrecht nach unten. Es gibt aber kein Seil, mit dem die Erde diese Kraftwirkung überträgt. Auch im Vakuum zieht die Erde jeden Gegenstand an. Einen Raum, in dem solche Kraftwirkungen auftreten, nennen wir Gravitationsfeld. Sie kennen bereits magnetische und elektrische Felder. Dort erfahren „Probekörper" wie magnetisierte Stricknadeln oder geladene Wattestücke Kräfte *tangential* zu den *Feldlinien*. In einem kleinen Bereich (z. B. in einem Zimmer) sind die Gewichtskräfte G hinreichend parallel zueinander. Sie sind die Feldkräfte des Gravitationsfeldes; wir zeichnen deshalb auch die Feldlinien nach unten. Hier ist das Gravitationsfeld praktisch *homogen*. Damit meint man, es sei auch überall gleich „stark". Was heißt das? Nehmen wir als „Probekörper" einen beliebigen Gegenstand mit Masse m, also mit der Gewichtskraft $G = m\,g$. Im homogenen Feldbereich ist der Quotient $g = G/m$ konstant und für alle Körper gleich. Betrachtet man dagegen größere Bereiche, so nimmt er z. B. mit der Höhe ab; g heißt Ortsfaktor oder – wie wir jetzt sagen – *Feldstärke* des Gravitationsfeldes (vom geringen Einfluss der Erdrotation wegen der Zentripetalkraft sei abgesehen). Im Ganzen betrachtet, ist das Gravitationsfeld der Erde nach ➡ *Bild 2* *radial.* Die Feldstärke g nimmt – wie die Gewichtskraft $G = m\,g = \gamma\, m\, M/r^2$ eines Körpers – nach außen gemäß $1/r^2$ ab.

2. Mit Energie in den Himmel

Wenn wir einen Körper der Masse m nur um eine gegenüber dem Erdradius R kleine Strecke $\Delta r \ll R$ heben, ist die Feldstärke g hinreichend konstant. Wir brauchen zum Heben die Energie $\Delta W = G \cdot \Delta r = m \cdot g \cdot \Delta r$. In einem Kraft-Weg-Diagramm entspricht diese Energie dem Flächeninhalt eines Rechtecks (➡ *Bild 3a*). Etwas komplizierter ist es, die Energie zu berechnen, die man braucht, um eine Raumkapsel vom Punkt P_0 1 000 km in einen höheren Punkt P_z zu heben (ohne zunächst ihre Geschwindigkeit zu ändern). Die Gravitationskraft ist nicht mehr konstant, sondern nimmt nach $F = \gamma\, M\, m/r^2$ ab. Deshalb unterteilen wir die Wegstrecke von P_0 bis P_z in sehr viele Radienstücke Δr von P_0 nach P_1, von P_1 nach P_2, P_2 nach P_3 bis hin zum Zielpunkt P_z. Beim ersten sich an P_0 anschließenden Stück $\Delta r = r_1 - r_0$ ist die Kraft

$$\text{in } P_0\!: \; F_0 = \gamma\, m M/r_0^2 \quad \text{und} \quad \text{in } P_1\!: \; F_1 = \gamma\, m M/r_1^2.$$

$F_0\,\Delta r$ gibt einen etwas zu großen, $F_1\,\Delta r$ einen zu niedrigen Wert für die Energie. Wir machen die Δr so klein, dass F sich innerhalb eines Intervalls nur wenig ändert. Die Näherung wird besser, wenn wir den dazwischenliegenden Wert für die Kraft $F_1' = \gamma m M/(r_1 \cdot r_0)$ nehmen. Bei ihm sind die Nenner r_0^2 und r_1^2 durch das zwischen beiden liegende Produkt $r_1 \cdot r_0$ ersetzt. Die zugeführte Energie beträgt also auf der Strecke $\Delta r = r_1 - r_0$ mit guter Näherung

$$\Delta W_1 = F_1'\,\Delta r = \gamma \frac{mM}{r_1 r_0}(r_1 - r_0) = \gamma\, m M \left(\frac{1}{r_0} - \frac{1}{r_1}\right).$$

Für die Abschnitte r_1 bis r_2, r_2 bis r_3, …, r_{z-1} bis r_z erhalten wir entsprechende Beiträge. Erfreulicherweise bleiben beim Addieren nur die Terme mit den festen Eckwerten r_0 und r_z übrig.

$$\Delta W = \gamma m M \left\{ \left(\frac{1}{r_0} - \frac{1}{r_1} \right) + \left(\frac{1}{r_1} - \frac{1}{r_2} \right) + \ldots + \left(\frac{1}{r_{z-1}} - \frac{1}{r_z} \right) \right\}$$

$$= \gamma m M \left(\frac{1}{r_0} - \frac{1}{r_z} \right)$$

Die zugeführte Energie und damit die Zunahme der *potentiellen Energie* (auch Lage- oder Höhenenergie genannt) ist also

$$\Delta W_{pot} = \gamma m M \left(\frac{1}{r_0} - \frac{1}{r_z} \right). \qquad (1)$$

Hebt man den Körper nicht radial hoch, sondern entlang einer gekrümmten Bahn, so zerlegen wir die Kurve entsprechend *Bild 4* in kleine Stückchen entlang den Feldlinien und in Bogenstücke quer dazu. Nur längs der Feldlinien (1) muss man Energie aufbringen, auf den Querstücken (2) nicht, da die Kraft senkrecht zur Bewegungsrichtung steht. Da nur die radialen Wegstücke beitragen, muss wie bei unseren obigen Überlegungen die Summe $\Delta W_1 + \ldots + \Delta W_z$ gebildet werden. Das Resultat ist wieder:

$$\Delta W_{pot} = \gamma m M \left(\frac{1}{r_0} - \frac{1}{r_z} \right).$$

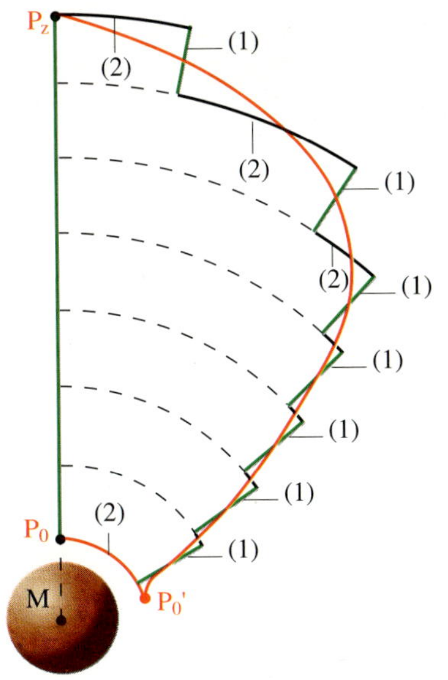

B 4: Die Energie ist wegunabhängig

Merksatz

Die Änderung der potentiellen Energie ΔW_{pot} im Gravitationsfeld ist unabhängig vom Weg zwischen Anfangs- und Endpunkt. Sie hängt nur von den Entfernungen r_0 und r_z nach Gleichung 1 ab.

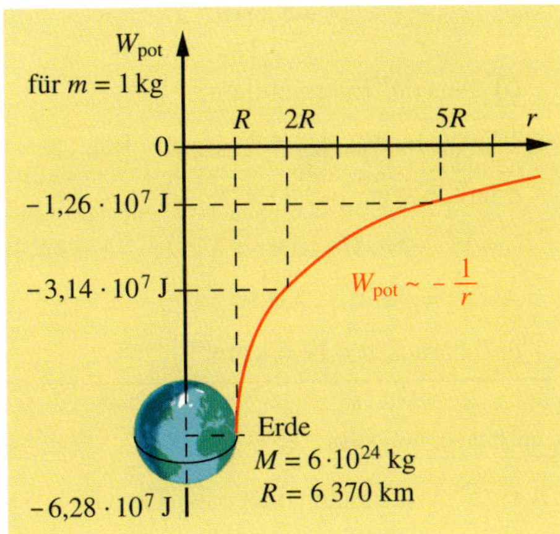

B 5: Verlauf der potentiellen Energie eines Körpers der Masse 1 kg in der Umgebung der Erde

3. Wohin mit dem Nullniveau?

Wie wir wissen, ist die potentielle Energie erst festgelegt, wenn wir uns auf ein Nullniveau geeinigt haben. Das Nullniveau der potentiellen Energie können wir nicht in den Erdmittelpunkt legen (für $r = 0$ m ist $1/r$ nicht definiert). Sehr weit von dem Zentralkörper entfernt ist die Kraft auf den Probekörper null. Man vereinbart daher, dass dort auch die potentielle Energie ihren Nullpunkt hat. Aus Gleichung 1 folgt die Energie, die man einem Körper der Masse m zuführen muss, um ihn aus einer beliebigen Entfernung r vom Erdmittelpunkt ins Unendliche zu bringen. $r_z \to \infty$ ergibt:

$$\Delta W_{pot} = \gamma m M / r.$$

Die Festlegung des Nullniveaus fordert für die potentielle Energie W_{pot} des Körpers in der Entfernung r vom Erdmittelpunkt:

$$W_{pot} + \gamma m M / r = 0, \quad \text{also } W_{pot} = -\gamma m M / r.$$

Merksatz

Das Nullniveau der *potentiellen Energie* legt man ins Unendliche. Im radialen Schwerefeld eines Körpers der Masse M hat ein anderer Körper mit der Masse m und dem Mittelpunktsabstand r die negative potentielle Energie $\mathbf{W_{pot} = -\frac{\gamma m M}{r}}$.

Beispiel

Potentielle Energie eines Satelliten

Ein Satellit ($m = 1\,000$ kg) soll von der Erdoberfläche ($R = 6\,370$ km) durch eine Rakete um 6 370 km ($r = 2R$) „gehoben" werden. Wie ändert sich dabei seine potentielle Energie?

Lösung:

Die Änderung ist:

$$\Delta W_{pot} = W_{pot}(2R) - W_{pot}(R)$$

$$\Delta W_{pot} = -\gamma m M \left(\frac{1}{2R} - \frac{1}{R} \right)$$

$$\Delta W_{pot} = \mathbf{3{,}14 \cdot 10^{10}\ J}$$

Beispiel

Ein Meteor stürzt zur Erde

Ein Meteor der Masse $m = 1\,000$ kg falle aus einer Entfernung von $9R$ auf die Erdoberfläche ($R = 6{,}37 \cdot 10^6$ m). Seine Geschwindigkeit in der Entfernung $9R$ betrage 10 km·s^{-1}.

a) Wie ändert sich seine potentielle Energie? **b)** Wie groß ist seine Geschwindigkeit beim Auftreffen, wenn wir vom Luftwiderstand absehen?

Lösung:

a) Die potentielle Energie wird kleiner, wenn der Meteor auf die Erde fällt. Die Änderung ΔW_{pot} ist negativ und es gilt

$$\Delta W_{pot} = W_{pot,\,unten} - W_{pot,\,oben} = -\gamma m M \left(\frac{1}{R} - \frac{1}{10R}\right) = \mathbf{-5{,}6 \cdot 10^{10}\ J}.$$

b) Aus der Energiebilanz

$$W_{kin,\,oben} + W_{pot,\,oben} = W_{kin,\,unten} + W_{pot,\,unten}$$

erhalten wir

$$\tfrac{1}{2} m v_0^2 - \gamma m M/(10R) = \tfrac{1}{2} m v^2 - \gamma m M/R$$

$$\tfrac{1}{2} m v^2 = \tfrac{1}{2} m v_0^2 + 5{,}6 \cdot 10^{10}\ \text{J}$$

und daraus $v =$ **14,6 km·s^{-1}**.

4. Fluchtgeschwindigkeit

Wir stellen uns vor, die Erde habe keine Atmosphäre. Soll ein Körper ins „Unendliche" fliegen, dann muss man ihm mindestens die Energie $W = \gamma m M/R$ (R Radius der Erde) zuführen. Eine Kanone müsste ihm diese Energie in einem Schuss als kinetische Energie $\frac{1}{2} m v^2$ geben. Hieraus folgt:

$$\frac{1}{2} m v^2 = \gamma m M/R \quad \text{oder} \quad v = \sqrt{2\gamma M/R} = 11{,}2\ \text{km·s}^{-1}.$$

Man nennt v die **Fluchtgeschwindigkeit.**

5. Fliegt die Erde mit negativer Energie?

Jeder Erdsatellit hat im Gravitationsfeld der Erde eine negative potentielle Energie $W_{pot} < 0$ J. Wir haben ja ihr Nullniveau ins Unendliche gelegt. Dies gilt auch für die Erde im Feld der Sonne. Doch haben kreisende Körper auch noch *kinetische* Energie, die wegen $v^2 > 0$ stets *positiv* ist. Gibt dies den Körpern, die auf Kreisbahnen umlaufen, wenigstens eine positive Gesamtenergie W_{ges}?

Wir addieren:

$$W_{ges} = W_{kin} + W_{pot} = \frac{1}{2} m v^2 - \frac{\gamma m M}{r}.$$

Bei Kreisbahnen ist $m v^2/r = \gamma m M/r^2$ und damit

$$W_{ges} = \frac{1}{2}\frac{\gamma m M}{r} - \frac{\gamma m M}{r} = -\frac{1}{2}\frac{\gamma m M}{r}.$$

Die Gesamtenergie ist negativ und halb so groß wie die potentielle Energie. Seien wir froh darüber, sonst könnte die Erde mit ihrer kinetischen Energie ins Nullniveau der potentiellen, d. h. ins Unendliche, hochsteigen und so der Sonne entfliehen.

... noch mehr Aufgaben

A 1: a) Wie kann man die Gravitationsfeldstärke g am Erdäquator aus dem Gravitationsgesetz berechnen? **b)** Wie groß ist dort die Zentripetalkraft für einen Körper der Masse 1 kg? Wie viel Prozent der Gravitationskraft ist dies?

A 2: a) Eine Rakete wird in radialer Richtung mit der Anfangsgeschwindigkeit $v = 100$ m·s^{-1} abgeschossen. Wie hoch fliegt die Rakete, wenn der Ausgangspunkt der Bewegung den Abstand R ($R = 6\,370$ km), $2R$, $10R$ vom Erdmittelpunkt hat? **b)** Eine Rakete wird von der Erdoberfläche senkrecht nach oben abgeschossen. Welche Anfangsgeschwindigkeit muss sie haben, um die Höhe 1 000 km über der Erdoberfläche zu erreichen? (Von Reibungskräften ist abzusehen.)

A 3: a) Bestimmen Sie die Geschwindigkeit v und die Bewegungsenergie eines Erdsatelliten ($m = 1\,000$ kg), der in 1 000 km Höhe eine Kreisbahn beschreibt. **b)** Welche Energie braucht man, um ihn von der als ruhend gedachten Erdoberfläche in die Umlaufbahn zu bringen? **c)** Warum schießt man Satelliten nahe am Äquator und nach Osten ab?

A 4: a) Welche Geschwindigkeit v hat ein Meteor ($m = 1$ kg), der im Unendlichen praktisch ruhte, wenn er im Gravitationsfeld der Sonne die Erdbahn erreicht? **b)** Welche Geschwindigkeit v_E hat die Erde auf ihrer Bahn um die Sonne? **c)** Welche Geschwindigkeit v_1 kann also der Meteor relativ zur Erde maximal haben? **d)** Vergleichen Sie die zugehörige kinetische Energie mit derjenigen, die er allein durch die Gravitation der Erde an ihrer Oberfläche bekommen könnte. **e)** Woher rührt also die Reibungshitze des Meteors in der Atmosphäre in erster Linie?

A 5: Ein Satellit bewegt sich auf einer erdnahen Umlaufbahn. Durch die geringe Luftreibung verringert sich die Gesamtenergie. Zeigen Sie, dass dabei sein Bahnradius r sinkt und seine Geschwindigkeit v größer wird. (Hinweis: Minuszeichen bei der Gesamtenergie beachten!)

Interessantes

Ein Himmel voller Kegelschnitte

Mit dem Simulationsprogramm der rechten Spalte untersuchen wir, was für Bahnen wir erhalten, wenn die Geschwindigkeit und damit die kinetische Energie eines Erdsatelliten erhöht wird.

Wir beginnen mit Anfangsbedingungen, die eine Kreisbahn mit Radius $r = R = 6\,370$ km ergeben. Dabei lassen wir den Luftwiderstand außer Betracht; es stört uns auch nicht, dass der Satellit genau an der Erdoberfläche entlangrast. Der Satellit wird z. B. an der Stelle $x = 6{,}37 \cdot 10^6$ m, $y = 0$ m, mit der Geschwindigkeit $v_y = 7\,910\ \text{m·s}^{-1}$, $v_x = 0\ \text{m·s}^{-1}$, abgeschossen. Vergrößern wir die Startgeschwindigkeit (z. B. $v_y = 10\,500\ \text{m·s}^{-1}$) bei sonst gleichen Anfangsbedingungen, so geht die Kreisbahn in eine Ellipsenbahn über (*Bild 3*). Bei der Fluchtgeschwindigkeit $v_y = 11\,200\ \text{m·s}^{-1}$ ist die kinetische Energie gleich dem Betrag der potentiellen Energie. Aus der langgestreckten Ellipse ist eine Parabel geworden, die ins Unendliche reicht. Geht man mit der Startgeschwindigkeit über die Fluchtgeschwindigkeit hinaus, entstehen Hyperbelbahnen.

Zusammenstellung:

Gesamtenergie	Geschwindigkeit	Bahnform
$W < 0$ J	$v < 11{,}2\ \text{km·s}^{-1}$	Ellipse
$W = 0$ J	$v = 11{,}2\ \text{km·s}^{-1}$	Parabel
$W > 0$ J	$v > 11{,}2\ \text{km·s}^{-1}$	Hyperbel

Hyperbel, Parabel und Ellipse nennt man in der Mathematik Kegelschnitte.

B 1: Der Komet Hale-Bopp beschreibt eine Ellipsenbahn mit der Sonne in einem Brennpunkt

Programmschleife:

$r = \sqrt{x^2 + y^2}$

$a_x = -\gamma\, M\, x / r^3 \qquad a_y = -\gamma\, M\, y / r^3$

$v_x = v_x + a_x \cdot \Delta t \qquad v_y = v_y + a_y \cdot \Delta t$

$x = x + v_x \cdot \Delta t \qquad y = y + v_y \cdot \Delta t$

$t = t + \Delta t$

Startwerte:

$x = 6{,}376 \cdot 10^6$; $y = 0$; $\gamma = 6{,}672 \cdot 10^{-11}$

$M = 5{,}97 \cdot 10^{24}$; $v_x = 0$; $t = 0$

v_y siehe unten (*Bild 3*)

B 2: Die russische Raumstation Mir bewegt sich auf einer Ellipsenbahn um die Erde

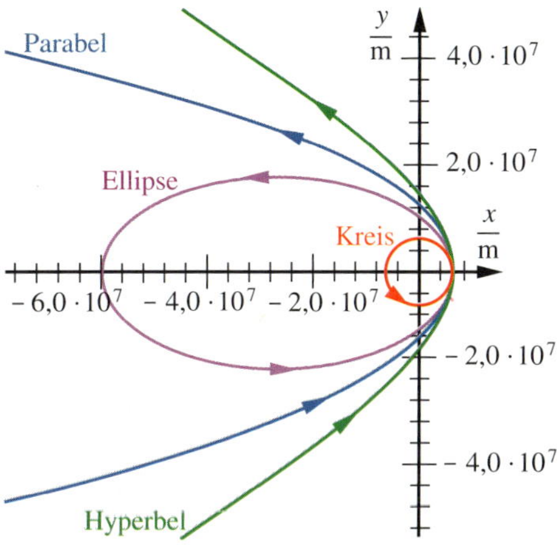

B 3: Verschiedene Bahnformen für Satelliten; Startwerte für v_y senkrecht zur x-Achse:

Kreis	$v_y = 7\,910\ \text{m·s}^{-1}$
Ellipse	$v_y = 10\,500\ \text{m·s}^{-1}$
Parabel	$v_y = 11\,200\ \text{m·s}^{-1}$ und $-11\,200\ \text{m·s}^{-1}$
Hyperbel	$v_y = 12\,000\ \text{m·s}^{-1}$ und $-12\,000\ \text{m·s}^{-1}$

Interessantes

Ebbe und Flut werden berechnet

Aus dem Abstand von Erd- und Mondmittelpunkt ($r = 3{,}84 \cdot 10^5$ km) und der Mondmasse ($m_M = 7{,}33 \cdot 10^{22}$ kg) berechnen wir die Beschleunigung a_z des Schwerpunktes E der Erde:

$$a_z = \gamma\, m_M / r^2 = 3{,}316 \cdot 10^{-5}\ \text{m} \cdot \text{s}^{-2}.$$

Der Punkt A auf der Erdoberfläche (*Bild 2*) ist dem Mond um den Erdradius $R = 6\,370$ km näher als der Mittelpunkt E. Daher erfährt ein Wasserteilchen in A die größere Beschleunigung

$$a_A = \gamma\, m_M / (r - R)^2 = 3{,}429 \cdot 10^{-5}\ \text{m} \cdot \text{s}^{-2},$$

der um R entferntere Punkt B dagegen nur

$$a_B = \gamma\, m_M / (r + R)^2 = 3{,}209 \cdot 10^{-5}\ \text{m} \cdot \text{s}^{-2}.$$

Etwas Näherungsrechnung:

Ein Wasserteilchen im Punkt A habe den Abstand x vom Erdmittelpunkt. Relativ dazu erfährt es die Beschleunigung

$$\Delta a_A = a_A - a_z = \gamma\, m_M \cdot (1/(r - x)^2 - 1/r^2).$$

Ziehen wir r^2 aus $(r - x)^2$ heraus, so ist für $x/r \ll 1$:

$$(r - x)^2 = r^2 \cdot [1 - 2\,x/r + (x/r)^2]$$
$$\approx r^2 \cdot [1 - 2\,x/r]$$

Zudem gilt für kleine y näherungsweise:

$$1/(1 - y) \approx 1 + y,$$

also gilt:

$$\Delta a_A \approx \gamma\, m_M \cdot (1/[r^2 \cdot (1 - 2\,x/r)] - 1/r^2)$$
$$\Delta a_A \approx \gamma\, m_M \cdot (1/r^2 \cdot [1 + 2\,x/r] - 1/r^2)$$
$$\Delta a_A \approx \gamma\, m_M \cdot 2\,x/r^3$$

Zerreißprobe beim Kometenschweif

1994 stürzte der Komet *Shoemaker-Levy 9* auf den Jupiter. Vor seinem Aufprall war er schon durch „Gezeiteneffekte" in 20 Teile zerrissen. Ist nämlich die Gezeitenkraft größer als die Gravitationskraft, die den Kometen zusammenhält, zerbricht er.

M_J sei die Masse des Jupiters, r der Abstand zwischen dem Kometen und Jupiter, m_K die Masse des Kometen und x der Radius des Kometenkerns. Der Komet zerbricht also, wenn für die entsprechenden Beschleunigungen gilt:

$$\gamma\, M_J \cdot 2\,x/r^3 > \gamma\, m_K / x^2$$

oder

$$2 \cdot M_J / r^3 > m_K / x^3$$

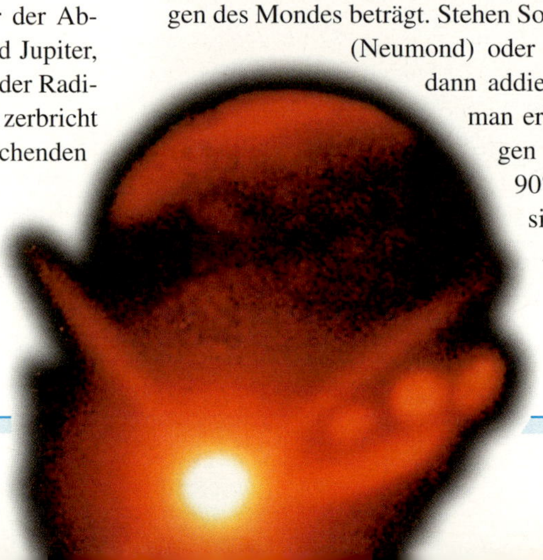

B 1: Komet Shoemaker-Levy beim Sturz auf den Jupiter

Der Wechsel der Gezeiten

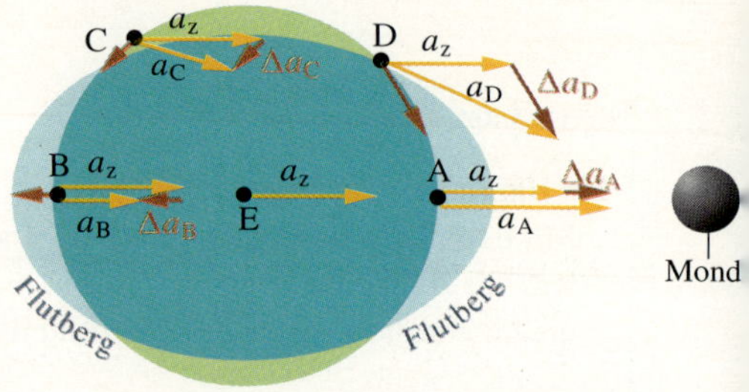

B 2: Zur Entstehung der Gezeiten

An den Küsten der Weltmeere sind Ebbe und Flut sehr verschieden stark ausgeprägt. Ostsee und Mittelmeer zeigen nur geringe Schwankungen zwischen Hoch- und Niedrigwasser. Im freien Ozean ist der „Tidenhub" (der Unterschied zwischen Hoch- und Niedrigwasser) 80 cm, an manchen Küstenorten werden Höchstwerte von 15 m gefunden (z. B. Fundy-Bay in Kanada). In St. Malo (Frankreich) wird das Wasser bei Flut durch einen Damm eingefangen und treibt im Gezeitenkraftwerk bei Ebbe Turbinen mit der Leistung 240 MW an. Bekanntlich hängen die Gezeiten mit der Stellung des Mondes zusammen. Warum? Die Mittelpunkte von Erde und Mond kreisen um ihren gemeinsamen Schwerpunkt S. Dabei ist die Tangentialbewegung kräftefrei. Die Gezeiten werden allein vom Unterschied der Gravitationskräfte F_i ausgelöst, die der Mond auf die verschiedenen Erdpunkte i ausübt. So zieht der Mond die ihm zugewandten Wasserteilchen im Punkt A (*Bild 2*) mit der größten Kraft F_A an. Sie erfahren deshalb eine Beschleunigung a_A auf den Mond zu, die größer ist als die Beschleunigung a_z des starren (im Erdmittelpunkt E vereinigt gedachten) Erdkörpers. So bildet sich der dem Mond ständig zugewandte Flutberg aus. Die mondabgewandten Teilchen (in B) erfahren die geringste Beschleunigung a_B. Sie bleiben also gegenüber dem Erdkörper zurück und bilden den mondabgewandten Flutberg (Rechnung siehe linke Spalte). Unter beiden Flutbergen dreht sich die Erde in etwa einem Tag einmal hindurch. Jeder Punkt hat etwa zweimal pro Tag Hoch- und zweimal Niedrigwasser. Die Beschleunigung a_z der festen Erdkruste ist in allen Punkten gemeinsam. Im *Bild 2* ist sie durch orange Pfeile eingetragen, zusammen mit den von Punkt zu Punkt verschiedenen Beschleunigungen a_A, a_B, a_C für einzelne Wasserteilchen aufgrund der Mondanziehung. Die roten Differenzvektoren zeigen, wie die Wassermassen zu den Flutbergen hin getrieben werden.

Der Mond bleibt täglich um 50 min hinter der Sonne zurück, daher tritt erst nach 12 h 25 min wieder Flut ein. Die Sonne übt auf die Erde eine fluterzeugende Wirkung aus, die etwa 40% von derjenigen des Mondes beträgt. Stehen Sonne und Mond in einer Richtung (Neumond) oder einander entgegen (Vollmond), dann addieren sich die Wirkungen beider; man erhält eine *Springflut*. Steht dagegen die Sonne bei Halbmond unter 90° zum Mond, dann schwächen sich die Wirkungen, man hat *Nippflut*.

Interessantes

Völlig losgelöst von der Erde ...

Am Ende des Gravitationsfeldes?

Wenn Raumfahrer schwerelos durch ihre Kapsel schweben, sagt man häufig, sie haben das Schwerefeld der Erde verlassen und befinden sich im schwerefreien Raum. So weit brachte es jedoch noch kein Raumfahrer! Die Gravitationskraft der Erde reicht, wie wir wissen, ins Unendliche. Zudem gibt es noch die Anziehung durch die Sonne und den Mond. Für uns ist ein schwerefreier Raum nur in Gedanken erreichbar.

Einfacher wäre es, den schwerefreien Punkt zwischen Erde und Mond aufzusuchen, in dem sich die Gravitationskräfte beider Himmelskörper das Gleichgewicht halten. In ihm ist aber noch die Gravitationskraft der Sonne wirksam. Doch gibt es sicherlich Punkte, in denen sich die verschiedenen Gravitationskräfte aufheben. Dies ist gleichbedeutend mit echter Schwerelosigkeit – aber nur in einzelnen Punkten.

Ein Sprung, und die Schwerkraft verschwindet

Steigen Sie auf einen Tisch – oder den 3 m-Turm im Schwimmbad – und halten einen Stein ruhig in der Hand. Beim Sprung in die Tiefe spüren Sie dessen Gewichtskraft nicht mehr. Sie fühlen auch sich selbst schwerefrei. Dabei ist es unwichtig, ob Sie sich senkrecht nach unten plumpsen lassen oder mit einem kühnen Anlauf abspringen. Für einen Beobachter in einem Inertialsystem ist die Beschreibung klar: Der Stein braucht seine ganze Gewichtskraft, um sich selbst zu beschleunigen. Er beschwert die Hand nicht. Im nächsten Kapitel werden wir sehen, wie EINSTEIN diese Überlegungen zum Ausgangspunkt seiner allgemeinen Relativitätstheorie nahm. Auch bei Gravitationsbewegungen auf Ellipsen, Parabeln und Hyperbeln sind die Insassen eines Raumschiffs in diesem Sinne schwerefrei. Es spielt keine Rolle, ob sie auf die Erde im freien ungehemmten Fall zustürzen, die Erde auf einer Kreisbahn umrunden oder sich auf einem Flug zum Mond befinden, falls sie den Raketenantrieb schon abgeschaltet haben.

Man kann diese Art der Schwerelosigkeit auf der Erde für einige Zeit simulieren, wenn man Flugzeuge auf KEPLER-Ellipsen fliegen und den Luftwiderstand genau durch die Triebwerke ausgleichen lässt. Dabei muss man nicht nur die richtige Bahnkurve, sondern auch die zugehörigen Geschwindigkeiten und vor allem Beschleunigungen präzise einhalten. Der Fallturm in Bremen bietet eine andere Möglichkeit, Experimente praktisch ohne Schwere (Mikrogravitation) durchzuführen. In einer evakuierten Röhre können Fallkapseln 110 m weit frei fallen. Wurde die Kapsel vom Boden aus in die Höhe geschossen, so ist die Zeit der Schwerelosigkeit verdoppelt. Zunehmend werden Versuche zur „Mikrogravitation", wie Kristallwachstum und das Verhalten von Flüssigkeiten, in Raumstationen durchgeführt, so z.B. bei der zweiten deutschen Spacelab-Mission D2.

B 3: Ein frei schwebender Astronaut

V 1: Eine Plastikflasche für Limonaden wird bis auf eine Luftblase mit Wasser gefüllt. Wirft man die Flasche hoch (und fängt sie auch wieder auf), so nimmt die Blase Kugelform an. Wie im Weltraum spielt hier der Wasserdruck während des Fluges keine Rolle, da das Wasser „schwerelos" ist. Die Oberflächenkräfte sorgen dafür, dass sich die Kugelform einstellt.
Was erwarten Sie für die Bewegung der Blase, wenn die Flasche stark beschleunigt vorwärts bewegt wird?

B 4: Der Fallturm von Bremen

Interessantes

Von ARISTOTELES bis EINSTEIN und HAWKING

Vom Mythos zur Wissenschaft

Seit Urzeiten ranken sich um das Geschehen am Himmel mythische Vorstellungen: Sonne und Mond werden bei ihrem Untergang im Westen von Ungeheuern verschlungen, müssen sich durch die Unterwelt kämpfen oder – wie bei den Azteken – durch Menschenblut am Leben gehalten werden.

Die Grundvorstellung der griechischen Kosmologie war folgende: Die Erde ruht im Zentrum der Welt und von hier aus steigt man auf zu immer höheren Sphären, bis man die Fixsternsphäre, als oberste und vollkommenste, erreicht. Diese Sphären in Kugelform wurden als ideale Gestalten mit vollendeter Symmetrie betrachtet. Aufgabe der Himmelsmechanik war es, die Bewegung der Gestirne auf gleichmäßige Kreisbewegungen zurückzuführen. Um die Bewegung der Sonne, des Mondes, der Planeten und der Fixsterne durch Bewegung auf Kreisen zu beschreiben, brauchte EUDOXOS, ein Schüler PLATOS, allerdings schon 27 ineinander gelagerte Hohlkugeln.

ARISTOTELES, der bedeutendste Schüler von PLATO, erweiterte diese Vorstellungen. Er begründete eine Bewegungslehre, die zwischen „natürlichen" und „gewaltsamen" Bewegungen unterscheidet. Den Himmelskörpern ordnete er als Substanz den „Äther" zu. Deren natürliche Bewegung ist die Kreisbewegung. Abweichungen vom einfachen Kreis wurden aber auch schon damals an der Schleifenbahn der Planeten beobachtet. Um die „geheiligten" Kreise zu retten, heftete der griechische Astronom PTOLEMÄUS (150 n. Chr.) die Planeten an Epizykel-Kreise (rot), deren Mittelpunkt M auf dem Trägerkreis (blau) weiterschreitet (➠ *Bild 1*). So konnte man gute Übereinstimmung mit den Beobachtungen durch Überlagerung von Kreisbahnen erzielen.

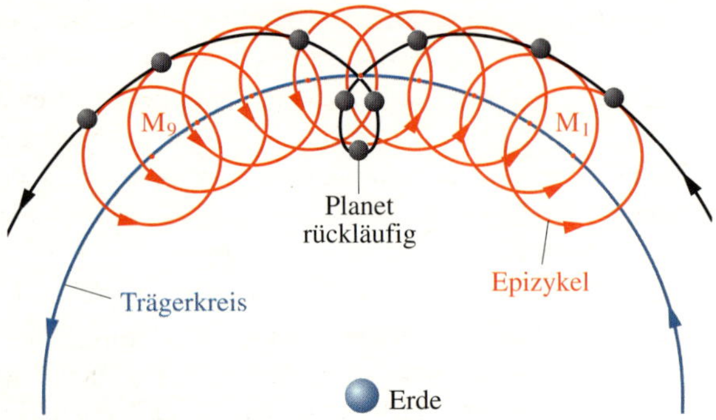

B 1: Überlagerung von Kreisbahnen – die Epizykel-Theorie

Die Himmelsmechanik war aber streng getrennt von der irdischen Mechanik. Man sagte: Während am Himmel die immer gleichen, vollkommenen Kreisbewegungen stattfinden, beschrieben durch die Mathematik, gelten auf der Erde keine mathematischen Gesetze. Hier herrschen Werden und Vergehen, Geburt und Tod. Dementsprechend kommt auf der Erde auch jede Bewegung nach dem Wegfall des äußeren Antriebs zum Stillstand. Diese Vorstellungen konnten sich als Ersatz für das noch fehlende Gedankengebäude der Mechanik mehr als $1\frac{1}{2}$ Jahrtausende halten.

Die kopernikanische Wende

Nikolaus KOPERNIKUS (1473 – 1543), Domherr von Frauenburg in Ostpreußen, gab in seinem berühmten Werk *de revolutionibus orbium coelestium* (Über die Umdrehung der Himmelskreise) den geozentrischen Standpunkt auf. Er beließ aber noch die Kreisbahnen. Sein *heliozentrischer* Standpunkt war für die meisten Gelehrten und Theologen unannehmbar. Sie hielten seine Schrift nur für eine Neuauflage der Hypothesen, wie die des *Aristarch von Samos* (280 v. Chr.). Dieser hatte als Erster die Vermutung ausgesprochen, Sonne und Fixsterne würden ruhen. Ihre Bewegung werde durch die Rotation der Erde um ihre eigene Achse vorgetäuscht. Neu an den Überlegungen von KOPERNIKUS war, dass durch die Erdbahn die Lage und Größe der Planetenbahnen bestimmt wurde. Der Weltraum wurde so zu einem ausmessbaren Raum.

Doch die Einwendungen gegen KOPERNIKUS waren groß und scheinbar berechtigt. Ein Gegenargument des genauen Beobachters Tycho BRAHE war: Wenn die Erde um die Sonne läuft, so müssen wir die Fixsterne im Abstand von einem halben Jahr von zwei weit entfernten Stellungen aus etwas gegeneinander verschoben sehen. Diese **Parallaxe** konnte jedoch wegen der großen Entfernung der Fixsterne erst im 19. Jahrhundert gemessen werden. Zu Zeiten von KOPERNIKUS aber fand man keine Fixsternparallaxe und hielt das heliozentrische Weltbild damit für widerlegt. Ohne Fernrohr waren damals keine genaueren Beobachtungen möglich. Dennoch war der Anstoß gegeben, Beweise für die neuen Auffassungen zu suchen.

Interessantes

GALILEI sucht Beweise mit dem Fernrohr

Galileo GALILEI (geb. 1564 in Pisa, gest. 1642 in Florenz) war eine außergewöhnlich imposante Persönlichkeit. Er beeindruckte die Menschen durch seine Phantasie, seinen Witz und die Gewalt seiner Sprache. Von seinem mächtigen Temperament ließ er sich aber dazu hinreißen, den Unverstand seiner einflussreichen Gegner bloßzustellen und so schaffte er sich gefährliche Feinde. Mit seinem Fernrohr sah er, dass der Planet Jupiter von Monden umkreist wird, also ein Planetensystem im Kleinen darstellt. ARISTOTELES lehrte dagegen, dass etwas Bewegtes nicht selbst Zentrum von Bewegtem sein kann. Das Fernrohr zeigte GALILEI auch die Gebirge des Mondes. Dieser hat nicht die vollkommene Kugelgestalt, wie die Lehre des ARISTOTELES es verlangt. Mit diesen Argumenten und Beweisen trat er öffentlich in der Sprache des Volkes gegen das von der Kirche anerkannte *ptolemäisch-aristotelische* Weltbild auf. GALILEI wurde der Ketzerei angeklagt und in Haft genommen. Er musste sich zum Widerruf der kopernikanischen Lehre verpflichten und erhielt Schreibverbot. Wie KOPERNIKUS hielt aber GALILEI noch an der Kreisbahn für die Planetenbewegung fest.

Erst KEPLER verlässt die Kreisbahn

Johannes KEPLER wurde 1571 in Weil der Stadt (Württemberg) geboren und starb 1630. Nach einem Theologiestudium wandte er sich der Astronomie zu. Dabei lernte er insgeheim die *kopernikanischen* Lehren kennen, und er wurde ein begeisterter Anhänger der Theorie. Er fühlte sich befreit von diesen hypothetischen Sphären, welche die Erde gleich Zwiebelschalen umgaben. Man war Bürger einer neuen, größeren Welt, in deren Mittelpunkt die strahlende, göttliche Sonne stand. Religiösen Ideen folgend suchte er in seinem Buch *Mysterium cosmographicum* (Geheimnisse des Weltbaus), die Verhältnisse der Planetenbahnradien in Übereinstimmung mit den Proportionen an den fünf regulären Körpern zu bringen. In *Harmonices Mundi* erforschte er die Geschwindigkeiten der Planeten im sonnennächsten und sonnenfernsten Punkt (Perihel und Aphel) und stellte fest, dass sie den Frequenzverhältnissen der Töne von Harmonien entsprechen. Nach einer höheren Harmonie strebte er Zeit seines Lebens. Im Gegensatz zu vielen anderen blieb er aber nicht bei diesen Gedanken stehen, sondern prüfte sie an möglichst genauem Beobachtungsmaterial. Deshalb zog er zu Tycho BRAHE nach Prag. In der *Astronomia nova* und der *Weltharmonik* schrieb er die nach ihm benannten KEPLER-Gesetze nieder, die zu den ersten mathematisch formulierten, auf Beobachtung beruhenden Naturgesetzen gehören.

NEWTON sah Erde und Himmelskörper als Einheit an

Isaac NEWTON wurde etwa 100 Jahre nach GALILEI geboren. Er stellte nicht nur die Grundgesetze der Mechanik auf, sondern fand das Gravitationsgesetz und wandte die Grundgesetze auf die Bewegung der Himmelskörper an. Er konnte so die keplerschen Gesetze aus den Grundsätzen seiner Mechanik herleiten. Seine Auffassung, das Gewicht sei nichts weiter als eine allgemeine Massenanziehung, erntete lange Zeit Widerspruch und Spott. In seinen *Philosophiae Naturalis Principia Mathematica* (sinngemäß übersetzt: Mathematische Grundlagen der Physik) fasste er die Grundlagen der Differential- und Integralrechnung zusammen und wandte sie dann auf die Mechanik des Massenpunktes, die Strömungslehre und die Planetenbewegung an. NEWTON fragte sich zudem, warum sich beliebige Körper gegenseitig anziehen, vor allem, wie diese Anziehungskraft bei den riesigen Entfernungen, die zwischen den Himmelskörpern bestehen, zustande kommt. Eine Antwort darauf lehnte er jedoch mit dem lateinischen Spruch *Hypotheses non fingo* („Hypothesen ersinne ich nicht“) ab.

NEWTONS Mechanik bewährte sich glänzend. So konnte aus Abweichungen des Planeten *Uranus* von der berechneten Bahn auf die Existenz eines unbekannten Planeten geschlossen werden. An der daraus berechneten Position fand man dann tatsächlich den Planeten *Neptun*. Unregelmäßigkeiten, die man bei der Bewegung von Saturn schon zu NEWTONS Zeiten fand, ließen Zweifel an der Stabilität des Sonnensystems aufkommen. Man fragte sich, ob nicht Gott von Zeit zu Zeit eingreifen müsse, sein Werk wieder in Ordnung zu bringen. Der große französische Mathematiker LAPLACE konnte nach (heute nicht mehr als gültig anerkannten) Rechnungen seinem Kaiser Napoleon auf dessen Frage, ob Gott von Zeit zu Zeit eingreifen müsse, treuherzig antworten, „Sire, wir brauchen diese Hypothese nicht.“

Interessantes

Auch andere gekrönte Häupter sorgten sich um die Stabilität der Welt und damit auch ihres Herrschaftssystems. Oskar II. von Schweden stiftete 1885 einen ansehnlichen Preis für den Nachweis, dass die Planetenbahnen stabil sind. Zweifel daran waren aufgetreten, da Jupiter und Saturn Umlaufzeiten haben, die etwa im Verhältnis 5 : 2 stehen. Durch Resonanz könnten sich die schwachen Kraftwirkungen zwischen den Planeten aufschaukeln und zu radikal anderen Bahnen führen. Henry POINCARÉ (1854 – 1912) gewann schließlich diesen Preis. In seiner Arbeit zeigte er, dass es stabile und nichtstabile Bahnen gibt und dass in manchen Fällen eine beliebig kleine Störung ausreicht, um den Übergang von dem einen zum anderen Bahntyp zu verursachen. POINCARÉ wäre so beinahe zum Begründer der **Chaosforschung** geworden. Er beschreibt dies mit den Worten, „Es kann vorkommen, dass kleine Abweichungen in den Anfangsbedingungen schließlich große Unterschiede in den Phänomenen erzeugen. Ein kleiner Fehler zu Anfang wird später einen großen Fehler zur Folge haben. Vorhersagen werden unmöglich, und wir haben ein zufälliges Ergebnis."

Am Anfang des 20. Jahrhunderts beschäftigte noch eine kleine Unstimmigkeit Astronomen und Physiker: Der sonnennächste Punkt (Perihel) der Merkurbahn verschiebt sich um 0,1 Bogensekunden pro Bahnumlauf mehr, als NEWTONS Gravitationsgesetz vorhersagte.

Niels BOHR findet ein Planetensystem im Kleinen

Wie wir von der Mittelstufe her wissen, gibt es auch zwischen negativen und positiven Ladungen anziehende Kräfte. Ch. COULOMB fand 1785, dass für die Kraft zwischen kugelsymmetrischen Ladungen ein ganz ähnliches Gesetz wie bei den Gravitationskräften gilt

$$F_{\mathrm{el}} = k\,\frac{q \cdot Q}{r^2}.$$

Die Ladungen q und Q werden in C gemessen; r ist ihr Abstand; die Konstante k hat den Wert: $k = 9 \cdot 10^9\ \mathrm{N \cdot m^2 \cdot C^{-2}}$.

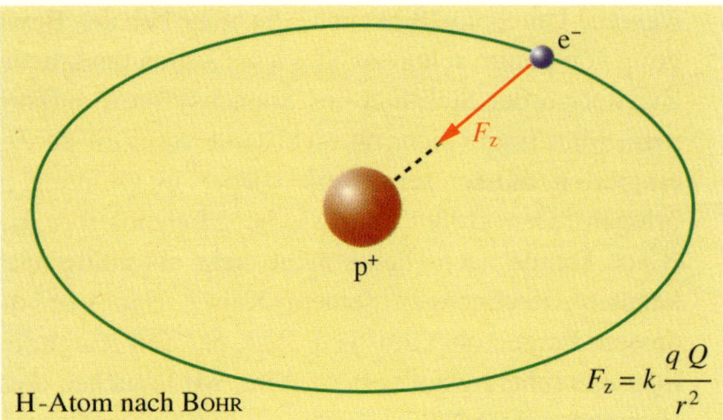

H-Atom nach BOHR

Nach der Vorstellung der Physiker am Anfang dieses Jahrhunderts bilden Elektron und Proton im Wasserstoffatom ein kleines Planetensystem. Um einen positiv geladenen Kern kreist ein Elektron. Die Zentripetalkraft wird dabei von der elektrischen Kraft geliefert. Die Ladungen von Elektron ($e = 1{,}6 \cdot 10^{-19}$ C) und Proton sind dem Betrage nach gleich. Für die Kräfte und die Gesamtenergie gilt:

$$\frac{m\,v^2}{r} = k\,\frac{e^2}{r^2};$$

$$W_{\mathrm{ges}} = \frac{1}{2}\,m\,v^2 - k\,\frac{e^2}{r} = -\frac{1}{2}\,k\,\frac{e^2}{r}.$$

Den Übergang von einer Elektronenbahn in eine mit größerer Gesamtenergie kann man durch Einstrahlung von Licht erreichen. Umgekehrt sendet das Atom Licht aus, wenn es aus einem energiereicheren Zustand in eine innere, energieärmere Bahn übergeht. Merkwürdig erschien, dass nur ganz bestimmte Energiedifferenzen auftreten und die Elektronen bei ihrer beschleunigten Bewegung keine Energie abstrahlen, wie man es aus der Elektrizitätslehre erwartete.

Dieses Planetenmodell für das Wasserstoffatom wurde von BOHR und SOMMERFELD begründet. Zahlreiche Widersprüche mit der Erfahrung führten zur Entwicklung einer neuen Theorie, der Quantentheorie.

Einstein relativiert Raum und Zeit

1905 hatte EINSTEIN während seiner Arbeit beim Berner Patentamt die *spezielle Relativitätstheorie* entwickelt. Daraus ergaben sich weitreichende Veränderungen der Vorstellungen von Raum und Zeit. Dies hatte EINSTEIN aus zwei von ihm als fundamental erkannten Prinzipien hergeleitet, der *Konstanz der Lichtgeschwindigkeit* und dem *Relativitätsprinzip* (Die Naturgesetze nehmen in allen Inertialsystemen die gleiche Form an).

Strecken, die man in Bewegungsrichtung bei einem anderen relativ zu sich bewegten System betrachtet, werden verkürzt gemessen. Für einen Beobachter in dem bewegten System haben sie ihre normale „Eigenlänge". Die zeitliche Dauer eines Vorgangs ist relativ und wird ebenfalls von der Bewegung des Bezugssystems beeinflusst. Wir messen z. B. eine verlängerte Lebensdauer von radioaktiven Teilchen, so als ob *ihre* Zeit langsamer abliefe. Nach dem newtonschen Gravitationsgesetz hängt die Kraft zwischen zwei Körpern von ihrer Entfernung ab.

Interessantes

Da diese aber je nach Bezugssystem unterschiedlich ist, ergeben sich verschiedene Werte für die Gravitationskraft zwischen zwei Körpern. Daraus folgerte EINSTEIN, dass das Gravitationsgesetz noch nicht korrekt sein konnte. Dieser „Makel" ließ ihm viele Jahre keine Ruhe. Den Ansatz zur Lösung fand er aufgrund einer einfachen Überlegung, die mit seinen Worten wiedergegeben werden soll: „Ich saß auf meinem Sessel im Berner Patentamt, als mir plötzlich folgender Gedanke kam: Wenn sich eine Person im freien Fall befindet, dann spürt sie ihr eigenes Gewicht nicht." Für jemanden, der frei fällt, ist die Gravitation aus der Umgebung verschwunden. EINSTEIN verallgemeinerte diese Überlegungen im *Äquivalenzprinzip: Die Vorgänge in beschleunigten Bezugssystemen und in Gravitationsfeldern sind einander äquivalent. Durch Messungen innerhalb eines Labors kann man nicht unterscheiden, ob sich dieses in einem Gravitationsfeld befindet oder aus einer anderen Ursache konstant beschleunigt wird.* Innerhalb kurzer Zeit konnte EINSTEIN weitreichende Folgerungen aus dem Äquivalenzprinzip ziehen. Ein Gedankenexperiment soll uns dies verdeutlichen:

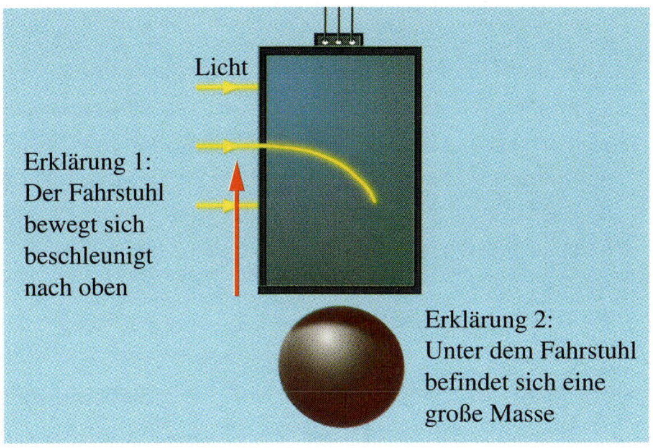

In einen Fahrstuhl tritt ein Lichtstrahl waagerecht ein. An der Fahrstuhlwand sieht man die parabelförmig nach unten gekrümmte Bahn des Lichtes. Dafür gibt es zwei Erklärungsmöglichkeiten. Naheliegend ist die Vermutung, dass der Fahrstuhl sich beschleunigt nach oben bewegt. Nach dem Äquivalenzprinzip kann man den gekrümmten Strahl auch so deuten, dass er von einem nach unten wirkenden Gravitationsfeld abgelenkt wird. Licht müsste sich wie ein Ball beim waagerechten Wurf verhalten. Der Ball wird auf seiner Bahn schneller. Analog dazu muss Licht, das im Gravitationsfeld senkrecht nach unten verläuft, seine Energie vergrößern. Die Geschwindigkeit des Lichts ist aber stets 300 000 $km \cdot s^{-1}$. Das Licht ändert daher seine Farbe, wenn es im Gravitationsfeld nach unten „fällt". Aus rotem Licht wird so energiereicheres blaues Licht.

Eine weitere Folgerung war, dass Uhren, die sich in verschiedenen Höhen im Feld eines Zentralkörpers befinden, unterschiedlich schnell gehen.

Es dauerte aber noch mehrere Jahre, bis EINSTEIN 1915 Gleichungen fand, die das Gravitationsfeld korrekt beschreiben. Durch sie konnte auch die Periheldrehung des Merkur richtig berechnet werden.

All diese vorhergesagten Effekte sind in der Zwischenzeit direkt experimentell überprüft und bestätigt worden. REBKA und POUND zeigten 1965, dass die Energie von Strahlung größer wird, wenn die Strahlung auf einer Strecke von nur 20 m „herunterfällt". 1971 konnten HAFELE und KEATING mit sehr genauen Atomuhren in normalen Verkehrsflugzeugen die relativistischen Zeitänderungen aufgrund der Unterschiede im Gravitationsfeld nachweisen.

Schwarze Löcher

Nach der allgemeinen Relativitätstheorie von EINSTEIN sollte es *schwarze Löcher* geben. Durch einen Kollaps eines sehr massereichen Sterns entsteht dieses für uns völlig neuartige Gebilde. Aufgrund seines kleinen Radius und seiner großen Masse übt es eine ungeheuer starke Gravitationsanziehung aus. Licht und Materie können hineinfallen, aber es kommt nichts mehr heraus. Schon außerhalb eines solchen schwarzen Lochs wirken extrem große Gezeitenkräfte auf einen Körper. Ein Beispiel, aber nur in Gedanken, soll uns dies verdeutlichen: In der Umgebung eines schwarzen Loches mit der 10fachen Sonnenmasse kreise ein Mensch der Größe $x = 1{,}8$ m auf einer Bahn vom Umfang $U = 2\pi r$. Die „Gezeitenkraft" auf ihn ist nach dem Abschnitt über Ebbe und Flut: $m \cdot \Delta a_r = m \cdot \gamma \cdot m_L \cdot 2x/r^3 = m \cdot \gamma \cdot m_L \cdot 16\pi^3 x/U^3$. Für $U = 20\,000$ km und $m_L = 20 \cdot 10^{30}$ kg ergibt sich: $\Delta a_r = 149\ m \cdot s^{-2}$, was 15fache Gewichtskraft auf Erden bedeutet!

EINSTEIN und andere Physiker lehnten die Existenz dieser Gebilde zuerst vehement ab. 1974 zeigte HAWKING, dass schwarze Löcher eine Strahlung aussenden müssen. Umkreisen sich zwei schwarze Löcher, so sollten von ihnen Gravitationswellen ausgehen. Der experimentelle Nachweis dieser Wellen ist das Ziel von neuen Versuchsanlagen, die bis zum Jahr 2007 fertiggestellt sein sollen.

Stephen HAWKING

Das ist wichtig

NEWTONsches Gravitationsgesetz:

Alle Körper üben aufeinander Gravitationskräfte aus. Zwei kugelsymmetrische Körper der Massen m und M, deren Mittelpunkte voneinander den Abstand r haben, ziehen sich gegenseitig mit der Gravitationskraft F an:

$$F = \frac{\gamma m M}{r^2}.$$

Der Proportionalitätsfaktor im Gravitationsgesetz heißt Gravitationskonstante γ und hat den Wert

$$\gamma = 6{,}672 \cdot 10^{-11}\ \mathrm{m^3 \cdot kg^{-1} \cdot s^{-2}}.$$

KEPLER-Gesetze

1. Trabanten bewegen sich auf Ellipsenbahnen, in deren einem Brennpunkt der Zentralkörper steht.
2. Der vom Zentralkörper zum Trabanten gezogene Fahrstrahl überstreicht in gleichen Zeiten Flächen mit gleichem Inhalt.
3. Die Quadrate der Umlaufdauern T_1 und T_2 zweier Trabanten um den gleichen Zentralkörper verhalten sich wie die dritten Potenzen der großen Halbachsen a_1 und a_2:

$$\frac{T_1^2}{T_2^2} = \frac{a_1^3}{a_2^3} \quad \text{oder} \quad \frac{a^3}{T^2} = C.$$

Die Änderung der **potentiellen Energie** ΔW_{pot} von P_0 nach P_z im Gravitationsfeld ist unabhängig von der Form des Weges zwischen Anfangs- und Endpunkt. Sie hängt nur von den Abständen r_0 und r_z vom Mittelpunkt des anziehenden Himmelskörpers ab. Die Energie, die man zuführen muss, um einen Körper der Masse m im Gravitationsfeld eines Körpers mit der Masse M von r_0 nach r_z zu heben, ist:

$$\Delta W_{\text{pot}} = \gamma m M \left(\frac{1}{r_0} - \frac{1}{r_z}\right).$$

Das **Nullniveau** der potentiellen Energie legt man ins Unendliche. Im radialen Schwerefeld eines Körpers der Masse M hat ein anderer Körper mit der Masse m und dem Mittelpunktsabstand r die negative **potentielle Energie**

$$W_{\text{pot}} = -\frac{\gamma m M}{r}.$$

Bewegt sich ein **Komet oder Satellit** nur unter dem Einfluss eines Zentralkörpers, so beschreibt er eine **Ellipsen-, Parabel-** oder **Hyperbelbahn.**

Als **Fluchtgeschwindigkeit** bezeichnet man die Geschwindigkeit, die ein Körper mindestens haben muss, um von der Oberfläche der Erde (oder eines anderen Himmelskörpers) ins Unendliche zu gelangen (ohne Luftwiderstand).

Lösungsstrategien für Aufgaben

1. Fliegen Trabanten bzw. Satelliten auf **Kreisbahnen,** so wird die zur Kreisbahn nötige Zentripetalkraft von der Gravitationskraft aufgebracht: $m v^2/r = \gamma m M/r^2$.
Je nach Aufgabenstellung kann es sinnvoll sein, v durch $v = 2\pi r/T$ zu ersetzen (T: Umlaufdauer).

Typische Aufgabenstellungen sind dabei:
„Berechnen Sie die Masse M des Zentralkörpers, wenn die Umlaufdauer T und der Bahnradius r des Satelliten gegeben sind.“ oder „Berechnen Sie die Höhe h des Satelliten über dem Boden und seine Geschwindigkeit, wenn die Masse des Zentralkörpers und die Umlaufdauer bekannt sind.“ Beachten Sie:
r = Erdradius + Höhe über dem Boden, $r = R + h$.
Stationäre Satelliten haben als Umlaufdauer einen Tag.

2. Aufgaben, die nach **Gravitationskraft** mg und Fallbeschleunigung g in Abhängigkeit von der Höhe h fragen.
Es ist: $m g = \gamma m M/r^2$.

Typische Aufgabenstellung:
„Wie groß ist die Fallbeschleunigung in 10 km Höhe?“

3. Aufgaben über Trabanten auf **Ellipsenbahnen.** Hier kann das dritte KEPLER-Gesetz zur Berechnung verwendet werden. Für die Geschwindigkeiten und Entfernungen im sonnennächsten Punkt (Perihel) und im sonnenfernsten Punkt (Aphel) gilt nach dem zweiten KEPLER-Gesetz: $r_A \cdot v_A = r_P \cdot v_P$ und $r_A + r_P = 2a$.

Typische Aufgabenstellung:
„Der Komet XY hat eine Umlaufdauer von 2 000 Jahren. Im Perihel beträgt seine Sonnenentfernung 10 Mio. km. Berechnen Sie die große Halbachse a sowie seine größte Sonnenentfernung.“

4. Aufgaben, die mit Hilfe von **Energiebetrachtungen** gelöst werden können, z. B.: „Welche Geschwindigkeit muss eine Kanonenkugel mindestens haben, um von der Erde aus die Höhe 1 000 km zu erreichen?“
Bei Abschuss senkrecht nach oben gilt:
$\frac{1}{2} m v^2 = \gamma m M \left(\frac{1}{r_0} - \frac{1}{r_z}\right)$,
mit r_0 = Erdradius, $r_z = r_0 + 1\,000$ km.

Mechanische Schwingungen

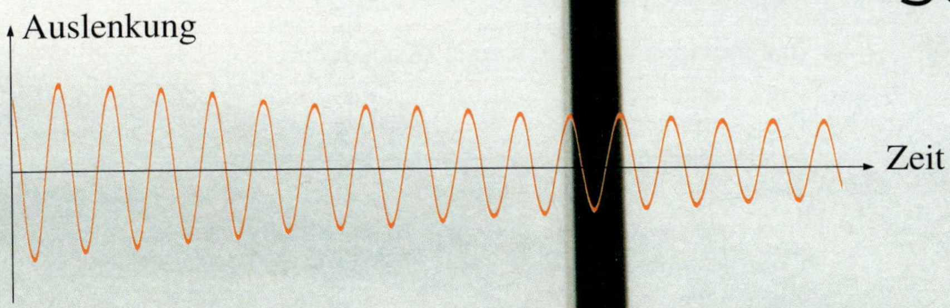

Die Autobahnbrücke über die Norder-Elbe war gerade fertiggestellt, als sie in einem spektakulären Versuch in Schwingung versetzt wurde. Die Ingenieure wollten ihre Berechnungen in einem Experiment überprüfen, denn die Konstruktion war neuartig. Dazu wurde ein Prahm (Lastschiff) unter die Brücke gebracht und bei Flut – also dem höchsten Wasserstand – an dieser befestigt. Bei einsetzender Ebbe konnte das Schiff dem sinkenden Wasserspiegel nicht folgen, denn es war an der Brücke buchstäblich „aufgehängt“. Ein ständig zunehmender Teil seines Gewichts belastete die Brücke, bis bei einer Last von 100 Tonnen ein Bolzen (wie geplant) brach und so die Verbindung zur Brücke gelöst wurde.

Ein Augenzeuge, der sich auf der Brücke befand, berichtet: „Die Schwingung der Brücke dauerte viele Sekunden. Ich hatte den Eindruck, die Brücke hebt und senkt sich um etwa einen Meter. Gemessen wurden jedoch nur wenige Zentimeter.“ Das Messprotokoll zeigt die Schwingung über eine Zeitspanne von etwa 20 s.

Warum bewegt sich die Brücke nicht einfach in ihre alte Stellung zurück, sondern schwingt selbstständig viele Male auf und ab? Im Physiksaal gehen wir solchen Fragen am Beispiel eines Federpendels nach.

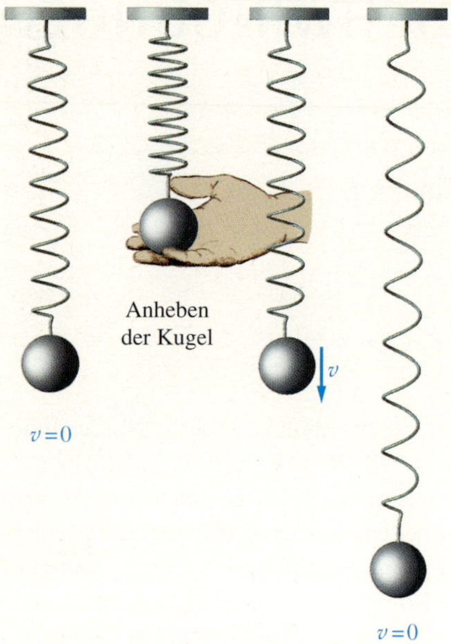

B 1: Der Pendelkörper wird aus der Gleichgewichtslage angehoben und sich selbst überlassen

B 2: Freie Schwingung einer Stimmgabel

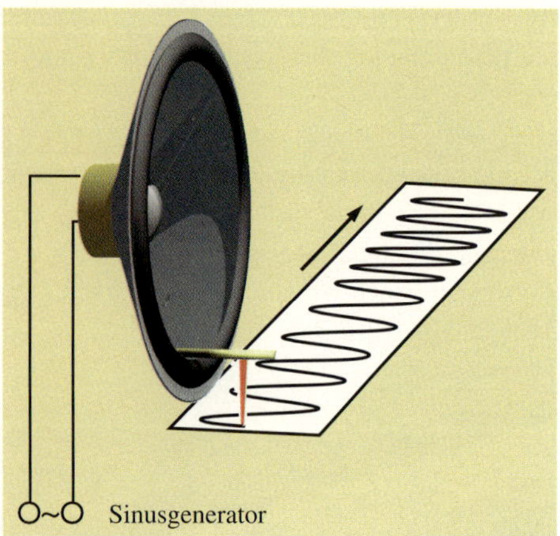

B 3: Erzwungene Schwingungen einer Lautsprechermembran. Während der Aufzeichnung wurde die Frequenz des Sinusgenerators verändert.

Beschreibung von Schwingungen

1. Das Federpendel zeigt, worauf es ankommt

Eine Kugel hängt an einer Schraubenfeder (➡ *Bild 1*). Es herrscht Kräftegleichgewicht zwischen Feder- und Gewichtskraft. Bewegen wir sie aus dieser Gleichgewichtslage nach oben, so spüren wir eine Kraft nach unten, bei einer **Auslenkung** s nach unten eine Kraft nach oben. Im ersten Fall überwiegt die Gewichtskraft, im zweiten die Federkraft. Also würde sich die Kugel in beiden Fällen nach dem Loslassen auf die Gleichgewichtslage zu bewegen. Doch warum bewegt sie sich sogar über diese hinaus und sorgt ohne unser Zutun für eine entsprechende Auslenkung in entgegengesetzte Richtung?

Heben wir die Kugel etwas an und geben sie frei. Sie wird nun durch die nach unten gerichtete Kraft bis zum Erreichen der Gleichgewichtslage ständig beschleunigt. Dort kommt sie aber nicht etwa zur Ruhe. Wegen ihrer Trägheit bewegt sie sich weiter. Die von nun an nach oben wirkende Kraft bremst sie ab, bis sie im unteren Umkehrpunkt für einen Moment ruht. Dann wiederholt sich das Spiel in umgekehrter Richtung.

Am Federpendel können wir typische Merkmale einer Schwingung ablesen:
Ein Körper befindet sich in einer stabilen Gleichgewichtslage. Entfernt er sich bei der Schwingung aus ihr, so tritt eine Rückstellkraft auf, die ihn abbremst, zur Umkehr zwingt und ihn wieder zur Gleichgewichtslage hin beschleunigt. Wegen seiner Trägheit bewegt er sich aber über diese Gleichgewichtslage hinaus, und alles beginnt von neuem. Ein solches Spiel zwischen **Rückstellkraft** und **Trägheit** ist charakteristisch für Körper, die nach einer Auslenkung – auch **Elongation** genannt – von selbst schwingen. Solchen Schwingbewegungen begegneten wir bereits in der Akustik. Diesen wesentlich schnelleren Schwingungen konnten unsere Augen nicht mehr folgen. Den Ohren verrieten sie sich aber als Ton.

2. Harmonische Schwingungen

Eine Stimmgabel erzeugt einen Ton. Ihre Zinken zeigen dabei eine besonders gleichmäßige Hin- und Herbewegung. Die in ➡ *Bild 2* aufgezeichnete Schwingbewegung ist aus der Mathematik als Sinuskurve bekannt. Eine Schwingung, deren Zeit-Elongation-Diagramm eine Sinuskurve ergibt, heißt **harmonische Schwingung** oder **Sinusschwingung**.

„Sinustöne" können wir auch mit einem Lautsprecher erzeugen, den wir an einen Sinusgenerator anschließen (➡ *Bild 3*). Während die Stimmgabel ihren Rhythmus selbst bestimmt, zwingt der Generator die Lautsprechermembran zu harmonischen Schwingungen mit der jeweils eingestellten Frequenz. Man nennt die Schwingung der Stimmgabel deshalb eine **freie Schwingung**, die der Lautsprechermembran eine **erzwungene Schwingung**.

Die Schwingbewegung der Stimmgabel klingt allmählich ab. Die anfangs in sie hineingesteckte Energie wird durch Reibung und Abgabe von Schall aus dem System herausgeführt. Die Schwingung ist „gedämpft". Je schneller sie abklingt, desto stärker ist die Dämpfung. Ohne Energieverluste würde die Schwingung endlos dauern. Diesen (nie ganz zu verwirklichenden) Idealfall nennt man eine **freie ungedämpfte mechanische Schwingung**.

Der Pendelkörper in ➡ *Bild 4* schwingt frei und nahezu ungedämpft. Im ➡ *Versuch 1* zeichnen wir sein Zeit-Elongation-Diagramm auf. Wir sehen eine Sinuskurve. Die Bewegung eines Körpers hängt davon ab, welche Kraft in der jeweils eingenommenen Position auf ihn wirkt. Wie groß ist also bei einer Auslenkung s des Federpendels die zugehörige Rückstellkraft F?

3. Welches Kraftgesetz sorgt für harmonische Schwingungen?

Betrachten Sie die Momentbilder der Schwingung in ➡ *Bild* 5. Da die Kräfte und Auslenkungen auf einer Linie liegen, können wir sie durch Werte mit Vorzeichen beschreiben. Wir wählen sie nach oben positiv, nach unten negativ.

a) In der Gleichgewichtslage hebt die nach oben gerichtete (positive) Zugkraft F_0 der Feder die nach unten gerichtete (negative) Gewichtskraft G gerade auf. Es gilt $G = -F_0$. Also ist die Gesamtkraft

$$\boldsymbol{F = G + F_0 = 0}. \qquad (\text{➡ Bild 5a})$$

b) Nun wird der Körper um die Strecke $s > 0$ nach oben ausgelenkt. Dann verkleinert sich die nach oben wirkende Zugkraft der Feder auf $F_1 = F_0 - D\,s$. Die Gewichtskraft überwiegt. Es ergibt sich nach unten die resultierende Kraft:

$$F = G + F_1 = G + F_0 - D\,s = 0 - D\,s$$
$$\boldsymbol{F = -D\,s < 0} \qquad (\text{➡ Bild 5b})$$

c) Lenkt man den Körper um die Strecke $s < 0$ nach unten aus, so vergrößert sich die nach oben wirkende Zugkraft der Feder auf $F_1 = F_0 - D\,s$. Beachten Sie, dass hier s negativ, also $-D\,s$ positiv ist. Jetzt überwiegt die Federkraft. Die resultierende Kraft nach oben ist:

$$F = G + F_1 = G + F_0 - D\,s = 0 - D\,s$$
$$\boldsymbol{F = -D\,s > 0} \qquad (\text{➡ Bild 5c})$$

Die Rückstellkraft F ist also proportional zur Auslenkung s. Es gilt das **Elongation-Kraft-Gesetz** $\boldsymbol{F = -D\,s}$ mit der *Federhärte* D, die stets positiv ist. Das Minus-Zeichen besagt, dass F immer in die entgegengesetzte Richtung von s – also zur Gleichgewichtslage hin – zeigt.

Ist das lineare Kraftgesetz stets Voraussetzung für harmonische Schwingungen? Im Folgenden untersuchen wir dies. Dazu müssen wir die Pendelbewegung zunächst mathematisch fassen.

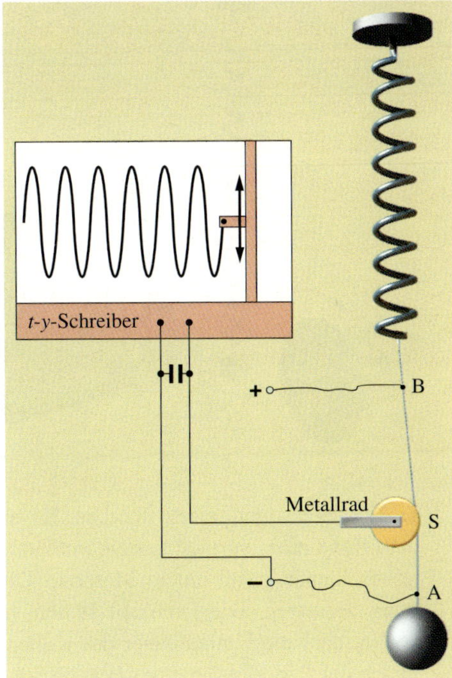

B 4: Aufzeichnung der Federschwingung

V 1: Wir befestigen zwischen Feder und Pendelkugel ein Stück Widerstandsdraht und schließen bei A und B über dünne, flexible Zuleitungen eine Gleichspannungsquelle an. Mit einem kleinen Metallrad können wir während der Schwingung zwischen A und S eine Teilspannung abgreifen, die wir einem t-y-Schreiber zuführen. Die Bewegung des Federpendels zeigt einen sinusförmigen Spannungsverlauf.

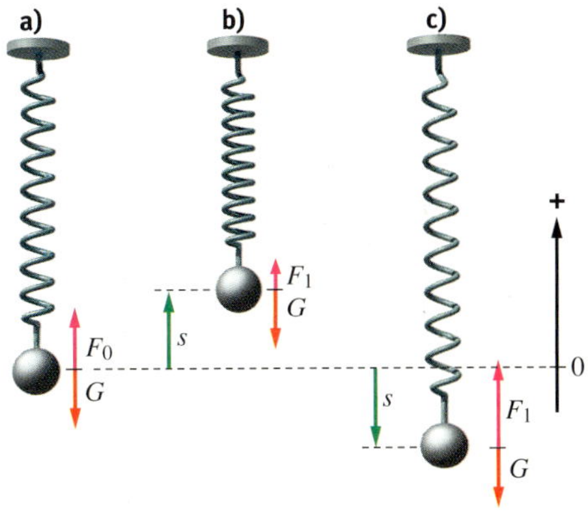

B 5: Das Federpendel nach der Auslenkung s:
a) in der Gleichgewichtslage
b) die Gewichtskraft überwiegt
c) die Federkraft überwiegt

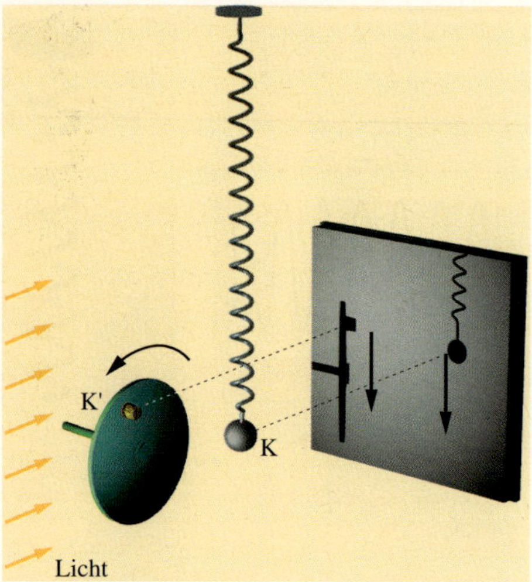

V 1: Wir befestigen einen Korken K′ auf dem Rand eines vertikal gestellten Plattentellers, den wir mit einem Motor in Drehung versetzen. Die Drehzahl stellen wir so ein, dass die Umlaufdauer des Korkens gleich der Periodendauer des Pendels ist.

Im seitlich einfallenden Licht entsteht als Schatten der Kreisscheibe ein vertikaler Strich. An ihm scheint der Korkenschatten auf und ab zu „gleiten“.

Die Kugel K des Federpendels befindet sich in ihrer Gleichgewichtslage in Höhe der Drehachse. Wir lenken sie nach unten um den Radius der Kreisscheibe aus und geben sie frei, wenn der Korken den tiefsten Punkt erreicht. Die Bewegungen beider Schatten stimmen eine Zeit lang überein.

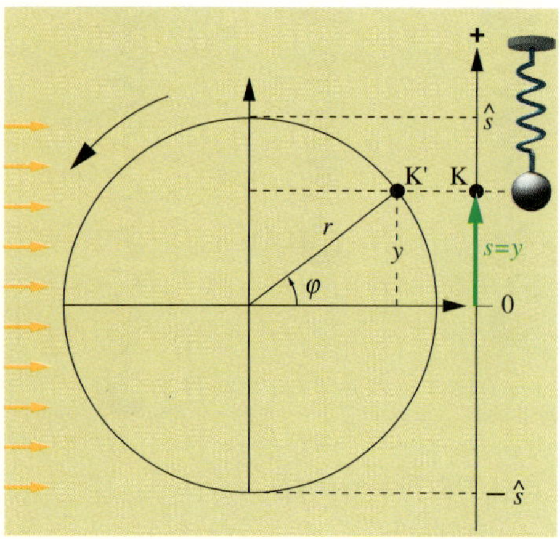

B 1: Aus der Kreisbewegung des Körpers K′ wird eine harmonische Schwingung herausgeschält

Das Federpendel – ein harmonischer Schwinger

1. Das *t*-*s*-Gesetz der Schwingung

Bekanntlich kann man eine Sinuskurve aus einer Kreisbewegung gewinnen. Wenn die Bewegung des Federpendels im Zeit-Elongation-Diagramm durch eine Sinuskurve beschrieben wird, dann muss sie mit der Kreisbewegung verwandt sein. In ➧ *Versuch 1* untersuchen wir diese Verwandtschaft: Am Schattenwurf erkennt man, dass sich der auf dem vertikalen Kreis umlaufende Korken stets in gleicher Höhe mit der auf und ab pendelnden Kugel befindet.

Das ➧ *Bild 1* liefert uns nun das Zeit-Elongation-Gesetz:

Während der Korken K′ auf einem Kreis mit dem Radius r umläuft, pendelt die Kugel K auf der s-Achse um ihre **Gleichgewichtslage** bei $s = 0$. Diese liegt in der Mitte zwischen den beiden Umkehrpunkten $s = \hat{s} = r$ und $s = -\hat{s} = -r$. Der positive Wert $\hat{s}$ (gesprochen „s Dach“) heißt **Amplitude** der Schwingung. Sie ist die maximale Auslenkung aus der Gleichgewichtslage. Der ➧ *Versuch 1* zeigt, dass die y-Koordinate von K′ in jedem Moment mit der s-Koordinate von K übereinstimmt. Also ist

$$s = y = r \cdot \sin\varphi \quad \text{mit der Amplitude } \hat{s} = r.$$

Wie groß ist nun der Winkel φ zu einem Zeitpunkt t?

Starten wir eine Uhr in dem Augenblick, in dem sich die Kugel K gerade durch die Gleichgewichtslage nach oben bewegt, also zum Zeitpunkt $t = 0$. In diesem Moment ist $\varphi = 0$. Von nun an nimmt der überstrichene Winkel φ proportional mit der Zeit t zu, denn K′ durchläuft den Kreis gleichförmig. Also ist $\varphi \sim t$ oder φ/t = konstant. Der Quotient

$$\boldsymbol{\omega = \frac{\varphi}{t}} \text{ heißt } \textbf{Winkelgeschwindigkeit}\text{, ihre Einheit ist } s^{-1}$$

(φ wird üblicherweise im Bogenmaß angegeben).

In der Zeit t wird folglich der Winkel $\varphi = \omega \cdot t$ überstrichen. Die Bewegung der Pendelkugel folgt damit dem ***t*-*s*-Gesetz**

$$\boldsymbol{s = \hat{s} \cdot \sin \omega t.}$$

Das zugehörige t-s-Diagramm zeigt eine Sinuskurve (➧ *Bild 4a*). Sie beschreibt die harmonische Schwingung der Pendelkugel.

Wie bestimmt man die Winkelgeschwindigkeit?

Während der **Periodendauer *T*** führt K genau eine Hin- und Herbewegung und K′ genau einen Umlauf auf dem Kreis aus. In dieser Zeit wird der Winkel $\varphi = 2\pi$ (Bogenmaß) überstrichen. Man misst also die Zeit T für einen Umlauf oder die **Frequenz $f = 1/T$** der Schwingung. Daraus erhält man die **Winkelgeschwindigkeit ω**:

$$\boldsymbol{\omega = \frac{\varphi}{t} = \frac{2\pi}{T} = 2\pi f.}$$

2. Das *t*-*v*-Gesetz

Wie hängt die Momentangeschwindigkeit v der Pendelkugel K vom Winkel $\varphi = \omega t$ ab? Betrachten wir dazu *Bild 2*:

Der Korken K′ läuft auf dem Kreis mit dem konstanten Betrag der Geschwindigkeit $v_k = 2\pi r/T$ um. Im Schattenbild ist nur seine Auf- und Abwärtsbewegung sichtbar. Deshalb beschreiben wir seinen Geschwindigkeitsvektor v_k durch seine beiden Werte v_x und v_y. Der Wert v_y gibt dann die Geschwindigkeit v der Pendelkugel nach Betrag und Richtung an. Zu jedem Zeitpunkt gilt:

$$v = v_y = v_k \cdot \cos\varphi = v_k \cdot \cos\omega t$$

Mit $v_k = 2\pi r/T = \omega r$ und $r = \hat{s}$ folgt daraus das t-v-Gesetz:

$$\boldsymbol{v = \omega \hat{s} \cdot \cos\omega t.} \qquad (\text{Bild 4b})$$

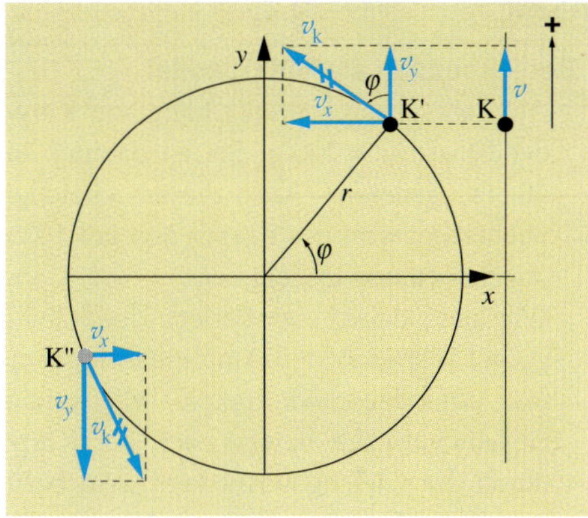

B 2: Die Geschwindigkeit v bei der harmonischen Bewegung zu zwei verschiedenen Zeitpunkten

3. Das *t*-*a*-Gesetz

Der auf dem Kreis umlaufende Korken K′ wird ständig zum Kreismittelpunkt hin beschleunigt. Der Betrag der Zentripetalbeschleunigung a_z ist v_k^2/r. Von den beiden Werten a_x und a_y des Vektors a_z in *Bild 3* betrachten wir wieder nur a_y. Der Schatten des Korkens bewegt sich also in vertikaler Richtung mit dem Beschleunigungswert:

$$a = a_y = -\frac{v_k^2}{r} \sin\omega t.$$

Das Minuszeichen berücksichtigt, dass die Beschleunigung oberhalb der Gleichgewichtslage negativ und unterhalb positiv ist. Bedenken Sie, dass $\sin\omega t$ im ersten Fall positiv, im zweiten negativ ist (*Bild 4c*). Wir ersetzen wieder $v_k = 2\pi r/T = \omega r$ und $r = \hat{s}$ und erhalten:

$$\boldsymbol{a = -\omega^2 \hat{s} \cdot \sin\omega t.} \qquad (\text{Bild 4c})$$

Diese Beschleunigung erfährt auch die Pendelkugel, da sie dem Schatten des Korkens folgt.

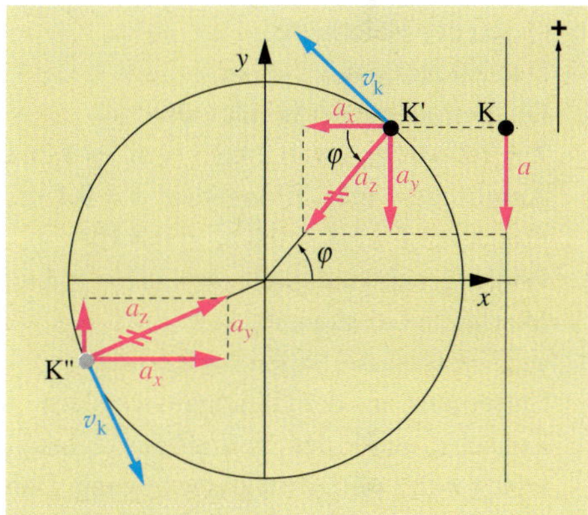

B 3: Die Beschleunigung a bei der harmonischen Schwingung

Merksatz

Eine harmonische Schwingung lässt sich beschreiben durch:

Das *Zeit-Elongation-Gesetz*: $s = \hat{s} \cdot \sin\omega t,$

das *Zeit-Geschwindigkeit-Gesetz*: $v = \omega \hat{s} \cdot \cos\omega t,$

das *Zeit-Beschleunigung-Gesetz*: $a = -\omega^2 \hat{s} \cdot \sin\omega t$

mit der *Winkelgeschwindigkeit*: $\omega = \frac{\varphi}{t} = \frac{2\pi}{T} = 2\pi f$

(f ist die Frequenz, T die Periodendauer, $\hat{s}$ die Amplitude)

Dabei bewegt sich der Körper zum Zeitnullpunkt ($t = 0$) durch die Gleichgewichtslage ($s = 0$) in die positive Richtung.

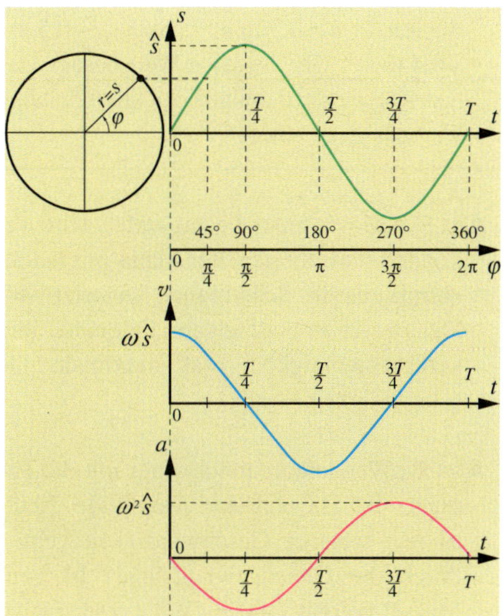

B 4: Diagramme der Bewegungsgesetze: **a)** t-s-Gesetz **b)** t-v-Gesetz **c)** t-a-Gesetz

Beispiel

Berechnungen am Federpendel

An einer Schraubenfeder hängt ein Körper der Masse $m = 200$ g. Sie ist dadurch um 40 cm gedehnt. Aus dieser Gleichgewichtslage wird der Körper nun um 10 cm angehoben und losgelassen.

Wie lange dauert eine Periode der Schwingung? Wie groß sind Amplitude, Frequenz und Winkelgeschwindigkeit? Mit welcher Geschwindigkeit bewegt sich der Körper durch die Gleichgewichtslage? Wo befindet er sich 0,5 s danach? Welche Geschwindigkeit hat er zu diesem Zeitpunkt?

Lösung:

Die Richtgröße D ist beim Federpendel gleich der Federhärte:
$D = 2{,}0\ \text{N}/0{,}4\ \text{m} = 5\ \text{N}\cdot\text{m}^{-1}$.

Die Periodendauer beträgt also:
$\boldsymbol{T} = 2\pi\sqrt{m/D} = 2\pi\sqrt{0{,}2\ \text{kg}/5\ \text{N}\cdot\text{m}^{-1}} = \mathbf{1{,}26\ s}$.

Amplitude = max. Elongation: $\boldsymbol{\hat{s}} = \mathbf{0{,}1\ m}$

Frequenz: $\boldsymbol{f} = 1/T = 0{,}8\ \text{s}^{-1} = \mathbf{0{,}8\ Hz}$

Winkelgeschwindigkeit: $\boldsymbol{\omega} = \sqrt{D/m} = \mathbf{5\ s^{-1}}$

Maximale Geschwindigkeit:
$\boldsymbol{v}_{\max} = \omega\hat{s}\cdot\cos\omega t = \omega\cdot\hat{s} = \mathbf{0{,}5\ m\cdot s^{-1}}$

Entfernung aus der Gleichgewichtslage:
Zunächst wird der Zeitnullpunkt festgelegt: $s = 0$; $t = 0$; Aufwärtsbewegung. Dann gilt: $s = 0{,}1\ \text{m}\cdot\sin(5\ \text{s}^{-1}\cdot 0{,}5\ \text{s}) = \mathbf{+0{,}06\ m}$.
Zum Zeitpunkt 0,5 s befindet sich der Körper 6 cm über der Gleichgewichtslage.
Zu diesem Zeitpunkt hat er die Geschwindigkeit $\boldsymbol{v} = 0{,}5\ \text{m}\cdot\text{s}^{-1}\cdot\cos(5\ \text{s}^{-1}\cdot 0{,}5\ \text{s}) = \mathbf{-0{,}4\ m\cdot s^{-1}}$. Der negative Wert besagt, dass der Körper sich abwärts auf die Gleichgewichtslage zu bewegt.

A 1: Die Masse eines Federpendels wird verdoppelt und mit gleicher (dann mit halber) Amplitude in Schwingung versetzt. Wie ändern sich Periodendauer, Frequenz, Winkelgeschwindigkeit und maximale Geschwindigkeit?

A 2: Ein Pendelkörper schwingt mit der Frequenz 0,5 Hz und der Amplitude 20 cm. **a)** Mit welcher Geschwindigkeit geht er durch die Gleichgewichtslage? **b)** Seine Masse beträgt 300 g. Wie groß ist die Richtgröße des Schwingers? **c)** Hängt T von der Fallbeschleunigung g ab?

4. Lineares Kraftgesetz und harmonische Schwingung

Für unser Federpendel gilt das Elongation-Kraft-Gesetz $F = -D\,s$. Ist dieses Gesetz eine notwendige Bedingung für jede freie harmonische Schwingung?

Betrachten wir dazu die bei der Schwingung auftretenden Beschleunigungen der Pendelkugel. Diese liefert uns das t-a-Gesetz

$$a = -\omega^2\hat{s}\cdot\sin\omega t.$$

Ein Körper, dessen Beschleunigung a ist, erfährt nach dem newtonschen Grundgesetz $F = m\,a$ die Gesamtkraft

$$F = m\,a = -m\,\omega^2\hat{s}\cdot\sin\omega t.$$

Mit $s = \hat{s}\cdot\sin\omega t$ erhalten wir so einen einfachen Zusammenhang zwischen der beschleunigenden Kraft F und der Auslenkung s:

$$\boldsymbol{F = -m\,\omega^2 s}.$$

Die Rückstellkraft F ist also proportional zur Auslenkung s aus der Gleichgewichtslage. Den positiven Faktor $m\,\omega^2$ nennt man Richtgröße und bezeichnet ihn mit D. Sie stimmt beim Federpendel mit dessen Federhärte überein. Das Minuszeichen besagt, dass F der Auslenkung stets entgegen gerichtet ist, also immer zur Gleichgewichtslage hin zeigt. Damit lautet das **Elongation-Kraft-Gesetz**:

$$\boldsymbol{F = -D\,s} \text{ mit der } \textbf{Richtgröße } \boldsymbol{D = m\,\omega^2}.$$

Wir haben ein wichtiges Merkmal für eine harmonische Schwingung gefunden: *Wenn die Bewegung des freien Schwingers harmonisch ist, muss die Rückstellkraft dem linearen Kraftgesetz gehorchen.*

Zudem können wir jetzt sogar die Periodendauer vorhersagen, wenn die Richtgröße D bekannt ist. Wir setzen $\omega = 2\pi/T$ in $D = m\,\omega^2$ ein und lösen nach T auf:

$$T = 2\pi\sqrt{\frac{m}{D}}.$$

Die Periodendauer T hängt also allein von der schwingenden Masse m und der Richtgröße D des Systems ab; T ist unabhängig von der Amplitude.

Mit etwas mehr Mathematik kann man auch umgekehrt zeigen, dass $F = -D\,s$ zu einer harmonischen Schwingung führt. Wir merken uns:

Merksatz

Eine freie mechanische Schwingung ist genau dann **harmonisch**, wenn sie dem **linearen Kraftgesetz** $F = -D\,s$ genügt. s gibt die Elongation aus der Gleichgewichtslage an. Die **Periodendauer** T eines Schwingers der Masse m und der Richtgröße D beträgt:

$$T = 2\pi\sqrt{\frac{m}{D}}.$$

5. Wie viel Energie steckt in der Schwingung?

Der Pendelkörper hängt zunächst bewegungslos in der Gleichgewichtslage. Die Schwingungsenergie des Federpendels ist null. Die Feder ist zwar durch die Gewichtskraft des Pendelkörpers bereits um s_0 verlängert, aber die Spannenergie $\frac{1}{2}D s_0^2$ rechnen wir *nicht* dazu. Aus dieser Gleichgewichtslage heben oder senken wir nun den Pendelkörper. Bei einer Auslenkung um die Strecke s beträgt unsere Kraft $F' = D s$, denn für die entgegengesetzt gerichtete Rückstellkraft gilt ja $F = -D s$. Die dem Schwinger zugeführte Energie ist dann $W_{Elong} = \frac{1}{2} D s^2$; sie heißt **Elongationsenergie**.

Was geschieht mit der Elongationsenergie, wenn wir den Pendelkörper loslassen? Sie steckt von nun an im schwingenden System. Bei fehlender Reibung hätten wir den Idealfall einer ungedämpften harmonischen Schwingung, die unendlich lang andauert. Die Energie kann dann nicht mehr entweichen. Betrachten wir einmal verschiedene Phasen der Schwingung:

a) Im oberen und unteren Umkehrpunkt besitzt der Körper für einen Moment jeweils die Geschwindigkeit null; seine kinetische Energie ist also null, während die Elongationsenergie im selben Augenblick ihr Maximum erreicht hat.

b) Aus der momentanen Ruhe heraus wird der Körper nun beschleunigt, gewinnt also kinetische Energie auf Kosten der Elongationsenergie.

c) Beim Durchgang durch die Gleichgewichtslage hat dann die kinetische Energie ihr Maximum erreicht, die Elongationsenergie ihr Minimum: Sie ist null geworden.

d) Die Elongationsenergie nimmt nun auf Kosten der kinetischen Energie wieder zu, bis sie im Umkehrpunkt abermals ein Maximum erreicht hat; usw. …

Die beiden Energieformen wandeln sich also periodisch ineinander um. Dabei bleibt nach dem Energiesatz die Summe aus Elongations- und Bewegungsenergie, also die Gesamtenergie W der Schwingung, erhalten. Sie ist gleich der Elongationsenergie, die bei der ersten Auslenkung in das System hineingesteckt wurde, also der maximalen Elongationsenergie $\frac{1}{2} D \hat{s}^2$.

Merksatz

Bei einer ungedämpften harmonischen Schwingung ist die Summe aus Elongationsenergie und Bewegungsenergie konstant. Sie ist gleich der **Gesamtenergie W** der Schwingung:

$$\boldsymbol{W = W_{Elong} + W_B = \tfrac{1}{2} D s^2 + \tfrac{1}{2} m v^2 = \text{konstant}.}$$

In den Umkehrpunkten ($v = 0$, $s = \hat{s}$) besteht W aus der maximalen Elongationsenergie $W = \frac{1}{2} D \hat{s}^2$, in der Gleichgewichtslage ($v = \hat{v}$, $s = 0$) aus der maximalen Bewegungsenergie $W = \frac{1}{2} m \hat{v}^2$.

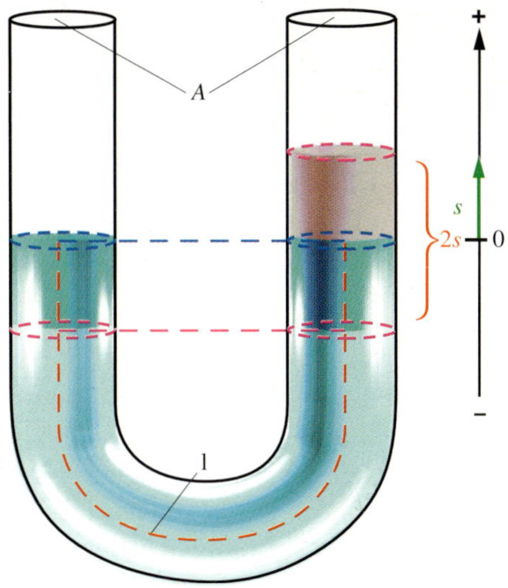

B 1: Eine harmonisch schwingende Flüssigkeit (*Versuch 1*)

V 1: Ein U-Rohr, das an jeder Stelle denselben Querschnitt A besitzt, ist zum Teil mit einer Flüssigkeit vom Volumen V und der Dichte ϱ gefüllt. Wenn man in einen der beiden Schenkel des U-Rohrs vorsichtig hineinbläst, kommt die Flüssigkeit aus dem Gleichgewicht. Gibt man sie anschließend frei, so schwingt sie hin und her. Können wir die Periodendauer vorausberechnen?

Dazu führen wir eine s-Achse ein (*Bild 1*). Ist nun die Flüssigkeit um die Strecke s aus ihrer Gleichgewichtslage ausgelenkt, so entsteht ein einseitiges Übergewicht, das von der überstehenden Flüssigkeitssäule herrührt. Diese hat die Höhe $2s$ und das Volumen $\Delta V = 2\,s \cdot A$, also die Gewichtskraft $G = \Delta V \cdot \varrho \cdot g = 2 s A \varrho g$. Die Gewichtskraft G wirkt als Rückstellkraft F. Sie ist zur Elongation s proportional, denn es gilt $F = -D s$ mit $D = 2 A \varrho g$ = konstant.

Es liegt also ein lineares Kraftgesetz vor. Deshalb dürfen wir die Periodendauer mit $T = 2\pi\sqrt{m/D}$ berechnen. Darin ist $m = V\varrho$ die Masse der gesamten eingefüllten Flüssigkeit. Wir erhalten:

$$T = 2\pi \sqrt{\frac{V\varrho}{2\varrho A g}} = 2\pi \sqrt{\frac{l}{2g}},$$

wobei $l = V/A$ die Länge der Flüssigkeitssäule ist. Die Periodendauer ist demnach von der Dichte der Flüssigkeit unabhängig.

Das ist wichtig

A. Begriffe für beliebige Schwingungen

1. *Rückstellkraft* und *Trägheit* sind Voraussetzungen für eine Schwingung: Die Rückstellkraft sorgt dafür, dass der Körper nach der *Auslenkung (Elongation)* aus seiner *Gleichgewichtslage* wieder zu ihr zurückkehrt. Wegen seiner Trägheit bewegt er sich jedoch über sie hinaus, entfernt sich also erneut aus ihr. Er schwingt auf diese Weise hin und her.

2. Ein mechanisches System führt eine **freie Schwingung** aus, wenn es seinen Rhythmus selbst bestimmt. Wird ihm ein fremder Schwingungstakt von außen aufgeprägt, so führt es eine **erzwungenen Schwingung** aus.

3. Eine **freie ungedämpfte Schwingung** ist der Idealfall einer Schwingung bei fehlender mechanischer Reibung. Eine reale Schwingung, die abklingt, heißt **gedämpfte Schwingung**.

B. Gesetze der harmonischen Schwingung

1. Eine freie Schwingung ist genau dann harmonisch, wenn die Rückstellkraft F proportional zur Auslenkung s ist, wenn also das **lineare Kraftgesetz $F = -Ds$** gilt. Die *Richtgröße* D ist stets positiv. Das Minuszeichen drückt aus, dass die Rückstellkraft der Auslenkung immer entgegen gerichtet ist. Es ist also entweder $s > 0$ und $F < 0$ oder $s < 0$ und $F > 0$.

2. Die **Periodendauer T** eines Schwingers der Masse m und der Richtgröße D ist: $T = 2\pi\sqrt{m/D}$
(m in kg, D in $\text{N}\cdot\text{m}^{-1}$, T in s).
Die Periodendauer ist unabhängig von der Amplitude.

3. Die **Bewegungsgesetze** für eine Schwingung, die zum Zeitnullpunkt ($t = 0$) durch die Gleichgewichtslage ($s = 0$) in positive Richtung beginnt, lauten:

Zeit-Elongation-Gesetz:	$s = \hat{s} \cdot \sin\omega t$
Zeit-Geschwindigkeit-Gesetz:	$v = \omega\hat{s} \cdot \cos\omega t$
Zeit-Beschleunigung-Gesetz:	$a = -\omega^2 \hat{s} \cdot \sin\omega t$

Dabei ist

$\hat{s}$ die positive Amplitude:	$\hat{s}$ = max. Auslenkung
ω die Winkelgeschwindigkeit:	$\omega = \frac{\varphi}{t} = \frac{2\pi}{T} = 2\pi f$
f die Frequenz:	$f = \frac{1}{T}$

Beachten Sie: ω und f haben dieselbe Einheit s^{-1}. Man nennt ω auch Kreisfrequenz. Bei einer Zahlenangabe muss eindeutig sein, welche der Größen gemeint ist.

4. Die **Energie eines harmonischen Schwingers** ist die Summe aus Elongations- und Bewegungsenergie:

$$W = W_{\text{Elong}} + W_{\text{B}} = \tfrac{1}{2}Ds^2 + \tfrac{1}{2}mv^2 = \text{konstant.}$$

Da Reibung ausgeschlossen wird, ist W konstant. In den Umkehrpunkten besteht W allein aus der Elongationsenergie $W = \frac{1}{2}D\hat{s}^2$, in der Gleichgewichtslage allein aus der Bewegungsenergie $W = \frac{1}{2}m\hat{v}^2$.

Aufgaben

A 1: Sind bei einem vertikal auf und ab springenden Ball die Bedingungen einer harmonischen Schwingung erfüllt? (Reibung soll vernachlässigt werden.) Begründen Sie.

A 2: Die Brücke (im Bild am Kapitelanfang) biegt sich unter der 100 t schweren Last des Schiffes etwa 5 cm durch. Nach dem Abreißen der Verbindung schwingt die Brückenmitte sinusförmig mit der Frequenz $f = 0{,}62$ Hz. **a)** Mit welcher Amplitude und welcher maximalen Geschwindigkeit bewegt sich ein mitten auf ihr stehender Beobachter? **b)** Bei welcher Elongation erfährt der Beobachter maximale Beschleunigung? Wie groß ist sie? Um wie viel Prozent scheint sein Gewicht zu schwanken? **c)** Welche Zeit vergeht vom Moment des Abreißens bis zum Erreichen der maximalen Geschwindigkeit? Nach welcher Zeit beträgt sie erstmals $0{,}1\ \text{m}\cdot\text{s}^{-1}$? **d)** Um welche Strecke wurde der Beobachter 0,6 s nach dem Abreißen nach oben bewegt? **e)** Bestimmen Sie die Energie, die in der Brückenschwingung steckt.

A 3: Ein mit Schrotkugeln beschwertes Reagenzglas der Masse $m = 15$ g taucht etwa zur Hälfte in Wasser. Seine Querschnittsfläche beträgt $A = 2\ \text{cm}^2$. Drückt man das Reagenzglas tiefer ins Wasser, so erfährt es eine größere Auftriebskraft (sie ist nach ARCHIMEDES gleich der Gewichtskraft der verdrängten Flüssigkeit). **a)** Zeigen Sie, dass es – unter Vernachlässigung der Reibung – nach dem Loslassen harmonisch schwingt. **b)** Berechnen Sie die Periodendauer der Schwingung. **c)** Mit welcher Geschwindigkeit bewegt sich das Reagenzglas durch die Gleichgewichtslage, wenn es zu Beginn 3 cm tiefer ins Wasser gedrückt wurde (Dichte des Wassers $\varrho = 1\,000\ \text{kg}\cdot\text{m}^{-3}$; $g = 9{,}81\ \text{m}\cdot\text{s}^{-2}$)?

A 4: Hängt man einen Körper der Masse 400 g an eine Schraubenfeder, so wird sie um 10 cm verlängert. Aus dieser Gleichgewichtslage wird der Körper 5 cm angehoben und losgelassen. **a)** Mit welcher Frequenz schwingt dieses Federpendel? **b)** Wie viel Schwingungsenergie enthält es? **c)** Zeichnen Sie in ein gemeinsames s-F-Diagramm ($s = 0$ in der Gleichgewichtslage) die Kraft, mit der die Feder am Körper zieht, die Gewichtskraft und die Rückstellkraft des Schwingers. Beachten Sie die Vorzeichen für s und F. Welcher geometrische Zusammenhang besteht zwischen den drei Geraden? Kennzeichnen Sie die Fläche, die die Elongationsenergie für $s = 5$ cm angibt.

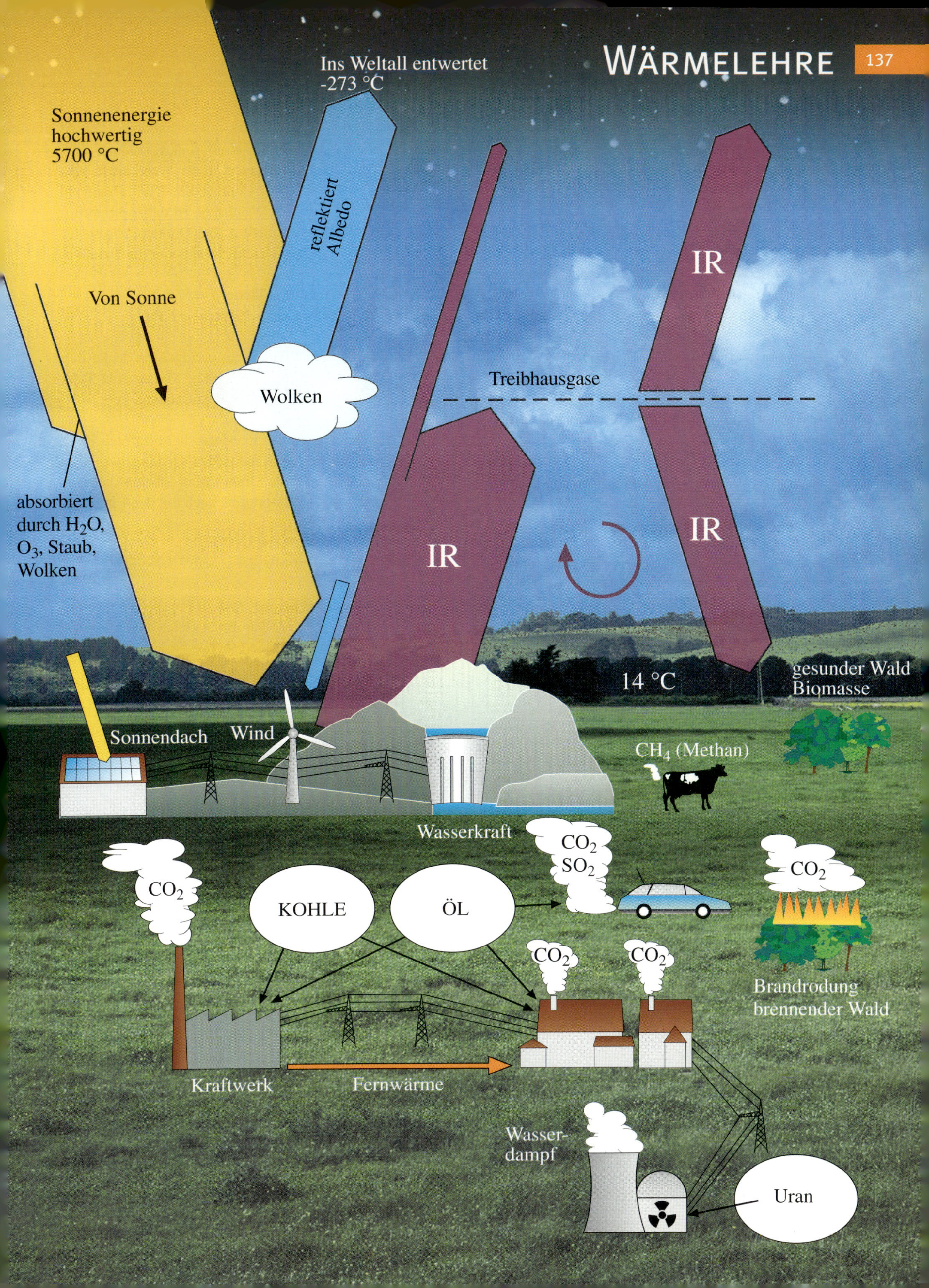

Ins Weltall entwertet
-273 °C
Sonnenenergie
hochwertig
5700 °C
reflektiert
Albedo
Von Sonne
Wolken
IR
Treibhausgase
IR
IR
absorbiert
durch H_2O,
O_3, Staub,
Wolken
14 °C
gesunder Wald
Biomasse
Sonnendach
Wind
CH_4 (Methan)
Wasserkraft
CO_2
SO_2
CO_2
CO_2
KOHLE
ÖL
CO_2
CO_2
Brandrodung
brennender Wald
Kraftwerk
Fernwärme
Wasser-
dampf
Uran

Grundlagen

Was ist Stoffmenge?

Materie besteht aus Atomen. Diese Tatsache wird heute kaum noch von jemandem ernsthaft bestritten. Die Atome sind unvorstellbar klein. Ihr Durchmesser ist von der Größenordnung 0,1 nm = 0,000 000 000 1 m.

Dementsprechend ist die Anzahl der Atome in allen wägbaren Körpern ungeheuer groß, ca. 10^{20} Stück in einem Kubikmillimeter. Man benutzt daher zur Angabe von Atom- und anderen Teilchenzahlen eine eigene Zähleinheit, das **Mol**:

Ein Mol (1 mol) ist ungefähr gleich der Anzahl der Wasserstoffatome in einem Gramm Wasserstoff.
1 mol = $6{,}0221 \cdot 10^{23}$ (Teilchen).

Die Teilchenzahl eines Körpers ausgedrückt in Mol nennt man seine **Stoffmenge** ν.

Beispiele: Ein Gramm Wasserstoffgas enthält 1 mol Wasserstoffatome. Es enthält jedoch nur 0,5 mol Wasserstoffmoleküle, da je zwei Atome im Gas zu einem Molekül vereinigt sind. Man muss bei der Stoffmenge immer dazu sagen, welche Art von Teilchen gemeint ist, also welche Teilchen „zählen“. – Ein Gramm Kohlenstoff enthält $\frac{1}{12}$ mol C-Atome, weil die meisten Kohlenstoffatome die zwölffache Masse eines Wasserstoffatoms haben. Erst 12 g Kohlenstoff enthalten also 1 mol Atome. An diese Tatsache knüpft übrigens die gesetzliche Definition des Mols an:

Ein Mol ist exakt gleich der Anzahl von Atomen in 12 g des Kohlenstoff-Isotops C-12.

Nicht nur die Durchmesser, auch die Massen der Atome sind unvorstellbar klein. Aus dem angegebenen Präzisionswert für das Mol folgt, dass die Masse eines Atoms vom Kohlenstoff-Isotop C-12 gleich 12 g/($6{,}0221 \cdot 10^{23}$) ist. Den zwölften Teil hiervon, also die Masse

$$1\ \text{u} = \frac{1\ \text{g}}{6{,}0221 \cdot 10^{23}} = 1{,}66054 \cdot 10^{-24}\ \text{g},$$

nennt man **atomare Masseneinheit**. Ein Wasserstoffatom hat ungefähr die Masse 1 u. Man merke sich:

Beträgt die Masse eines Teilchens x u, so beträgt die Masse eines Mols dieser Teilchen genau x Gramm.

Was ist Druck?

Sperrt man ein Gas in einen Behälter, so üben seine Teilchen auf die Behälterwand Kräfte aus, und zwar auf jedes Wandstück eine Kraft senkrecht dazu nach außen. Auf jeden Quadratzentimeter Wand wirkt eine gleich große Kraft. Die resultierende Kraft F auf ein näherungsweise ebenes Wandstück ist daher proportional zu dessen Flächeninhalt A. Der Quotient F/A ist für jedes Wandstück der Gleiche. Man nennt ihn **Druck** p.

Druck = Kraftbetrag/Fläche, $p = F/A$.
Druckeinheit 1 N/1 m² = 1 Pascal = 1 Pa.

Der Einheitsdruck 1 Pa ist sehr gering. Man denke sich eine Gewichtskraft von 1 N (100 g Masse, eine Tafel Schokolade) auf einen ganzen Quadratmeter verteilt!

Die Atmosphäre drückt in Meereshöhe infolge ihres Gewichts mit ca. 10 N auf jeden Quadratzentimeter Boden; das sind 10^5 Pa Druck. Man arbeitet daher in der Praxis, z. B. bei Autoreifen, auch mit den Einheiten

1 bar = 10^5 Pa = 10 N·cm^{-2},
1 mbar = 100 Pa = 1 hPa = 1 cN·cm^{-2}.

Als *Normdruck* bezeichnet man in Physik und Chemie den Druck p_n = 1,01325 bar. Er ist gleich dem mittleren Atmosphärendruck in Meereshöhe.

Druckmessgeräte heißen *Manometer*. Hier verbiegt der Gasdruck ein dünnes Blech und dreht dadurch einen Zeiger (➡ *Bild 1*). Spezielle Manometer zur Messung des Atmosphärendrucks heißen *Barometer*.

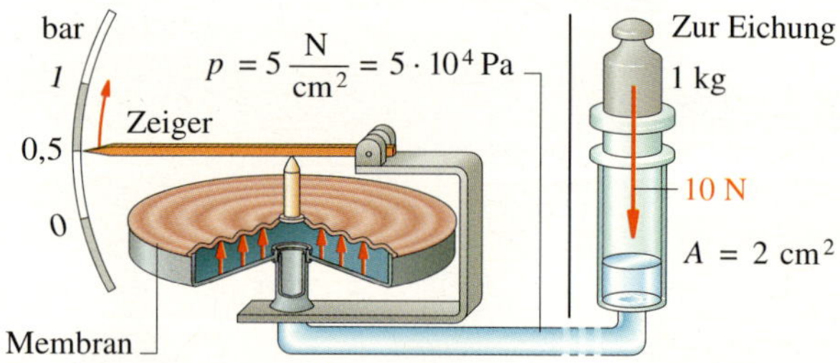

B 1: Membranmanometer

A 1: Welche Masse ist gleich $6 \cdot 10^{23}$ u (ohne Rechnung)?

A 2: Berechnen Sie die Stoffmengen von 17 g atomarem Wasserstoff (H-Atome), 1 kg Benzol (C_6H_6-Moleküle).

A 3: Mineralwasser darf als „natriumarm“ bezeichnet werden, wenn es höchstens 150 mg Natrium (Na) je Liter enthält. **a)** Welche Stoffmenge an Na-Atomen ist dies? **b)** Trinkwasser der „Härte 18“ enthält 180 g/m³ Calciumoxid (CaO). Beim „Enthärten“ des Wassers wird jedes Ca-Atom gegen 2 Na-Atome ausgetauscht. Ist das entstehende Wasser natriumarm?

Ideale Gase

Gase können sich chemisch sehr verschiedenartig verhalten. Man denke nur an den lebensnotwendigen Sauerstoff einerseits und das (echt) ätzende Chlor andererseits! Physikalisch gesehen sind sie aber alle einander überraschend ähnlich, und das macht sie so interessant. Aus dem Alltag weiß man, dass alle Gase weitgehend durchsichtig und daher unsichtbar sind. Das kann man mit der starken Verdünnung erklären, in der die Materie im Gaszustand vorliegt. Weitere Ähnlichkeiten ergeben sich, wenn man messende Experimente anstellt. Man kann auf ein Gas einen beliebigen Druck ausüben und es dann auf eine bestimmte Temperatur bringen. Dann stellt sich das Volumen des Gases von selbst auf einen ganz bestimmten Wert ein. Wie hängt das Volumen V vom Druck p und der Temperatur ϑ ab? Wir trennen die beiden Einflüsse auf V, indem wir in einem ersten Experiment ϑ konstant lassen („isothermer Prozess"), in einem zweiten Experiment jedoch p („isobarer Prozess").

1. Der isotherme Prozess (ϑ konstant)

Wir füllen eine Gasportion in einen Zylinder mit Kolben und erhöhen den Druck (*Versuch 1*). Das Volumen nimmt ab, das Gas gibt der äußeren Kraft nach. Das Gesetz dieser Abnahme findet man leicht aus den Messwerten: Zum doppelten Druck gehört das halbe Volumen usw.; Druck und Volumen sind zueinander umgekehrt proportional; das Produkt aus Druck und Volumen ist im Versuch konstant. Das V-p-Diagramm zeigt eine Hyperbel (*Bild 2*).

Merksatz

Gesetz von BOYLE und MARIOTTE: Bei isothermer Zustandsänderung einer Gasportion ist $p \cdot V$ konstant.

Im Schulversuch mit Zimmerluft kommt das Gesetz befriedigend genau heraus; im wissenschaftlichen Präzisionsversuch findet man Abweichungen von diesem Gesetz. Sie sind umso stärker, je kälter das Gas ist und je mehr man es zusammendrückt. Man sagt: Ein Gas, welches das Gesetz von BOYLE und MARIOTTE unter allen Umständen genau erfüllen würde, wäre ein *ideales* Gas. Ein solches Gas existiert aber nur in Gedanken. Die wirklichen („realen") Gase sind immer nur näherungsweise ideal. Sie gleichen dem idealen Gas umso mehr, je höher man die Temperatur und je geringer man den Druck macht. Das untenstehende *Bild* zeigt ein Beispiel.

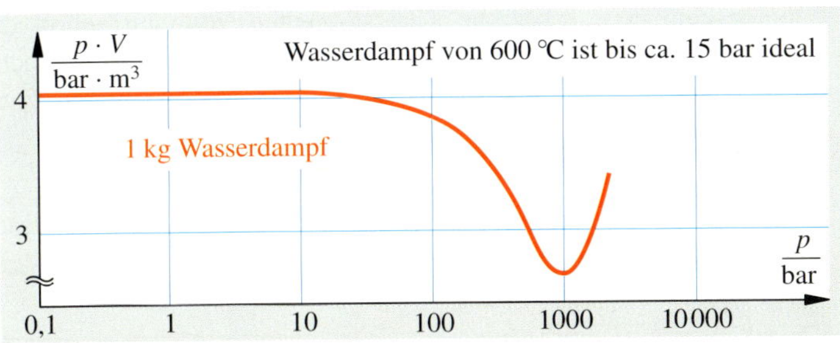

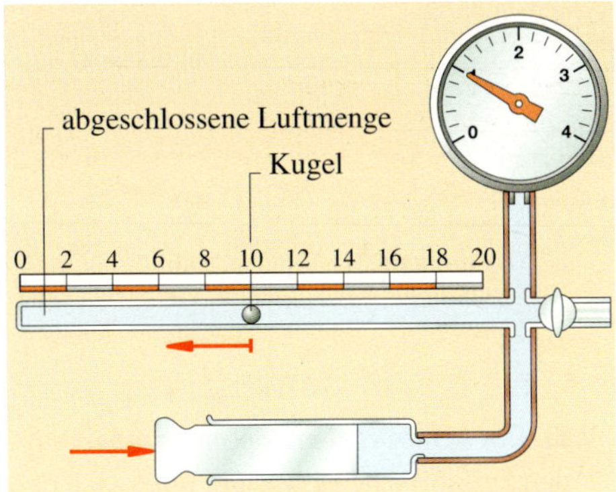

V 1: Der „Kolben", der die abgeschlossene Luftmenge zusammendrückt, ist die Kugel (genau ins Rohr passend) zusammen mit der Luft rechts davon. Die Temperatur bleibt konstant, weil der Apparat von Zimmerluft umgeben und nicht isoliert ist.

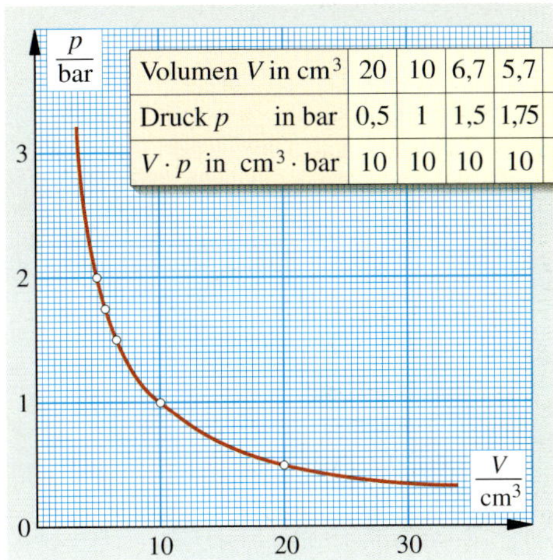

Volumen V in cm^3	20	10	6,7	5,7	5
Druck p in bar	0,5	1	1,5	1,75	2
$V \cdot p$ in $cm^3 \cdot$ bar	10	10	10	10	10

B 2: Messwerte und -diagramm zu *Versuch 1*

A 4: Eine Sauerstoffflasche enthält 20 l Gas unter 150 bar. Wie viele Liter unter Atmosphärendruck kann man entnehmen, wenn die Temperatur gleich bleibt?

A 5: Ein Autoreifen hat ein Volumen von 60 l. Er wird vom Überdruck (!) 2,5 bar auf 3,5 bar aufgepumpt. Wie viel Luft von ursprünglich 1 bar Druck muss der Kompressor liefern?

A 6: Zwei Gefäße mit 5 l bzw. 3 l Volumen sind durch ein Rohr mit geschlossenem Hahn verbunden. Im großen Gefäß herrscht der Luftdruck 2 bar, im kleinen 1 bar. Welcher Druck stellt sich beim Öffnen des Hahns ein (konstante Temperatur vorausgesetzt)?

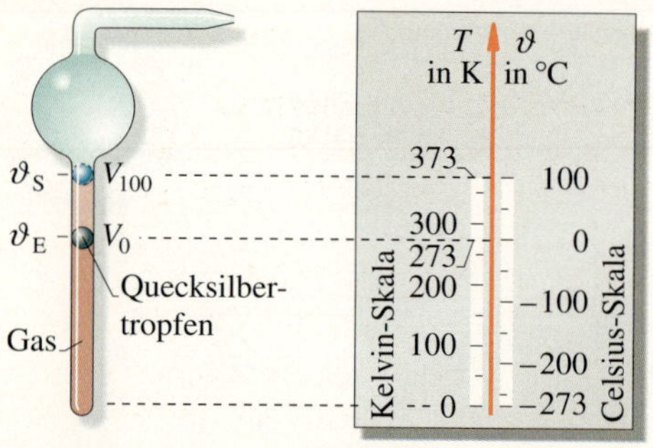

V 1: Ein Quecksilbertropfen schließt hier den zylindrischen Gasraum unter sich dicht ab. Der Druck ist konstant gleich dem Atmosphärendruck. Als Temperaturmarken dienen Klemmringe am Glasrohr, die man auch unter Wasser verschieben kann. Die Quecksilberperle steigt je Grad Erwärmung immer um den gleichen Betrag.

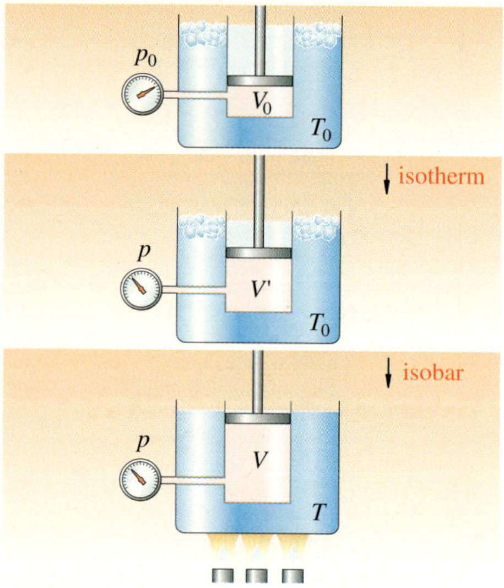

B 1: Vom Zustand mit den Größen (p_0, T_0, V_0) zu (p, T, V) in zwei Schritten:
Erster Schritt: Stelle isotherm das gewünschte p her!

Anfangs:	p_0	T_0	V_0
nachher:	p	T_0	V' (unbekannt)

Gleichung: $p_0 V_0 = p\, V'$ (BOYLE/MARIOTTE)
$V' = p_0 V_0 / p$

Zweiter Schritt: Stelle isobar das gewünschte T her!

Anfangs:	p	T_0	V'
Am Ende:	p	T	V (unbekannt)

Gleichung: $V'/T_0 = V/T$
$V = V'\,T/T_0 = p_0 V_0 T/(T_0\, p)$

Durch Sortieren nach Anfangs- und Endgrößen folgt

$$p\,V/T = p_0 V_0/T_0.$$

2. Der isobare Prozess (Druck *p* konstant)

Wir füllen wieder eine Gasportion in einen Zylinder mit Kolben, lassen aber diesmal auf den Kolben immer die gleiche Kraft wirken (*Versuch 1*). Dieses „Gasthermometer“ bringen wir in verschieden warme Wasserbäder. Auch hier lesen wir aus den Messergebnissen ein einfaches Gesetz ab: Für jedes Grad Erwärmung wächst das Volumen um den gleichen Betrag. Eine gleichmäßige Volumenskala wird von selbst zu einer gleichmäßigen Temperaturskala! Setzt man diese Skala nach unten bis zum Volumen null fort, so landet man bei dem Temperaturwert –273 °C. – Setzen wir das Gas einem höheren Druck aus, so erhalten wir eine andere Temperaturskala: Alle Volumina werden kleiner, die Gradstriche rücken näher zusammen. Aber die Fortsetzung auf das Volumen null liefert jedesmal wieder den gleichen Wert $\vartheta = -273$ °C! Ebenso ist es, wenn wir eine andere Gasportion oder gar ein anderes Gas nehmen.

3. Eine Temperatur ohne Kältegrade

Die Merkwürdigkeit, dass alle Gasthermometer sozusagen ihren natürlichen Nullpunkt bei der Temperatur –273 °C haben, hat die Physiker veranlasst, die Gradzählung statt bei 0 °C bei dieser besonderen Temperatur zu beginnen. Alle Temperaturwerte sind dann um 273 Grad (genauer: 273,15 Grad) zu erhöhen, und zur Unterscheidung verwendet man eine neue Benennung „Kelvin“ (K) und den neuen Formelbuchstaben T:

Merksatz

Definition der **Kelvintemperatur**:
Celsiustemperatur ϑ = x °C entspricht
Kelvintemperatur T = (x + 273,15) K

Die Temperatur $T = 0$ K bzw. $\vartheta = -273{,}15$ °C heißt *absoluter Nullpunkt* der Temperatur. Es hat sich herausgestellt, dass es die tiefste überhaupt mögliche Temperatur ist. Man hat sie im Labor schon auf 10^{-6} K genau erreichen, aber niemals unterschreiten können. Die T-Skala hat keine Kältegrade mehr. Natürlich gibt es kein Gas, das bis zum absoluten Nullpunkt hin ideal wäre. Es hätte ja dort das Volumen null, müsste also völlig verschwunden sein! Alle Gase werden bei sehr tiefen Temperaturen flüssig oder sogar fest. Aber die neue Temperaturmessung liefert uns einen besonders einfachen Zusammenhang zwischen Volumen und (Kelvin-)Temperatur. Vergleichen wir im Bild zu *Versuch 1* die Kelvin-Skala mit der Volumenskala! Wir erkennen: Zum doppelten Volumen gehört die doppelte Kelvintemperatur, zum dreifachen V gehört das dreifache T usw., kurz:

Merksatz

Bei isobarer Zustandsänderung ist das Volumen des idealen Gases proportional zur Kelvintemperatur; V/T ist konstant bei konstantem Druck.

4. Die allgemeine Gasgleichung

Wie sich ein ideales Gas verhält, wenn wir Druck und Temperatur gleichzeitig ändern, brauchen wir nicht mehr auszuprobieren. Wir können es anhand der jetzt bekannten Gesetze durch Überlegung finden. Eine Gasportion soll von irgendeinem Zustand (Druck p_0, Temperatur T_0, Volumen V_0) aus auf einen neuen Druck p und eine neue Temperatur T gebracht werden. Wir berechnen das neue Volumen V, das sich einstellt, in zwei Schritten (➡ *Bild 1*). Die gefundene Gleichung besagt: Was immer man mit einer Portion idealen Gases anstellt – die rechnerische Kombinationsgröße „Volumen mal Druck durch Kelvintemperatur" bleibt immer gleich groß.

Merksatz

Allgemeines Gasgesetz: Bei beliebiger Zustandsänderung einer gegebenen Portion idealen Gases bleibt $p\,V/T$ konstant.

Jede Gasportion hat ihre eigene Konstante $p\,V/T$; man könnte sie auf die gefüllte Gasflasche schreiben. Üblich ist es aber, Gasportionen durch ihr *„Normvolumen"* V_n zu kennzeichnen. Dies ist vereinbarungsgemäß das Volumen, das sie beim *„Normzustand"* (Druck $p_n = 1{,}013$ bar, Atmosphärendruck; Temperatur $T_n = 273{,}15\text{ K} \triangleq 0\,°\text{C}$) einnehmen.

Beispiel

Ein Mol Wasserstoffgas H_2 (das sind 2 g Wasserstoff) hat das Normvolumen $V_n = 22{,}4$ l. Daher gilt für diese Gasportion stets

$p\,V/T = 1{,}013\text{ bar} \cdot 22{,}4\text{ l}/273{,}15\text{ K}$

$= (22{,}4 \cdot 1{,}013/273{,}15) \cdot 10^{-3}\text{ m}^3 \cdot 10^5\text{ N}\cdot\text{m}^{-2}\cdot\text{K}^{-1} = 8{,}31\text{ N}\cdot\text{m}\cdot\text{K}^{-1}$.

Ein Mol Erdgas (das sind 16 g Methan CH_4) hat ebenfalls das Normvolumen 22,4 l und damit die gleiche Konstante $p\,V/T = 8{,}31\text{ N}\cdot\text{m}\cdot\text{K}^{-1}$. Die Erfahrung zeigt:

Merksatz

Ein Mol eines jeden idealen Gases hat das Normvolumen 22,4 l.

Ein Mol eines jeden idealen Gases hat damit auch die Konstante $p\,V/T = 8{,}31\text{ N}\cdot\text{m}\cdot\text{K}^{-1}$. Zwei Mol haben die doppelte, 3 mol die 3fache Konstante $p\,V/T$ usw. Die Konstante ist zur Stoffmenge ν (d. h. zur Teilchenzahl) proportional: $p\,V/T = \nu R$. Auf die Art der Gasteilchen kommt es dabei nicht mehr an. Alle Aufgaben über Druck, Volumen, Temperatur und Menge idealer Gase lassen sich mit einer einzigen Gleichung bewältigen.

Merksatz

Allgemeine thermische **Zustandsgleichung für ideale Gase:**
$p\,V = \nu R\,T$ mit der universellen Gaskonstanten
$R = 8{,}31\text{ N}\cdot\text{m}\cdot\text{K}^{-1}\cdot\text{mol}^{-1}$

Beispiel

Musteraufgabe zum Gasgesetz

Ein Zimmer hat 100 m³ Rauminhalt und abends bei 950 mbar 25 °C Lufttemperatur. Da nicht geheizt wird, misst man am nächsten Morgen nur 5 °C. Der Luftdruck stieg auf 960 mbar.

a) Wie viele kg Luft sind zugeströmt?

b) Wie groß wäre die Kraft auf 1 m² Fensterfläche, wenn man diesen Zustrom durch Abdichten verhindert hätte?

Vorgabe: Ein Mol Luftteilchen hat die Masse 29,0 g.

Lösung:

a) Bezeichnungen:

	Druck	Temperatur	Volumen	Stoffmenge
Abd.	p	T	V	ν
Morg.	p'	T'	V	ν'

unbekannt: ν und ν'

Gleichungen: $p\,V = \nu R\,T$; $p'\,V = \nu' R\,T'$

gesucht:

$$\Delta\nu = \nu' - \nu = \frac{V}{R}\left(\frac{p'}{T'} - \frac{p}{T}\right)$$

$$= \frac{100\text{ m}^3}{8{,}31\text{ N}\cdot\text{m}\cdot\text{K}^{-1}}\left(\frac{960}{278} - \frac{950}{298}\right) \cdot \frac{100\text{ Pa}}{\text{K}} \cdot 1\text{ mol} = 319\text{ mol}$$

$\Rightarrow$ Massenzuwachs: $319 \cdot 29\text{ g} = \mathbf{9{,}25\text{ kg}}$

b) Bezeichnungen wie in a), jedoch $\nu = \nu'$ und p' jetzt unbekannt.

Gleichung: $p\,V/T = p'\,V/T' \Rightarrow$

$$p' = p\,T'/T = 950\text{ mbar} \cdot \frac{278}{298} = 886\text{ mbar}.$$

Kraft auf die Scheibe:

$F = (p - p') \cdot A = (960 - 886)\text{ mbar} \cdot 1\text{ m}^2$

$= \mathbf{7{,}4\text{ kN}}$

(das Gewicht eines Kleinautos!).

A 1: Luft hat im Normzustand die Dichte $1{,}293\text{ g}\cdot\text{dm}^{-3}$. Berechnen Sie ihre Dichte bei Normdruck und den Temperaturen 20 °C, 100 °C und –70 °C.

A 2: Das „Hochvakuum" in einer Fernsehröhre hat bei 0 °C einen Druck von etwa 10^{-6} mbar. Wie viele Gasmoleküle sind in jedem cm³ enthalten? (Zum Vergleich: Im Raum zwischen den Planeten befindet sich etwa 1 Molekül in 1 cm³.)

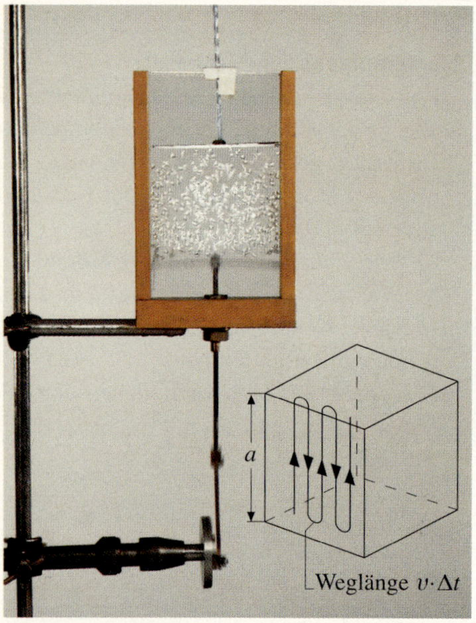

B 1: Modellgas aus Stahlkugeln. Der Boden des Gefäßes wird von unten her angetrieben und vibriert heftig. Der Deckel ist frei beweglich und wird nur durch die fortwährenden Stöße der Kugeln schwebend gehalten.
Skizze: Grob vereinfachende Annahme für die Bahn eines Gasteilchens.

Beispiel

Können Moleküle so schnell sein?

Wir berechnen den Geschwindigkeitswert v nach BERNOULLIS Gleichung (1), also eine atomare Größe aus den makroskopischen Daten p und ϱ!

Nehmen wir Luft bei einer Temperatur von $\vartheta = 0\,°\text{C}$ und bei dem Normdruck $p = 1{,}013$ bar. Der Tabellenwert für die Dichte ist $\varrho = 1{,}293$ g/l.

Es folgt

$$v = \sqrt{\frac{3p}{\varrho}} = \sqrt{\frac{3 \cdot 1{,}013 \cdot 10^5}{1{,}293}}\,\frac{\text{m}}{\text{s}} = \mathbf{485}\,\frac{\mathbf{m}}{\mathbf{s}}.$$

Ist das vernünftig?

Wir wissen, dass der Schall in der gleichen Luft in der Sekunde 331 Meter zurücklegt. Schall ist eine sich in der Luft ausbreitende Störung. Sie kann nicht schneller laufen als die Moleküle, die es ja einander „weitersagen“ müssen, dass da eine Störung ist. Dazu passt unser Rechenergebnis: Die Moleküle sind im Mittel etwas schneller als der Schall.

Gasdruck und Molekülbewegung

Bei hohen Temperaturen und genügender Verdünnung gelangt jede Materie schließlich in den idealen Gaszustand. Ihr Verhalten hinsichtlich Druck, Volumen und Temperatur ist dann völlig einheitlich. Weder die chemische Beschaffenheit der Teilchen noch ihre Masse, nur ihre Anzahl spielt eine Rolle. In diesem Sinne ist das Gas die einfachste Form, die Materie überhaupt annehmen kann.

Wir wollen verstehen, warum Gase immer bestrebt sind, sich auszudehnen. Sogar nach oben, der Schwerkraft entgegen, üben sie Kräfte auf eine Behälterwand aus. Da es auf die Beschaffenheit der Gasteilchen nicht ankommt, stellen wir sie uns einfach als winzige elastische Tennisbälle oder Glaskugeln vor, die wild durcheinander fliegen. Wir unterstützen die Vorstellung mit einem Modell-Experiment ➡ *Bild 1*. Der Versuch zeigt: Auch das Modellgas übt allseitig Kräfte auf die Behälterwand aus. Es herrscht ein Druck. Er wächst, wenn man die Teilchen schneller macht. Lässt er sich etwa aus der Teilchengeschwindigkeit und vielleicht noch anderen Teilchendaten berechnen? Dieser Frage aus der *kinetischen Theorie der Gase* wollen wir mithilfe unserer Mechanik-Kenntnisse nachgehen.

1. Es hagelt Moleküle, aber ordentlich

In einem Würfel der Kantenlänge a fliege ein Teilchen der Masse m mit der Geschwindigkeit v dauernd zwischen zwei gegenüberliegenden Flächen kantenparallel hin und her (➡ *Bild 1, Skizze*). Bei jeder Umkehr ändert sich sein Impuls von $m\,v$ durch die Abbremsung auf null und durch die Wiederbeschleunigung von null auf $-m\,v$. Die Wand erhält also den Impuls $2\,m\,v$ (Impulserhaltung). Wenn das Teilchen den Weg $2\,a$ zurückgelegt hat, trifft es diese Wand wieder. In der Zeit Δt durchläuft es den Weg $v \cdot \Delta t$ und trifft diese Wand daher $v \cdot \Delta t/(2\,a)$-mal. Diese Wand erhält so in der Zeit Δt den Impuls $\Delta P = 2\,m\,v \cdot v \cdot \Delta t/(2\,a)$. Sie erfährt die mittlere Kraft $F = \Delta P/\Delta t = m\,v^2/a$ und damit den Druck $p_1 = F/a^2 = m\,v^2/a^3$ oder

$$p_1 = \frac{m\,v^2}{V} \quad (\textit{ein}\text{ Teilchen im Behältervolumen } V).$$

Fliegen viele Teilchen hin und her, ist der Druck entsprechend größer. Bei einem Gas fliegen die Teilchen in alle möglichen Richtungen; keine Richtung ist ausgezeichnet. Wir wollen aber unsere einfache Rechnung auswerten. Daher nehmen wir ersatzweise an, dass ein Drittel aller N Gasteilchen schön ordentlich so wie das von uns eben betrachtete Teilchen fliegt. Dann ergibt sich der Druck $p = \frac{1}{3} N p_1$ oder

$$p = \frac{1}{3} \cdot \frac{N\,m}{V} \cdot v^2 \quad (N \text{ Teilchen im Volumen } V).$$

Unser Ziel ist schon erreicht! Wir können den Gasdruck aus Teilchendaten berechnen. Die Gleichung wird noch einfacher, wenn wir beachten, dass $N\,m$ die gesamte Masse des Gases und daher $N\,m/V$ seine Dichte ϱ ist:

Merksatz

Haben alle Gasteilchen die gleiche Geschwindigkeit v, so erzeugen sie den Gasdruck

$$p = \frac{1}{3}\,\varrho\, v^2 \quad (\varrho\text{: Dichte des Gases}). \qquad (1)$$

Diese Gleichung wurde im 18. Jahrhundert von dem Schweizer Daniel BERNOULLI gefunden. Die Existenz von Atomen war zu seiner Zeit durchaus umstritten. Er unternahm es als Erster, mit der Atomvorstellung Ernst zu machen und aus ihr quantitative Schlüsse zu ziehen. Und mit welchem Erfolg! Gleichung (1) stimmt mit der Erfahrung überein, obwohl ihre Herleitung auf recht krassen Vereinfachungen beruht. Freilich sind nicht alle Gasteilchen gleich schnell. Die Größe v ist aber eine mittlere im Gas verhältnismäßig oft vorkommende Geschwindigkeit. Das ➡ *Beispiel* auf der linken Seite macht das plausibel.

2. Je heißer, desto schneller?

Wir schreiben die Druckgleichung (1) von BERNOULLI in der Form $p\,V = \frac{1}{3}\varrho\, V \cdot v^2$. Nun können wir mit der allgemeinen Gasgleichung $p\,V = \nu R\,T$ die Temperatur ins Spiel bringen:

$$\nu R\,T = \frac{1}{3}\,\varrho\, V\, v^2 = \frac{1}{3}\,M\, v^2 \quad (M\text{: Masse des Gases}). \qquad (2)$$

Wir sehen sofort, was wir von der *brownschen Bewegung* her schon kennen: Mit der Teilchengeschwindigkeit wächst die Temperatur. Die Gleichung sagt uns Genaueres: Will man die Teilchen doppelt so schnell machen, so muss man die Kelvintemperatur vervierfachen, muss also z. B. von 273 K auf 1 092 K erhitzen, d. h. von 0 °C auf 819 °C, eine gewaltige Differenz.

3. Je leichter, desto schneller!

Wir dividieren die Gleichung (2) durch ν und erhalten:

$$R\,T = \frac{1}{3}\,\frac{M}{\nu} \cdot v^2.$$

Der Quotient M/ν bedeutet die Masse von einem Mol Gasteilchen. Er ist zur Masse des einzelnen Teilchens proportional. Haben wir zwei Gase von gleicher Temperatur T aber verschiedener Teilchenmasse, so muss in dem Gas mit der kleineren Teilchenmasse die Teilchengeschwindigkeit höher sein! Grenzen zwei Gase ohne Trennwand unmittelbar aneinander, so vermischen sie sich allmählich allein infolge der Molekülbewegung, ohne dass eine makroskopische Strömung zu beobachten wäre *(Diffusion)*. Vermutlich wird nun ein Gas umso schneller in ein anderes hineindiffundieren, je schneller seine Moleküle sind. Dies zeigt tatsächlich ein Experiment (➡ *Vertiefung*).

Unsere Erdatmosphäre enthält keinen Wasserstoff, obwohl dieser das weitaus häufigste Element im Weltall ist. Die leichten und daher schnellen Wasserstoffmoleküle sind im Laufe der Erdgeschichte alle der Erde entflohen, in den Weltraum „diffundiert“.

Vertiefung

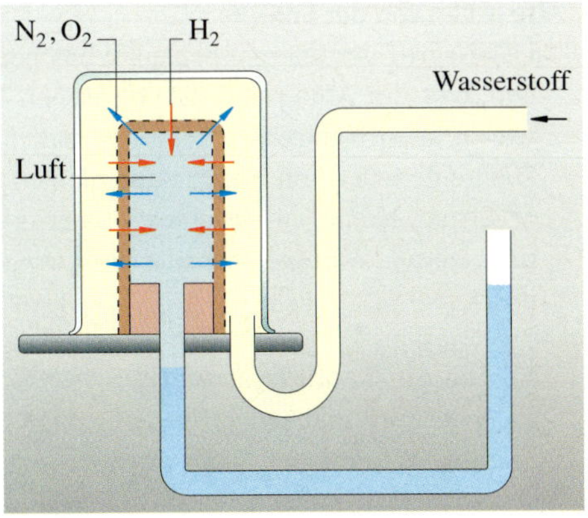

Diffusion von Gasen durch porösen Ton

V 1: Wir schließen einen Zylinder aus unglasiertem Ton durch ein wassergefülltes U-Rohr ab. Über ihn stülpen wir ein Becherglas und leiten von unten Erdgas oder noch besser Wasserstoff ein. Der Druck im Zylinder steigt sofort beträchtlich an und geht erst im Verlauf einer halben Minute wieder auf den alten Wert zurück. Schließt man statt des U-Rohrs eine Spritzflasche an, so spritzt das Wasser beim Einleiten des Gases in das Becherglas in hohem Bogen heraus. Nimmt man das Becherglas dann nach einiger Zeit weg, so entsteht im Tonzylinder Unterdruck. Man beobachtet an auftretenden Blasen, dass Luft in die Spritzflasche eindringt.

Deutung des Versuchs: Infolge ihrer höheren Geschwindigkeit dringen die Wasserstoffmoleküle durch die Poren schneller in den Zylinder ein, als die Stickstoff- und Sauerstoffmoleküle der Luft hinausgelangen. Dadurch entsteht im Zylinder zunächst ein Überdruck, der wieder verschwindet, sobald das Gasgemisch inner- und außerhalb des Zylinders die gleiche Zusammensetzung hat. Wenn man das Becherglas wegnimmt, diffundieren zuerst die schnellen Wasserstoffmoleküle aus dem Tonzylinder heraus; so entsteht ein Unterdruck. Dass die Wasserstoffmoleküle auch *kleiner* sind als die Moleküle in der Luft, spielt für die Effekte keine Rolle. Die Poren im Ton haben ca. 1/1 000 mm Durchmesser, das Tausend- bis Zehntausendfache eines Moleküldurchmessers.

Grundlagen

Alle reden von der Energie

Der Begriff der Energie begegnet uns heute auf Schritt und Tritt, im Alltag und im politischen Leben ebenso wie in allen Naturwissenschaften und in der Technik. Die Leute reden von Energie und meinen meistens Erdöl, Strom, Kohle, aufgestautes Wasser oder sogar Nahrungsmittel. Warum? – *Was wissen wir von der Energie?*

a) Energie ist allgegenwärtig

Jeder Körper und jedes System von Körpern enthält Energie. Wenn in der Natur irgendetwas geschieht, ändert sich fast immer auch die Energie der beteiligten Körper. – Ein Beispiel: Wir verbrennen im Winter einen Liter Heizöl, damit sich unser warmes Wohnzimmer nicht abkühlt. Das Heizöl braucht ca. 10 m^3 Luft zu seiner Verbrennung. Das System „1 Liter Heizöl plus 10 m^3 Luft“ behält seine Masse, wandelt sich aber in neue Substanzen um (Abgase, etwas Asche). Die Energie des Systems nimmt um 37 MJ ab; die Energie der Außenluft wächst nach einiger Zeit um ebenso viel. In einer langen Übertragungskette geht Energie von den heißen Flammengasen auf das Kesselwasser, zugleich vom Heizkörper auf die Zimmerluft, …, von der Hauswand auf die Außenluft über.

b) Energie ist ein Verwandlungskünstler

Sie tritt in den verschiedensten Formen auf. In diesem Buch haben wir die mechanischen Energieformen genauer kennen und berechnen gelernt: Höhen-, Bewegungs- und Spannenergie. Von früher kennen wir auch die innere Energie der Körper. Wenn sie sich vermehrt, wird der Körper wärmer, oder er schmilzt bzw. verdampft. Die brownsche Bewegung weist darauf hin, dass die innere Energie wenigstens zu einem Teil aus der ungeordneten Bewegungsenergie der Moleküle besteht und insofern auch eine mechanische Energieform ist. Die „kinetische Gastheorie“ hat diese Vorstellung bestätigt. Ein anderer Teil der inneren Energie ist die Energie der gegenseitigen Anziehung bzw. Abstoßung der Teilchen eines Körpers. Sie ist ebenfalls durch die Mechanik erfassbar. Begriffe der Mechanik bewähren sich so bis in die „Mikrowelt“ der Atome hinein und bleiben nicht auf greifbare makroskopische Körper beschränkt.

Es gibt aber weitere wichtige Energieformen, die den Bereich der NEWTON-Mechanik überschreiten: Die Energie der Lichtstrahlung oder die chemische Energie eines geladenen Akkumulators. Der Begriff der Energie reicht weit über die Mechanik hinaus!

c) Energie ist eine Erhaltungsgröße

Sie kann nicht erzeugt und nicht vernichtet werden. Dies ist der wichtigste Aspekt der Energie. In der Mechanik konnten wir den Satz von der Erhaltung der Energie immer nur unter dem Vorbehalt fehlender Reibung aussprechen. Bezieht man aber die innere Energie mit ein, so wird auch bei Reibung keine Energie vernichtet. Sie wird nur auf die chaotischen Molekülbewegungen verzettelt, bleibt also in der Regel sogar als mechanische Energieform erhalten.

d) Es gibt wertvolle und minderwertige Energie

Auf diesem Umstand beruht das so viel diskutierte Energieproblem. Energie gibt es genug in unserer Welt. Die Atmosphäre und erst recht das Meer enthalten massenhaft Energie. Sie ist aber fast wertlos. Wertvolle Energie dagegen (Brennstoffe, elektrischen Strom) muss man einkaufen. Sie ist nicht beliebig vermehrbar und muss daher sparsam verwendet werden; denn Energie *verwenden* heißt immer Energie *entwerten*. Was bestimmt aber den Wert von einem Joule einer bestimmten Energiesorte? Diese Frage wird uns in den folgenden Kapiteln stark beschäftigen. Hier nur so viel im Voraus: Die wertvollste Energie ist diejenige, die sich ohne sonstigen Aufwand in jede beliebige andere Energieform umwandeln lässt. Die (makroskopische, unverzettelte) mechanische Energie ist von dieser wertvollsten Art.

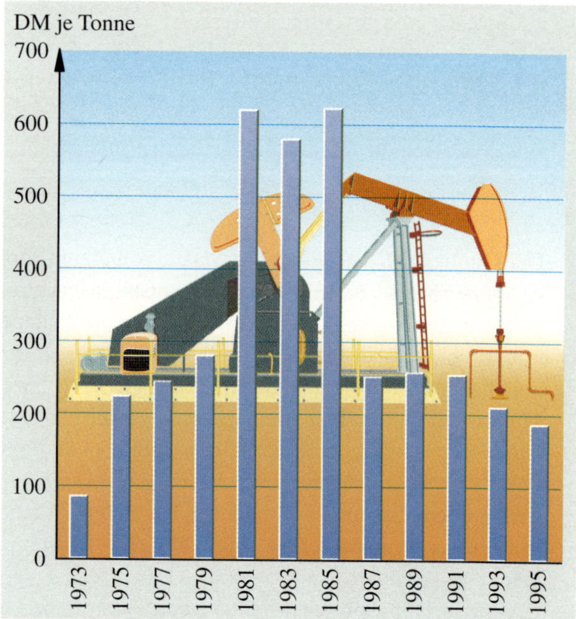

B 1: Das kostet wertvolle Energie: Einfuhrpreise für Rohöl von 1973 bis 1995

Der allgemeine Energiesatz

1. Energie im Grenzverkehr

Volkszählungen waren zu allen Zeiten eine schwierige Sache. Die Einwohnerzahl einer Großstadt konnte man früher nur schätzen. Umso genauer nahm man es aber mit *Änderungen* der Bevölkerungszahl. Geburten und Todesfälle wurden so wie heute sorgfältig registriert, und an den Stadttoren wurde über jeden Zu- und Abgang Buch geführt. So konnte man wenigstens jederzeit genau ermitteln, um wie viel sich die Bevölkerungszahl z. B. seit dem letzten Neujahr geändert hatte. Das musste genügen.

Mit der Energie verhält es sich ähnlich. Die innere Energie einer Gasportion z. B. im Normzustand ($p = 1$ bar, $T = 273$ K) kennen wir nicht, weil wir dazu all die verschiedenen Formen innerer Energie beherrschen müssten, was sehr schwierig ist. Es reicht aber aus, wenn wir für jeden anderen Zustand des Gases (gegeben etwa durch Druck p und Temperatur T) angeben können, um wie viele Joule bei ihm die Energie des Gases höher ist als im Normzustand. Um dies zu ermitteln, müssen wir an den Wänden des Gasbehälters „Wachen" aufstellen und den Energieübergang kontrollieren, während das Gas vom Normzustand in den gegebenen anderen Zustand überführt wird.

Nun kennt die Energie viele Wege, um in einen Körper zu gelangen, offene und Schleichwege. Wenn eine Kraft wirkt oder elektrischer Strom fließt, können wir die Energiezufuhr berechnen (➠ *Bild 2*). Dann also funktioniert die „Grenzkontrolle". Die zugeführte Energiemenge heißt in diesem Fall *mechanische* oder *elektrische* **Arbeit *W***. Sind dagegen keine „makroskopischen Mechanismen" am Werk, so kann dennoch Energie übergehen: Ein heißer Körper erwärmt einen kälteren bei Berührung oder sogar durch den leeren Raum hindurch mit seiner Strahlung. Die Moleküle übertragen dann Energie allein mithilfe ihrer ungeordneten Bewegung. Solchermaßen übergehende Energie nennen wir **Wärme *Q***. Sie lässt sich im Gegensatz zur Arbeit nicht direkt messen. Hier versagt die Grenzkontrolle! Glücklicherweise lässt sich aber dieser „mikroskopische" Energieübergang so gut wie vollständig unterbinden. Mit Isoliermaterial aus Schaum- oder Faserstoffen verringert man die *Wärmeleitung* (noch besser ist eine Vakuumschicht). Die Strahlung wird durch reflektierende Metallfolie abgehalten. Vorgänge, die dann noch möglich sind, heißen *adiabatisch*.

Merksatz

Energie, die allein aufgrund eines Temperaturgefälles mittels ungeordneter Teilchenbewegung von einem Körper auf einen anderen übergeht, heißt **Wärme *Q***.
Alle auf andere Art, also durch eine makroskopische Wechselwirkung übertragene Energie, heißt **Arbeit *W***.
Vorgänge, bei denen keine Wärme übertragen wird, nennt man adiabatisch.

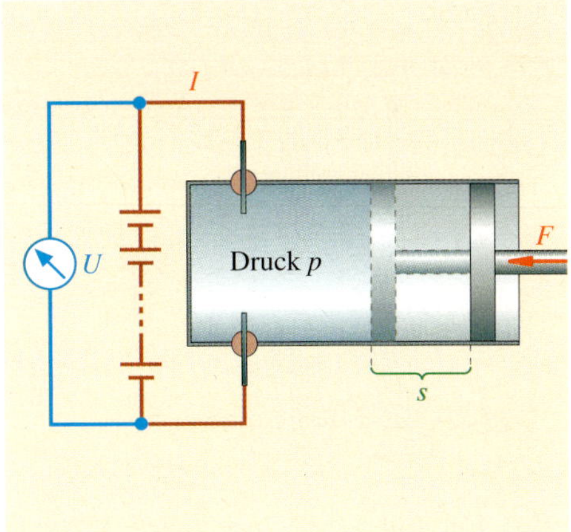

B 2: Verschiedene Arten von Arbeit:
a) Durch das Gas im Zylinder kann man elektrischen Strom als Lichtbogen schicken (linker Teil, rot). Fließt er während der Zeit t, so gilt: Arbeit $W = U \cdot I \cdot t$ oder, weil $I \cdot t$ die geflossene Ladung q ist: $W = U \cdot q$.
b) Ein Kolben wird mit der Kraft F um das Wegstück s in den Zylinder gedrückt (rechter Teil): Arbeit $W = F \cdot s$. Wenn p der Gasdruck und A die Fläche des Kolbens ist, so folgt $W = p \cdot A \cdot s$. Nun ist $A \cdot s$ der Änderungsbetrag $|\Delta V|$ des Gasvolumens V. Die Änderung ΔV selbst ist bei positiver Arbeit W negativ; daher müssen wir ein Minuszeichen einfügen:

$$W = -p \cdot \Delta V.$$

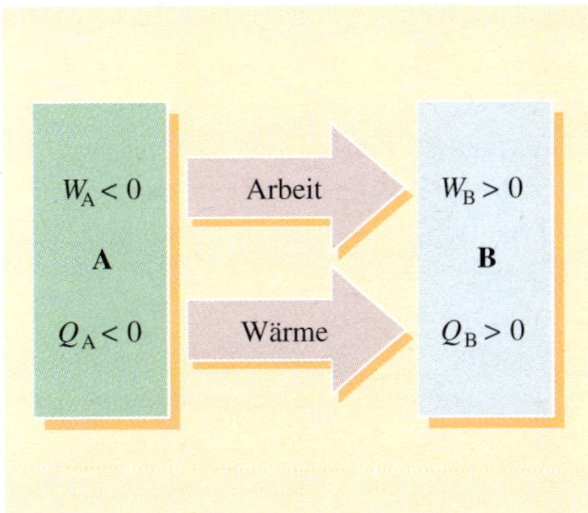

B 3: Energie strömt auf zweierlei Weise vom System A zum System B. Man gibt der transportierten Energie ein positives oder negatives Vorzeichen, und zwar vereinbart man in Bezug auf jedes System: „Zugeführtes zählt positiv". Daher sind im Bild Arbeit und Wärme für das System A negativ, für das System B positiv.

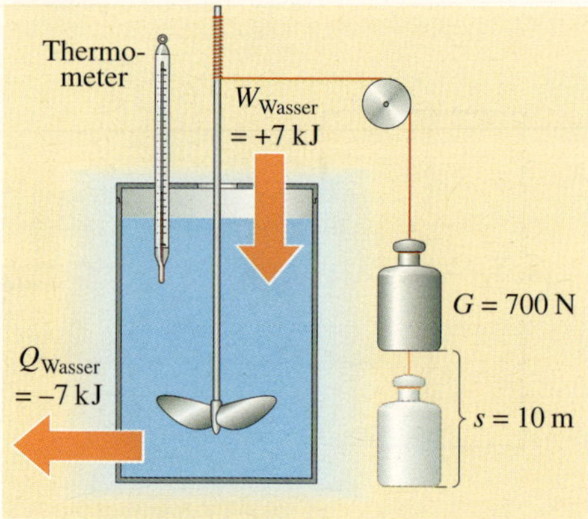

B 1: Ein Rührwerk, angetrieben durch ein absinkendes Wägestück, führt einer Wasserportion Energie als Arbeit zu. Eine kalte Umgebung entzieht ihr die gleiche Energie als Wärme (Thermometerstand vorher und nachher gleich).

Vertiefung

Vom Druck zur Energie

Wir multiplizieren BERNOULLIS Druckformel $p = \frac{1}{3}\varrho v^2$ mit dem Gasvolumen V und bedenken, dass $\varrho V = M$ die Gesamtmasse des Gases ist: $pV = \frac{1}{3} M v^2$. Multiplizieren wir diese Gleichung jetzt noch mit $\frac{3}{2}$, so entsteht rechts ein wohl bekannter Ausdruck, nämlich die kinetische Energie einer mit der Geschwindigkeit v bewegten Masse M:

$$\frac{3}{2} p V = \frac{1}{2} M v^2.$$

Beispiel

Energie der Pressluftflasche

Wie viel Energie steckt in einer gefüllten Pressluftflasche (50 Liter Volumen, 80 bar Druck)?

Lösung: Wir beschränken uns auf die Translationsenergie und erhalten

$$\frac{3}{2} p V = 1{,}5 \cdot 50 \cdot 10^{-3} \cdot 80 \cdot 10^5 \text{ Pa} = 600 \text{ kJ}.$$

Man könnte damit einen Zentner Kartoffeln (500 N Gewicht) 1 200 Meter hoch heben! Allerdings müsste man dazu den Luftmolekülen ihre ganze Translationsenergie entziehen, sie also völlig beruhigen. Das käme einer Abkühlung der Luft auf den absoluten Nullpunkt gleich, und dazu wäre ein gewaltiger technischer Aufwand nötig.

2. Der erste Hauptsatz der Wärmelehre

Beim Wärmeübergang versteckt sich die Energie im Gewimmel der Mikroteilchen und ist deshalb für uns Makro-Wesen nicht direkt erfassbar. Darum dauerte es auch lange Jahre, bis sich Robert MAYER und Hermann v. HELMHOLTZ im 19. Jahrhundert mit ihrer Erkenntnis von der allgemeinen Erhaltung der Energie durchsetzen konnten. Heute gibt es diesbezüglich keine Zweifel mehr. Die Wärme ist als übergehende Energie genau so real wie die Arbeit, und es gilt:

Merksatz

Erster Hauptsatz der Wärmelehre: Ein System besitzt in jedem Zustand eine bestimmte innere Energie U. Wird ihm beim Übergang vom Zustand 1 in den Zustand 2 Energie als Arbeit W und als Wärme Q zugeführt, so gilt: $\boldsymbol{W + Q = U_2 - U_1 = \Delta U}$**.**

Die Gleichung des ersten Hauptsatzes gilt auch für Energie-*Abfuhr* als Arbeit und/oder Wärme. W bzw. Q sind dann negative Größen. *Bild 1* zeigt ein Beispiel. Die als Arbeit zugeführte Energie ist leicht messbar ($W_{Wasser} = G \cdot s$). Wenn das Thermometer zum Schluss wieder das Gleiche anzeigt wie zuvor, befindet sich das Wasser wieder im gleichen Zustand wie zuvor; es hat also auch die gleiche innere Energie:

$$\Delta U_{Wasser} = 0 = W_{Wasser} + Q_{Wasser}.$$

Es folgt $\quad Q_{Wasser} = -W_{Wasser} < 0.$

Das Beispiel zeigt uns zugleich, wie man die als Wärme versteckt übergehende Energie *messen* kann. Man misst eine *Arbeit*, bei der man dafür gesorgt hat, dass sie den gleichen Betrag wie die zu messende Wärme hat.

3. Die innere Energie der Gase

Die kinetische Theorie der Gase hat sich schon gut bewährt. Gibt sie uns auch Auskunft über die Energie einer Gasportion? Eine einfache Rechnung (*Vertiefung*) liefert

$$U = \frac{3}{2} p V.$$

Diese schöne einfache Formel darf uns nicht darüber hinwegtäuschen, dass mit U nur eine einzige Energieform erfasst wird. U ist die Summe aller kinetischen Energien der einzelnen dahinfliegenden Moleküle, die so genannte *Translationsenergie* des Gases. Sollten die Moleküle auch noch rotieren, in sich schwingen oder sich merklich gegenseitig anziehen, so kämen zu U noch weitere Energieanteile hinzu, um die innere Energie des Gases zu erhalten. Wir wollen uns aber auf U beschränken. Bei den einatomigen Gasen (Edelgase, Dämpfe von Metallen) machen wir dabei keinen Fehler, weil bei ihnen die zusätzlichen Energieanteile keine Rolle spielen. – Nun ziehen wir die allgemeine Gasgleichung $pV = \nu R T$ heran. Dann folgt für die innere Engergie des einatomigen idealen Gases:

$$U = \frac{3}{2} \nu R T.$$

Diese Gleichung enthält weder p noch V. Sie sagt uns, dass sich Energie und Temperatur einer Gasportion gegenseitig eindeutig bestimmen und dass Druck und Volumen dabei gar keine Rolle spielen. Zu konstanter Temperatur gehört konstante innere Energie und umgekehrt, egal wie sich im Übrigen der Zustand des Gases ändert. Der ⇒ *Versuch 1* bestätigt dies, übrigens sogar für alle, auch die mehratomigen, idealen Gase.

Merksatz

Die innere Energie einer Portion idealen Gases ist durch die Temperatur T oder, was das Gleiche besagt, durch das Produkt $p \cdot V$ völlig festgelegt.

4. Keine Regel ohne Ausnahme?

Viele Gesetze der Physik haben einen begrenzten Gültigkeitsbereich, zum Beispiel das Gesetz von OHM oder die Gesetze der idealen Gase. Beim Energieerhaltungssatz verhält es sich grundsätzlich anders. Immer wenn seine Gültigkeit verletzt schien, gelang es, eine neue Energieart aufzuspüren, sodass der Satz wieder „gerettet" war. So fand man die bei der Reibung verlorene mechanische Energie als innere Energie der beteiligten Körper wieder.

Der Energiesatz ist kein Naturgesetz im üblichen Sinn. Ähnlich wie in einem Staat die Gesetze mit der Verfassung verträglich sein müssen, so ist der Energiesatz als „Grundgesetz" den Naturgesetzen übergeordnet. Wenn in der Physik neuartige Phänomene untersucht werden, wird man immer sogleich nach der Energieerhaltung fragen. Man wird eher eine ganze Theorie verwerfen als an der Gültigkeit des Energiesatzes zweifeln.

Das Vertrauen der Wissenschaftler auf den Satz von der Erhaltung der Energie gründet sich nicht zuletzt auf die zahllosen vergeblichen Bemühungen von Erfindern seit dem Altertum bis in die Gegenwart hinein, die Natur zu überlisten und ein *Perpetuum mobile* zu bauen. Solche Maschinen (⇒ *Bild 2*) erzeugen keine mechanische Energie, sondern vernichten sie durch Reibung.

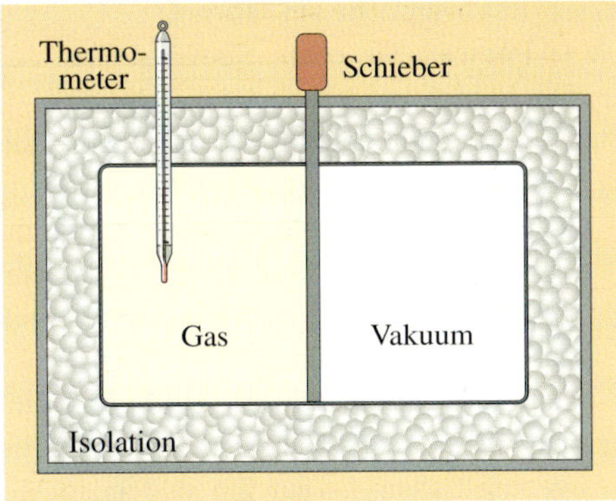

V 1: (Überströmversuch von GAY-LUSSAC) Zwei sorgfältig adiabatisch isolierte Gefäße sind durch einen zunächst geschlossenen Schieber verbunden. Im linken Gefäß befindet sich ein Gas, das rechte ist evakuiert. Man öffnet den Schieber und wartet, bis sich das ins Vakuum einströmende Gas wieder beruhigt hat. Dann zeigt bei idealen Gasen das Thermometer wieder genau die gleiche Temperatur an wie zuvor.

Auswertung des Versuchs: Wegen der Isolation findet keine Wärmezu- oder -abfuhr statt: $Q = 0$. Weil das Gas völlig widerstandslos ausströmt (von Reibung an den Wänden kann abgesehen werden), wird auch keine Arbeit zu- oder abgeführt: $W = 0$ und insgesamt $\Delta U = 0$. Die innere Energie bleibt konstant, obwohl sich Druck und Volumen geändert haben. Zu konstanter innerer Energie gehört damit konstante Temperatur. Das gilt nicht für ein Gas, dessen Moleküle sich gegenseitig anziehen. Bei der Ausdehnung dieses (nicht idealen) Gases würden die Teilchen gebremst; das Gas würde sich etwas abkühlen.

... noch mehr Aufgaben

A 1: Ein Heizkörper wird von Wasser durchströmt. Es tritt mit der „Vorlauftemperatur" T_v ein und mit der „Rücklauftemperatur" T_r aus. Was muss man noch messen und wie muss man rechnen, um die Wärmeleistung des Heizkörpers in Watt zu erhalten?

A 2: a) Leiten Sie aus dem ersten Hauptsatz der Wärmelehre folgenden Satz her: Ändert sich der Zustand eines abgeschlossenen Systems, so bleibt doch seine Energie konstant. **b)** Gibt es in einem *nicht* abgeschlossenen System Zustandsänderungen, bei denen dennoch die innere Energie konstant bleibt?

B 2: Perpetuum mobile von 1440

A 3: Warum muss man Arbeit und Wärme unterscheiden?

A 4: Wie argumentierte wohl der Erfinder des Perpetuum mobile ⇒ *Bild 2*? Wie wird sich die Maschine in Wirklichkeit verhalten?

Zwei Heimversuche am Fahrrad:

V 1: Pumpen Sie einen Reifen schnell auf. Die Pumpe erwärmt sich beträchtlich!
Die Reibung des Kolbens kann nicht schuld sein – er ist gut gefettet. Ist es die Reibung im engen Ventilkanal? Kaum, das Ventil wird nicht heißer als die anderen Teile. Die Luft erhält die Energie direkt durch die Bewegung des Kolbens. Man kann dies im molekularen Bild gut verstehen: Wenn der Kolben sich nach innen bewegt, erhalten die auf ihn stoßenden Moleküle im Mittel eine größere Geschwindigkeit, als sie vor dem Stoß hatten. Denken Sie an einen Tennisschläger, der dem ankommenden Ball entgegen bewegt wird!

V 2: Lassen Sie die Luft aus dem prallen Reifen schnell heraus (Ventil abschrauben). Die Luft und auch der Ventilschaft werden eiskalt.
Diesmal geht Energie als Arbeit vom Gas an die Umgebung. Der „Kolben" ist die Außenluft, die durch das ausströmende Gas weggeschoben werden muss. Die benötigte Energie entnimmt das Gas sich selbst.

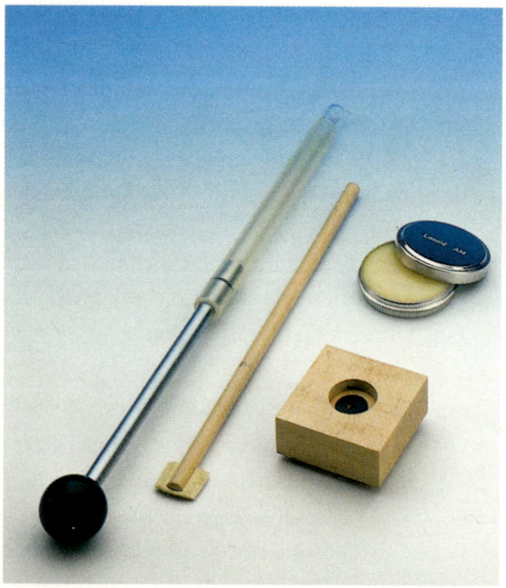

V 3: In einem dickwandigen Zylinder kann ein Kolben luftdicht gleiten. An seiner Innenseite wird etwas petroleumgetränkte Watte befestigt. Stößt man den Kolben kräftig in den Zylinder, so entzündet sich das Petroleum: *„Pneumatisches Feuerzeug"*, zugleich Modellversuch für die Zündung des Treibstoffs im Dieselmotor.

Gase als Energiespeicher und Energiewandler

In unseren so genannten Wärmekraftmaschinen, den Verbrennungsmotoren, Dampf- und Gasturbinen verwenden wir Gase als Energieträger. Aber auch in der Natur werden gewaltige Energiemengen in dem uns umgebenden Gas, der atmosphärischen Luft, umgesetzt. Im Allgemeinen wird das Gas durch äußere Einflüsse komprimiert oder expandiert. Es werden ihm Arbeit W und Wärme Q zugeführt und seine Energie um $W + Q = \Delta U$ geändert. Wir erhalten interessante Spezialfälle, wenn wir jeweils eine der drei Energiegrößen W, Q und ΔU zu null machen. Den Fall $W = 0$ lassen wir weg, weil bei ihm das Gas sein Volumen nicht ändert und sich deshalb nichts Neues gegenüber einem festem Körper und einer Flüssigkeit ergibt. Es bleiben noch die Fälle

1. $Q = 0$: *Adiabatischer* Prozess, $W = \Delta U$,
2. $\Delta U = 0$: Prozess mit konstanter innerer Energie – beim idealen Gas, wie wir wissen, zugleich *isothermer* Prozess, $W = -Q$.

1. Der adiabatische Prozess: Physik der Fahrradpumpe

Luft federt, deshalb pumpen wir sie in unsere Reifen und Fußbälle. Beim Zusammendrücken nimmt sie Arbeit auf, beim Ausdehnen gibt sie Arbeit ab. Wenn wir nun jeden Wärmeübergang verhindern *(adiabatischer Prozess)*, so nimmt die innere Energie der Luft beim Komprimieren zu, ihre Temperatur steigt. Beim Expandieren muss die Temperatur sinken. ➠ *Versuche 1 – 3* bestätigen dies. Wo aber ist bei diesen Versuchen die Wärmeisolation? Ein Isolator wie Styropor würde nichts nützen, weil das massive Pumpenrohr die Energie mühelos schluckt! Die Versuche klappen nur deshalb, weil sie *schnell genug* ablaufen, sodass die Energie keine Zeit hat, merklich als Wärme zwischen Gas und festem Körper zu wechseln.

2. Der isotherme Prozess: Schwindel mit Pressluft?

Was verkauft der Presslufthändler? – Pressluft natürlich. – Eine physikalisch etwas gehobenere Antwort könnte lauten: Der Händler verkauft uns die Energie, die er beim Zusammendrücken der Luft in diese hineingesteckt hat. (Die Luft selbst kostet ja nichts.) Wir holen diese Energie beim Betreiben eines Pressluftgerätes wieder heraus.
Was für ein Vorgang spielt sich dabei in der Luft ab? Sie dehnt sich aus und gibt Arbeit ab. Was ist aber der Unterschied zu der Luft, die in ➠ *Versuch 2* aus dem Fahrradreifen herauspfeift?

Mit Pressluft geht man sparsam um. Der Expansionsprozess ist hier *langsam* und daher keineswegs adiabatisch. Ganz im Gegenteil: Sollte sich das Gas nur ein wenig abkühlen, so führt ihm die Stahlflasche sofort Wärme zu, sodass die Temperatur dauernd praktisch gleich der Umgebungstemperatur bleibt. Wir lassen den Prozess in Gedanken derart langsam ablaufen, dass in jedem Augenblick die Gastemperatur exakt gleich der Außentemperatur ist. Dann ist aber auch die innere Energie des Gases von Anfang bis Ende immer dieselbe. Jedes Joule, das als Arbeit nach außen geht, kommt als

Wärme gleichzeitig wieder aus der Umwelt herein. – Der Händler hat uns also keine Energie verkauft. Die unqualifizierte Antwort war ausnahmsweise die richtigere. Wir haben mit der verdichteten Luft nicht Energie erhalten, wohl aber die Möglichkeit, kostenlose innere Energie aus der Umgebungsluft zu entnehmen und sie in wertvolle mechanische Energie zu verwandeln. Um diese Möglichkeit zu schaffen, musste allerdings der Kompressor des Händlers „arbeiten" und deshalb kostet die Pressluft Geld.

3. Wie viel Arbeit kommt aus der Pressluft?

Als Überlegungsbeispiel wählen wir die Entspannung von 3 bar auf 1 bar bei gleichzeitiger Ausdehnung von 2 l auf 6 l. ➠ *Bild 1* zeigt das *V*-*p*-Diagramm. Für eine *kleine* Expansion von V auf $V + \Delta V$ ist die Arbeit gleich $p \cdot \Delta V$. Grafisch ist dies die Fläche eines schmalen Rechtecks.

ΔV muss klein sein, weil ja während der Ausdehnung der Druck absinkt und man deshalb etwas zu viel Arbeit herausbekommt, wenn man mit dem Druck p zu Beginn der Ausdehnung rechnet. Je kleiner ΔV, umso weniger fällt dieser Fehler ins Gewicht. Die gesamte Arbeit erhalten wir als Summe vieler kleiner Beiträge $p \cdot \Delta V$. In ➠ *Bild 2* ist sie einmal in grober Näherung ($\Delta V = 1$ l) und einmal in verbesserter Näherung ($\Delta V = \frac{1}{2}$ l) dargestellt. Das Ideal wäre die Rechnung mit einem mikroskopisch kleinen ΔV und entsprechend vielen Summanden. Grafisch wären dann keine „Treppenstufen" mehr zu sehen; sie würden mit dem *V*-*p*-Graphen verschmelzen. Der Idealwert für die Gesamtarbeit ist damit derselbe wie der *Flächeninhalt* unter dem *V*-*p*-Graphen zwischen Anfangs- und Endvolumen.

Zur bequemen Rechnung formen wir $p \cdot \Delta V$ um. Nach BOYLE/MARIOTTE gilt: $p\,V = p_1\,V_1$, daher ist

$$p \cdot \Delta V = p_1\,V_1\,\frac{\Delta V}{V}.$$

Der Faktor $p_1\,V_1$ ist allen Summanden gemeinsam. Wir lassen ihn erst einmal weg und addieren nur die unbenannten Zahlen $\Delta V/V$. Wir addieren also die *relativen Änderungen* des Volumens von einem Summanden zum nächsten. Für $\Delta V = 1$ l und $\Delta V = \frac{1}{2}$ l schaffen wir es noch mit dem Taschenrechner (Ansätze und Ergebnisse bei ➠ *Bild 2*). Für die echt kleinen ΔV lohnt sich ein kleines Computerprogramm (➠ *Vertiefung* nächste Seite). Mit $\Delta V = \frac{1}{100}$ l erhält man die Summe 1,1003. Sie ändert sich kaum noch, wenn man ΔV noch weiter verkleinert. Für unseren physikalischen Zweck ist der Wert 1,10 genügend genau. Die gesuchte Arbeit ergibt sich nun zu

$$p_1\,V_1 \cdot 1{,}10 = 3 \cdot 10^5\ \text{Pa} \cdot 2 \cdot 10^{-3}\ \text{m}^3 \cdot 1{,}1 = 660\ \text{J}.$$

Ist die Arbeit aus der Pressluft genau so groß, wenn wir die Luft *schnell* ablassen, im Extremfall so schnell, dass der Prozess nahezu adiabatisch abläuft? Die Luft ist jetzt in jedem Augenblick kälter als die Umgebung, der Druck daher für jeden Wert V niedriger als beim langsamen isothermen Prozess. Folglich ist auch jeder der Summanden $p \cdot \Delta V$ und damit die Gesamtarbeit *kleiner* als bei diesem.

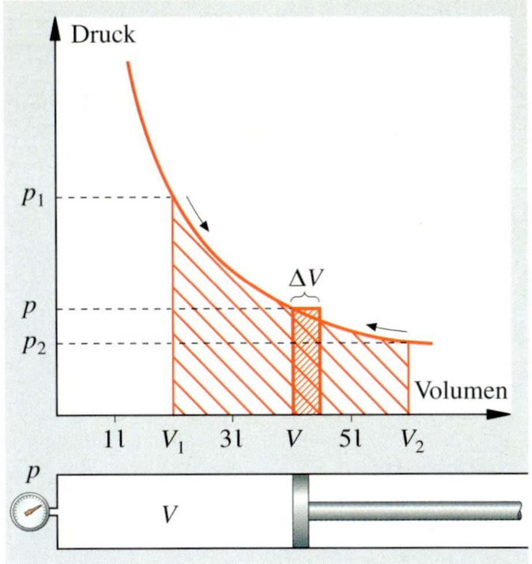

B 1: Langsamer isothermer Prozess mit einem idealen Gas: → Expansion, ← Kompression. ///// Arbeit bei der kleinen Volumenänderung $V \leftrightarrows V + \Delta V$; \\\\\ Arbeit bei der Volumenänderung von V_1 nach V_2 oder umgekehrt.

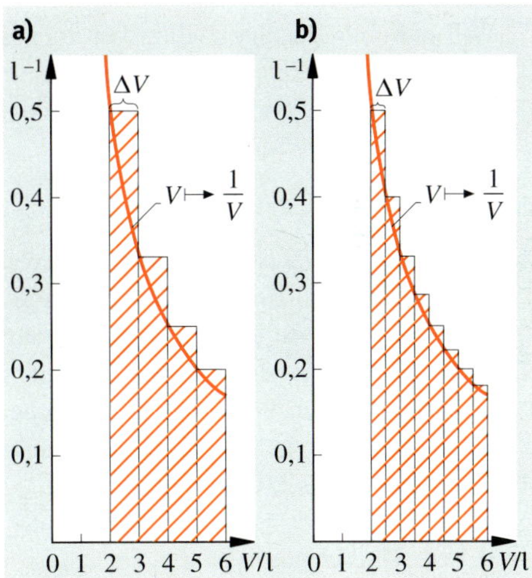

B 2: Summe kleiner relativer Änderungen $\Delta V/V$ von 2 l nach 6 l. Näherungen

a) mit $\Delta V = 1$:

$$\frac{1}{2} + \frac{1}{3} + \frac{1}{4} + \frac{1}{5} = 1{,}283$$

b) mit $\Delta V = 0{,}5$:

$$0{,}5 \cdot \left(\frac{1}{2} + \frac{1}{2{,}5} + \frac{1}{3} + \frac{1}{3{,}5} + \ldots + \frac{1}{5{,}5}\right) = 1{,}187$$

A 1: Welche geometrische Bedeutung hat in ➠ *Bild 2a* die Summe $\frac{1}{3} + \frac{1}{4} + \frac{1}{5} + \frac{1}{6}$? Warum ist der Mittelwert aus ihr und 1,283 eine gute Näherung für die Fläche unter der $\frac{1}{V}$-Kurve?

Vertiefung

Die ln-Taste des Taschenrechners

Die Addition kleiner relativer Änderungen bzw. die Bestimmung der Fläche unter einer Hyperbel wird in den Anwendungen der Mathematik so oft gebraucht, dass die Taschenrechner dafür die eigene Taste [ln] haben. Steht die Zahl z in der Anzeige und drückt man [ln], so erscheint die Summe kleiner relativer Änderungen, beginnend bei 1 und endend bei z (➡ *Bild 1a*). Drückt man z. B. [3] [ln], so wird im Prinzip folgendes Programm abgearbeitet:

Startwerte: $y = 0$; $x = 1$; $\Delta x = 0{,}01$
Rechenschleife: $y = y + \Delta x/x$; $x = x + \Delta x$
Abbruchbedingung: $x \geqq 3$
Zeige y an.

In Wirklichkeit wird Δx noch kleiner gewählt bzw. es werden andere gleichwertige Rechenverfahren angewandt, die weniger Zeit benötigen. Auch Eingabewerte $z < 1$ werden verarbeitet. Ein abgewandeltes Programm liefert dann negative Ergebnisse.

Will man nun die Summation von irgendeiner Zahl z_1 bis zu einer anderen z_2 laufen lassen, so muss man zwei von $z = 1$ ausgehende ln-Werte voneinander abziehen: $\ln z_2 - \ln z_1$ (➡ *Bild 1b*).
Es geht aber noch einfacher. Vergleichen wir die Flächen zu $(\ln z_2 - \ln z_1)$ und $[\ln(z_2/2) - \ln(z_1/2)]$ (➡ *Bild 1c*)! Die zweite Fläche ist gegenüber der ersten auf die halbe Breite gestaucht. Dafür sind aber bei ihr alle Hochwerte auf das Doppelte vergrößert. Infolgedessen hat sie den gleichen Inhalt wie die erste Fläche. Probieren Sie es auf dem Taschenrechner aus; rechnen Sie z. B. ln 80 – ln 10 und dann ln 40 – ln 5. Es kommt jedesmal 2,079… heraus.

Unsere Überlegung gilt aber nicht nur für eine Stauchung auf die Hälfte. Man kann z_1 und z_2 durch eine beliebige positive Zahl dividieren, ohne dass sich die Differenz ihrer ln-Werte ändert. Insbesondere kann man sie durch z_1 dividieren. Dann entsteht die Differenz $\ln(z_2/z_1) - \ln 1$. In ihr ist der Subtrahend gleich null, und wir kommen zu der *Rechenregel*, gültig für beliebige positive z_1 und z_2:

$$\ln z_2 - \ln z_1 = \ln \frac{z_2}{z_1}. \qquad (1)$$

Bestätigen Sie auch diese Regel auf Ihrem Rechner!

Vielleicht kennen Sie die Regel vom Rechnen mit *Logarithmen*. Dies ist kein Zufall, denn ln bedeutet „logarithmus naturalis" mit der Basis e = 2,718….

Zurück zur Physik der Pressluft!
Die Arbeit beim langsamen isothermen Prozess des idealen Gases lautet, formuliert mit ln:

$$W = p_1 V_1 [\ln(V_2 \text{ in Litern}) - \ln(V_1 \text{ in Litern})]. \qquad (2)$$

Mit der neuen Rechenregel (1) ergibt sich kürzer

$$W = p_1 V_1 \ln \frac{V_2}{V_1}. \qquad (3)$$

In dem Bruch von Gleichung (3) konnten die Zusätze „in Litern" weggelassen werden, weil sich ja bei der Division der (benannten) Volumenwerte die Benennungen sowieso herauskürzen.

Beispiel: Wie viel Energie holt eine 50 l-Pressluftflasche von 80 bar Druck aus der Zimmerluft?

Lösung: Die Luft entspannt sich isotherm von 80 bar auf 1 bar (äußerer Luftdruck). Ihr Volumen wächst dabei auf das 80fache, es gilt also $V_2/V_1 = 80$. Eingesetzt in (3) ergibt:

$$W = 80 \text{ bar} \cdot 50 \text{ l} \cdot \ln 80 = 1{,}75 \text{ MJ}.$$

Dies ist übrigens wesentlich mehr als die gesamte Translationsenergie der Pressluftteilchen, denn sie beträgt nur 1,5 · 80 bar · 50 l = 0,60 MJ.

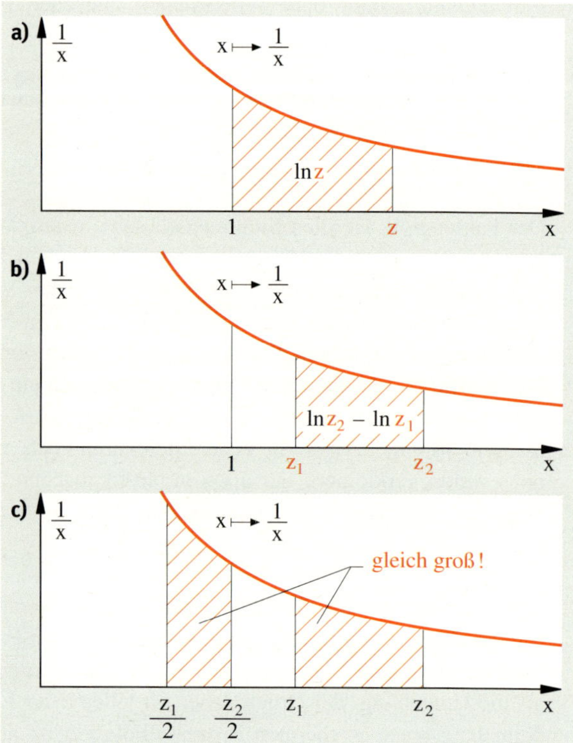

B 1: ln z als Flächeninhalt

Interessantes

Adiabatische Prozesse in Natur und Technik

Warum ist es in der Höhe so kalt?

Auf einer Bergwanderung braucht man auch im Hochsommer warme Kleidung. Der tägliche Wetterbericht nennt uns für Höhen von 1 000 m und 2 000 m fast immer geringere Temperaturen als im Flachland. Bei einer Reise im Flugzeug erfahren wir, dass die Außentemperatur weit unter 0 °C liegt, auch in den Tropen.

Gewiss, die Luft erhält Wärme nur zum geringsten Teil direkt durch die Sonnenstrahlung, vorwiegend aber durch Wärmeübergang von der Erdoberfläche. Doch hat die erwärmte Luft eine geringere Dichte als die kalte und steigt daher auf, wie ein Heißluftballon! Nun, bei eben diesem Aufstieg gerät die Luft unter niedrigeren Druck und dehnt sich aus – und zwar *adiabatisch*, denn für eine Wärmeaufnahme aus der Umgebung reicht die Zeit nicht aus. In Gewitterwolken wird der Aufwind so stark und führt in so große Höhen, dass der Wasserdampf der Luft zu Eis gefriert. So entsteht der Hagel.

Warum ist es bei Föhn so warm?

Wer in der Nähe eines Gebirges wohnt, kennt den Föhn: Es herrscht warmes und sehr trockenes Wetter, auf den Höhen weht oft starker Sturm, der nördlich der Alpen aus Süden kommt. Auch hier haben wir einen adiabatischen Prozess (➠ *Bild 2*). Auf der Luvseite (windzugewandte Seite) des Gebirges steigt die Luft auf und kühlt sich adiabatisch ab. Bei genügend tiefer Temperatur kondensiert der Wasserdampf, es regnet anhaltend, die Urlauber verzweifeln. Die Kondensation setzt viel Energie frei. Daher ist die Luft am Gebirgskamm nicht so kalt, wie wenn sie trocken aufgestiegen wäre. Nun folgt der Abstieg, die adiabatische Erwärmung. Die Wolken lösen sich in der warmen Luft auf; es sieht so aus, als blieben sie stehen. Es bildet sich die scharf begrenzte, drohend aussehende „Föhnmauer“; nur ein paar typische spindelförmig aussehende Föhnwolken dringen weiter vor. Die jetzt ausgetrocknete Luft hat, wenn sie auf der ursprünglichen Flachlandhöhe angekommen ist, eine höhere Temperatur als am Ausgangspunkt. Davon bekommen manche Leute Kopfweh.

Der Dieselmotor braucht keine Zündkerze

Beim Viertakt-Verbrennungsmotor folgt auf den Ansaugtakt der Kompressions-(Verdichtungs-)takt. In ihm wird die Verbrennungsluft adiabatisch komprimiert und dadurch erhitzt. Wenn der Brennstoff der Luft schon beigemischt ist (Ottomotor), darf die Temperatur nicht so hoch werden, dass er sich von selbst entzündet. Sonst „klopft“ der Motor und wird schnell zerstört. Bei Normalbenzinmotoren ist deshalb das Verdichtungsverhältnis auf ca. 7 : 1 begrenzt. Nun wird aber bei höherem Verdichtungsverhältnis die Energie des Brennstoffs besser ausgenutzt. Das zeigen uns die Ottomotoren für „Superbenzin“. Sie verdichten höher (ca. 10 : 1) und brauchen bei gleicher Leistung weniger Treibstoff. Allerdings muss der Treibstoff besonders präpariert sein („super“), damit er sich nicht so leicht von selbst entzündet.

Dass eine hohe Verdichtung günstig für den Wirkungsgrad des Motors ist, wusste (vor hundert Jahren) auch Rudolf DIESEL. Er entwarf daher einen Motor mit sehr hoher Verdichtung (heute geht man bis über 20 : 1). Der Brennstoff wird beim Dieselmotor im richtigen Moment direkt in den Zylinderkopf eingespritzt. Man spart die Zündanlage, braucht allerdings dafür eine sehr hochwertige Einspritzpumpe. Neben dem höheren Wirkungsgrad hat der Dieselmotor noch den Vorteil, dass man als Brennstoff das schwer verdampfbare Dieselöl (qualitätsgleich mit leichtem Heizöl) verwenden kann, das billiger als Benzin ist. Bei uns sind alle großen Motoren (Lkw-Motor, Notstromaggregat, Schiffsantrieb) Dieselmotoren.

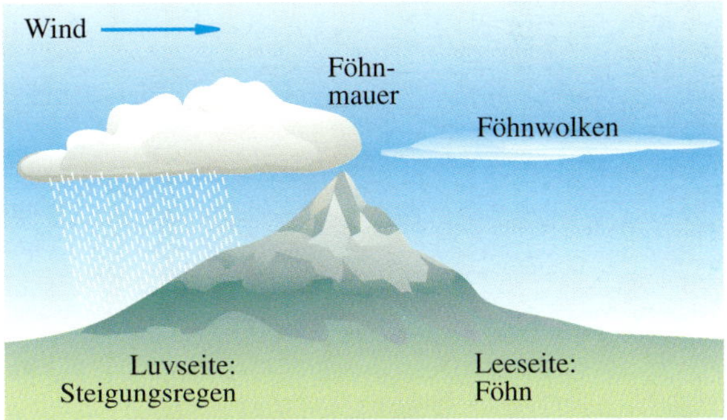

B 2: Föhnwetter

A 1: Was wird passieren, wenn man **a)** beim Normalbenzinmotor „Super“ tankt, **b)** beim „Super“-Motor Normalbenzin tankt, **c)** beim Benzinmotor Dieselöl tankt?

A 2: Wenn man eine Flasche Mineralwasser ruckartig öffnet (früher konnte man den Bügelverschluss aufschnappen lassen), sieht man über dem Wasser für kurze Zeit einen Nebel. Wie kommt er zustande? (Die *Nebelkammer*, früher ein wichtiges Beobachtungsgerät der Kernphysik, funktioniert auf die gleiche Weise.)

B 1: Arbeit aus Wasser und Brot …
Arbeit „aus Feuer“

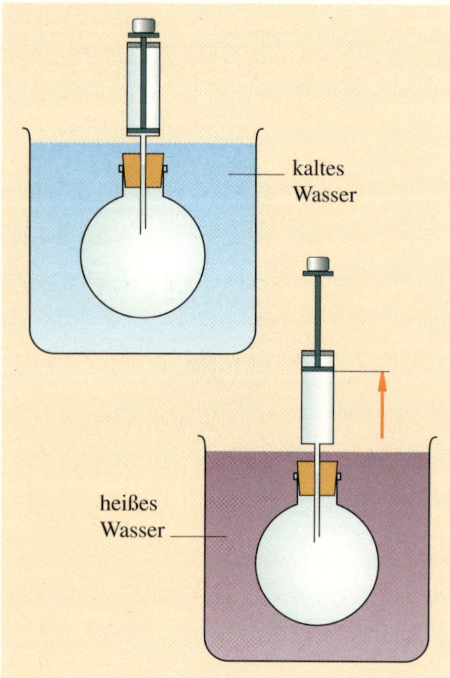

V 1: Die einfachste Wärmekraftmaschine. Eine Glasspritze sitzt luftdicht auf einem Rundkolben, der sich in einem großen Becherglas befindet. Wir gießen heißes Wasser in das Becherglas. Der Kolben der Glasspritze wandert nach oben und kann dabei ein Wägestück heben.

Der zweite Hauptsatz der Wärmelehre

1. Arbeit aus Feuer

Die Griechen der Antike prägten das Wort „Mechanik“ für ihre Maschinenbaukunst. Es bedeutet eigentlich „List“. Man empfand es offenbar schon als eine Überlistung der Natur, wenn man mithilfe eines Hebels oder Flaschenzugs die eigene Kraft vervielfachte. Bei der Beschaffung der nötigen Energie ließ man sich damals aber gar nichts besonders Listiges einfallen, sondern setzte als Antriebs„maschinen“ ohne jedes Bedenken Tiere und vor allem Sklaven ein (➠ *Bild 1*). Erstaunlich und empörend ist es, dass das bis in die Zeit der Aufklärung so blieb. Wind- und Wasserkraft wurden zwar genutzt, spielten aber nur eine Nebenrolle. Erst im 18. Jahrhundert begann man, ernstlich über „die bewegende Kraft des Feuers“ nachzudenken.

Das erste brauchbare Ergebnis war die Dampfmaschine des James WATT. – Heute ist die Situation ganz anders. Die Kolbendampfmaschinen sind vollständig durch Dampfturbinen sowie Otto- und Dieselmotoren ersetzt. Auch kleinere Arbeiten kann sich der Mensch durch einen Motor oder ein Motörchen abnehmen lassen, und er tut es nur allzu ungeniert. Verzichten können wir auf die Wärmekraftmaschinen nicht mehr. Wir wollen uns deshalb mit ihrem Prinzip und ihrer Problematik vertraut machen.

➠ *Versuch 1* zeigt in simpelster Weise, worum es geht. Dieser primitive Motor gibt mechanische Energie ab, denn er hebt ja ein Wägestück. Will man ihn aber mehr als nur einmal benutzen, so muss man den Kolben irgendwie wieder in die Spritze hineinschieben. Dies zu tun, während der Rundkolben sich noch im heißen Wasser befindet, wäre Unsinn; man müsste dazu die gesamte gewonnene Energie wieder opfern. Ganz leicht oder sogar von selbst geht es dagegen, wenn wir den Rundkolben einfach in kaltes Wasser tauchen. Nun haben wir mechanische Energie gewonnen *und* die „Maschine“ ist wieder im Ausgangszustand.

2. Ein Motor läuft mit heißer Luft

Im „Motor“ von ➠ *Versuch 1* dehnt sich heiße Luft aus und liefert mechanische Energie. Anschließend wird sie abgekühlt und wieder komprimiert, damit das Spiel von neuem beginnen kann. Natürlich ist es unzweckmäßig, den ganzen Motor abwechselnd heiß und wieder kalt zu machen. Robert STIRLING führte 1816 seinen Heißluftmotor, den **Stirlingmotor**, vor, der diesen Temperaturwechsel nicht nötig hatte. Der Motor besteht im Prinzip aus einem langen Zylinder, der an einem Ende beheizt wird und dort stets die hohe Temperatur T_h hat (➠ *Vertiefung*, in den Bildern links, rot). Am anderen Ende (blau) wird der Zylinder gekühlt und hat dort stets die niedrige Temperatur T_t des Kühlwassers. Ein *Verdrängerkolben* schiebt die eingeschlossene Luft durch seine vielen Bohrungen zwischen diesen Bereichen hin und her. Sie wird dabei schon vorgewärmt bzw. vorgekühlt.

Vertiefung

Das Prinzip des Stirlingmotors

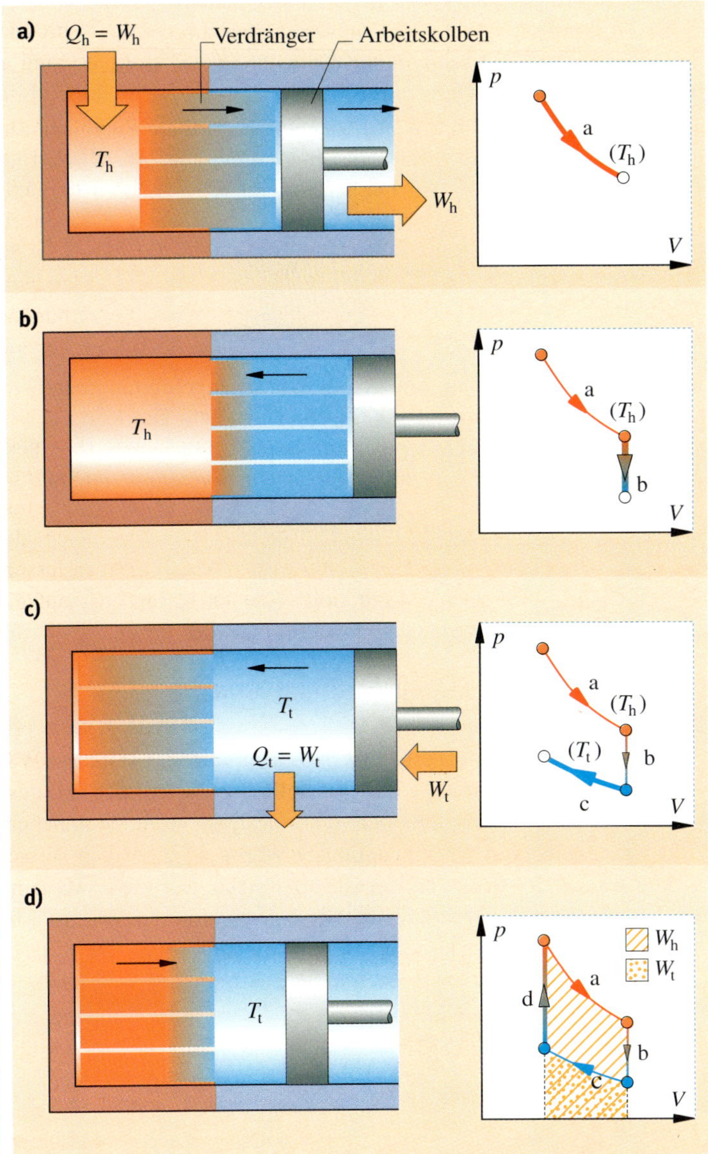

a) Arbeitstakt: Die heiße Luft presst den Arbeitskolben mit großer Kraft nach rechts. Der Verdränger macht die Bewegung mit. Über ein Gestänge wird viel Energie W_h an ein Schwungrad abgegeben. Das sich ausdehnende Gas wird aber nicht kälter. Es behält die Temperatur T_h, denn W_h wird von der äußeren Heizung sofort als Wärme durch die Zylinderwand nachgeliefert.

b) Erster Zwischentakt: Der Verdrängerkolben wandert nach links. Durch seine Bohrungen strömt die Luft in den rechten Zylinderbereich, wobei sie den Verdrängerkolben aufheizt und selbst auf T_t abgekühlt wird. (Dadurch kann der Verdränger später wiederum die Luft ohne äußere Energiezufuhr aufheizen.)

c) Verdichtungstakt: Der Arbeitskolben bewegt sich nach links und komprimiert im kalten Bereich des Zylinders Luft mit der Temperatur T_t. Dabei muss vom Schwungrad die Energie W_t in Form von Arbeit zugeführt werden. Das Gas wird aber nicht heißer, denn W_t wandert als (Ab-)Wärme durch die Zylinderwand in das Kühlwasser.

d) Zweiter Zwischentakt: Der Verdrängerkolben wandert nach rechts. Die Luft strömt durch seine Bohrungen, kühlt den Verdrängerkolben und wird dabei auf T_h aufgeheizt. Das geht im Idealfall ohne Energiezufuhr von außen. Mit dem Arbeitstakt beginnt nun der Zyklus von neuem.

Zur Praxis die Theorie

Um den Nutzen des Stirlingmotors zu beurteilen, müssen wir die bei einem Umlauf umgesetzten Energieportionen vergleichen. Wir orientieren uns am idealisierten *V-p*-Diagramm für die Luft im Motorzylinder (oben bei d). Die Takte a) und c) denken wir uns als langsame isotherme Prozesse. Der Flächeninhalt W_h (schraffiert) ist zugleich aufgenommene Wärme aus der Heizquelle und abgegebene Arbeit bei der Expansion. Der Flächeninhalt W_t (gepunktet) ist zugleich abgegebene Wärme an den Kühler und aufgenommene Arbeit aus dem Schwungrad bei der Kompression. Die beiden zu W_h und W_t gehörenden Flächenstücke sind gleich breit. Ihre Höhen verhalten sich an jeder Stelle V so wie die Temperaturen T_h und T_t. (Denken Sie an die Gasgleichung $p\,V = \nu R T$; bei gegebenem V ist p proportional zu T.) Also verhalten sich auch die Flächeninhalte und damit die Energien W_h und W_t so wie diese Temperaturen:

$$\frac{W_h}{W_t} = \frac{T_h}{T_t}.$$

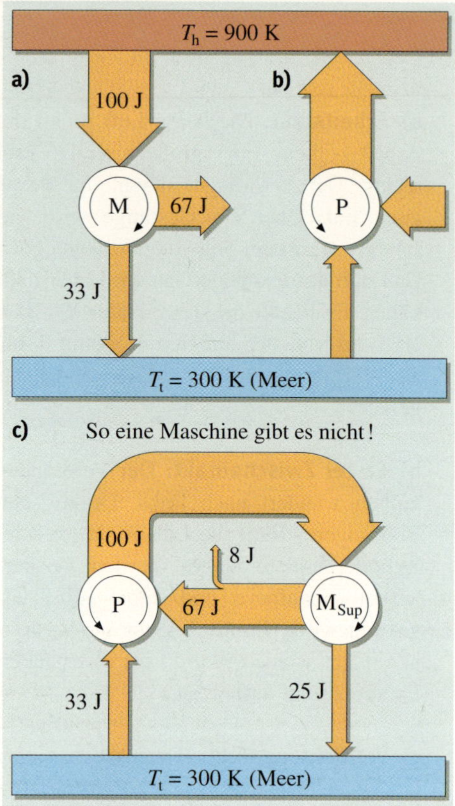

B 1: Energiefluss. **a)** Idealer Stirlingmotor M, **b)** ideale Wärmepumpe P, **c)** Supermotor M_{Sup}

A 1: Bei Verbrennungsmotoren wird nach der Zündung im Zylinder eine Temperatur von ca. 1 600 °C erreicht. Die Abgase verlassen den Auspuff mit ca. 80 °C. Nehmen Sie an, man könnte einen idealen Motor „zwischen“ diesen beiden Temperaturen betreiben. Bestimmen Sie den Wirkungsgrad dieses Motors. Vergleichen Sie mit ➡ *Tabelle 1*!

A 2: Erläutern Sie, inwiefern ein Kühlschrank eine Wärmepumpe ist. Was geschieht, wenn man seine Tür über Nacht offen stehen lässt?

Ottomotor	30%
Dieselmotor	40%
Strahltriebwerk (Flugzeug)	18%
Kernkraftwerk	35%
Kohlekraftwerk	42%
Öl-/Gaskraftwerk	58%

T 1: Wirkungsgrade von Wärmekraftanlagen

3. Ohne Abwärme geht es nicht

Beim idealisierten Stirlingmotor gilt $W_h/W_t = T_h/T_t$ (➡ *Vertiefung* zu Ziffer 2). Nach diesem Ergebnis würde zur Abwärme null die (Kelvin-)Temperatur $T_t = 0$ gehören, die bekanntlich unerreichbar ist. Abwärme ist anscheinend unvermeidbar. In der Tat: Stellt man bei einem realen Stirlingmotor die Kühlung ab, so bleibt er bald stehen.

Wir berechnen nun den Wirkungsgrad η = nutzbare Energie/aufgewendete Energie des idealen Stirlingmotors. Die nutzbare Arbeit ist die Differenz $W_h - W_t$. Die aufgewendete Energie ist W_h. Also gilt

$$\eta = \frac{W_h - W_t}{W_h} = 1 - \frac{W_t}{W_h} = 1 - \frac{T_t}{T_h}.$$

Merksatz

Der Stirlingmotor entnimmt der als Wärme zugeführten Energie im Idealfall den Anteil $\boldsymbol{\eta = 1 - T_t/T_h}$ als Nutzarbeit. Der Rest geht als Abwärme bei tieferer Temperatur in die Umgebung. Der **Wirkungsgrad** $\boldsymbol{\eta}$ steigt, wenn man die Heiztemperatur T_h erhöht oder die Kühltemperatur T_t verringert.

Betrachten wir einen Motor mit $T_h = 900$ K und $T_t = 300$ K (➡ *Bild 1a*). Sein Wirkungsgrad ist im Idealfall

$$\eta = 1 - \frac{T_t}{T_h} = 1 - \frac{300}{900} = 1 - \frac{1}{3} \approx 67\%.$$

Allein das Temperaturverhältnis T_t/T_h begrenzt den Wirkungsgrad nach oben und nicht etwa eine spezielle Eigenschaft des (idealen) Motors. Diese Obergrenze steht schon fest, bevor der Motor überhaupt anläuft. Von 100 J zugeführter Wärme kann er also bestenfalls 67 J als mechanische Energie abzweigen. Der Rest ist ein mechanisch nicht verwertbarer Anteil der zugeführten Wärme. Der Motor schickt ihn als „Energiemüll“ in die Umgebung. Da T_t durch die Umgebungstemperatur nach unten beschränkt ist, versucht man den heißen Bereich des Motors auf möglichst hohe Temperatur zu bringen, um den Müllanteil klein zu halten. Beim wirklichen Motor kriecht noch Wärme nutzlos vom heißen in den kalten Teil am Arbeitsgas vorbei, und durch Lagerreibung wird zusätzlich mechanische Energie entwertet. Praktische Wirkungsgrade liegen daher immer unter dem Idealwert (➡ *Tabelle 1*).

4. Energie nach Belieben?

Ein Elektromotor kann die Stirlingmaschine auch so antreiben, dass sie die vier Motortakte in umgekehrter Richtung durchläuft. Sie komprimiert dann z. B. bei $T_h = 900$ K das Gas unter Aufwand der Energie von, sagen wir, 100 J und „drückt“ 100 J Kompressionswärme in den heißen Speicher. Bei der tiefen Temperatur $T_t = 300$ K entspannt sich das Gas und gibt an ein Energie speicherndes Schwungrad 33 J mechanische Energie ab. Dafür entzieht es dem kalten Speicher 33 J Wärme (➡ *Bild 1b*). Mit der insgesamt zugeführten mechanischen Energie 100 J – 33 J = 67 J wird so Wärme von tiefer zu hoher Temperatur gepumpt; aus dem Motor wurde eine *Wärmepumpe*.

Erfinder Gscheidle meldet ein Patent an. Er habe einen Supermotor erfunden, dessen Wirkungsgrad höher ist als $\eta = 1 - T_t/T_h$. Zu seiner großen Enttäuschung lehnt das Patentamt die Erfindung ab und begründet dies wie folgt:
Betreibt man den Supermotor z. B. zwischen den Temperaturen $T_t = 300$ K und $T_h = 900$ K, so muss nach Gscheidles Behauptung der Wirkungsgrad größer als 67% sein, sagen wir 75%.

Mit dem Motor M_{Sup} treibe man nun eine ideale Stirling-Wärmepumpe P an (*Bild 1c*). Diese liefert bei jedem Umlauf 100 J Wärme, die bei der gemeinsamen hohen Temperatur T_h sofort dem Supermotor M_{Sup} zugeführt wird. Mit dem angenommenen Wirkungsgrad von 75% könnte er 75 J mechanische Energie liefern. Davon braucht die Wärmepumpe für ihren Betrieb aber nur 67 J. 8 J gäbe die Kombination als Nutzarbeit ab. Diese Energie von 8 J ist durchaus nicht aus Nichts erschaffen; die Wärmepumpe entnimmt je Umlauf dem gemeinsamen kalten Speicher, etwa dem Meer, bei $T_t = 300$ K die Wärme 33 J, während die Supermaschine ihm nur 25 J zuführt. Die gewonnenen 8 J entstammen also der inneren Energie des Meeres.
Diese Kombination von Supermotor und Wärmepumpe würde kaltem Meerwasser ständig Wärme der tiefen Umgebungstemperatur $T_t = 300$ K entnehmen und vollständig in wertvolle mechanische Energie umwandeln, ohne dass sich sonst etwas in der Natur änderte (man braucht z. B. keinem heißen Behälter Wärme zu entnehmen). Man könnte die nahezu unerschöpfliche sonst nutzlose innere Energie des Meerwassers veredeln; unser Energieproblem wäre ohne Umweltschaden gelöst. Doch ist solches noch keinem Erfinder gelungen.
Hier zeigt sich ein weiteres, über den Satz von der Energieerhaltung (den ersten Hauptsatz der Wärmelehre) hinausgehendes Naturgesetz. Es ist für das Leben und Treiben der Menschen auf der Erde mindestens ebenso bedeutend wie der Energiesatz und wird deshalb **zweiter Hauptsatz der Wärmelehre** genannt:

Merksatz

Es ist unmöglich, eine periodisch arbeitende Maschine zu bauen, die nichts weiter bewirkt als die Hebung einer Last und die Abkühlung eines Körpers. (Zweiter Hauptsatz der Wärmelehre, formuliert nach Max Planck.)

Die Erfahrung zwingt uns, diesen Satz als gültig anzuerkennen. Deshalb kann Erfinder Gscheidle kein Patent erhalten:

Merksatz

Es ist unmöglich, eine zwischen zwei gegebenen Temperaturen periodisch arbeitende Maschine zu bauen, die einen höheren Wirkungsgrad als der ideale Stirlingmotor hat.

... noch mehr Aufgaben

A 3: Die Luft aus einer Pressluftflasche hebt einen Aufzug hoch. Sie behält dabei ihre Temperatur und entnimmt Energie aus der Umgebungsluft. Ist das nicht ein Widerspruch zum zweiten Hauptsatz? Nehmen Sie Stellung!

A 4: Bei einer Kühlmaschine verwendet man als „Leistungsziffer" den Quotienten aus der Wärme, die dem Kühlraum entzogen wird, und der Stromarbeit. **a)** Wie berechnet man im Idealfall die Leistungsziffer aus den Temperaturen von Kühlraum und Umgebung? **b)** Die Leistungsziffer der Kühlmaschine kann (im Gegensatz zum Wirkungsgrad eines Motors) größer als eins sein. Unter welcher Bedingung für die Temperaturen ist dies der Fall?

A 5: Bei einer zum Heizen dienenden Wärmepumpe definiert man die Leistungsziffer sinngemäß als Quotienten aus der Wärme, die ans Zimmer abgegeben wird, und der Stromarbeit. Warum ist diese Leistungsziffer immer größer als eins?

A 6: Kraftwerke zur Stromerzeugung haben Wirkungsgrade um 40%. Welche Forderung muss man an eine elektrisch betriebene Wärmepumpe stellen, wenn das Heizen mit ihr wirtschaftlicher sein soll, als wenn man einen Ofen mit 86% Wirkungsgrad betreibt?

A 7: Nach Rudolf Clausius lautet der zweite Hauptsatz der Wärmelehre so: *Es ist unmöglich, dass Wärme von einem kälteren zu einem wärmeren Körper übergeht, ohne dass sich sonst in der Natur etwas verändert.* Zeigen Sie durch Gedankenversuche mit idealen Stirlingmotoren und/oder Wärmepumpen, dass der zweite Hauptsatz nach Planck und der nach Clausius äquivalent sind, d. h. dass sich jeder aus dem anderen herleiten lässt.

A 8: Sie haben einen Ofen von 300 °C. Draußen herrschen 0 °C, und im Zimmer wünschen Sie die Temperatur 20 °C zu halten. Sie betreiben „zwischen" Ofen und Außenluft einen idealen Stirlingmotor. Mit ihm treiben Sie eine ideale Stirling-Wärmepumpe an, die Wärme von draußen ins Zimmer schafft. Wie viele Joule Wärme kommen im Zimmer an, wenn der Ofen 1 000 J Wärme abgibt?

Elektrische Leistung	865 MW
Fernwärmeleistung	230 MW
Elektrischer Wirkungsgrad	42%
Brennstoffausnutzung	46%
Mittlere Dampftemperatur im Kessel	570 °C

T 1: Braunkohlekraftwerk Lippendorf bei Leipzig (Probelauf des ersten Blocks für 1999 geplant). Das Kraftwerk arbeitet „zwischen" den Kelvintemperaturen T_h = 1 000 K (mittlere Temperatur im Feuerraum um 700 °C) und T_t = 288 K (Umgebungstemperatur zu 15 °C angenommen). Ein idealer Stirlingmotor hätte hier den Wirkungsgrad

$$\eta_{ideal} = 1 - 288/1\,000 = 71\%.$$

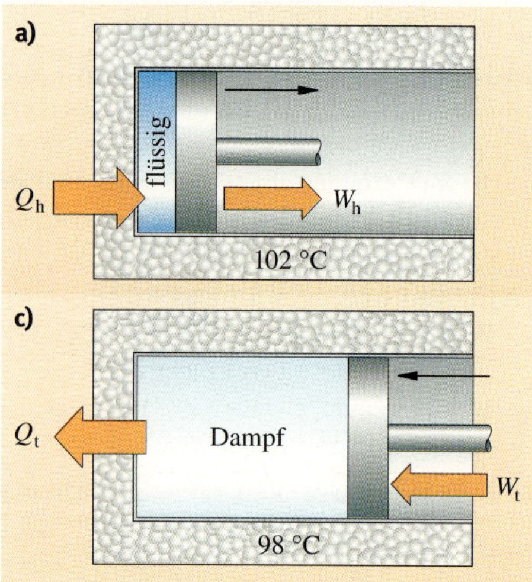

V 1: „Kreislauf des Wassers"

a) Arbeitstakt: Das verdampfende Wasser presst den Kolben mit großer Kraft nach rechts. Die Temperatur ist konstant T_h = 375 K, der Druck konstant p_h = 1,0876 bar.

b) Erster Zwischentakt: Der Dampf wird um 4 K abgekühlt, der Druck so eingestellt, das gerade noch nichts kondensiert.

c) Verdichtungstakt: Der Kolben bewegt sich nach links und zwingt den Dampf, nach und nach zu kondensieren. Es muss Energie in Form von Arbeit zugeführt werden. Der Dampf (und das entstehende flüssige Wasser) wird aber nicht heißer, weil die Umgebung auf der Temperatur T_t = 371 K für die nötige Wärmeabfuhr sorgt. Der Druck ist konstant p_t = 0,9429 bar.

d) Zweiter Zwischentakt: Die Flüssigkeit wird um 4 K erwärmt, der Druck so erhöht, dass gerade noch nichts verdampfen kann.

Wärmekraftmaschinen

1. Ein unerreichbares Ziel?

Der zweite Hauptsatz lehrt uns, dass auch in der modernsten Technik die Bäume nicht in den Himmel wachsen können. Der Wirkungsgrad einer Wärmekraftmaschine kann (bei gegebenem Temperaturintervall) nicht höher sein als der eines idealen Stirlingmotors. Das ist tröstlich für uns, die wir die niedrigen Wirkungsgrade unserer gebräuchlichen Maschinen bedauern. Sehen wir uns allerdings die Zahlen genauer an, so sind wir erstaunt, wie weit die Wirklichkeit immer noch von der durch die Natur gesetzten Grenze entfernt ist. Als Beispiel diene ein modernes Großkraftwerk mit den Daten von ➡ *Tabelle 1*. Bei den großen Anlagen lohnt es sich ja am ehesten, alle Möglichkeiten zur Verbesserung des Wirkungsgrads auszuschöpfen, und man gibt sich hier auch wirklich die größte Mühe mit der „Optimierung". Und doch – gegenüber dem idealen Wirkungsgrad von 71% (Rechnung unter ➡ *Tabelle 1*) werden nur bescheidene 42% erreicht. (Bei der höheren „Brennstoffausnutzung" von 46% ist die zum Heizen abgegebene Fernwärme als nutzbare Energie mitgezählt.) 58% der Verbrennungsenergie sind also Abwärme. Nur ein kleiner Teil davon geht schon mit dem Rauchgas ins Freie; die meiste Abwärme stammt aus der Maschinenanlage selbst. Muss das sein? Ist der ideale Wirkungsgrad vielleicht nur dem Gedankenkonstrukt „idealer Stirlingmotor" eigen und kommt in der Natur gar nicht vor? – Wir überzeugen uns vom Gegenteil: In der Natur selbst wird η_{ideal} realisiert!

2. Ein Kreisprozess mit Wasser

Jeder kennt den „Kreislauf des Wassers" in der Natur. Das Wasser bewegt sich dabei keineswegs auf einem Kreis. Es durchläuft verschiedene Zustände (flüssig, gasförmig) und kehrt schließlich zum Ausgangszustand zurück. Man nennt allgemein eine Kette von Zustandsänderungen, an deren Anfang und Ende der gleiche Zustand steht, einen *Kreisprozess*. Der natürliche Kreisprozess des Wassers besteht im Wesentlichen darin, dass das Wasser an der Meeresoberfläche bei einer gewissen Temperatur verdampft („verdunstet"). Der Wasserdampf gelangt in die Atmosphäre und verwandelt sich dort bei einer niedrigeren Temperatur wieder in Flüssigkeit; er „kondensiert". Über die Flüsse gelangt das Wasser wieder ins Meer zurück und wird dabei auf die alte Temperatur erwärmt.

Wir vereinfachen den natürlichen Wasser-Kreisprozess in Gedanken zu einem Laborversuch und verlegen ihn zugleich in einen Temperaturbereich, der uns für das Verdampfen von Wasser von der Küche her geläufiger ist (➡ *Versuch 1*): Verdampfen von 1 kg Wasser bei 102 °C unter erhöhtem Druck (Dampfkochtopf), Kondensieren bei niedrigerem Druck und der tieferen Temperatur von 98 °C. Beim Verdampfen wird ein Kolben aus dem Zylinder getrieben: Das System gibt mechanische Arbeit ab. Beim Kondensieren muss man den größten Teil der gewonnenen mechanischen Energie wieder ins System hineinstecken.

Doch bleibt ein kleiner Rest übrig, dargestellt durch die vom *V-p*-Diagramm umfahrene Fläche (*Bild 1*). Wir haben eine Wärmekraftmaschine, die „zwischen" den Kelvintemperaturen $T_h = 375$ K und $T_t = 371$ K arbeitet. Ihr idealer Wirkungsgrad wäre also $\eta_{ideal} = 1 - 371/375 = 0{,}0107$. Er ist nicht gerade hoch; das liegt natürlich an der geringen Temperaturdifferenz.

Nun berechnen wir den wirklichen Wirkungsgrad aus den Energieumsetzungen. Es gibt für das Wasser ausführliche Tabellenwerke mit thermischen Daten, die internationalen *Wasserdampftafeln*. Sie sind unentbehrlich für die Planung von Dampfkraftwerken. *Tabelle 2* zeigt einen Ausschnitt. Ihm entnehmen wir:

Aufgewandte Energie = zugeführte Wärme im Arbeitstakt a)
$= Q_h = 2\,251$ kJ.

Eine in den Zwischentakten b) und d) etwa zugeführte Wärmemenge ist im Vergleich zu Q_h so gering, dass wir sie vernachlässigen können. Ebenso vernachlässigen wir bei der Arbeitsberechnung die kleinen schraffierten Dreiecke rechts und links im *V-p*-Diagramm (*Bild 1*). Die gewonnene mechanische Energie *W* ist dann:

$$W = (p_h - p_t)(V_2 - V_1) = (1{,}0867 - 0{,}9429)\text{ bar} \cdot (1\,566 - 1{,}0)\text{ l} = 22{,}5\text{ kJ}.$$

Wir erhalten den Wirkungsgrad $\eta = W/Q_h = 0{,}0100$. Er stimmt gut mit dem idealen Wert überein: Die Natur hält sich an ihre Gesetze!

3. Wo wird die Energie entwertet?

Der ideale Wirkungsgrad bei der Gewinnung von mechanischer aus innerer Energie ist erreichbar, wie wir gesehen haben. Unsere Wärmekraftanlagen erreichen ihn nicht. Sie wandeln einen großen Teil der Verbrennungsenergie, aus dem man Arbeit hätte machen können, in wertlose Abwärme um. Leider ist das, jedenfalls beim derzeitigen Stand der Technik, unvermeidbar. Wo treten die Verluste auf?

a) *Abgasverluste, Lagerreibung, Stromwärme im Generator:* Diese Verluste sind heute nicht mehr sehr bedeutend.

b) Energiebedarf für die *Reinigung des Rauchgases.*

c) *Wärmeübergang bei Temperaturgefälle:* Wo ein Temperaturunterschied herrscht, kann man im Prinzip einen Stirlingmotor „zwischenschalten" und so mechanische Energie gewinnen. Strömt Wärme einfach nur so vom heißen zum kalten Körper, versäumt man diese Gelegenheit und es wird Energie entwertet. Beim Automotor geschieht dies vor allem im Zylinderkopf nach der Zündung. Beim Dampfkraftwerk (*Bild 2*) geht die Wärme vom Feuerraum (mittlere Temperatur ca. 700 °C) zum Kesselwasser bzw. Dampf (570 °C) ungenutzt über. (Die Turbine nutzt dagegen das Temperaturgefälle von 570 °C bis zur Kondensatortemperatur von 30 °C nahezu optimal zur Arbeitsgewinnung.)

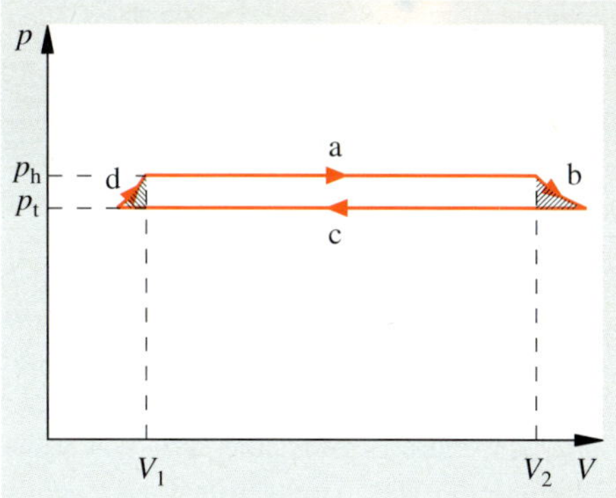

B 1: *V-p*-Diagramm zu *Versuch 1. Achtung!* Das Diagramm ist nicht maßstäblich gezeichnet, ebensowenig wie die Bilder zu *Versuch 1*. Das Dampfvolumen V_2 ist in Wirklichkeit mehr als 1 000-mal so groß wie das Wasservolumen V_1; der Unterschied der Drücke p_h und p_t ist viel kleiner als gezeichnet.

Celsius-temperatur in °C	Druck in bar	Volumen von 1 kg Flüssigkeit (in Liter)	Volumen von 1 kg Dampf (in Liter)	Verdampfungswärme für 1 kg in kJ
98	0,9429	1,0420	1 789	2 262
99	0,9775	1,0427	1 730	2 259
100	1,0131	1,0435	1 673	2 257
101	1,0498	1,0443	1 618	2 254
102	1,0867	1,0450	1 566	2 251

T 2: Ausschnitt aus einer Wasserdampftafel

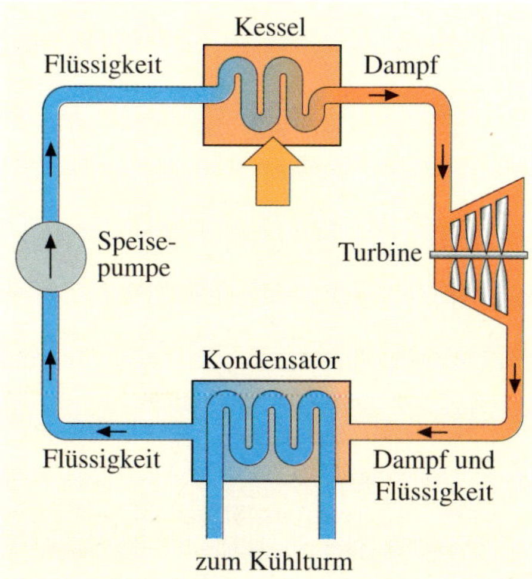

B 2: Kreislauf des Wassers und Energieentwertung im Kraftwerk. Der dicke Pfeil zeigt, wo hauptsächlich Energie ungenutzt als Wärme bei Temperaturgefälle strömt.

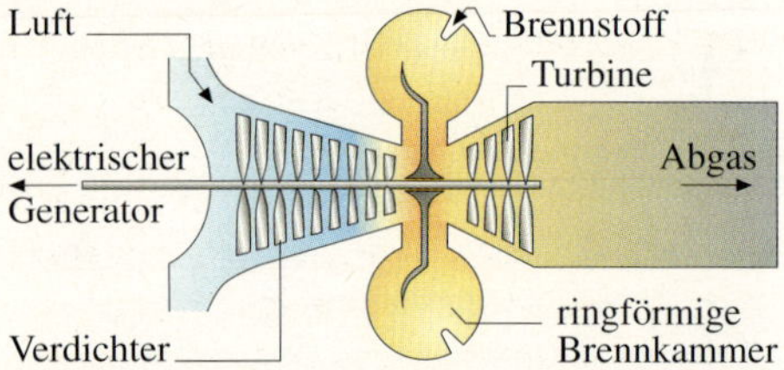

B 1: Gasturbine. Wie beim Otto- und Dieselmotor ist es günstig, die Verbrennungsluft zu komprimieren. Dazu dient der *Verdichter* – wie die Turbine eine Serie von Schaufelrädern. Das Abgas tritt im Gegensatz zum Flugzeugtriebwerk nur mit geringer Geschwindigkeit aus.

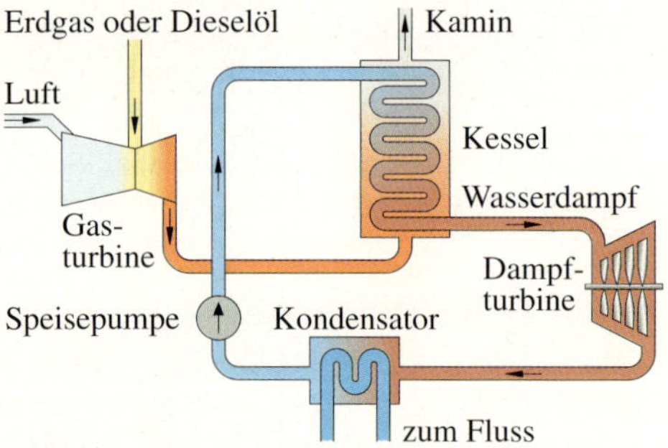

B 2: Kombiniertes Gas-Dampf-Kraftwerk mit Speisewasservorwärmung

Elektrische Leistung	363,5 MW
Davon entfallen auf die Gasturbine	239 MW
Elektrischer Wirkungsgrad	58,2%
Wirkungsgrad der Gasturbine allein	38%
Abgastemperatur der Gasturbine	613 °C
Dampftemperatur im Kessel	540 °C
Kamintemperatur	94 °C

T 1: Gasturbinenkraftwerk Karlsruhe/Rheinhafen (in Betrieb seit 1998)

- Ein Stein fällt herunter, bleibt liegen und erwärmt sich und die Auftreffstelle
- Ein warmer Körper kühlt sich ab und erwärmt einen kalten
- Ein Gas strömt in ein Vakuum ein
- Zwei Gase vermischen sich
- Wasser verdunstet
- Eine Mischung aus Wasserstoff und Sauerstoff („Knallgas") explodiert und ergibt Wasserdampf
- Ein Fahrrad wird von hohem Tempo auf mäßiges Tempo abgebremst

T 2: Irreversible Prozesse

4. Was kann man tun?

In der vorigen Ziffer hat sich gezeigt, dass die krasseste Energieentwertung beim Kraftwerk im Dampfkessel stattfindet. Dort geht ja Wärme von den heißen Flammengasen auf das Wasser über, das als Dampf beim Verlassen des Kessels zwar an die 600 °C, beim Eintritt als „Speisewasser" aber nur Umgebungstemperatur hat. Um Wasser von 20 °C auf 100 °C oder 200 °C zu erhitzen, ist eine Wärmequelle von 700 °C und mehr wahrhaftig zu schade! Man kann dafür auch Rauchgas nehmen, das sich nach dem Vorbeiziehen an mehreren Bündeln von Dampfrohren bereits auf vielleicht 300 °C abgekühlt hat. Dies ist das Prinzip der *Regeneration*, das bereits R. STIRLING erfunden und bei seinem Heißluftmotor angewandt hat. Dort wird ja die kalte Luft im zweiten Zwischentakt beim Durchströmen der Verdrängerkanäle schon „vorgewärmt". Im Kraftwerk Lippendorf (Ziffer 1) wird das Speisewasser vor dem Eintritt in den Kessel bereits auf 270 °C vorgewärmt. (Wegen des dort herrschenden enormen Drucks von ca. 270 bar ist es trotzdem noch flüssig.)

Die Temperaturspanne zwischen Feuerraum und Dampfraum im Kessel ist nun verringert, aber immer noch hoch genug! Hier setzt das neueste Prinzip des Kraftwerkbaus an: Die *Gasturbine* (➠ *Bild 1*). Sie ist wie das Strahltriebwerk eines Flugzeugs gebaut, nur viel größer, und ihr Abgas geht nicht einfach in die Außenluft wie beim Flugzeug, sondern dient als Heizgas für den Kessel des Dampfkraftwerks (➠ *Bild 2*). Man kann es so einrichten, dass dieses Abgas eine Temperatur von gut 600 °C, also nicht allzu hoch über der gewünschten Dampftemperatur von 540 °C, hat. Im Rheinhafen-Kraftwerk von Karlsruhe wurde eine Gasturbine als „Vorsatz" zu einem schon länger existierenden Dampfkraftwerk gebaut (Daten ➠ *Tabelle 1*). Der Gesamtwirkungsgrad ist respektabel hoch. Nur, leider: Billige Kohle kann man in diesem Kraftwerk nicht verfeuern; es muss Dieselöl oder Erdgas sein.

5. Irreversibel – reversibel

Unsere besten Kraftwerke sind immer noch schlechter als die Natur erlaubt! Warum? Weil in ihnen der spontane Wärmeübergang durch ein Temperaturgefälle stattfindet und weil mechanische (und elektrische) Energie durch Reibung in innere Energie verwandelt wird. Beide Vorgänge haben gemeinsam, dass sie nicht ohne sonstige bleibende Veränderungen in der Natur rückgängig zu machen – kurz: dass sie **irreversibel** sind. Will man Energie vom kälteren zum wärmeren Körper zurückbringen, braucht man ein äußeres Hilfsmittel, z. B. eine Wärmepumpe. Dass der Prozess „Temperaturerhöhung durch Reibung" irreversibel ist – dies ist gerade der Inhalt des zweiten Hauptsatzes der Wärmelehre. ➠ *Tabelle 2* listet weitere Beispiele für irreversible Prozesse auf.
Läuft ein Film rückwärts, so merken wir es sehr bald, auch wenn keine Personen vorkommen. Denn allzu viele Vorgänge gibt es auch in der unbelebten Welt, von denen wir aus Erfahrung wissen, dass sie irreversibel sind, also nur in einer Richtung ablaufen. Ist am Ende überhaupt jeder spontan ablaufende Prozess irreversibel?

Das stimmt fast, aber nicht ganz, denn wir kennen Vorgänge, die zumindest sehr genau immer wieder zu einem Ausgangszustand zurückführen, ohne bleibende Veränderung in der Natur. So durchläuft ein im Vakuum reibungsfrei schwingendes Pendel immer wieder die gleichen Zustände. Die Erde auf ihrer Bahn um die Sonne kehrt immer wieder zum Ausgangspunkt zurück. Allgemein sind alle reibungsfreien mechanischen Vorgänge umkehrbar oder **reversibel**. Aber es handelt sich doch um Grenzfälle. Ganz verschwindet die Reibung nie, nicht einmal im Weltraum.

Auch der ideale Stirlingmotor führt einen reversiblen Prozess aus. Als Wärmepumpe macht er alle Energieumsetzungen wieder rückgängig, die er vorher als Motor bewirkt hat. *Fast* rückgängig. Gewisse Abweichungen bleiben. Sie können aber im Prinzip so klein gemacht werden, wie man nur will. Jedenfalls schiebt hier die Natur keinen Riegel vor. ➠ *Tabelle 3* gibt weitere Beispiele reversibler Prozesse, auch aus der Wärmelehre.

Ein reversibler Prozess entwertet keine Energie. Denn sonst würde ja seine Umkehrung Energie „aufwerten", und das ist leider unmöglich. Dagegen wird bei jedem irreversiblen Prozess eine Möglichkeit, Arbeit zu gewinnen, für immer verschenkt: Es wird Energie entwertet.

Merksatz

Ein Vorgang heißt **irreversibel**, wenn er nicht ohne sonstige Änderungen in der Natur umgekehrt ablaufen kann.
Ein Vorgang heißt **reversibel**, wenn er entweder ohne sonstige bleibende Veränderungen in der Natur in beiden Richtungen ablaufen kann, oder aber, wenn beide Richtungen mit beliebig kleinen bleibenden Veränderungen in der Natur möglich sind.

Jeder **irreversible** Prozess **entwertet** Energie.

- Ein fallendes Gewicht dehnt eine Stahlfeder und kommt im tiefsten Punkt kurzzeitig zur Ruhe.
- Ein fallendes Gewicht drückt eine „Luftfeder" adiabatisch zusammen und kommt im tiefsten Punkt kurzzeitig zur Ruhe.
- Wärme geht ohne Temperaturgefälle auf ein Gas über, das sich langsam isotherm ausdehnt und dabei eine Last hebt (Takt a) des idealen Stirlingmotors).
- Ein idealer Stirlingmotor macht einen vollständigen Umlauf.
- Ein idealer ICE-Zug der übernächsten Generation bremst elektromagnetisch. Er gibt seine kinetische Energie vollständig über das Stromnetz an einen anderen idealen ICE ab, der gerade anfährt (Luftwiderstand und Stromwärme seien vernachlässigbar). (➠ *Bild 3*)

T 3: Reversible Prozesse

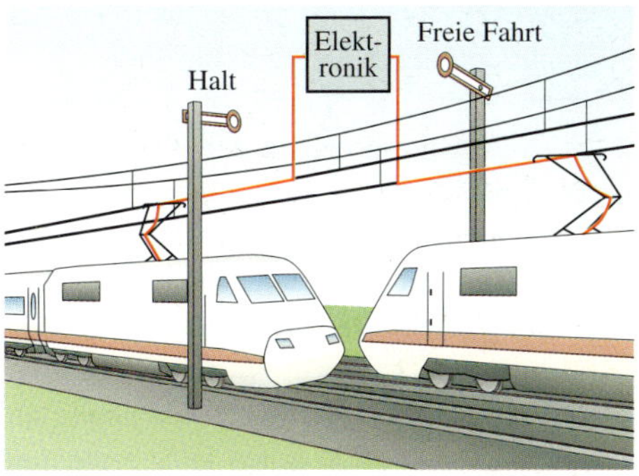

B 3: Reversible Prozesse sind möglich und wünschenswert!

... noch mehr Aufgaben

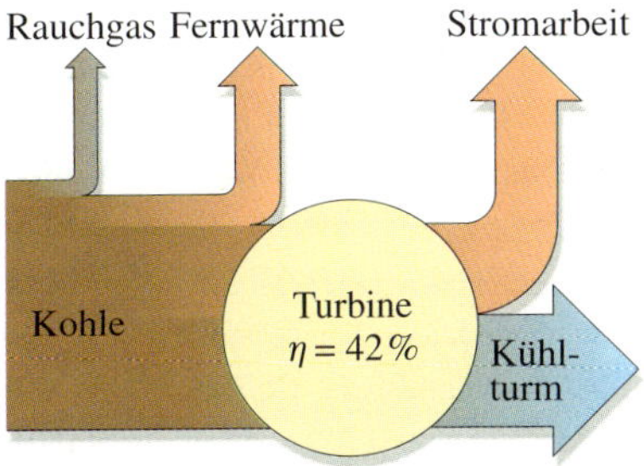

A 1: Das Bild zeigt den vereinfachten Energiefluss im Kraftwerk Lippendorf (Ziffer 1, ➠ *Tabelle 1*).
a) Welche Leistung liefert der Brennstoff? **b)** Welchen Heizwert hat die Braunkohle, wenn man 710 t je Stunde verbraucht? **c)** Welcher Anteil der Verbrennungswärme geht ins Rauchgas?

A 2: Berechnen Sie zu ➠ *Versuch 1* (Ziffer 2) die im Arbeitstakt a) gewonnene Arbeit! Warum ist sie nicht gleich der zugeführten Wärme, obwohl die Ausdehnung isotherm ist? Wofür wird die überschüssige Energiezufuhr verbraucht?

A 3: Verbessern Sie die Genauigkeit der Rechnung von ➠ *Versuch 1* (Ziffer 2), indem Sie das Viereck abcd von ➠ *Bild 2* als Trapez ansehen (➠ *Tabelle 2* benutzen!)

A 4: a) Zeichnen Sie ein Energieflussdiagramm für das Rheinhafen-Kraftwerk (Ziffer 4, ➠ *Tabelle 1* und ➠ *Bild 2*). **b)** Prüfen Sie, ob der Wirkungsgrad der Gasturbine richtig angegeben ist. **c)** Welchen Wirkungsgrad hat das Dampfkraftwerk für sich allein?

A 5: Welchen maximalen Wirkungsgrad könnte die Dampfturbine des Rheinhafen-Kraftwerks (Ziffer 4, ➠ *Tabelle 1*) haben, wenn die Umgebungstemperatur 12 °C beträgt?

A 6: Der Kreisprozess von ➠ *Versuch 1* (Ziffer 2) ist reversibel! Begründen Sie dies und beschreiben Sie seine Umkehrung.

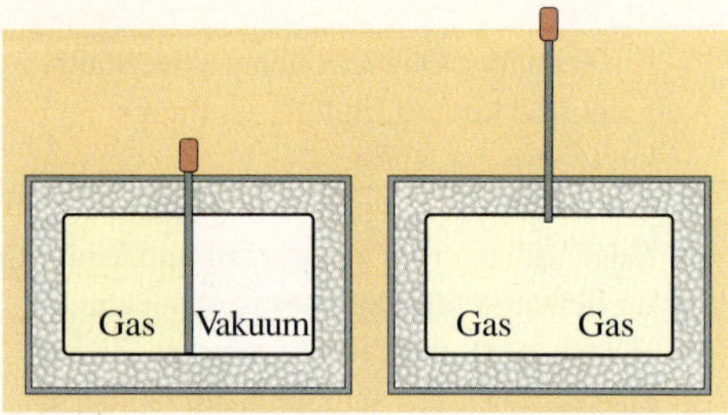

B 1: Ausdehnung eines Gases ins Vakuum (Überströmversuch)

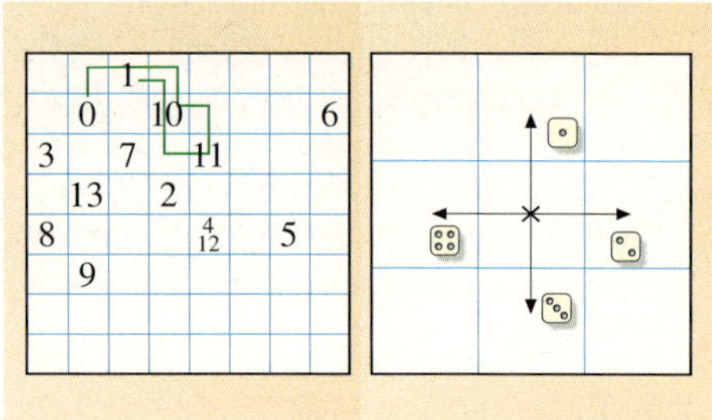

V 1: Zufallsbewegung eines Spielsteins auf dem Schachbrett. 0 bezeichnet die Ausgangsstellung, beliebig in der linken Bretthälfte gewählt. Nun wird gewürfelt. Je nach Augenzahl zieht der Stein um ein Feld nach oben, rechts, unten oder links, entsprechend dem Schema rechts neben dem Schachbrett. Augenzahlen 5 oder 6 bleiben unberücksichtigt, ebenso Würfelergebnisse, bei denen der Stein das Brett verlassen müsste. – Die obige Zeichnung enthält als Beispiel die ersten 10 Schritte eines Zufallsweges. Den Weg weiter zu zeichnen wäre nur mühsam und verwirrend. Wir tragen lediglich nach 10 Spielzügen in eine Zeichnung auf Kästchenpapier eine Eins in das erreichte Feld ein, nach weiteren 10 Zügen eine Zwei usw.
Arbeitsteilig übernehmen mehrere Teams je einen Spielstein mit anderer gegebener Ausgangsstellung. Zum Schluss tragen wir alle Stellungen „Eins" in eine gemeinsame Folienzeichnung ein, ebenso alle Stellungen „Zwei", „Drei" usw. je in eine eigene Zeichnung. So entsteht ein „Film" von der Ausbreitung aller Spielsteine (➠ *Bild 2*).

A 1: Führen Sie das Spiel ➠ *Versuch 1* in Arbeitsteilung durch, wobei zu Anfang alle Steine auf *demselben* Feld nahe der Mitte des Schachbretts stehen. Dies ist ein Modell für die Ausbreitung einer Giftwolke nach einem Chemieunfall.

Zweiter Hauptsatz und Wahrscheinlichkeit

1. Der Zufall ist schuld

Der zweite Hauptsatz der Wärmelehre setzt allen Bemühungen der Technik eine unüberschreitbare Grenze. Ließe er sich nur mit einer einzigen Maschine umgehen, so wären alle Energieprobleme der Menschheit gelöst. Welche tiefe Eigenschaft der Natur verbietet diese Lösung?

Betrachten wir irgendeinen irreversiblen Prozess, am einfachsten den Überströmversuch, nochmals schematisch dargestellt in ➠ *Bild 1*. Warum breiten sich die Gasteilchen ins rechte Gefäß aus, wenn der Schieber herausgezogen wird? Ganz einfach deswegen, weil Teilchen, die vorher vom Schieber reflektiert worden wären, jetzt frei nach rechts weiterfliegen können. Je mehr Teilchen auf diese Weise ins rechte Gefäß gelangt sind, umso häufiger wird es rein zufällig passieren, dass ein Teilchen von rechts nach links durch die Schieber-Ebene fliegt. So kommt es, dass nach einiger Zeit gleich viele Teilchen in jedem Behälter sind, oder jedenfalls ungefähr gleich viele.

Von der *brownschen Bewegung* her kennen wir die regellose Bewegung makroskopischer Teilchen. Die Bewegung der Gasmoleküle müssen wir uns ähnlich vorstellen, nur noch viel heftiger. Wir wollen diese Bewegung „in Zeitlupe" durch ein Zufallsspiel nachbilden.
Auf einem Schachbrett lassen wir Spielsteine zufallsbestimmt umherziehen (➠ *Versuch 1*). Zu Anfang stehen alle Steine in der linken Bretthälfte. Nach je 10 Spielzügen zeichnen wir ein neues Bild mit dem Stand aller Steine. Wir erhalten einen „Film" von der Ausbreitung eines Gases ins Vakuum (➠ *Bild 2*).

2. Die Theorie des Spiels

Warum nun kehren die Spielsteine bei ihrer chaotischen Bewegung niemals mehr alle in die linke Bretthälfte zurück? Unmöglich ist es doch nicht. Warten wir nur nicht lange genug? Wir müssten in der Tat das Spiel noch viel länger weiterführen, um auf die gewünschte Beobachtung hoffen zu können. Das lehrt uns die *Wahrscheinlichkeitsrechnung*.

Beim einzelnen Spielstein sehen wir, dass er sich munter auf dem ganzen Schachbrett herumtreibt (➠ *Versuch 1*). Schon nach wenigen Zügen hat er augenscheinlich „vergessen", wo er zu Anfang stand. So ist zu erwarten, dass im Laufe eines lang dauernden Spiels der Stein sich auf jedem Feld ungefähr gleich oft aufhalten wird. Man sagt: Der Spielstein hat 64 *gleich wahrscheinliche* Möglichkeiten des Aufenthalts. Ein zweiter Stein nimmt genauso mit gleicher Wahrscheinlichkeit einen der 64 Plätze ein, ohne sich um den ersten Stein zu kümmern. Wie viele verschiedene Anblicke können die beiden Steine miteinander darbieten? Der erste (er möge rot gefärbt sein) kann an 64 verschiedenen Stellen stehen. Zu jeder dieser Rot-Stellungen sind 64 verschiedene Stellungen des zweiten Spielsteins (er sei blau) möglich. Also gibt es $64 \cdot 64$ verschiedene Rot-Blau-Konstellationen. ➠ *Bild 3* zeigt diese Überlegung an einem Baum. Er hat 64 Äste für die Möglichkeiten des roten Steins. An jedem Ast wachsen 64 Zweige für die jeweiligen Möglichkeiten des blauen Steins. Insgesamt hat der Baum $64 \cdot 64$ Zweige, entsprechend der Zahl aller Kombi-Möglichkeiten. Und diese alle sind gleich wahrscheinlich!

Wie geht es weiter, wenn wir einen dritten gelben Spielstein hinzunehmen? Der Baum ➠ *Bild 3* erhält an jedem seiner blauen Zweige 64 gelbe Zweiglein. Es gibt also 64^3 Zweiglein. Wie die Rechnung fortzusetzen ist, wird nun klar: Für die 8 Spielsteine von ➠ *Bild 2* gibt es $\Omega = 64^8$ verschiedene gleich wahrscheinliche Möglichkeiten der Anordnung (falls die Steine alle verschieden gefärbt sind, was wir uns gespart haben). Unter diesen gewaltig vielen Anordnungen sind zahlreiche, bei denen alle Steine auf der linken Brетthälfte stehen. Wir können ihre Anzahl berechnen. Für jeden Stein gibt es 32 Möglichkeiten, auf der linken Bretthälfte zu stehen, für alle 8 Steine also insgesamt 32^8 Möglichkeiten. Das ist nur ein kleiner Bruchteil aller 64^8 Möglichkeiten, nämlich $32^8/64^8 = 1/256$. Dementsprechend selten, im Mittel nur bei jedem 256. Filmbild, werden wir das ersehnte Ereignis „Alle Steine links" erleben.

3. Zurück zur Realität!

Im Gas haben wir nicht 8, sondern vielleicht 10^{22} Teilchen. Die Zahl der möglichen gleich wahrscheinlichen Plätze für ein Teilchen sei z (wir teilen den Gasraum beliebig in z gleich große Bereiche ein, den 64 Feldern des Schachbretts entsprechend). Die Rechnung lautet jetzt analog zum Brettspiel:

Zahl aller Möglichkeiten: $\Omega = z^{(10^{22})}$
Möglichkeiten für „Alle Teilchen in der linken Hälfte": $\Omega_l = (\frac{z}{2})^{(10^{22})}$.

Der Quotient Ω_l/Ω gibt die „Wahrscheinlichkeit" dafür an, dass alle Teilchen links angetroffen werden:

$$\Omega_l/\Omega = \left(\frac{z}{2}\right)^{(10^{22})} \Big/ z^{(10^{22})} = \left(\frac{1}{2}\right)^{(10^{22})} = 2^{(-10^{22})}.$$

Das Ergebnis besagt, dass im Mittel nur jedes $2^{(10^{22})}$-te Momentbild des Gases alle Teilchen im linken Behälter zeigen würde. An sich ist es demnach nicht unmöglich, dass der Zustand „Alle Teilchen links" einmal wiederkehrt. Aber es wäre absolut hoffnungslos, darauf warten zu wollen. Obwohl also der Zufall die chaotische Bewegung der Atome und Moleküle in der Mikrowelt regiert, gibt es für uns makroskopische Wesen doch Gewissheit: Niemals wird sich ein irreversibler Prozess von selbst umkehren!

Merksatz

Bei irreversiblen Prozessen hat der Endzustand eine erdrückend hohe Wahrscheinlichkeit im Vergleich zum Ausgangszustand.

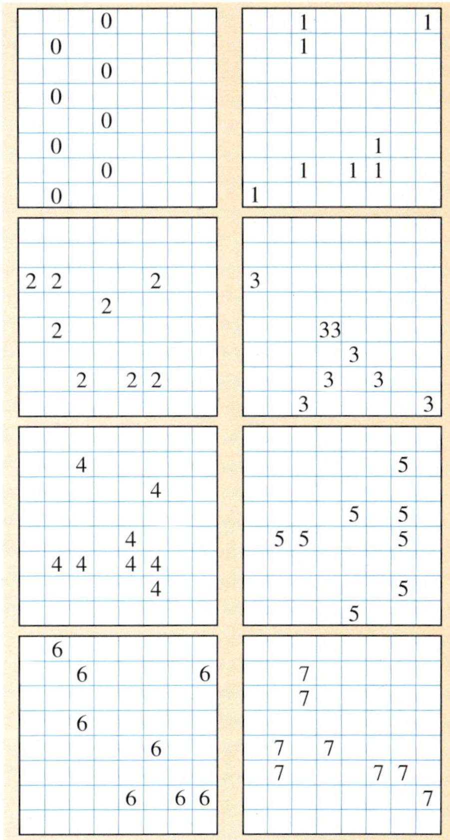

B 2: Ausbreitung von 8 „Gasteilchen" im Laufe der Zeit. Man kann die Zahlen als Zeitangaben lesen, z. B. „Zustand 0, 1, 2, … Sekunden nach dem Herausziehen des Schiebers im Überströmversuch".

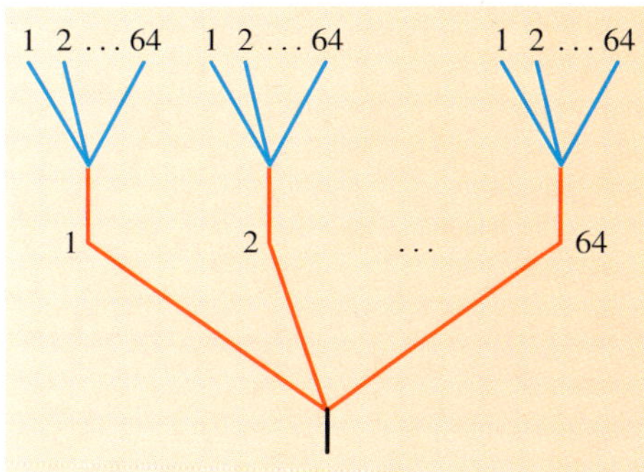

B 3: Baumdiagramm zu den möglichen Anordnungen zweier Spielsteine auf dem Schachbrett

A 2: Ein Supercomputer zeichne in jeder Sekunde 10^9 Momentbilder eines Gases. Wie lange würde er brauchen, bis er $2^{(10^{22})} \approx 10^{(3 \cdot 10^{21})}$ Momentbilder gezeichnet hätte? (Das Alter der Welt beträgt 10^{18} s.)

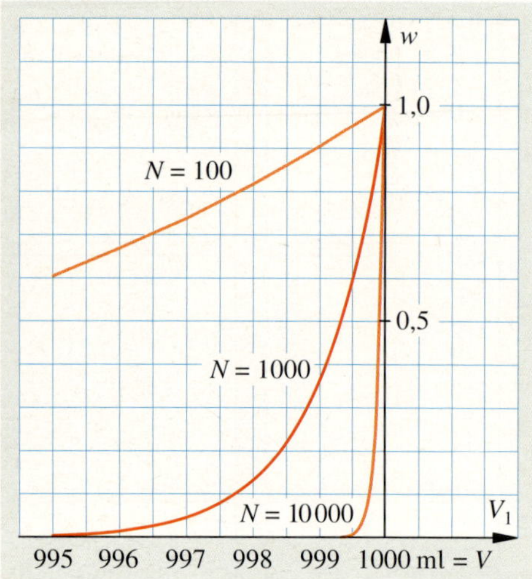

B 1: Wahrscheinlichkeit $w = \Omega_1/\Omega$, dass sich ein Gas aus N Teilchen von $V = 1\,000$ ml auf V_1 zusammenzieht

Vertiefung

Näherung für kleine ΔV

Gesucht ist eine Näherung für $\Omega_1/\Omega = (V_1/V)^N$, falls $\Delta V = V_1 - V$ sehr klein ist. Für die Funktion $V \mapsto V^N$ ist dann die Steigung im Intervall von V bis V_1 näherungsweise gleich der Ableitung an der Stelle V:

$$\frac{V_1^N - V^N}{V_1 - V} = N\,V^{N-1}.$$

Es folgt $V_1^N - V^N = N\,V^{N-1}\,\Delta V$, also $V_1^N = V^N + N\,V^{N-1}\,\Delta V$ und nach Division durch V^N

$$\frac{\Omega_1}{\Omega} = \frac{V_1^N}{V^N} = 1 + N\frac{\Delta V}{V},$$

die gesuchte Näherung. Aus ihr ergibt sich

$$\frac{\Delta\Omega}{\Omega} = \frac{\Omega_1}{\Omega} - 1 = N\frac{\Delta V}{V}.$$

A 1: Mit einem fiktiven Supermikroskop werde in einem Gas ein so kleines Teilvolumen v beobachtet, wie es im Mittel einem einzelnen Teilchen zur Verfügung steht, also $v = V/N$. **a)** Wie groß ist die Wahrscheinlichkeit $w = (V - v)^N/V^N$, dieses Teilvolumen leer zu finden, für $N = 100$, 1 000, 10 000, 1 Million? Was kommt vermutlich für den realistischen Wert $N = 10^{22}$ heraus? **b)** Rechnen Sie jeweils auch mit der in der ➠ *Vertiefung* gebrachten Näherung. Kommentieren Sie das offensichtlich grob falsche Ergebnis.

4. Waren wir zu anspruchsvoll?

Es ist, wie wir gesehen haben, ganz ausgeschlossen, dass ein Gas sich spontan auf das halbe Volumen zusammenzieht. Aber könnte es nicht sein, dass es sich gelegentlich ein ganz klein wenig von selbst zusammenzieht? Berechnen wir also die Wahrscheinlichkeit, das Gas vollständig im Volumen V_1 anzutreffen, wenn es das größere Volumen V zur Verfügung hat. Wenn es in V für ein Teilchen z gleich wahrscheinliche Plätze gibt, dann gibt es in V_1 nur $z_1 = z \cdot V_1/V$ Plätze. Der Quotient der Anzahlen von Möglichkeiten ist dann (analog zu Ziffer 3) für N Teilchen

$$\frac{\Omega_1}{\Omega} = \frac{z_1^N}{z^N} = \frac{(z \cdot V_1/V)^N}{z^N} = \left(\frac{V_1}{V}\right)^N. \qquad (1)$$

Nehmen wir zum Beispiel $V = 1$ l und berechnen diesen Quotienten für $V_1 = 999$ ml, 998 ml, … und ein paar Teilchenzahlen N (➠ *Bild 1*). Wir sehen, dass es beim wirklichen Gas absolut aussichtslos ist, etwa auch mit dem Mikroskop die kleinste leere Stelle im Volumen V zu entdecken.

5. Das Prinzip von BOLTZMANN

Wir wollen die atomistische Deutung der Irreversibilität vom Überströmversuch auf andere irreversible Prozesse übertragen. Was ist zu tun? Wir müssen bei Anfangs- und Endzustand eines irreversiblen Prozesses zählen, wie viele Möglichkeiten die Natur auf molekularer Ebene hat, sie zu verwirklichen. Kurz ausgedrückt: Wir müssen bei jedem *„Makrozustand"* zählen, aus wie vielen gleich wahrscheinlichen *„Mikrozuständen"* er besteht. Wenn uns das gelingt, können wir das folgende einleuchtende Prinzip anwenden. Es ist durch die Erfahrung bestens gesichert.

Merksatz

Prinzip von BOLTZMANN: Findet in einem abgeschlossenen System ein irreversibler Prozess statt, so wächst dabei die Zahl Ω der gleichwahrscheinlichen Mikrozustände. Bei reversiblen Prozessen bleibt Ω unverändert. Eine spontane Abnahme von Ω ist extrem unwahrscheinlich.

Ludwig BOLTZMANN (1847 – 1906) erkannte als Erster den Zusammenhang zwischen Irreversibilität und Wahrscheinlichkeit.

Für das ideale Gas haben wir als Zählergebnis die *Gl. (1)*. Sie liefert uns zwar nicht die Anzahlen Ω der Mikrozustände selbst; sie sagt uns aber, wie sich Ω mit dem Volumen (bei konstanter Energie, Überströmversuch!) *ändert* – und allein darauf kommt es an.

Merksatz

Ist $\Omega(V)$ die Anzahl der gleichwahrscheinlichen Mikrozustände eines idealen Gases aus N Teilchen bei fest gegebener Energie U und beliebigem Volumen V, so gilt $\Omega(V_1)/\Omega(V) = (V_1/V)^N$.

6. Die Entropie

Ein Gas werde bei konstanter innerer Energie (also isotherm) vom Volumen V auf V_1 komprimiert. Die Zahl Ω der Möglichkeiten, in denen sich seine Teilchen tummeln, sinkt ganz erheblich. Nun darf Ω in der Welt nach BOLTZMANN insgesamt nicht abnehmen. Führt also die abgehende Wärme Q Möglichkeiten für Mikrozustände mit aus dem Gas heraus? Wir können uns das durchaus vorstellen: In der Umgebung wächst ja die Zahl der Energieportionen und damit auch die Zahl der Möglichkeiten für die dortigen Teilchen, diese unter sich aufzuteilen (➠ *Tabelle 1*). – Es ist nun viel leichter, die makroskopische Größe Q zu messen, als Mikrozustände zu zählen. Deshalb suchen wir nach dem Zusammenhang zwischen der Ω-Änderung im Gas und der abgegebenen Wärme Q.

Es sei die Gastemperatur gleich der Umgebungstemperatur. Ein Kolben verkleinere das Gasvolumen langsam und daher reversibel. Wir kennzeichnen dies durch den Merkzettel „rev" an der übergehenden Wärme Q_{rev}. Wenn die Volumenänderung $\Delta V = V_1 - V$ bei der Kompression außerdem klein ist im Vergleich zu V, so gilt näherungsweise zweierlei:

a) Abgehende Wärme $Q_{rev} = W = -p \cdot \Delta V$ (zugeführte Arbeit);
b) $\Delta\Omega/\Omega = (\Omega_1 - \Omega)/\Omega = N \cdot \Delta V/V$ (➠ *Vertiefung*, links).

Wir bestimmen ΔV aus Gleichung a) und setzen es in b) ein; dabei ist $-Q_{rev} = Q_{zu}$ die *dem Gas zugeführte* Wärme:

$\Delta\Omega/\Omega = -N \cdot Q_{rev}/(p \cdot V) = N \cdot Q_{zu}/(p \cdot V)$ oder mit $p\,V = \nu R T$

$$\frac{\Delta\Omega}{\Omega} = \frac{N}{\nu R} \cdot \frac{Q_{zu}}{T}.$$

Dies gilt nun sogar für *jede reversible Zustandsänderung beliebiger Körper* (Begründung ➠ *Vertiefung* am Ende des nächsten Kapitels). Was sagt die Gleichung aus?
Die relative Änderung der riesigen Zahl Ω lässt sich aus den makroskopischen, leicht ermittelbaren Größen Q_{zu} und T bestimmen. Sie ist gleich dem Quotienten Q_{zu}/T mal dem Faktor $N/(\nu \cdot R)$, einer universellen Konstanten. Wir können so die Zahlen Ω selbst durch eine neue Größe, die so genannte **Entropie S** beschreiben, wobei gilt: Zum größeren Ω gehört das größere S und umgekehrt. Kleine Änderungen der Entropie werden durch $\Delta S = Q_{zu}/T = Q_{rev,\,zugeführt}/T$ gegeben.

Merksatz

Zu jedem Zustand eines Körpers gehört ein bestimmter Wert der Entropie S. Führt man die Wärme Q_{rev} bei der Temperatur T zu, ohne dass im Körper ein irreversibler Prozess abläuft, so wächst seine Entropie S um $\boldsymbol{\Delta S = Q_{rev}/T}$.
Für die **Gesamtentropie S_{ges}** im abgeschlossenen System gilt:
a) S_{ges} bleibt bei **reversiblen** Vorgängen konstant, $\boldsymbol{\Delta S_{ges} = 0}$;
b) S_{ges} nimmt bei **irreversiblen** Vorgängen zu, $\boldsymbol{\Delta S_{ges} > 0}$.
Die Einheit der Entropie ist 1 J/K.

Zahl der Energieportionen für Atom 1	Atom 2	Atom 3	Zahl der Verteilungsmöglichkeiten
10	0	0	1
9	1	0	2
9	0	1	
8	2	0	3
8	1	1	
8	0	2	
…	…	…	…
0	10	0	11
0	9	1	
…	…	…	
0	0	10	

T 1: Eine Umgebung aus drei Atomen enthält 10 Energieportionen. Es gibt insgesamt 1 + 2 + 3 + … + 11 = 66 Möglichkeiten, diese auf die Atome zu verteilen. Bei 20 Energieportionen gibt es bereits 1 + 2 + … + 21 = 231 Möglichkeiten.

Beispiel

Rechnungen zur Entropie

a) 1 kg Wasser verdampft bei 100 °C. Seine Temperatur $T = 373$ K bleibt konstant. Der Topf führt die Verdampfungswärme $Q = 2\,257$ kJ zu. Zusammen mit der Wärme Q fließt dem Wasser Entropie zu. Seine Entropie S_W erhöht sich um

$\Delta S_W = Q/T = 2\,257$ kJ/373 K = **6,05 kJ/K**.

b) Der Topf braucht eine etwas höhere Temperatur, sagen wir $T = 374$ K, damit diese Wärme ins Wasser geht. Mit ihr gibt er Entropie ab:

$-\Delta S_T = 2\,257$ kJ/374 K = **6,03 kJ/K**.

S_{ges} wächst also um (6,05 – 6,03) kJ/K = 0,02 kJ/K.

c) Die Flamme gibt die Wärme Q bei 1 000 K ab und zusammen mit ihr die sehr kleine Entropie $-\Delta S_F = 2\,257$ kJ/1 000 K = **2,257 kJ/K**. Nun steigt die Gesamtentropie erheblich, um (6,05 – 2,26) kJ/K = 3,79 kJ/K. Der Wärmeübergang ist extrem irreversibel, an eine Umkehrung ist nicht zu denken.
Entropie unterscheidet zwischen reversibel, „fast reversibel" und irreversibel.

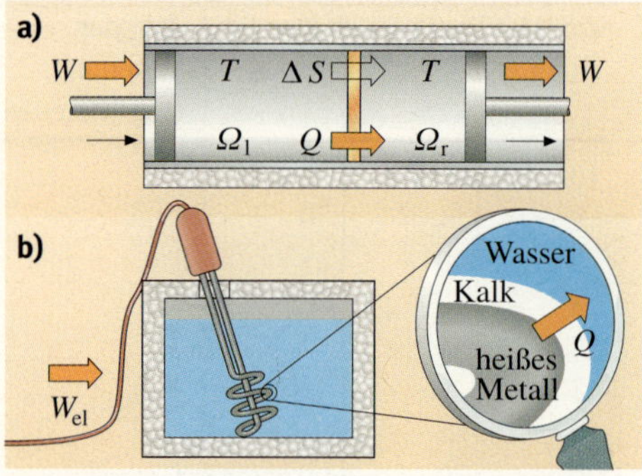

B 1: a) Entropie*strömung*. Zwei Gasportionen, die nur in der Temperatur übereinstimmen müssen, sind über eine gut wärmeleitende Wand miteinander in Kontakt. Das linke Gas wird langsam isotherm komprimiert, das rechte langsam isotherm expandiert. Die inneren Energien sind konstant. Links verkleinert sich das Volumen und damit die Zahl Ω_l möglicher Mikrozustände; die Entropie sinkt um $\Delta S = Q/T$. Rechts nimmt die Zahl Ω_r möglicher Mikrozustände derart zu, dass die Entropie dort um das gleiche ΔS wächst.
b) Entropie*schöpfung*. Dem System „Topf plus Wasser plus Tauchsieder" wird (elektrische) Arbeit zugeführt. Dabei strömt keine Entropie in das System. Trotzdem erhöht sich die Entropie des Systems: Im Innern wird Entropie erschaffen, und zwar überall da, wo Wärme über ein Temperaturgefälle hinweg strömt.

Entropie, Herrin der Welt

Muss es in der Überschrift nicht „Energie" heißen, statt Entropie? Werden nicht alle Vorgänge in der Welt von der Erhaltung der Energie dominiert? Gewiss, Energie lässt sich nicht erzeugen oder vernichten, nur umformen. Aber wie weit solche Umformungen möglich sind, entscheidet eben *allein* die Entropie: Sie darf insgesamt niemals abnehmen. Man hat die Entropie mit der Direktorin einer Fabrik verglichen; sie ordnet an, „wo's lang geht". Die Energie und die anderen Erhaltungsgrößen sind dagegen nur die Bilanzbuchhalterinnen; sie sorgen dafür, dass die Kasse stimmt.

1. Entropieströmung und Entropieschöpfung

Die Entropie eines Systems kann sich auf zweierlei Weisen ändern. Sie kann ihm von außen zugeführt werden (*Entropieströmung* Q/T über die Systemgrenze, stets verbunden mit Wärmeströmung Q) und sie kann im System selbst *geschaffen* werden, wenn dort ein irreversibler Prozess abläuft. ➠ *Bild 1* zeigt jede der beiden Änderungsarten „in Reinkultur". In beiden Fällen wird auch Energie als *Arbeit W* übertragen. Diese ist aber *niemals* mit Entropieströmung verbunden.

Merksatz

Entropie wird von einem System zum andern nur durch Wärme, niemals durch Arbeit übertragen.

Diese Tatsache ist der tiefere Grund dafür, warum wir Wärme und Arbeit so genau unterscheiden müssen. – Im unten stehenden ➠ *Beispiel* kommen nun beide Arten der Entropieänderung in komplizierteren Situationen vor.

Beispiel

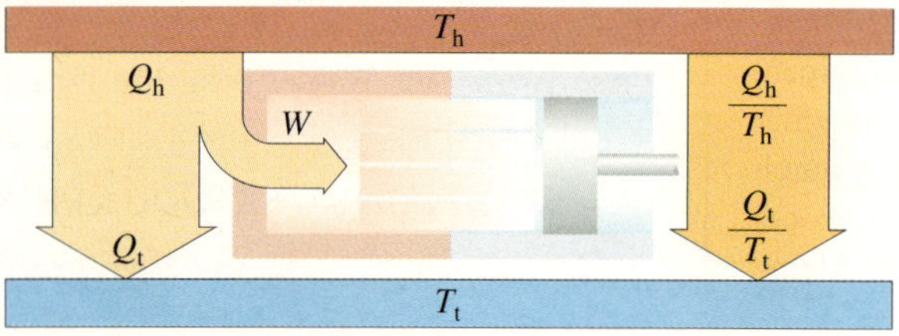

Entropie und Stirlingmotor

Ein idealer Stirlingmotor arbeite „zwischen" den Temperaturen T_h und T_t. Das Bild zeigt links den uns bekannten Energiefluss. Rechts sind die Entropieänderungen dargestellt. Dem heißen Reservoir wird die Entropie $\Delta S_h = Q_h/T_h$ entzogen. Dem kalten Reservoir wird die Entropie $\Delta S_t = Q_t/T_t$ zugeführt. Die Entropie des Motors selbst bleibt unverändert; er kehrt ja nach einem Umlauf in den Anfangszustand zurück. Also hat die Entropie der Welt um $\Delta S_t - \Delta S_h$ zugenommen. Dieser Wert ist im reversiblen Grenzfall null: $Q_h/T_h = Q_t/T_t$.

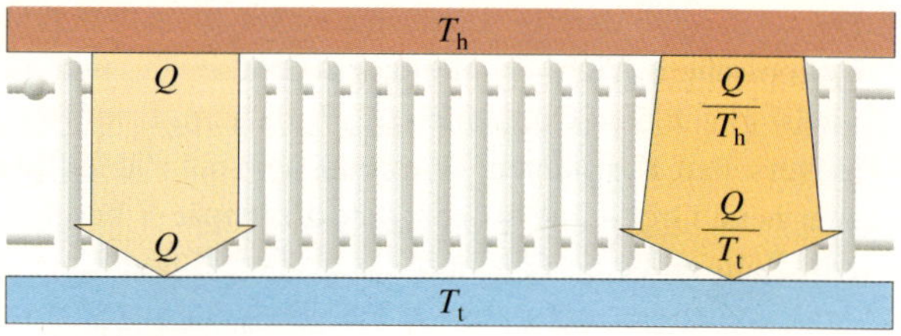

Entropie und Heizung

Hier arbeitet kein Motor zwischen T_h und T_t. Heißes und kaltes Reservoir sind nur durch eine wärmeleitende Wand getrennt. Es folgt $Q_h = Q_t = Q$ (Energiepfeil, links). Die Entropie der Welt wächst somit um $\Delta S = Q/T_t - Q/T_h > 0$. Die neu geschaffene Entropie entsteht nicht in einem der Reservoirs – dort spielt sich qualitativ das Gleiche ab wie beim Betrieb des idealen Stirlingmotors. Sie entsteht dort, wo die Wärme über ein Temperaturgefälle strömt, also in der wärmeleitenden Trennwand.

2. Energieentwertung beim Heizen

Energie, die als Wärme Q einem Körper entnommen wird, ist umso wertvoller, je höher die Temperatur T_h des Körpers ist. Ihr Wert bemisst sich danach, wie viel Arbeit W_{h0} man im Idealfall mit ihrer Hilfe gewinnen kann. Wie wir wissen, gilt $W_{h0} = Q(1 - T_0/T_h)$. Hierbei ist T_0 die Temperatur eines (unbedingt nötigen!) kälteren Reservoirs, das die Abwärme $Q - W_{h0}$ aufnehmen muss (➠ *Bild 2b*). Als kaltes Reservoir denken wir uns z. B. die Atmosphäre oder das Meer. Beides ist reichlich vorhanden.

Beim Heizen geht Wärme Q von der Temperatur T_h des Heizwassers zur Zimmertemperatur $T_t < T_h$ über; ihr soeben eingeführter Wert sinkt von W_{h0} auf $W_{t0} = Q(1 - T_0/T_t)$ (➠ *Bild 2a*). Die Entwertung beträgt damit

$$W_{h0} - W_{t0} = Q\left(1 - \frac{T_0}{T_h}\right) - Q\left(1 - \frac{T_0}{T_t}\right) = \frac{Q\,T_0}{T_t} - \frac{Q\,T_0}{T_h}.$$

3. Energieentwertung und Entropiewachstum

Das Heizen ist ein irreversibler Prozess, bei dem Entropie neu entsteht. Wir werden vermuten, dass Entropiewachstum und Energieentwertung ineinander umrechenbar sind. Tatsächlich brauchen wir in dem Term für die Energieentwertung (Ziffer 2) nur T_0 auszuklammern: Energieentwertung = $T_0(Q/T_t - Q/T_h)$; schon erhalten wir in der Klammer die Entropiezunahme beim Heizprozess, wie wir sie im ➠ *Beispiel* von Ziffer 1 ausgerechnet haben. In Worten ausgedrückt lautet das Ergebnis:

Energieentwertung
= Entropiezuwachs mal Umgebungstemperatur.

Es ist in dieser Form allgemein gültig. Statt des Heizprozesses kann es sich um irgendeinen irreversiblen Prozess handeln, bei dem die Entropie der Welt um ΔS wächst. Lässt man diesen Prozess einfach so, ohne sonstige Änderung in der Welt, ablaufen, so vergibt man unwiderruflich eine Chance zur Gewinnung von mechanischer oder elektrischer Energie vom Betrag $T_0 \cdot \Delta S$. Dabei ist T_0 die Temperatur eines beliebigen ohne weiteren Aufwand benutzbaren Energiereservoirs, z. B. der natürlichen Umgebung.

Merksatz

Läuft (ohne sonstige Veränderung in der Natur) ein Prozess ab, bei dem die Entropie ΔS neu entsteht, so wird Energie vom Betrag $T_0 \cdot \Delta S$ entwertet. Hierbei ist T_0 die Temperatur der gerade zur Verfügung stehenden Umgebung, der Wärme unbegrenzt und ohne Aufwand zugeführt werden kann.

Die Entwertung von Energie ist keine Erfindung des Menschen! Auch die Natur entwertet Energie – überall dort, wo irreversible Prozesse spontan (ohne sonstige Veränderung in der Natur) ablaufen. Im Winter ist beim gleichen Prozess die Entwertung kleiner als im Sommer, weil T_0 niedriger ist.

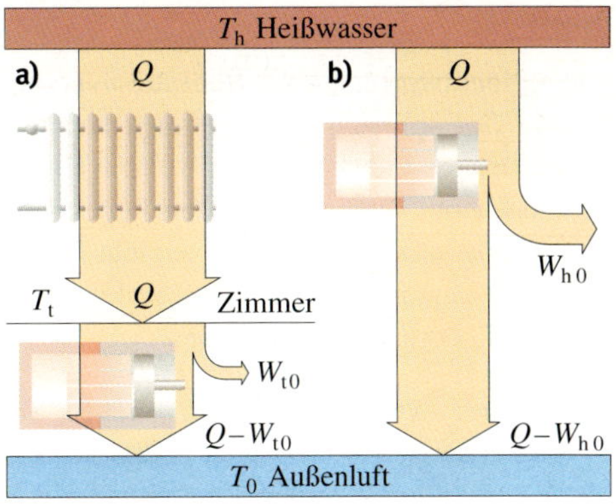

B 2: Energieentwertung beim Heizen; Energieflussdiagramme. **a)** Die Energie Q „sinkt" von der Temperatur T_h auf die Temperatur T_t ab. Dann kann man mit ihr nur noch die Arbeit W_{t0} gewinnen. – **b)** Die Energie Q bei der Temperatur T_h wird optimal genutzt. Es wird die Arbeit W_{h0} gewonnen.

Beispiel

Energieentwertung im Kraftwerk

Im Feuerraum herrsche die mittlere Temperatur 700 °C, im Kühlwasser 12 °C. **a)** Wie viel Energie wird je Joule Stromarbeit beim Wirkungsgrad 42% entwertet? **b)** Wie viel Entwertung entfällt dabei auf den Wärmeübergang vom Feuerraum auf das Kesselwasser von im Mittel 400 °C?

Lösung: **a)** 42% der von den Verbrennungsgasen gelieferten Wärme ist Stromarbeit. Für sie werden je Joule Stromarbeit also 1/0,42 J Wärme bei (700 + 273) K entnommen. Davon ist (1/0,42 – 1) J Abwärme, die bei (12 + 273) K ins Kühlwasser geht. Die neu erzeugte Entropie ΔS beträgt daher

$$\Delta S = \left(\frac{1/0{,}42 - 1}{285} - \frac{1/0{,}42}{973}\right)\frac{\text{J}}{\text{K}} = 2{,}4\,\frac{\text{mJ}}{\text{K}}.$$

Mit $T_0 = 285$ K berechnen wir die Entwertung $\mathbf{T_0 \cdot \Delta S = 0{,}68\ J}$. So viel Stromarbeit hätte man zusätzlich gewinnen können. Die Abwärme hätte selbst dann immer noch (1/0,42 – 1 – 0,68) J = 0,70 J betragen, ohne jede Energieentwertung!
b) Beim Wärmeübergang wird die Entropie $\Delta S' = 1/0{,}42\ \text{J} \cdot (1/673 - 1/973)/\text{K}$ erzeugt. Die entwertete Energie dabei beträgt: $\Delta S' \cdot 285\ \text{K} = \mathbf{0{,}31\ J}$.

Beispiel

Energieentwertung beim Überströmversuch

Ein Gas soll sich vom Volumen V_1 auf V_2 ausdehnen, ohne dass in seinem Innern merkliche Temperatur- oder Druckunterschiede auftreten, also irreversible Prozesse im Innern ablaufen. Auch soll seine innere Energie konstant bleiben.

Lösung: Wir kennen einen solchen Vorgang. Es ist der langsame isotherme Prozess. Bei ihm strömt Wärme Q und mit ihr Entropie $\Delta S = Q/T$ aus der Umgebung ins Gas; die zugeführte Energie wird gleichzeitig als Arbeit $W = Q$ wieder an die Umwelt zurückgegeben. Wir haben W früher schon einmal berechnet. Es ist nichts anderes als die Arbeit, die man aus einer gefüllten Pressluftflasche gewinnen kann. Wir fanden damals $W = p_1 V_1 \ln(V_2/V_1)$. Aus der allgemeinen Gasgleichung folgt $p_1 V_1 = \nu R T$ und damit für die Entropiezunahme

$$\Delta S = \frac{Q}{T} = \frac{W}{T} = \nu R \cdot \ln\left(\frac{V_2}{V_1}\right).$$

Die entwertete Energie bei der Ausdehnung ins Vakuum ist demnach

$$T_0 \cdot \Delta S = W T_0 / T = \nu R T_0 \cdot \ln(V_2/V_1).$$

Sie ist, ähnlich wie bei der Reibung, nur dann gleich der nicht entnommenen Pressluftarbeit W, wenn das Gas die Umgebungstemperatur hat ($T = T_0$).

4. Entropie und Reibung

Einem adiabatisch isolierten Körper wird Energie als Reibungsarbeit W zugeführt. Sie verzettelt sich auf die Atome des Körpers; seine Temperatur T steigt ein wenig. Sein Endzustand ist genau der gleiche, wie wenn man die Energie W als Wärme zugeführt hätte. Daher wächst die Entropie des Körpers um $\Delta S = W/T$. Diese Entropie ist jetzt aber im Innern neu entstanden; die Entropie der Außenwelt hat sich nicht geändert. Ebenso ist es bei der elektrischen Heizung (➡ *Bild 1b*, Ziffer 1).

Wie viel Energie wurde beim Reibungsvorgang entwertet? Ist es nicht selbstverständlich der Betrag W? Wir rechnen nach Vorschrift: Entwertung $\Delta S \cdot T_0 = W \cdot T_0/T$. Hatte der Körper die Umgebungstemperatur, also $T = T_0$, so wird tatsächlich genau W entwertet. War er aber wärmer als die Umgebung, also $T > T_0$, so ist die Entwertung $\Delta S \cdot T_0$ kleiner als W. Warum? Weil man W (jetzt innere Energie) dann dem Körper als Wärme entziehen und einen Teil davon als Arbeit zurückgewinnen könnte!

5. Energieentwertung ohne Energieverwandlung?

Bei manchen irreversiblen Prozessen ist Energie überhaupt nicht im Spiel. Trotzdem wird auch bei ihnen, wenn sie spontan ablaufen, eine Gelegenheit zur Gewinnung von Arbeit versäumt. Wir studieren dies an dem uns bekannten Beispiel der Expansion eines Gases ins Vakuum (Überströmversuch). Wir können die Entropiezunahme nicht nach dem Schema $\Delta S = Q/T$ berechnen, weil dem Gas gar keine Wärme und damit Entropie zuströmt, sondern alle Entropie im Innern neu erschaffen wird. Wir können aber die gleiche Zustandsänderung des Gases auch so erreichen, dass umgekehrt in seinem Innern keine Entropie neu entsteht und ihm alle Entropie dafür von außen zuströmt (➡ *Beispiel*). Dann ist die schematische ΔS-Berechnung möglich.

... noch mehr Aufgaben

A 1: Eine Wärmekraftmaschine beliebiger Bauart arbeite *reversibel* zwischen einem heißen und einem kalten Reservoir. Zeigen sie mithilfe der Entropie: *Diese Maschine muss exakt den gleichen Wirkungsgrad wie der ideale Stirlingmotor haben.*

A 2: Zeigen Sie für das ➡ *Beispiel* „Energieentwertung im Kraftwerk": Entwertete Energie = Ideale Stromarbeit minus wirkliche Stromarbeit, gleichen Brennstoffeinsatz vorausgesetzt.

A 3: Ein Ofen von 300 °C gibt 1 000 J Wärme an das Zimmer ab, in dem 20 °C herrschen. Die Außentemperatur beträgt 0 °C. Wie viel Energie wird entwertet? Wie könnte man im Prinzip die Entwertung verhindern? Wie könnte man die dann gewonnene mechanische Energie optimal zum Heizen des Zimmers einsetzen? (Ideale Stirlingmotoren und -wärmepumpen sollen verfügbar sein.)

A 4: Ein Eisberg von 10 000 Tonnen wird ins Mittelmeer (20 °C) verfrachtet und schmilzt dort. Wie viel Energie wird entwertet, bis alles Eis geschmolzen ist? (Einfachheitshalber vermische sich das Schmelzwasser nicht mit dem Meerwasser und bleibe daher auf 0 °C.)

A 5: Wenn Wärme vom geheizten Zimmer (20 °C) durch die Hauswand ins Freie (0 °C) strömt, entsteht (unvermeidbare) neue Entropie. Wievielmal so groß ist die (im Prinzip vermeidbare) Entropieproduktion, wenn man das Zimmer mit einem Ofen von 300 °C heizt?

A 6: Um wie viel wächst die Entropie der Welt, wenn ein Felsblock von 1 t aus 100 m Höhe ins Wasser von 15 °C fällt?

Interessantes

Entropie global

Die Erde ist ein System, in dem sich fortwährend irreversible Prozesse in großem Maßstab abspielen, in dem also fortwährend Entropie erzeugt wird. Denken wir nur an den natürlichen Wasserkreislauf! In ihm kommen gewiss noch viel mehr Irreversibilitäten als beim Wasserkreislauf im Kraftwerk vor. Überhaupt trägt der Mensch zwar zur Entropieproduktion auf der Erde bei, aber das meiste besorgt mit Wind und Wetter doch immer noch die Natur selbst. Wäre die Erde ein abgeschlossenes System, so wäre sie längst dem *Wärmetod* verfallen. Alle Temperaturunterschiede hätten sich ausgeglichen, alle Möglichkeiten der Entropievermehrung wären erschöpft. Alles Leben wäre ausgelöscht, oder vielmehr, es hätte sich gar nicht entwickeln können.

Was bewahrt nun die Erde vor dem Wärmetod? Es ist die Abstrahlung von Infrarot (Temperaturstrahlung) in den Weltraum. Strahlung führt nicht nur Energie, sondern auch Entropie mit sich. Je tiefer die Temperatur ist, umso mehr Entropie ist mit jedem Joule Strahlungsenergie verbunden. Die Sonnenstrahlung hat eine „Strahlungstemperatur" von ca. 5 700 K; der Abstrahlung der Erde sind nach einem einfachen Modell 255 K zuzuordnen. Deshalb führt uns die Sonne zwar Entropie zu, aber die Infrarotstrahlung führt in der gleichen Zeit viel mehr Entropie ab. Man kann berechnen (➡ *Strahlungsentropie*), dass auf der Erde je m² 1,2 J/K Entropie in der Sekunde erzeugt werden. Wo die vom Menschen verursachte Entropieproduktion diese Größenordnung erreicht, wird die „Entropie-Müll-Abfuhr" des Infrarot überlastet. In Ballungszentren wie etwa der Stadt New York ist das heute schon der Fall.

Leben vermindert Entropie, jedenfalls im lebenden Organismus selbst. In unserem Körper z. B. gleichen sich Temperaturunterschiede nicht aus, sondern werden erzeugt und aufrechterhalten. Widerspricht das Leben deshalb dem zweiten Hauptsatz? Lange Zeit war man dieser Ansicht und postulierte ein eigenes „Lebensprinzip" (Vitalismus). Der Widerspruch löst sich aber auf, wenn wir die Umgebung eines Lebewesens betrachten. Dort wird tüchtig Entropie produziert, sodass die Bilanz wieder positiv wird. Die Pflanzen (und auch wir selber) verdunsten eine große Menge Wasser, und je kg Wasserdampf entstehen bei 20 °C etwa 8 kJ/K Entropie.

Im lebenden Organismus entstehen aus gestaltloser Materie (Luft, Wasser, Nährstoffe) wunderbare komplizierte Strukturen (Zellen und Zellverbände) „von selbst", d. h. *allein* unter der Einwirkung der aus der Physik bekannten Kräfte und der chaotischen Bewegung der Mikroteilchen. Davon sind die Naturwissenschaftler/-innen heute überzeugt. Aber man ist noch weit davon entfernt, diese *„Selbstorganisation der Materie"* wirklich erklären zu können. Erste Anfänge dazu gibt es in der „Wissenschaft vom Zusammenwirken", der **Synergetik**. Diese wird im 21. Jahrhundert *die* große Herausforderung an die Physik darstellen.

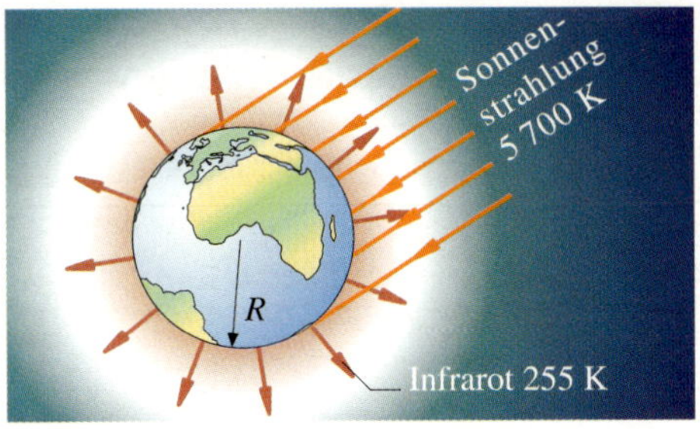

Strahlungsentropie

Die Strahlung, die ein Körper bei der Temperatur T abgibt, führt mit der Energie $U_{\text{Strahlung}}$ zugleich die Entropie

$$S_{\text{Strahlung}} = \frac{4}{3}\, U_{\text{Strahlung}}/T$$

mit sich. (Strahlung in den leeren Raum hinein ist offenbar etwas anderes als Wärmeabgabe an einen berührenden Körper, denn dabei wird ja mit der Energie Q nur die Entropie $1 \cdot Q/T$ abgegeben.)

Die Sonne führt der Erde je m² Sonnenstrahlen die Leistung 1,37 kW zu *(Solarkonstante)*. 30% davon werden sofort reflektiert, 70% als Infrarot gleichmäßig nach allen Seiten abgestrahlt (➡ *Bild*). Wir erhalten von der Sonne die Energie-Leistung

$P_U = 0{,}7 \cdot 1{,}37\ \text{kW/m}^2 \cdot \pi R^2$ und die

Entropie-Leistung $P_S = \dfrac{4\,P_U}{3 \cdot 5\,700\ \text{K}}$.

Das Infrarot führt die größere Entropie-Leistung $\frac{4\,P_U}{3 \cdot 255\ \text{K}}$ ab. Die Differenz, geteilt durch die ganze Erdoberfläche $O = 4\pi R^2$, ergibt

$$\Delta P_S = \frac{1}{3} \cdot 0{,}7 \cdot 1{,}37\ \frac{\text{kW}}{\text{m}^2}\left(\frac{1}{255\ \text{K}} - \frac{1}{5\,700\ \text{K}}\right)$$
$$= 1{,}2\ \frac{\text{W}}{\text{m}^2 \cdot \text{K}}.$$

A 7: Die Entropieproduktion in einer Stadt beruht vor allem auf der Heizung der Häuser. Ein Haus mit 100 m² Grundfläche und 4 Stockwerken braucht bei 0 °C Außentemperatur ca. 40 kW Heizleistung. Die mittlere Rauchgastemperatur im Heizofen betrage 250 °C. Die Hälfte der Stadtfläche sei mit Häusern der genannten Art bebaut. Wie viel Entropie entsteht dann je m² und Sekunde?

Interessantes

Der maxwellsche Dämon

Unter Dämonen versteht man heute bösartige Geister. Der maxwellsche Dämon (nach James Clerk MAXWELL, dem Schöpfer der Elektrodynamik) ist aber ein freundliches Wesen. Er will uns nämlich von den Fesseln des zweiten Hauptsatzes der Wärmelehre befreien, uns, wie man auch sagt, zu einem *Perpetuum mobile zweiter Art* verhelfen, und zwar so:

In einem Gasraum ist eine Wand mit Loch eingezogen (➡ *Bild unten*). Der Dämon hält an dem Loch Wache. Er lässt Moleküle aus seiner Raumhälfte hinaus, aber keines hinein. In kurzer Zeit ist links „von selbst" ein Vakuum entstanden; der Überströmprozess ist umgekehrt; im rechten Raumteil befindet sich Pressluft, mit der man eine Maschine antreiben kann.

Schön wär's! Und es ist gar nicht so einfach, den maxwellschen Dämon mit physikalischen Argumenten auszutreiben. Deshalb wohl lässt auch Max FRISCH seinen *Homo faber* eine Doktorarbeit über ihn beginnen. Ein Hauptargument ist das Folgende: Der Dämon (oder ein Automat, ein Ventil etwa) muss sehr feingliedrig gebaut sein, weil er sonst nicht einzelne Moleküle unterschiedlich behandeln kann. Er kann also selbst nur aus wenigen Molekülen bestehen. Diese führen eine so heftige chaotische Zitterbewegung aus, dass jede gezielte Aktion unmöglich wird. Schade!

Entropie und Information

Nachrichten werden heutzutage weitgehend *digital*, d.h. als Folge von Nullen und Einsen verschlüsselt, übertragen. Jede Ziffer heißt ein *Bit*. Die Anzahl der Bits einer Nachricht ist proportional zu den Kosten ihrer Übertragung. Sie ist daher das übliche Maß für die *Information*, die mit der Nachricht übermittelt werden kann.

Ein Gas aus N Teilchen sei in ein Volumen V gesperrt (➡ *Bild 1* mit $N = 5$). Wenn wir seinen momentanen Mikrozustand in einer Nachricht mitteilen wollen, brauchen wir eine gewisse Anzahl Z von bit.

Kennen wir den Mikrozustand *nicht*, so beträgt unsere *Ungewissheit* (unser Informationsdefizit) über ihn Z bit.

Nun dehne sich das Gas auf das doppelte Volumen aus. Dann brauchen wir mehr Information, um seinen Mikrozustand mit der gleichen Genauigkeit wie zuvor zu beschreiben. Zunächst teilen wir von jedem Teilchen mit, ob es sich gerade in der linken (0) oder rechten (1) Hälfte des Behälters befindet. Das sind insgesamt N bit. Dann müssen wir noch von jedem Teilchen sagen, *wo* in seiner Behälterhälfte es sich befindet. Das ist wie zuvor eine Nachricht von Z bit. *Ergebnis:* Bei jeder Verdopplung des Volumens wächst die Ungewissheit über den Mikrozustand um N bit.

Nun zur Entropie! Bei Expansion eines Gases von V_1 auf V_2 (bei Erhaltung der inneren Energie; nur dieser Fall ist uns hier vor Augen) wächst sie um $\Delta S = \nu R \ln (V_2/V_1)$, bei Verdopplung des Volumens also um $\nu R \ln 2$. Die Entropie wächst somit *gleichmäßig* mit der Ungewissheit über den Mikrozustand. Zur Ungewissheitszunahme von N bit gehört die Entropiezunahme $\nu R \ln 2$; rechnerisch gehört zu 1 bit also die Entropie $\frac{\nu R}{N} \ln 2$. Der Faktor vor $\ln 2$ hat den Wert $1{,}38 \cdot 10^{-23}$ J/K, wie man an dem Beispiel $\nu = 1$ mol ausrechnen kann. Es folgt $\nu R \ln 2/N = 0{,}96 \cdot 10^{-23}$ J/K.

Man kann beweisen, dass unser Ergebnis, das am Beispiel der Volumenverdopplung gewonnen wurde, für *jede* Entropiezunahme eines *jeden beliebigen* Systems gilt.

Die Ungewissheit (das Informationsdefizit) über den Mikrozustand eines Systems, ausgedrückt in bit, wächst proportional zur Entropie des Systems. Jedem Bit Information entsprechen dabei rund 10^{-23} J/K Entropie.

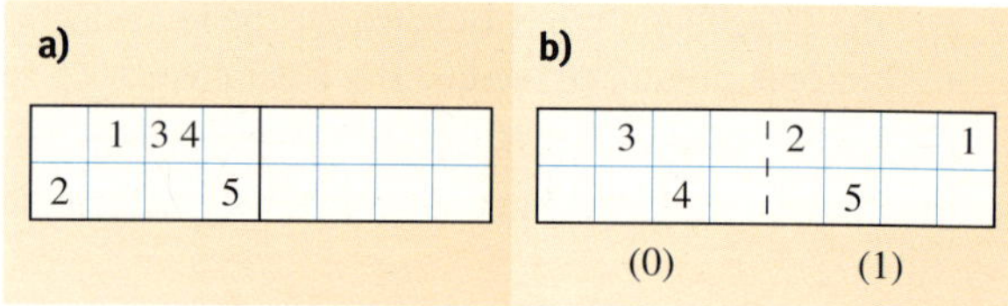

B 1: a) Ein Gas aus $N = 5$ nummerierten Teilchen ist in die linke Hälfte eines Behälters gesperrt. Um seinen Mikrozustand zu beschreiben („In welchem der 8 Kästchen sitzt jedes Teilchen?") braucht man eine längere Nachricht von, sagen wir, Z bit. **b)** Das Gas hat sich auf den ganzen Behälter ausgedehnt. Die Nachricht über seinen Mikrozustand beginnt mit $N = 5$ bit darüber, in *welcher Behälterhälfte* jedes Teilchen sitzt: 11001… Dann folgen Z bit, die uns wieder sagen, in *welchem Kästchen* seiner Behälterhälfte jedes Teilchen sitzt.

Vertiefung

Die Entropie beliebiger Körper

Der beliebige Körper K sei in Wärmekontakt mit einem idealen Gas G (Bild 2). Bei einer Beobachtung finden wir ihn in irgendeinem seiner Ω_K gleich wahrscheinlichen Mikrozustände, das Gas in einem seiner Ω_G Mikrozustände. Dabei ist jede Kombination eines „K"-Mikrozustands mit einem „G"-Mikrozustand gleich wahrscheinlich. Wir erinnern uns an das Baumdiagramm. Der Baum hat jetzt Ω_K Äste und an jedem Ast Ω_G Zweige. Das Gesamtsystem hat $\Omega_K \cdot \Omega_G$ gleich wahrscheinliche Mikrozustände.

Bei der Zusammensetzung getrennter Systeme zu einem Gesamtsystem multiplizieren sich die Anzahlen der Mikrozustände.

Nun lassen wir in Gedanken den Prozess ablaufen, der in *Bild 2* beschrieben wird. Er ist *reversibel*. Um ihn rückgängig zu machen, muss man nur das Gewicht des Wägestücks ein wenig verringern. Diese „sonstige Veränderung in der Natur" kann im Prinzip so klein gemacht werden, wie man nur will. Nach dem Prozess gelten neue Zahlen $\Omega_K + \Delta\Omega_K$ und $\Omega_G + \Delta\Omega_G$ von Mikrozuständen für Körper und Gas. Nach dem BOLTZMANN-Prinzip gilt

$$(\Omega_K + \Delta\Omega_K) \cdot (\Omega_G + \Delta\Omega_G) = \Omega_K \cdot \Omega_G.$$

Diese Gleichung wird einfacher, wenn man sie durch die rechte Seite dividiert:

$$\left(1 + \frac{\Delta\Omega_K}{\Omega_K}\right)\left(1 + \frac{\Delta\Omega_G}{\Omega_G}\right) = 1.$$

Nach dem Ausmultiplizieren ergibt sich:

$$\frac{\Delta\Omega_K}{\Omega_K} + \frac{\Delta\Omega_G}{\Omega_G} + \frac{\Delta\Omega_K \Delta\Omega_G}{\Omega_K \Omega_G} = 0.$$

Weil im Prozess nur sehr kleine Änderungen geschehen sind, sind auch die Änderungen $\Delta\Omega_K$ und $\Delta\Omega_G$ klein. Daher ist der dritte Summand auf der linken Seite der letzten Gleichung viel kleiner als jeder der beiden ersten und kann weggelassen werden. So bleibt als Ergebnis, dass die *relativen* Ω-Änderungen der beiden Teilsysteme Körper und Gas *gegengleich* sind. Beim Gas wissen wir Bescheid:

$$\frac{\Delta\Omega_G}{\Omega_G} = \frac{N}{\nu R} \cdot \frac{-Q_{rev}}{T}.$$

(Die Wärme Q_{rev} wird dem Gas *entzogen*; daher muss das Minuszeichen stehen.)
Für den beliebigen Körper folgt

$$\frac{\Delta\Omega_K}{\Omega_K} = \frac{N}{\nu R} \cdot \frac{Q_{rev}}{T}.$$

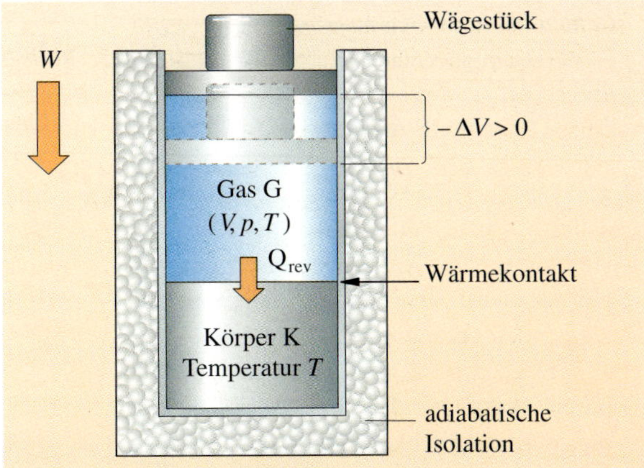

B 2: Reversible isotherme Kompression eines idealen Gases um den kleinen Volumenbetrag $-\Delta V$ ($\Delta V < 0$, also $-\Delta V > 0$). Der Vorgang ist so langsam, dass sowohl im Gas als auch im Körper K keine merklichen Temperaturunterschiede entstehen, die sich irreversibel ausgleichen würden. $W > 0$: *Dem Gas* G zugeführte Arbeit. $Q_{rev} > 0$: *Dem Körper* K zugeführte Wärme; $Q_{rev} = W$.

Die Entropie ist additiv

Ein System, bestehend aus den Teilsystemen G und K, mache irgendeinen Prozess durch. Dann ändert sich die Zahl seiner Mikrozustände um

$$\Delta\Omega = (\Omega_G + \Delta\Omega_G)(\Omega_K + \Delta\Omega_K) - \Omega_G \Omega_K.$$

Die relative Änderung ist

$$\begin{aligned}\Delta\Omega/\Omega &= (1 + \Delta\Omega_G/\Omega_G)(1 + \Delta\Omega_K/\Omega_K) - 1\\ &= \Delta\Omega_G/\Omega_G + \Delta\Omega_K/\Omega_K + \text{Rest}.\end{aligned}$$

Bei kleinen Änderungen der Zahlen Ω_G und Ω_K ist der „Rest" vernachlässigbar. Multiplizieren wir alle relativen Änderungen mit der Konstanten $\nu R/N$, so kommen wir zu der Gleichung $\Delta S = \Delta S_G + \Delta S_K$, in Worten: *Die kleinen Entropieänderungen der Teilsysteme addieren sich zur Entropieänderung des Gesamtsystems.* Eine große Entropieänderung ist die Summe vieler kleiner Änderungen und daher ebenfalls additiv. Durch passende Nullpunktswahl richtet man es so ein, dass die Entropie selbst zur additiven Größe wird.

Bei der Zusammensetzung getrennter Systeme zu einem Gesamtsystem addieren sich die Entropiewerte zur Gesamtentropie.

Wir kennen viele andere physikalische Größen mit dieser Additionseigenschaft: Energie, Masse, Volumen, … Sie heißen auch *Mengengrößen. Die Entropie ist also ebenfalls eine Mengengröße.*

Kohle	17 440
Erdöl (bisherige Gewinnungsmethoden)	6 270
Erdöl (neuartige Methoden)	3 150
Erdgas	4 730
Fossile Brennstoffe insgesamt	31 590

T 1: „Gesicherte ökonomisch gewinnbare“ Vorräte (Stand von 1996) in EJ. Die Vorstellung davon, was ökonomisch gewinnbar ist, wird sich mit der Zeit und mit steigenden Energiepreisen ändern. Man spricht auch noch von „technisch gewinnbaren“ Vorräten, die ohne Rücksicht auf die Wirtschaftlichkeit abgeschätzt werden und rund viermal so hoch sind. Es wäre sicher nicht vernünftig, sich auf diese Restbestände zu verlassen, an die man vielleicht nur unter enorm großem Aufwand (auch an Brennstoff!) herankommen kann.

Wüste in Afrika und USA	0,26 kW
Mittelmeergebiet	0,18 kW
Deutschland	0,11 kW
Skandinavien	0,08 kW
Zum Vergleich: Leistung, die durch 1 m² Kesselfläche im Kraftwerk tritt	500 kW

T 2: Leistung der Sonnenstrahlung am Erdboden für 1 m² Strahlquerschnitt, gemittelt über ein Jahr. Dies ist wie folgt zu verstehen: Würde man in Deutschland eine 1 m² große Platte ein Jahr lang stets senkrecht zu den Sonnenstrahlen stellen, so könnte man auf dieser Platte die Energie 0,11 kWa = 964 kWh = 3,5 GJ einfangen.

A 1: Nehmen Sie an, der Welt-Energieverbrauch betrage im gegenwärtigen Kalenderjahr 370 EJ und sei danach jedes Jahr um 1% größer als im Vorjahr (eine sehr optimistische Annahme!). **a)** Um wie viele % wächst der Verbrauch in 10 (20, 50) Jahren? **b)** Wie viel Energie wäre im Laufe von 92 Jahren verbraucht? Wie viel davon im 92. Jahr (Hilfsformel: $1 + 1{,}01 + 1{,}01^2 + \ldots + 1{,}01^{91} = 100 \cdot (1{,}01^{92} - 1)$).

A 2: In Deutschland wurden 1997 14,5 EJ Energie von 82,1 Mio. Einwohnern verbraucht. Weltweit rechnet man mit einer mittleren Leistung von 2 kW je Person. Vergleichen Sie!

Energiewirtschaft heute

1. Tatsachen, die man nüchtern sehen muss

Unser Leben, so wie wir es zu führen gewohnt sind, beruht auf dem Verbrauch fossiler Brennstoffe: Kohle, Erdöl, Erdgas. Andere Energiequellen spielen eine geringe Rolle (Holz, Wasserkraft, Kernenergie). Vergleichen wir einmal die Vorräte mit dem derzeitigen Verbrauch. Als passend große Einheiten verwenden wir das Terawatt (1 TW = 10^{12} W = 1 Billion Watt) für die Leistung und das Exajoule (1 EJ = 10^{18} J) für die Energie.

Der Weltverbrauch an Primärenergie lässt sich immer nur ziemlich grob schätzen. Im Jahr 1995 betrug er ungefähr 343 EJ. Würde dieser Verbrauch nicht überschritten, was leider sehr unwahrscheinlich ist, so könnten die Brennstoffvorräte (➠ *Tabelle 1*) noch (31 590/343) Jahre = 92 Jahre reichen. Dies ist nur eine Überschlagsrechnung. Als Faktum müssen wir jedenfalls anerkennen:

Merksatz

In einigen Jahrzehnten sind die heute verfügbaren Brennstoffreserven der Erde erschöpft, wenn die bisherige Energiewirtschaft beibehalten wird.

Wie steht es mit dem Beitrag der heute so umstrittenen Kernenergie? Die gewinnbaren Uran-Vorräte der Erde sind nicht sehr gut bekannt. Wenn man, wie z. Zt. fast überall, auf Brutreaktoren verzichtet, kann die Kernspaltung aber auf keinen Fall die Erschöpfung der Energiereserven wesentlich hinausschieben. Wesentlich besser sähe es mit der *Kernfusion* aus. Sie benötigt als „Brennstoff“ das Deuterium (den schweren Wasserstoff H-2) und das Alkalimetall Lithium. Beide Substanzen sind in praktisch unbegrenzter Menge verfügbar. Es ist aber trotz aller Forschungserfolge immer noch nicht klar, ob ein Fusionsreaktor je möglich sein wird.

2. Unerschöpfliche Energiequellen

Wir wissen, dass alle aus fossilen Brennstoffen gewonnene Energie im Grunde gespeicherte Sonnenenergie ist. Die Sonnenstrahlung selbst können wir als ewig fließende Energiequelle ansehen. Die Leistung, die sie der Erde dauernd zuführt, ist gewaltig groß, mehr als das 10 000fache des derzeitigen Energieumsatzes der Menschheit. Aber diese Leistung ist sehr „dünn“ verteilt. ➠ *Tabelle 2* liefert Zahlen dazu und auch den Vergleich mit der Leistungsdichte im Kraftwerk.
Dies ist das Problem: Eine bequeme Energietechnik benötigt eine hohe Leistungsdichte. Solartechnik wird immer unbequem bleiben. Man kann mit ihr keine großen Sprünge machen. Trotzdem muss diese Technik entwickelt werden, bevor die Brennstoffe knapp werden. Denn dann ist es zu spät dafür. Daneben gilt es, die konventionellen Energiequellen besser auszunutzen. Die Kenntnis der physikalischen Zusammenhänge ist dazu das unentbehrliche Rüstzeug.

3. Wer verbraucht den meisten Brennstoff?

„Natürlich die Industrie!", werden Sie antworten. Weit gefehlt! ➠ *Bild 1* zeigt, dass heute die Haushalte, also wir alle, die meiste Energie umsetzen. – Wie kann man wirkungsvoll sparen? Dies lernen wir aus ➠ *Bild 2*. Fast der ganze Brennstoff (heute vorwiegend Heizöl) geht in die Heizung und Warmwasserbereitung. Hier kann man am wirkungsvollsten sparen. Welche Sparmaßnahmen sind möglich, welche sind vernünftig?

a) *Isolation der Wände und Fenster*, Abdichtung gegen Zugluft. An Neubauten werden schon sehr strenge Anforderungen gestellt. Bei älteren Häusern gibt es viel nachzuholen. Die Isolierschicht sollte nach Möglichkeit außen an der Wand angebracht werden, damit die Wand selbst im Winter warm bleibt.

b) *Beschränkung der Raumtemperatur* auf 20 °C tagsüber. Warme Kleidung kostet kein Heizöl. Abstellen der Heizung nachts.

Mehr physikalische Einsicht erfordern die folgenden weitergehenden Maßnahmen.

c) *Kraft-Wärme-Kopplung*. Die großen Kraftwerke entlassen ihre Abwärme üblicherweise auf einer möglichst tiefen Temperatur, um einen hohen Wirkungsgrad zu erzielen. Dies ist vernünftig, solange man nur an den unmittelbaren Zweck des Kraftwerks denkt, nämlich elektrische Arbeit bereitzustellen. Gesamtwirtschaftlich ist es aber günstiger, Abwärme auch bei einer höheren Temperatur abzugeben. Für viele Zwecke, vor allem eben zum Heizen, wird ja keine Arbeit, sondern Wärme benötigt. Bei neueren Kraftwerken wird vielfach die *Kraft-Wärme-Kopplung* durchgeführt. Natürlich braucht man dann ein hochisoliertes Rohrleitungsnetz zur Versorgung mit Fernwärme, und das Kraftwerk muss nahe bei einem dicht besiedelten Gebiet liegen.

d) *Wärmepumpen*. Heizwärme ist Niedertemperaturwärme. Wenn man großflächige Heizkörper einbaut, genügt eine Heizwassertemperatur von maximal 45 °C. Beim Verbrennen von Öl entstehen Temperaturen von im Mittel 700 °C. Geht die Wärme unmittelbar von den heißen Verbrennungsgasen auf das Heizungswasser über, wird viel Energie entwertet. Viel besser wäre es, mit dem Öl oder Erdgas einen Motor und mit diesem eine Wärmepumpe zu betreiben. Deren kaltes Reservoir kann die Außenluft oder das Grundwasser sein. In ➠ *Bild 3* wird dargestellt, dass man im Idealfall ein Vielfaches der Verbrennungsenergie als Heizenergie gewinnen kann (506 J aus 100 J). Für die Praxis schätzen Fachleute, dass man mit solchen Systemen aus 100 J Verbrennungsenergie bis zu 150 J Heizenergie gewinnen kann. Wärmepumpen sind als Kühlmaschinen längst technisch durchentwickelt. Für Heizungssysteme kann man in der Zukunft noch mit Verbesserungen rechnen, sobald sie einmal weiter verbreitet sein werden. Wärmepumpen mit Elektromotor müssen eine hohe Leistungsziffer haben, wenn ihre Verwendung energetisch gerechtfertigt sein soll.

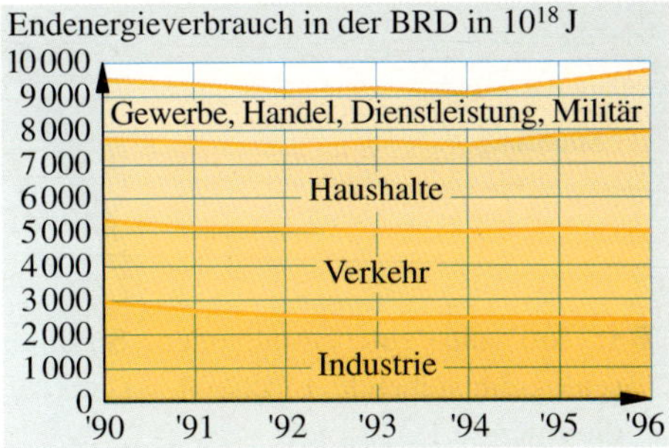

B 1: Struktur des Endenergieverbrauchs in der Bundesrepublik Deutschland

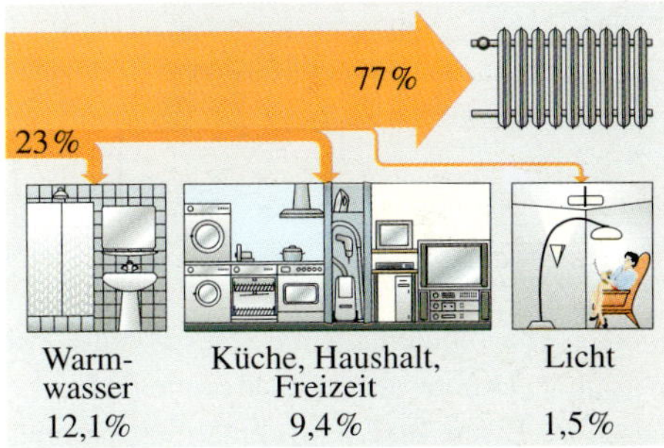

B 2: Struktur des Endenergieverbrauchs in den Haushalten. Elektrische Energie wird am wirkungsvollsten dort gespart, wo elektrisch geheizt wird (Herd, Spül-, Wasch-, Bügelmaschine), zumal die Stromarbeit aus dem dreifachen Betrag an Brennstoff-Energie entsteht (Wirkungsgrad älterer Kraftwerke um 35 %).

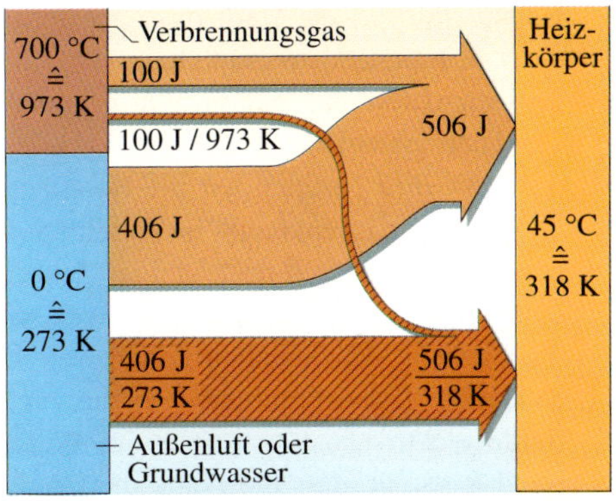

B 3: Reversible Heizung. Energie- und (schraffiert) Entropiefluss. Es wird keine Energie entwertet. Die mechanische Energie ist im Diagramm weggelassen, weil sie nur zwischendurch auftritt und aus der Bilanz herausfällt. (Natürlich wird Energie entwertet, wenn die Wärme durch die Hauswand ins Freie entweicht; hier nicht dargestellt.)

B 1: Auf die zur einfallenden Strahlung senkrecht stehende Fläche $A = 1\ m^2$ trifft die Energie 1,37 kJ je s

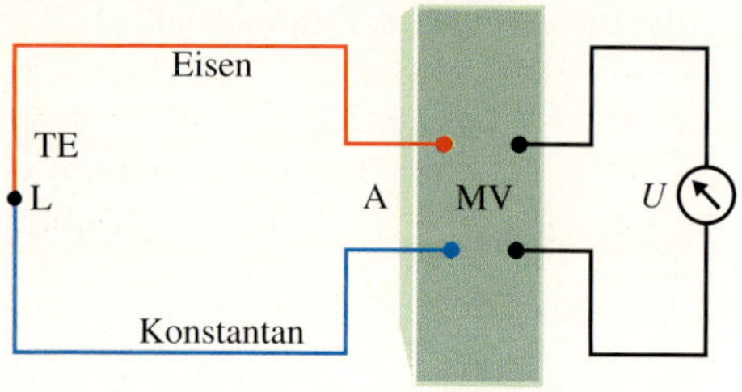

V 1: Zur Temperaturmessung benutzen wir das Thermoelement TE. Bei L sind zwei dünne Drähte aus verschiedenen Metallen (z. B. Eisen und Konstantan) zusammengelötet. Ihre anderen Enden liegen bei A am Spannungsverstärker MV. Die angezeigte Spannung U ist proportional zur Temperaturdifferenz $\Delta\vartheta$ zwischen der Lötstelle L und dem Anschluss A. Bei $\Delta\vartheta = 100$ K ist $U = 5{,}3$ mV, bei $\Delta\vartheta = 1$ K nur 0,053 mV.

V 2: Wir berußen die Heizfläche einer Kochplatte (mit der stark rußenden Flamme von brennendem Naphthalin) und befestigen daran mit gutem Wärmekontakt das Thermoelement TE aus ➠ *Versuch 1*. Nach ➠ *Bild 2* stellen wir die Heizfläche ($A = 0{,}025\ m^2$) senkrecht ins pralle Sonnenlicht und messen nach einiger Zeit die Temperatur $\vartheta = 65\ °C$. Dann bringen wir die Platte in den Schatten und heizen sie elektrisch. Dabei regulieren wir die zugeführte elektrische Leistung P am Widerstand R so ein, dass die Platte die gleiche Temperatur ϑ annimmt wie im Sonnenlicht. Dazu braucht man die Leistung $P = 20$ Watt $= 20$ J/s. Der Quotient $S' = P/A = (20\ J/s)/0{,}025\ m^2 = 0{,}8\ kW/m^2$ gibt die Leistungsdichte der Strahlung an und beträgt 58% der Solarkonstanten S_E. Wer die Wirksamkeit von Solaranlagen berechnen will, muss von Werten dieser Größenordnung ausgehen.

Sonnenlicht und Treibhauseffekt

1. Wie viel Energie liefert uns die Sonne?

Die Sonne bestimmt die Temperaturen der Erdoberfläche und so unser Klima. Betrachten wir oberhalb der Atmosphäre eine Fläche $A = 1\ m^2$, die senkrecht zur ungeschwächten Sonnenstrahlung steht (➠ *Bild 1*). Sie wird in $t = 1$ s von der Energie $W = 1{,}37$ kJ durchsetzt. Die Leistung $P = W/t$ der Strahlung ist 1,37 kW je m^2, ihre *Leistungsdichte* also $S = P/A = 1{,}37\ kW/m^2$. Diesen konstanten Wert nennt man *Solarkonstante* S_E. An der Erdoberfläche findet man bei klarem Himmel davon nur noch $0{,}8\ kW/m^2$ bis $1\ kW/m^2$ (➠ *Versuch 2*).

Die Leistungsdichte S gibt die durch 1 m^2 strömende Leistung an. Wie groß ist sie z. B. bei einem Heizlüfter? Er liefert einen Warmluftstrom mit der Leistung 2 kW = 2 kJ/s. Sie durchsetzt eine Öffnung mit $A = 0{,}02\ m^2$, hat dort also die Leistungsdichte $S_H = P/A = 2\ kW/0{,}02\ m^2 = 100\ kW/m^2$. Erweitert sich der Warmluftstrom auf 1 m^2, so bleibt die Leistung 2 kW bestehen; die Leistungsdichte sinkt dagegen auf $S_H = 2\ kW/m^2$. Dies ist das 1,5fache der Solarkonstanten S_E.

Merksatz

Die **Solarkonstante** beträgt $\mathbf{S_E = 1{,}37\ kW/m^2}$. Das heißt: Eine 1 m^2 große Fläche, die senkrecht zur Sonnenstrahlung steht, empfängt die Leistung 1,37 kW; ihre **Leistungsdichte** ist $1{,}37\ kW/m^2$.

2. Das Wärmegleichgewicht, ein neuer Begriff

Eine Platte, die im prallen Sonnenlicht liegt, erhalte in jeder Sekunde die Energie $W = 20$ J. Ihre Temperatur steigt aber nicht beliebig weit, sondern nur bis zu einer bestimmten Endtemperatur. Dies erklärt ein Modellversuch mit Wasser (➠ *Bild 3*): Das hohe Gefäß hat unten eine Öffnung. Von oben fließen je Sekunde 20 cm^3 Wasser zu; der Wasserspiegel steigt. Damit erhöht sich aber unten der Druck und deshalb die je Sekunde abfließende Wassermenge. Hat sie auch den Wert 20 cm^3/s erreicht, dann besteht *Gleichgewicht* zwischen Zu- und Abfluss. *Wir erkennen dies daran, dass nun der Wasserstand konstant bleibt.* Verstärken wir den Zufluss, so wird das Gleichgewicht erst bei einem höheren Wasserstand erreicht.

Analog dazu stellt sich an einer dem Sonnenlicht ausgesetzten Platte beim Erreichen der Endtemperatur **Wärmegleichgewicht** ein. Die Platte gibt dann je Sekunde genauso viel Wärme an die Umgebung ab, wie sie von der Sonne aufnimmt. Vorher war die Temperatur der Platte niedriger, sodass sie weniger Wärme abgab, als sie empfing. Durch den Überschuss an zugeführter Wärme wurde sie weiter aufgeheizt, bis die Gleichgewichtstemperatur eintrat. Dieses Wärmegleichgewicht benutzen wir, um die Intensität der Sonnenstrahlung an der Erdoberfläche zu bestimmen (➠ *Versuch 2*).

3. Die Erde im Strahlungsgleichgewicht

Die Sonne führt der Erde seit Jahrmillionen Energie zu und erzeugt so *im Mittel* über ihre Oberfläche hinweg eine konstante Temperatur von 14 °C. Dort hat sich Wärmegleichgewicht eingestellt, da die Erde die von der Sonne aufgenommene Energie wieder abgibt, und zwar in den leeren Weltraum. Dies zeigt sich besonders an der Abkühlung in klaren Nächten. Da im Weltraum Materie fehlt, kann dies weder durch *Wärmeleitung* (Energietransport *in* Materie) noch durch *Wärmeströmung* (Energietransport *mit* Materie) geschehen. Das *Wärmegleichgewicht* wird allein durch *Strahlung* aufrechterhalten, also durch Energietransport *ohne* Materie. Man sagt: Ein- und Ausstrahlung stehen im **Strahlungsgleichgewicht**. – Die Erde glüht aber doch nicht! Offensichtlich gibt sie eine *unsichtbare Strahlung* ab, nicht nur bei Tag, auch bei Nacht. Mit solcher Strahlung wollen wir nun experimentieren.

4. Experimente mit unsichtbarer Strahlung

a) Halten Sie die Hand vor eine Thermosäule. Diese enthält viele hintereinander geschaltete Thermoelemente, deren Oberflächen geschwärzt sind, damit sie die Strahlung ganz absorbieren und nichts davon reflektieren (wie blanke Drähte). Das Messgerät schlägt aus, und zwar auch dann, wenn eine dünne, durchsichtige Folie strömende Warmluft abhält. Die Thermosäule spricht also auf die empfangene Strahlung an; sie ist ein **Strahlungsmesser**. An ihm erzeugt ein aufflammendes Streichholz aus einigem Abstand *sofort* einen starken Ausschlag, lange bevor ihm Warmluft zufließen könnte.

b) Nach ➠ *Bild 4* wird das Licht einer Glühlampe mit einem Prisma in sein Spektrum zerlegt. Unsere Augen nehmen es aber nur zwischen Rot und Violett wahr, im *sichtbaren Spektralbereich.* Der Strahlungsmesser kennt diese Grenze nicht. Im unsichtbaren Bereich, der sich an Rot nach unten anschließt, zeigt er einen noch stärkeren Ausschlag. Diese Strahlung heißt **Infrarot**, abgekürzt **IR**. Glühlampen geben viel mehr Energie im IR ab als im Sichtbaren. Bringt man in den Weg des IR eine Plexiglasplatte, so sinkt der Ausschlag. Plexiglas ist durchsichtig; es verschluckt (absorbiert) sichtbares Licht kaum, wohl aber IR. Sonnenlicht enthält viel IR, daneben auch **Ultraviolett**, **UV**, das sich an Violett anschließt.

c) Benutzt man in der kalten Jahreszeit eine unbeheizte Duschkabine, fröstelt man leicht. Die unbedeckte Haut gibt nämlich mehr Strahlung an die Umgebung ab, als sie von dort aufnimmt, denn auch der Mensch strahlt IR ab. Dies hört auf, sobald man die Wände der Duschkabine mit heißem Wasser erwärmt hat. Sind nämlich die Wände auf der *gleichen Temperatur* wie die Haut, so senden sie ihr genauso viel Strahlungsleistung (Energie je Sekunde) zu, wie die Haut an die Wände abstrahlt. Auch hier stellt sich Strahlungsgleichgewicht ein.

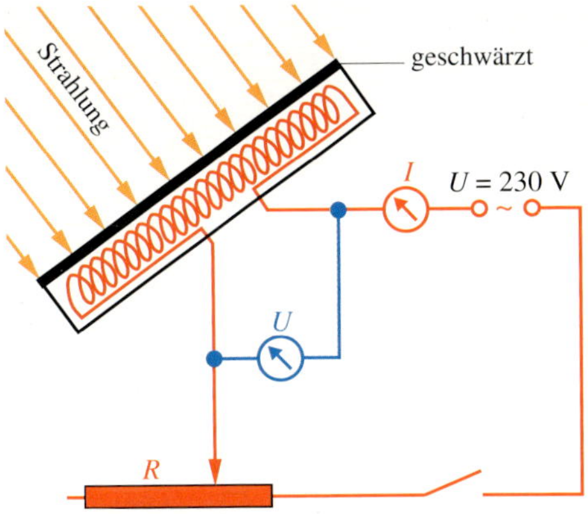

B 2: Die Heizplatte wird zuerst von der Sonne, dann vom Strom bis zur gleichen Endtemperatur (z. B. $\vartheta = 65\,°C$) aufgeheizt ➠ *Versuch 2*

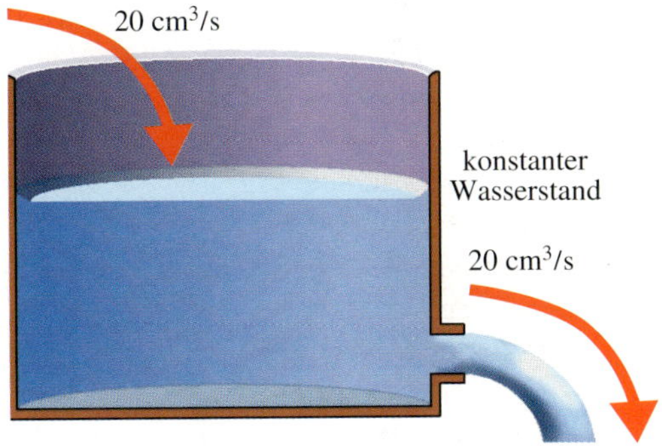

B 3: Das Gleichgewicht zwischen Zu- und Abfluss des Wassers erkennt man am gleich bleibenden Wasserstand

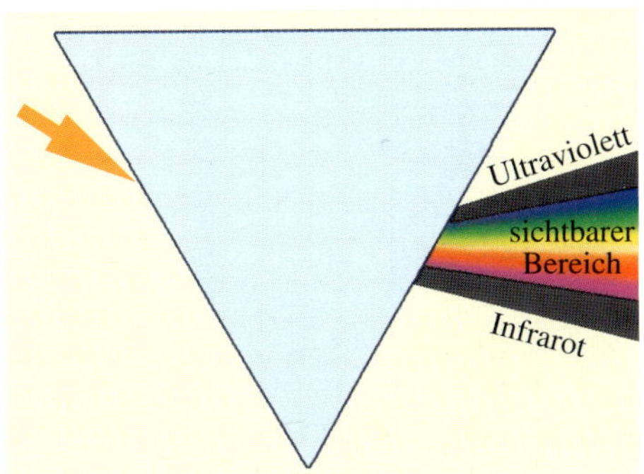

B 4: Spektralzerlegung von Licht (stark vereinfacht). Infrarot liegt unter Rot.

A 1: a) Wie viel Energie erhält die Erde von der ungeschwächten Sonnenstrahlung insgesamt in 1 s (Erdradius: 6 370 km)?
b) Wie viel Energie sendet die Sonne insgesamt in 1 s aus (Abstand Erde – Sonne: $150 \cdot 10^6$ km)?

V 1: Die Fernbedienung strahlt dem Fernsehgerät unsichtbares Infrarot zu. Regulieren Sie damit die Lautstärke und experimentieren Sie:

a) Wie viele Papierblätter müssen Sie zwischen Fernbedienung und Fernsehgerät halten, damit das IR ausreichend absorbiert wird? Wie verhalten sich Glasplatten, Plexiglas und klare Haushaltsfolien?

b) Wird IR an Büchern, an Zimmerwänden oder an Ihrem Körper reflektiert? Könnte dies Versuch a) stören?

c) Durchdringt IR das Glas leerer Sprudelflaschen? Durchsetzt es gefüllte Flaschen?

d) Das blinkende IR der Fernbedienung können Sie mithilfe einer Videokamera wahrnehmen, also auf Umwegen „sehen". Mit ähnlichen Kameras nimmt man Thermogramme nach ⟹ *Bild 2* auf. Das IR kann auch von einer Thermosäule nachgewiesen werden.

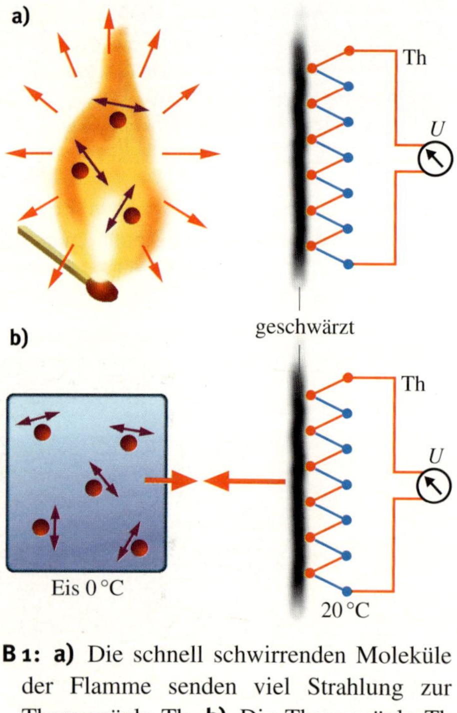

B 1: **a)** Die schnell schwirrenden Moleküle der Flamme senden viel Strahlung zur Thermosäule Th. **b)** Die Thermosäule Th sendet mehr Strahlung zum Eis als dieses wegen seiner niedrigen Temperatur zur Thermosäule. Deren Temperatur ϑ sinkt.
Wie die Geschwindigkeit von Gasteilchen mit der Temperatur zunimmt, wird im Kapitel Gasdruck und Molekülbewegung besprochen.

5. Temperaturstrahlung – bei jeder Temperatur?

Jede Strahlung führt Energie mit sich. Wird diese von einem Körper absorbiert, so steigt dessen Temperatur, also die ungeordnete thermische Bewegung der Moleküle. Man sagt, die Strahlung wird *thermalisiert*. Umgekehrt gilt: *Alle Körper senden wegen ihrer Molekülbewegung Strahlung aus* (⟹ *Bild 1a*). Die Eigenschaften dieser Strahlung hängen stark von der Stärke der Molekülbewegung, also von der Temperatur ab; man spricht von **Temperaturstrahlung**. Bis zur Temperatur von 525 °C besteht sie aus IR, bleibt also unsichtbar. Ab 525 °C können wir einen Teil der Strahlung mit unseren Augen als *Dunkelrotglut* wahrnehmen, ab 1 100 °C als *Gelbglut* und ab 1 300 °C als *Weißglut*. Doch ändert sich mit der Temperatur nicht nur die Farbe. Vor allem steigt die Leistungsdichte S der Strahlung mit der Temperatur rasch an. Sie kennen die Strahlungshitze, die Ihnen an einem offenen Feuer ins Gesicht schlägt, auch wenn Wind den heißen Rauch von Ihnen wegbläst.

Merksatz

Wenn ein Körper Strahlung **thermalisiert**, so absorbiert er ihre Energie und wandelt sie in thermische Teilchenbewegung um; seine Temperatur steigt. Bei der Reflexion von Strahlung ist dies nicht der Fall (Spiegel bleiben kalt).

Nach dem Gesagten müsste auch Eis strahlen. Halten wir aber Eiswürfel in etwas Abstand vor die Thermosäule, so registriert sie Abkühlung (⟹ *Bild 1b*)! Wie ist das möglich?
Zwar schwirren auch im Eis die Moleküle, aber wegen der niedrigen Temperatur nicht so stark wie in der Thermosäule. Folglich gibt diese mehr Strahlungsenergie an das Eis ab, als sie von dort empfängt. – Warum aber schlug das Gerät ohne Eis nicht aus?
Nun, die Umgebung hatte die gleiche Temperatur wie die Thermosäule (etwa 20 °C). Mit dem Eis haben wir dieses *Strahlungsgleichgewicht* gestört. Das Eis wirkte im entgegengesetzten Sinn wie eine Streichholzflamme; es nahm Strahlung von der Thermosäule auf.

Nun wissen wir, warum Schneefelder in wolkenlosen Nächten bitterkalt werden. Selbst Schnee strahlt IR ins Weltall. Von dort aber kommt nichts, da strahlende Materie fehlt. Es ist falsch, von „Kälte"strahlung zu sprechen, die angeblich aus dem Weltraum kommt. Auch wenn man negative Celsius-Temperaturen als Kältegrade bezeichnet, braucht man den Begriff „Kälte" in der Physik nicht. Man zählt Temperaturen besser vom absoluten Nullpunkt $T = 0$ K (Kelvin) aus, ab $\vartheta = -273$ °C. Dort erst hören die Temperaturbewegung der Moleküle und deren Temperaturstrahlung auf.

Einem Haus sehen Sie nicht an, ob es im Winter viel oder wenig Energie als IR abstrahlt. Es gibt aber IR-empfindliche Kameras, die diese Abstrahlung sichtbar machen (⟹ *Bild 2*; *V 1d*). Man nennt die dabei entstehenden Bilder **Thermogramme**. Die Temperatur der Hauswände wird durch Farben kodiert.

6. Treibhausgase erzeugen den Treibhauseffekt

Den **Treibhauseffekt** erleben Sie hautnah, wenn Sie ein Treibhaus oder einen in praller Sonne parkenden Bus betreten. In der Atmosphäre wird der Treibhauseffekt vom **Treibhausgas** Kohlenstoffdioxid (CO_2) erzeugt. Was bei ihm anders ist als bei Luft, zeigt der Versuch in ➡ *Bild 3*:

Die nicht leuchtende Bunsenflamme in ➡ *Bild 3* sendet wenig Licht im sichtbaren Bereich aus, wohl aber viel IR. Zwischen Flamme und Thermosäule bringen wir ein 40 cm langes Rohr aus Alu-Folie, dessen Enden mit durchsichtiger Haushaltsfolie verschlossen sind. Das Instrument schlägt aus; IR durchdringt die Luft im Rohr.
Wenn wir sie durch das Treibhausgas CO_2 ersetzen, geht der Ausschlag auf etwa 70% zurück. Ein empfindliches Thermoelement im Innern des mit CO_2 gefüllten Rohrs zeigt dagegen einen Temperaturanstieg. Das CO_2 hat nämlich einen Teil der IR-Strahlung absorbiert und thermalisiert. Füllen wir jedoch Nicht-Treibhausgase wie Sauerstoff (O_2), Stickstoff (N_2) oder Helium (He) ein, so ändert sich gegenüber Luft nichts. Auch Wasserdampf (H_2O) absorbiert IR sehr stark; er ist ein Treibhausgas. Moleküle mit nur 1 oder 2 Atomen (He, O_2, N_2) dagegen bilden keine Treibhausgase.
Ein 4 m langes, nur mit CO_2 gefülltes Rohr absorbiert IR so stark wie alle in der Atmosphäre verdünnten Treibhausgase zusammen, nämlich 88% des eingestrahlten IR.

Würden unsere Augen *nur* IR wahrnehmen, so wären für uns Wasserdampf oder CO_2 je nach Schichtdicke graue oder gar schwarze Gase; Plexiglas wäre schwarz! Was Sie über die Absorption von sichtbarem Licht durch schwarze Körper wissen, müssen Sie auf diese Stoffe übertragen, aber nur im IR-Bereich.
Wir verstehen den Treibhauseffekt schon ganz gut, wenn wir die folgenden Schritte betrachten.

Merksatz

a) Die Treibhausgase CO_2 und Wasserdampf lassen den sichtbaren Teil des Sonnenlichts ungestört einfallen (➡ *Bild 4*, links). Der dabei erwärmte Erdboden strahlt IR ab (➡ *Bild 4*, Mitte).

b) Vom IR, das die Erde abstrahlt, absorbieren alle Treibhausgase zusammen 88%. Sie thermalisieren diese Strahlung.

c) Die so erwärmte Atmosphäre sendet etwa die Hälfte davon, nämlich 44%, wieder zur Erde zurück (➡ *Bild 4*, rechts). Dies führt zu einer zusätzlichen Erwärmung der Erdoberfläche. Deren mittlere Temperatur steigt. Dies ist der Treibhauseffekt.

Wir wollen nun die sich einstellende mittlere Erdtemperatur abschätzen. Dazu brauchen wir ein Gesetz, das angibt, wie die von Körpern abgestrahlte Leistung P von deren Temperatur abhängt.

B 2: Thermogramm eines Hauses: Blau: kalt; Rot: warm

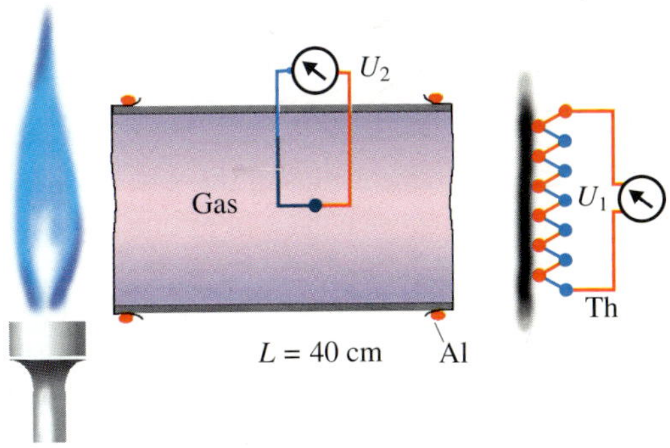

B 3: Das Treibhausgas CO_2 absorbiert IR. Der Ausschlag U_1 bei der Thermosäule Th geht zurück, wenn man die Luft im Rohr durch CO_2 ersetzt. Das Treibhausgas im Rohr wird wärmer; U_2 steigt.

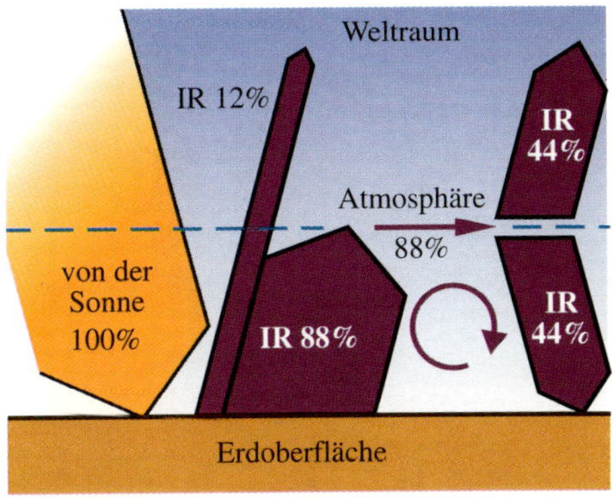

B 4: Die von der Erde abgestrahlte IR-Energie geht zu 12% in den Weltraum, während 88% des abgestrahlten IR in der Atmosphäre thermalisiert wird. Diese sendet davon etwa die Hälfte, also 44%, zur Erde zurück, was den Treibhauseffekt erzeugt.

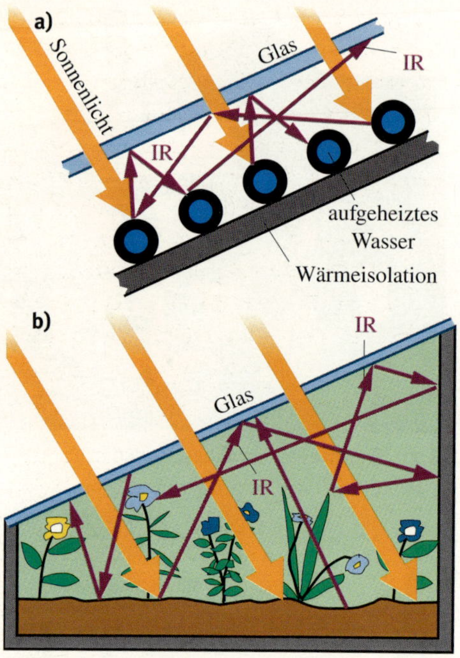

B 1: Im Sonnenkollektor **a)** wie im Treibhaus **b)** fällt sichtbares Sonnenlicht fast ungehindert durch die Glasscheiben und führt Wasserrohren bzw. Pflanzen Energie zu. Von dort geht IR aus (dunkelrot), das das Glas kaum durchdringt und dort thermalisiert wird. Ein Teil kehrt ins Innere zurück, der Rest geht nach außen.

7. Temperaturstrahlung bei steigender Temperatur

Warum glühen nur heiße Körper? Nun, die von einem Körper abgestrahlte Strahlungsleistung P steigt sehr schnell mit seiner absoluten Temperatur T. STEFAN und BOLTZMANN fanden um 1884, dass $\boldsymbol{P \sim T^4}$ ist (*Versuch 1*). Zudem ist P proportional zur Oberfläche A des strahlenden Körpers.

Merksatz

Die Strahlungsleistung P eines schwarzen Körpers mit der Oberfläche A beträgt bei der Kelvintemperatur T

$$\boldsymbol{P = \sigma \cdot A \cdot T^4} \quad \text{mit} \quad \boldsymbol{\sigma = 5{,}7 \cdot 10^{-8}\ \mathrm{W \cdot m^{-2} \cdot K^{-4}}}. \qquad (1)$$

Die Leistungsdichte $S = P/A$ der Strahlung ist dann

$$\boldsymbol{S = P/A = \sigma \cdot T^4}. \qquad (2)$$

Die Konstante σ gilt für *schwarze Körper,* deren Moleküle Strahlung optimal absorbieren und auch optimal abstrahlen. Bei Weißglut ($\vartheta = 1\,300\,°\mathrm{C}$, also $T = 1\,573$ K) strahlt 1 cm² nach *Gl. 1* die Leistung $P = 5{,}7 \cdot 10^{-8}\ \mathrm{W \cdot m^{-2} \cdot K^{-4}} \cdot 10^{-4}\ \mathrm{m^2} \cdot (1\,573\ \mathrm{K})^4 = 35$ W ab. Die Leistungsdichte seiner Strahlung ist also $S = 35\ \mathrm{W/cm^2}$. Der ungewöhnliche Exponent 4 im T^4-Gesetz von *Gl. 1 und 2* wirkt sich stark aus: Steigt z. B. die absolute Temperatur T (nicht ϑ) von 273 K ≙ 0 °C auf das Dreifache, so erhöht sich die Leistungsdichte S der Strahlung um den Faktor $3^4 = 81$!

In **Treibhäusern** und **Sonnenkollektoren** wirkt Glas wie sehr stark konzentriertes Treibhausgas (*Bild 1*). Daran können wir den Treibhauseffekt gut demonstrieren (Vertiefung).

Vertiefung

Der Treibhauseffekt im Modellversuch

Das Licht der 300 W-Lampe verliert in Glas und Wasser viel IR und wird so dem Sonnenlicht ähnlich. Es strahlt auf die *flache, berußte Thermosäule* Th. Sie ist von sehr dünnem, schwarzem Papier P eingerahmt. Es wird schnell erwärmt und stellt die *„Erde"* dar, indem es das eingestrahlte *„Sonnenlicht"* thermalisiert und in IR umwandelt. Den Ausschlag des Messinstruments bezeichnen wir mit 100%. Stellen wir bei (A) eine 2 mm dicke Plexiglasplatte auf, geht der Ausschlag auf 90% zurück; die Platte absorbiert und reflektiert vom Licht 10%. Rücken wir dagegen die Platte nach (B), 2 cm vor die „Erde", so steigt der Ausschlag auf ca. 110%. Das Papier (die erwärmte „Erde") emittiert IR zum nahen Plexiglas. Es wird – wie konzentriertes Treibhausgas – nach einiger Zeit so erwärmt, dass es selbst IR zur „Erde" zurückstrahlt und diese zusätzlich aufheizt; zwischen beiden gibt es ein Hin und Her an IR (rot).

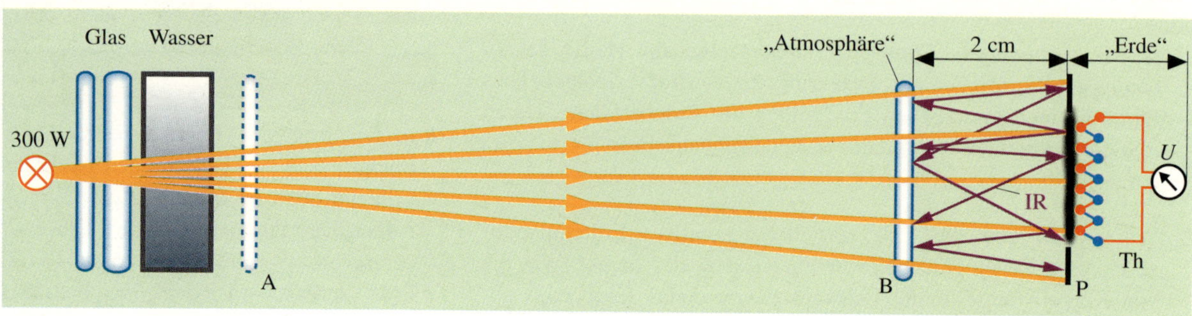

8. Ein Klimamodell ohne Atmosphäre

Man versucht heute, mit komplizierten **Klimamodellen** die künftige Entwicklung unseres Planeten zu berechnen. Deren Prinzip erläutern wir an stark vereinfachten Rechenmodellen:

a) Die Erde (Radius $R = 6\,370$ km) empfängt Sonnenstrahlung mit der Solarkonstanten $S_E = 1{,}37\ \text{kW/m}^2$. Dabei gilt S_E nur für Flächen, die senkrecht zur Strahlung stehen, hier zur Querschnittsfläche $A = \pi \cdot R^2$ ($= 1{,}3 \cdot 10^{14}\ \text{m}^2$) des die Erde auf ihrer Tagseite treffenden Lichtzylinders (➠ *Bild 3a*). Die Erde nimmt insgesamt an Strahlungsleistung auf:

$$P_{\text{auf}} = A \cdot S_E = \pi \cdot R^2 \cdot S_E. \tag{3}$$

b) Dagegen strahlt die Erde bei Tag und Nacht *nach allen Richtungen* unsichtbares IR ab. Dieses geht allseitig von der *4-mal so großen Erdoberfläche* $O = 4\pi \cdot R^2 = 4\,A$ weg (➠ *Bild 3b*). Die Leistung dieser Abstrahlung ist bei der mittleren Erdtemperatur T_1 nach *Gl. 1*:

$$P_{\text{ab}} = \sigma \cdot O \cdot T_1^4 = \sigma \cdot 4\pi \cdot R^2 \cdot T_1^4 = \sigma \cdot 4\,A \cdot T_1^4. \tag{4}$$

Zunächst sehen wir von der Atmosphäre ab. Dann trifft die ganze primäre Sonneneinstrahlung P_{auf} (in *Gl. 3* mit der Solarkonstanten S_E berechnet) ungeschwächt die Erdoberfläche. Wir nehmen an, dort werde sie zudem vollständig absorbiert und thermalisiert. Also gilt im Strahlungsgleichgewicht für den Erdboden $P_{\text{auf}} = P_{\text{ab}}$. Aus *Gl. 3 und 4* folgt für die über die Erdoberfläche (ohne Atmosphäre) gemittelte Temperatur T_1:

$$A \cdot S_E = \sigma \cdot 4\,A \cdot T_1^4.$$

Daraus folgt

$$T_1 = \sqrt[4]{S_E/4\,\sigma} = 278\ \text{K} \mathrel{\hat{=}} +5\ °\text{C}. \tag{5}$$

Dieser Wert liegt um 9 Grad unter dem heutigen Mittel von 14 °C. Da der Unterschied zwischen Eis- und Warmzeiten nur 4 bis 5 K beträgt, würde dieser über die Erdoberfläche gemittelte Wert von $T_1 = +5$ °C für Europa strenge Eiszeit bedeuten!

Merksatz

Prinzip der Klimamodell-Rechnung ohne Atmosphäre

- Im Mittel besteht an der Erdoberfläche Strahlungsgleichgewicht zwischen der eingestrahlten Leistung P_{auf} und der abgestrahlten P_{ab}. Also gilt $P_{\text{ab}} = P_{\text{auf}}$.
- Die Erde empfängt auf der Tagseite die Leistung $P_{\text{auf}} = A \cdot S_E$. Sie strahlt Tag und Nacht diese Leistung über die 4fache Fläche $O = 4\,A$ verteilt wieder ab. Das gibt eine um den Faktor 4 kleinere *Leistungsdichte* $S^* = A \cdot S_E/(4\,A) = S_E/4$ der Ausstrahlung.
- Für die Erdtemperatur T gilt dann nach *Gl. 2*:
  $$S^* = P_{\text{ab}}/O = \sigma \cdot T^4, \quad \text{also} \quad T = \sqrt[4]{S^*/\sigma} = \sqrt[4]{S_E/4\,\sigma}. \tag{6}$$

V 1: Eine Kochplatte (Fläche $A = 0{,}025\ \text{m}^2$) wird – ohne Sonneneinstrahlung – stufenweise immer stärker elektrisch erhitzt. Sehen wir von Wärmeleitung ab, dann muss sich die Endtemperatur T einstellen, bei der die zugeführte elektrische Leistung $P = U \cdot I$ als Strahlung wieder abgeht. T wird von einem Thermoelement, das mit gutem Wärmekontakt an der Platte anliegt, gemessen. Die ➠ *Tabelle 1* zeigt P/T^4 = konst., also $P \sim T^4$. Da die Platte nach beiden Seiten abstrahlt, gilt $A = 2 \cdot 0{,}025\ \text{m}^2$. Es folgt $\sigma = P/(A \cdot T^4) \approx 6 \cdot 10^{-8}\ \text{W} \cdot \text{m}^{-2} \cdot \text{K}^{-4}$.

P in W	141	200	270	670
T in K	453	493	532	664
$10^9 \cdot P/T^4$ in W/K^4	3,35	3,39	3,37	3,45

T 1: Die Messergebnisse bestätigen *Gl. 1*

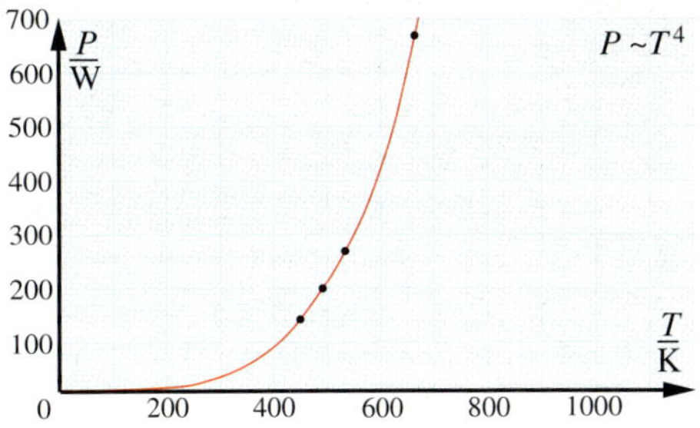

B 2: Das Diagramm zeigt: $P \sim T^4$

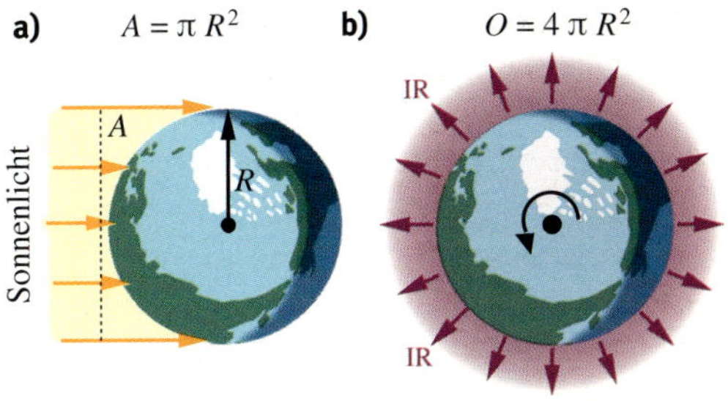

B 3: a) Auf die Erdkugel vom Radius R fällt Sonnenlicht und trifft die Fläche $A = \pi \cdot R^2$ senkrecht. **b)** Die Ausstrahlung von der Erde im IR geht von der 4fachen Fläche $O = 4\pi \cdot R^2 = 4\,A$ weg.

A 1: Die Sonne hat den Radius $7 \cdot 10^5$ km und zur Erde den Abstand $150 \cdot 10^6$ km. Berechnen Sie aus der über der Erdatmosphäre gemessenen Solarkonstanten S_E die Energie, die 1 m² der Sonnenoberfläche in 1 s durchströmt. Bestimmen Sie daraus deren Temperatur.

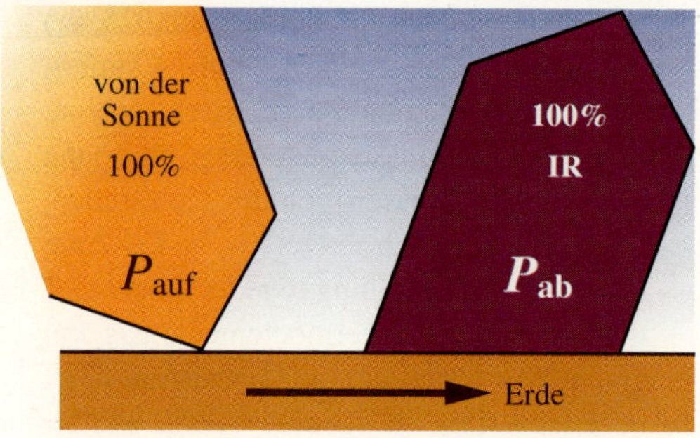

B 1: Wenn alle Sonnenenergie (100%) thermalisiert und als IR abgestrahlt würde, läge die mittlere Temperatur der Erdoberfläche bei $T_1 = +5\,°C$

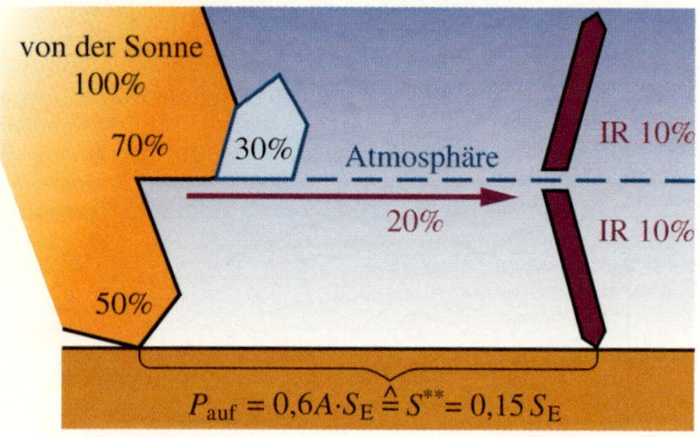

B 2: 30% der einfallenden Sonnenstrahlung (100%) werden sofort in den Weltraum reflektiert. Von den restlichen 70% thermalisiert die Atmosphäre 20%; sie strahlt die Hälfte davon (10%) in den Weltraum ab. Insgesamt erreichen nur 60% die Erdoberfläche und werden dort thermalisiert. So läge die mittlere Erdtemperatur bei $-28\,°C$.

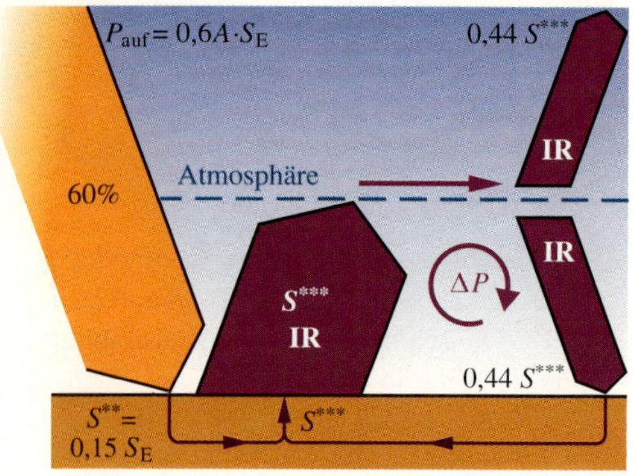

B 3: Zwischen den Treibhausgasen in der Atmosphäre und der Erdoberfläche kreist IR mit der Strahlungsleistung ΔP. Obwohl die eingestrahlte Leistung P_{auf} auf 60% reduziert ist, erhöht ΔP die mittlere Erdtemperatur auf Werte (+14 °C), die größer sind als ohne Atmosphäre.

9. Ein einfaches Klimamodell mit Atmosphäre

a) Bisher nahmen wir an, die Erdoberfläche würde die gesamte primäre Sonnenstrahlung (100%) thermalisieren und als IR abstrahlen (→ *Bild 1*). Doch werden davon etwa 30% wie an Spiegeln ins Weltall reflektiert, zum Teil als sichtbares Licht; Astronauten sehen die Erde als blauen Planeten. Wäre das alles, so brauchte die Erdoberfläche nur 70% als IR abzustrahlen. Die Leistungsdichte ihrer Abstrahlung würde von $S^* = S_E/4 = 0{,}25\,S_E$ auf $0{,}7\,S^* = 0{,}18\,S_E$ sinken. Die Erdtemperatur ginge von $+5\,°C$ auf eine Temperatur von $T_2 = \sqrt[4]{0{,}18\,S_E/\sigma} = 255\text{ K} \triangleq$ **−18 °C** zurück.

b) Noch schlimmer: Weitere 20% der primären Sonnenstrahlung werden von der Atmosphäre absorbiert und dort thermalisiert (→ *Bild 2*). Die so erwärmte Atmosphäre entlässt davon etwa die Hälfte, also 10%, als unsichtbares IR in den Weltraum. Nur noch 100% − 30% − 10% = 60% der Sonnenstrahlung erreichen die Erde; es gilt $P_{auf} = 0{,}6 \cdot A \cdot S_E$. Damit würde die Leistungsdichte der Abstrahlung von $S^* = S_E/4$ nicht auf $0{,}18\,S_E$ wie in a), sondern auf $S^{**} = 0{,}15\,S_E$ sinken, die mittlere Erdtemperatur gar auf **−28 °C**. Leben wäre auf der Erde unmöglich.

c) Hier kommt *seit Jahrmillionen* der **natürliche Treibhauseffekt** mit den schon damals vorhandenen Treibhausgasen H_2O und CO_2 zu Hilfe. Wie wir wissen (→ *Ziff. 6*), thermalisieren diese Gase 88% der IR-Strahlung, die sie von der Erdoberfläche erhalten. Die Hälfte davon (44%) senden sie wieder als IR zur Erde zurück. Dies erhöht die von der ganzen Erdoberfläche $O = 4\,A$ im Gleichgewicht abzustrahlende Leistung von $S^{**} = 0{,}15\,S_E$ in b) auf den zunächst noch unbekannten Wert S^{***}.

Wir können diese Leistungsdichte S^{***} der Erde berechnen, wenn wir bedenken, dass sie wegen 44% Rückstrahlung der Treibhausgase um $0{,}44\,S^{***}$ größer ist als $S^{**} = 0{,}15\,S_E$ aus b). Also gilt:

$$S^{***} = 0{,}15\,S_E + 0{,}44\,S^{***} \quad \text{oder}$$
$$S^{***} = 0{,}15\,S_E/0{,}56$$
$$S^{***} = 0{,}27\,S_E$$

Nach *Gl. 2* gilt zudem $S^{***} = \sigma \cdot T^4$. Hieraus folgt die Temperatur $T = \sqrt[4]{S^{***}/\sigma} = 283\text{ K} \triangleq$ **+10 °C**, was dem gemessenen Mittelwert von +14 °C schon recht nahe kommt. Auf der Erde konnte sich Leben in unserem Sinne entwickeln.

Diese starke Temperaturerhöhung resultiert nicht etwa aus einer Energieerzeugung aus dem Nichts, sondern stammt vom Kreisen des IR zwischen der Erdoberfläche und den Treibhausgasen. Demgegenüber ist der Wärmezufluss aus dem heißen Erdinnern mit $0{,}01\,S_E$ vernachlässigbar klein. Schwierig zu erfassende Faktoren wie Wolken, Energietransporte durch Luftbewegungen, durch aufsteigenden Wasserdampf und Niederschläge haben wir nicht berücksichtigt.

10. Der vom Menschen verursachte Treibhauseffekt

Die Treibhausgase wirken sich beim *natürlichen Treibhauseffekt* unerwartet stark und positiv aus. Das hat aber eine Kehrseite, die man sehr ernst nehmen muss:

Die Atmosphäre enthält nur etwa 0,03% an CO_2. Weil das wenig ist, kann die pausenlose Emission aus Schornsteinen und Verbrennungsmotoren aller Art die IR-Absorption über die 88% in Ziff. 6 erhöhen. In der Bundesrepublik werden pro Jahr und Einwohner 11,4 t CO_2 (1992) freigesetzt (an Abfällen aller Art nur 4,3 t). Mit der Erwärmung steigt zudem der Anteil des Treibhausgases Wasserdampf und steigert zusammen mit dem hauptsächlich in Land- und Abfallwirtschaft erzeugten Methan (CH_4) den Effekt. Von Autos, Heizungen und Kraftwerken freigesetztes SO_2 (Schwefeldioxid) schwächt dagegen den Treibhauseffekt etwas ab, schädigt aber die Wälder.

Im Jahr 1850 wirkten alle Treibhausgase zusammen wie ein CO_2-Anteil in der Luft von 0,028%. Dieser Wert wird bis zum Jahr 2050 etwa verdoppelt sein. Der dann zusätzlich ausgelöste **anthropogene** (von Menschen gemachte) **Treibhauseffekt** erwärmt die Erde bis 2050 um über 3 Grad! Bereits eine Zunahme um 5 Grad ließ die letzte Eiszeit in unsere jetzige Warmzeit übergehen. Also ist schon 1 Grad an Temperaturerhöhung bei langjährigen, über 30 Jahre gemittelten Klimaangaben zu viel!

Man darf solche *Klimaangaben* nicht mit *kurzfristigen Wetterbeobachtungen* verwechseln. Ein kalter Winter oder mehrere heiße Sommer nacheinander bedeuten noch keine signifikante *Klimaänderung*. Letztere erkennt man z. B. recht gut am Rückzug der Gletscher seit 100 Jahren.
Man vermag schon heute diesen anthropogenen Treibhauseffekt von den natürlichen kurzfristigen Wetterschwankungen zu trennen. Den von Klimamodellen prognostizierten Zusammenhang zwischen Temperatur und CO_2-Konzentration bestätigen Untersuchungen des antarktischen Eises über 150 000 Jahre Erdgeschichte hinweg (*Bild 4*). *Bild 5* zeigt dies auch für die Industrialisierung der letzten 120 Jahre. Beides stützt die Klimamodelle.
Zudem nehmen die Ozeane das Treibhausgas Kohlenstoffdioxid vorübergehend auf, sodass sich die jetzige Erhöhung der Treibhausgaskonzentration erst 30 bis 40 Jahre verspätet auswirkt – dann aber unausweichlich. Die Folgen sind beängstigend.

Das Klima und damit die Lebensbedingungen dürften sich in weiten Bereichen der Erde in wenigen Jahrzehnten erheblich verändern, zumeist zum Schlechteren hin. Zum Beispiel ist durch Abschmelzen von Polareis mit Überschwemmungen von großen Küstenregionen zu rechnen.
Die Indizien für einen anthropogenen Treibhauseffekt sind erdrückend und die Folgen schwerwiegend. Deshalb ist es höchste Zeit, die den Treibhauseffekt fördernden Emissionen drastisch zu reduzieren.

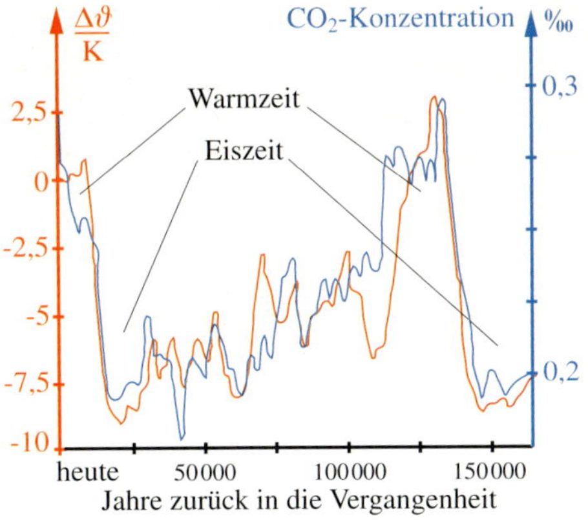

B 4: Messungen bestätigen den Zusammenhang zwischen CO_2-Konzentration und Temperaturabweichung $\Delta\vartheta$

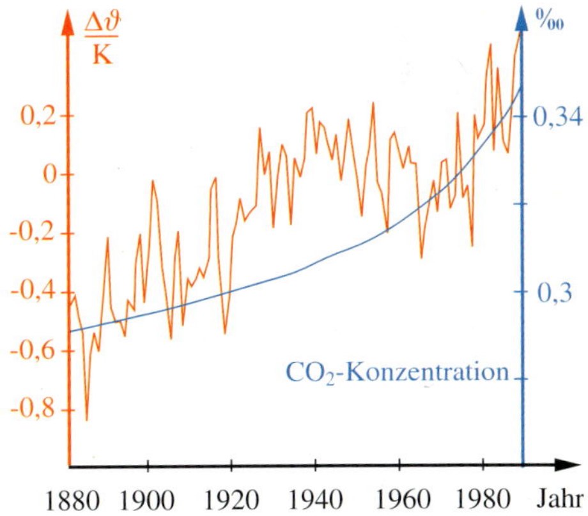

B 5: Seit 1880 bläst man CO_2 in die Luft und die Erdtemperatur steigt signifikant an

... noch mehr Aufgaben

A 1: In einem Buch steht, die Erde erhalte von der Sonne im Mittel 342 W/m². Begründen Sie diesen Wert durch Vergleich mit der Solarkonstanten. (In unseren Breiten sind es nur etwa 100 W/m².)

A 2: **a)** Berechnen Sie die mittlere Temperatur der Mondoberfläche. Sie hat ein Reflexionsvermögen (Albedo) von 7%, aber keine Atmosphäre. **b)** Welche Temperatur hätte Merkur (ohne Atmosphäre und Albedo, $58 \cdot 10^6$ km von der Sonne entfernt)?

A 3: Wie hoch wäre die CO_2-Schicht, die in der Bundesrepublik Deutschland (82 Mio. Einwohner, 357 000 km²) in einem Jahr entstünde, wenn dieses Gas (Dichte $\varrho = 2$ g/l) sich unvermischt nur am Boden ausbreiten würde?

Vertiefung

IR ⇒ Rotglut ⇒ Gelbglut ⇒ Weißglut

Vergrößert man die Stromstärke in einer Glühlampe stetig, so beginnt sie erst ab ca. 525 °C zu glühen. In der Folge leuchtet sie nicht nur heller, auch ihre Farbe ändert sich über Gelb zu Weiß. Dies erkennt man noch deutlicher, wenn man das ganze Spektrum mit der für alle Spektralbereiche empfindlichen Thermosäule Th mit vorgesetzter Blende B abtastet (➡ *Bild 1*). Dann spielen die Eigenschaften unserer Augen keine Rolle mehr. Dabei sollten Linsen und Prismen aus Quarz gefertigt sein, damit sie auch für IR und UV durchlässig sind.

Die gewonnenen Messkurven zeigt ➡ *Bild 2*. Sie geben die Strahlungsleistung an, die die Blende B bei verschiedenen Lampenspannungen U durchsetzt. Verschiebt man diese Blende im Spektrum, so wird die Intensität des von B ausgesonderten schmalen Spektralbereichs registriert. Sie zeigt bei jeder Kurve, also für jede Glühfadentemperatur, ein Maximum. Dieses verschiebt sich mit steigender Temperatur vom IR-Bereich ins Sichtbare. Deshalb nehmen unsere Augen ein Verschieben der Glühfarbe von Rot über Gelb zu Weiß hin wahr. Mit zunehmender Temperatur steigt zudem die Kurvenhöhe, und zwar an jeder Stelle des Spektrums. Sie gibt die Strahlungsleistung in dem Spektralbereich an, der die Blende B durchsetzt. Die Gesamtleistung aus all diesen Spektralbereichen zusammengenommen wird von der Fläche der Kurven angegeben. Sie steigt nach dem Gesetz von STEFAN und BOLTZMANN wie T^4.

Astronomen messen die Spektren auch von weit entfernten Sternen sehr sorgfältig. Aus der Lage des Maximums der Strahlung ermitteln sie die Sterntemperatur. Sterne, die bläulich leuchten, sind heißer als die Sonne, deren Oberflächentemperatur bei 5 700 K liegt (➡ *Tabelle 1*). Der hellste Stern an unserem Nachthimmel, der Sirius, hat z. B. eine Oberflächentemperatur von 11 000 K.

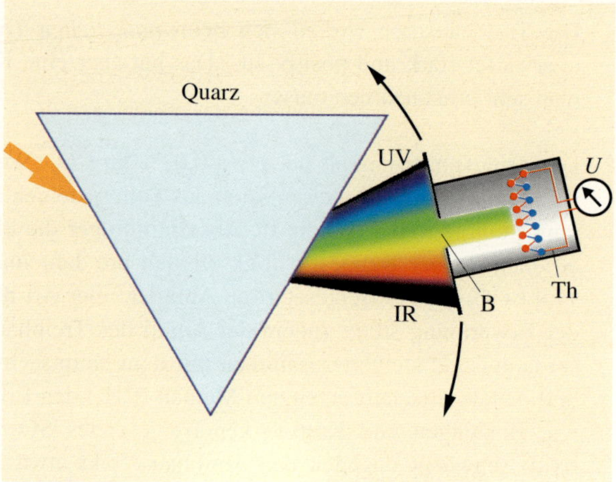

B 1: Ein *x*-*y*-Schreiber verschiebt die Thermosäule Th samt Blende B durch das Spektrum von IR bis UV und registriert zugleich die Thermospannung, die ➡ *Bild 2* zeigt

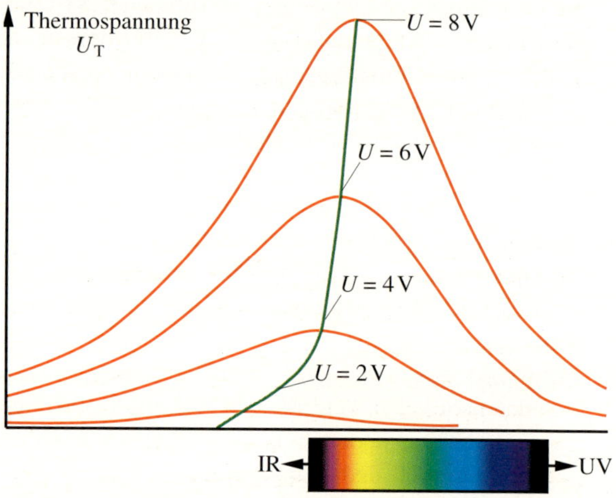

B 2: Intensitätsverlauf der die Blende B durchsetzenden Strahlung von IR über den sichtbaren Teil bis UV bei verschiedenen Lampenspannungen U

Temperatur ϑ in °C	T in K	Strahlungsmaximum Bereich	Wellenlänge in nm	Leistungsdichte in W/cm²	Energieanteil im Sichtbaren in %	Vorkommen
37	310	IR	9 340	0,05	0,00	menschl. Körper
525	798	IR	3 630	2,30	0,00	beginnende Rotglut
2 000	2 273	IR	1 274	152,00	4,40	Glühlampen
4 000	4 273	Orange	678	1 900,00	34,00	Bogenlampen
5 400	5 673	Gelb	508	6 017,00	46,00	Sonnenoberfläche
6 000	6 273	Blau	462	8 826,00	47,00 (Optimum)	
9 000	9 273	UV	350	26 700,00	36,00	sehr heiße Sterne

T 1: Mit steigender Temperatur ändert sich die Strahlung (über Wellenlängenangaben siehe ➡ *Vertiefung*)

Vertiefung

Die Wellenlänge

Der Bereich der Strahlung und deren Farbe wird physikalisch durch die so genannte Wellenlänge λ bestimmt. Sie kennen Wellenlängenangaben vom Rundfunk (Langwellen, Kurzwellen, UKW = Ultrakurzwellen). Bei Licht sind die Wellenlängen sehr klein. Man gibt sie deshalb in der Einheit Nanometer (nm) an:
$1\ \text{nm} = 10^{-9}\ \text{m}$.
Einige Beispiele sind:

Radiowellen	> 0,1 m
Infrarot (IR)	1 mm bis 800 nm
Rot	800 nm
Gelb	600 nm
Violett	400 nm
Ultraviolett (UV)	400 nm bis 10 nm
Röntgenstrahlen	100 nm bis 10^{-4} nm

Zwischen der Glühtemperatur T und dem Maximum der Ausstrahlung in ➠ *Bild 2* besteht ein einfacher Zusammenhang, wenn man das Maximum mit seiner Wellenlänge λ_m kennzeichnet: $T \cdot \lambda_m = \text{konstant}$. Dies ist das *wiensche Verschiebungsgesetz: Mit steigendem T verschiebt sich das Maximum zu kleineren Wellenlängen* λ_m.

B 3: Die mit heißem Tee gefüllte Kanne strahlt anscheinend so, als ob sie auf über 1 000 °C erhitzt wäre. Doch handelt es sich um IR-Strahlung, die mit einer IR-Kamera aufgenommen wurde. Dies erkennt man am Treibhausgas CO_2, das aus dem Schlauch strömt. Es absorbiert das IR, sieht also für die IR-Kamera schwarz aus. Für unsere Augen dagegen ist CO_2 genauso durchsichtig und damit unsichtbar wie Luft.

Interessantes

Woher hat die Sonne Energie und die Erde Materie?

Vor etwa 15 Milliarden Jahren entstand das Weltall im so genannten Urknall. Seitdem dehnt es sich aus. Beim Abkühlen bildete sich ein Gas freier Wasserstoffatome. Die Resultierende der Gravitationskräfte, mit denen jedes Atom nach allen Seiten gezogen wird, ist aber nicht überall null. Wo sich zufällig die Atome etwas anhäufen, bilden sich – auch heute noch – sehr schwache *Gravitationszentren,* die weitere H-Atome zu sich heranziehen und immer größer werden. Seit etwa 10 Milliarden Jahren bauen sich so aus dem diffusen Nebel massenreiche Sterne auf. Die gegenseitige potentielle Energie der ursprünglich weit entfernten H-Atome wandelt sich durch die Gravitationsanziehung in Bewegungsenergie der ungeordneten Teilchenbewegung um. Diese wird im Sterninnern so heftig, dass dort Temperaturen von 20 Millionen Grad entstehen. Bei diesen Temperaturen können keine neutralen H-Atome existieren, sondern nur freie Elektronen und Atomkerne (Protonen H^+). Trotz der Abstoßung ihrer positiven Ladungen kommen sich Letztere bei diesen hohen Geschwindigkeiten so nahe, dass sie zu Heliumkernen verschmelzen. Bei dieser **Kernverschmelzung (Fusion)** wird viel mehr Energie frei als bei der Kernspaltung in Atomreaktoren. Dies ist die konstante Quelle der riesigen Energie, die die Sonne allseitig abstrahlt und von der ein winziger Bruchteil unsere Erde trifft. Der Wasserstoff in unserer Sonne reicht noch für einige Milliarden Jahre; ein Kohlenhaufen gleicher Masse wäre schon längst ausgebrannt.

Bei der Kernverschmelzung entstehen über das Helium hinaus der Reihe nach auch schwere Kerne – bis hin zu Eisen. Wenn nach Jahrmilliarden ein Stern seinen Wasserstoff verbraucht hat, stürzt er zusammen. Mit der dabei frei werdenden Gravitationsenergie wird in der weit leuchtenden Fackel einer **Supernova-Explosion** ein Teil der durch Fusion gebildeten schweren Kerne ins Weltall geschleudert. Ebenfalls frei werdende Neutronen rüsten manche Kerne bis hin zum schweren Uran auf. So entstehen auch heute noch die Elemente des Periodensystems. Vereinigen wiederum Gravitationskräfte diese „Abfallprodukte" der Energieerzeugung zu festen Materieklumpen, so bilden sich Planeten wie unsere Erde.

B 1: „Sonnenhaus". Aufbau des Sonnenkollektors: Unter einer doppelten Glasscheibe befindet sich ein schwarzer Boden, in dem Leitungsrohre für Wasser oder eine frostsichere Kühlflüssigkeit verlaufen. Darunter kommt eine Isolierschicht. Die schwarze Fläche erhitzt sich („Absorber") im Sonnenlicht. Die Doppelscheibe verhindert, dass Wärme durch Luftströmung abgeführt wird. Durch Auswahl besonderen Oberflächenmaterials, z. B. Kupferoxid auf Aluminium, erreicht man, dass die heiße schwarze Fläche auch durch eigene Abstrahlung nur wenig Energie verliert. Wenn der Sonnenschein senkrecht auf den Kollektor fällt, erhitzt sich dieser auf 150 °C bis 200 °C. Das Röhrenmaterial und die Isolation müssen diese Temperatur im Störfall aushalten können.

B 2: 150 MW-Solarkraftwerk

B 3: Moderne Windmühlen

Energie und Zukunft

1. Sitzen wir schon in der Falle?

Zwei chemische Elemente sind es, aus deren Oxidation die Menschen fast ihre ganze Energie beziehen: Kohlenstoff und Wasserstoff. In den fossilen Lagerstätten befindet sich weitaus mehr Kohlenstoff als Wasserstoff: Kohle besteht aus fast reinem Kohlenstoff – daher hat er ja den Namen – und die Kohlevorräte überwiegen bei weitem die Vorräte an Erdöl und Erdgas. Aber gerade den Kohlenstoff dürften wir eigentlich ab sofort nicht mehr verbrennen, weil aus ihm das Treibhausgas CO_2 entsteht. Wasserstoff dagegen verbrennt zu unschädlichem Wasser. Er kommt aber in der Natur nicht frei vor, sondern ist im Erdöl und Erdgas an Kohlenstoff gebunden.

Nach nicht einmal dreihundert Jahren Nutzung fossiler Brennstoffe steht die Menschheit also vor diesem Dilemma: Ohne Brennstoffe bricht unsere technische Zivilisation und damit unser Wohlstand und unsere Kultur zusammen. Nutzen wir die Brennstoffe aber weiter so wie bisher, so droht eine Klimaveränderung, die für uns mindestens genauso verheerend sein wird wie ein Versiegen der Energiequellen.

Gibt es denn noch einen Ausweg? Hat es überhaupt einen Sinn, noch Pläne zu machen? – Wir kennen heute die Gesetzmäßigkeiten der Natur genau genug, um mit guten Gründen behaupten zu können: Eine globale umfassende Nutzung der Sonnenenergie könnte uns der Lösung des Energieproblems ein gutes Stück näher bringen. Sprechen wir die Möglichkeiten hierzu durch und fangen wir ganz unten bei uns selber an!

2. „Solares Deutschland"?

Wir können die Sonnenstrahlung auf unseren Hausdächern unmittelbar auffangen und mit „Sonnenkollektoren" nutzen. *Bild 1* zeigt einen möglichen Aufbau. Die Wärme wird hier bei Temperaturen geliefert, die für Heizung und Warmwasserbereitung ausreichen – allerdings nur bei schönem Wetter! Für Schlechtwetterzeiten und für den Winter braucht man eine Zusatzheizung („bivalenter Betrieb") und/oder einen sehr großen Wassertank als Energiespeicher. Man hat probeweise „Null-Energie-Häuser" gebaut, die ganz ohne Brennstoff auskommen. Doch ist bei ihnen der Materialaufwand so groß, dass es über 20 Jahre dauert, bis die zur Herstellung im Übermaß verbrauchte Energie durch die Energie-Einsparung im laufenden Betrieb wieder „zurückgezahlt" ist. Zum Regelfall können solche Häuser wohl nicht werden.

3. Großtechnik wird weiterhin gebraucht

Wenn man aus Sonnenenergie Niedertemperaturwärme gewinnt, so ist das im Grunde immer noch verschwenderisch. Theoretisch ließe sich die Temperatur der Sonne selbst, das sind 5 700 °C, erzeugen! In Forschungsanlagen kommt man mit Hohlspiegeln immerhin auf

3 900 °C. Heutige Solarkraftwerke (→ *Bild 2*), bei denen das Licht von zahlreichen der Sonne automatisch nachgeführten Spiegeln aufgefangen wird, sind in sonnenscheinreichen Gegenden wie z. B. in der Mojave-Wüste, USA, in Betrieb. Solarkraftwerke sind aber wohl nur in äquatornahen Ländern sinnvoll. Von dort müsste zur Versorgung der Menschen in unseren Breiten dann die gewonnene Energie über große Entfernungen transportiert werden, etwa in der Form von reinem Wasserstoff, der durch Zersetzung von Wasser gewonnen werden könnte. Wahrscheinlich wird man ohne solche Großanlagen nicht auskommen. Aber auch die indirekten Wirkungen der Sonnenstrahlung erfordern ausgereifte „große" Technik, wenn sie effektiv genutzt werden sollen:

a) *Wasserkraft:* In vielen Ländern, auch in Deutschland, wird sie bereits intensiv genutzt. Die damit verbundenen ökologischen Probleme sind bekannt.

b) *Windenergie:* Sie kann vor allem in Meeresnähe in großem Maßstab verwendet werden. Die Zahl der Windmotoren nimmt in Deutschland stark zu (→ *Bild 3*).

Ist der Weg über die Wärme überhaupt das Richtige, wenn man mechanische oder elektrische Energie benötigt? Selbst im modernsten Kraftwerk wird noch viel Energie entwertet, weil Wärme irreversibel über ein Temperaturgefälle fließt. Daher widmet man mit Recht allen Energietechniken große Aufmerksamkeit, bei denen keine hohen Temperaturen gebraucht werden:

- *Solarzellen* wandeln Lichtenergie unmittelbar in elektrische Arbeit um. In der Raumfahrt werden sie umfassend verwendet; für die Starkstromtechnik sind sie immer noch zu teuer.
- In der *Fotosynthese* baut die Natur im Sonnenlicht aus den Rohstoffen Kohlenstoffdioxid und Wasser organische Substanzen („Biomasse") auf. Eine davon, das Holz, war jahrtausendelang der einzige Brennstoff des Menschen. Ein Fernziel der Solartechnik ist es, in verwandter Weise mithilfe der Strahlung einen Brennstoff wie z. B. Wasserstoff herzustellen.

Was können wir von der Sonnenenergie im Idealfall erwarten? Eine grobe Abschätzung möge es verdeutlichen. Die Sonne strahlt uns beständig $1{,}7 \cdot 10^{17}$ W Leistung zu. Am Erdboden kommen unter günstigen Bedingungen (klare Luft) 70% davon an. 30% der Erdoberfläche sind Land, davon 0,2% Wüsten, die optimal bestrahlt und anderweitig nicht genutzt werden. Würde man die auf sie entfallende Leistung zu 20% nutzen können, so wären das

$$1{,}7 \cdot 10^{17}\,\text{W} \cdot 0{,}7 \cdot 0{,}3 \cdot 0{,}002 \cdot 0{,}2 = 14 \cdot 10^{12}\,\text{W} = 14\ \text{Terawatt}.$$

Das ist ungefähr so viel, wie heute schon verbraucht wird! Was bedeutet dies? Die Menschheit könnte allein mit Sonnenenergie im Prinzip beliebig lange existieren. Sie dürfte aber ihren Aufwand über das heutige Maß hinaus nicht mehr wesentlich steigern. Was dies für die reichen Industrienationen, also auch für uns bedeutet, sagt Ihnen sehr klar der nebenstehende Zeitungsartikel. Technische Verbesserungen auszudenken, müssen wir den Fachleuten überlassen. Die Energieentwertung einzuschränken, ist die Sache eines jeden von uns.

Zum Nachdenken

Schon im Jahr 1988 schrieb das Wochenblatt *Die Zeit* anlässlich der damaligen Welt-Klima-Konferenz:

Die Kunst des Unterlassens

So wichtig es ist, alles technisch Mögliche zu unternehmen, um die Reserven besser zu nutzen und neue – regenerative – Energiequellen zu erschließen, so illusorisch ist der Glaube, das Klimaproblem sei allein mit Technik zu lösen. Denn auch ein Katalysatorauto mit einem Verbrauch von drei Litern bleibt ein Auto, das schon bei der Herstellung ungeheure Mengen an Rohstoffen kostet. Es gibt überhaupt keine Möglichkeit, Energie zu erzeugen, ohne dabei die Umwelt zu schädigen. ... Sparen in dem Ausmaß, wie es für die Erhaltung der Umwelt nötig wäre, bedeutet deshalb zwangsläufig einen Verlust an so genannter Lebensqualität. Die Menschen der Industrienationen produzieren, besitzen und verbrauchen von allem viel zu viel. Die einzig umweltverträgliche Art des Daseins wäre das Nichtstun und Nichtsverbrauchen. Da dies freilich in letzter Konsequenz den Menschen unzumutbar ist, müssen sie lernen, gewisse Dinge einfach zu unterlassen. ... Wer jetzt noch bei den alten Rezepten bleibt, muss zugleich den ökologischen Offenbarungseid leisten.

Jenen Ländern hingegen, deren Bewohner noch um das schlichte Überleben kämpfen, müssen wir eine gewisse Entwicklung zugestehen. Ein Teil des Wachstums muss daher aus Wohlstandsgebieten abgezogen und in Notregionen gelenkt werden.

Wir besitzen die erstaunliche intellektuelle Fähigkeit, mit gewaltigen Computern unseren eigenen Untergang zu simulieren. Wir entwickeln geniale Gedanken, wie man einer Klimakatastrophe begegnen könnte. Aber uns fehlt die Vernunft, nach den eigenen Erkenntnissen zu handeln. Das Missverhältnis von zu viel Intellekt und zu wenig Vernunft scheint der evolutionäre Nachteil der Spezies homo sapiens zu sein. Nach darwinistischer Lehre hat eine Art mit solch eklatanten Fehlern keine Überlebenschance. Es sei denn, sie lernt aus ihren Fehlern.

Das ist wichtig

1. Stoffmenge ν = Anzahl der Teilchen, ausgedrückt in mol. 1 mol = Anzahl der Atome in 12 g Kohlenstoff = $6{,}02 \cdot 10^{23}$ Teilchen.
Atomare Masseneinheit u = $\frac{1}{12}$ der Masse eines Kohlenstoffatoms = $1{,}67 \cdot 10^{-24}$ g.

2. Kelvintemperatur T = Celsiustemperatur + 273 Grad. $T = 0$ K „absoluter Nullpunkt“, tiefste mögliche Temperatur.

3. **Ideale Gase:** Gase, für die bei konstanter Temperatur auch Druck · Volumen = $p \cdot V$ konstant ist.
a) Allgemeine Gasgleichung: $p\,V = \nu R\,T$.
Allgemeine Gaskonstante $R = 8{,}31\ \mathrm{J \cdot mol^{-1} \cdot K^{-1}}$.
b) Energie: $U_{\mathrm{tr}} = \frac{3}{2}\,p\,V = \frac{3}{2}\,\nu R\,T$.
U_{tr} ist für alle idealen Gase die Translationsenergie der Teilchen, für die einatomigen Gase die gesamte innere Energie in einem mittleren Temperaturbereich.
c) Teilchengeschwindigkeit v, wenn alle Gasteilchen gleich schnell wären: $p = \frac{1}{3}\varrho\,v^2$ (ϱ: Dichte des Gases).
d) Arbeit bei langsamer isothermer Kompression von V_2 nach V_1: $W = \nu R\,T \ln(V_2/V_1)$.

4. **Erster Hauptsatz der Wärmelehre** (allgemeiner Energiesatz): $\Delta U = W + Q$
ΔU: Zunahme der inneren Energie U
W: Arbeit, Energiezufuhr durch Krafteinwirkung oder Stromfluss. Bei Kompression/Expansion gilt $W = -p \cdot \Delta V$ bzw. $W = p \cdot \Delta V$.
Q: Wärme; Energiezufuhr durch Teilchenstoß bei Temperaturgefälle
Adiabatischer Prozess: Vorgang mit $Q = 0$

5. **a) Irreversibler Prozess:** Vorgang, der ohne sonstige bleibende Veränderung in der Natur nicht umgekehrt ablaufen kann.
Reversibler Prozess: Grenzfall des „gerade nicht mehr irreversiblen“ Prozesses. Reibungsfreie mechanische Prozesse und elektrische Prozesse ohne Stromwärme sind reversibel.
b) Zweiter Hauptsatz der Wärmelehre: Die Umwandlung von Arbeit in Wärme ist irreversibel. – Oder, gleichwertig: Der Wärmefluss über ein Temperaturgefälle ist irreversibel.
c) Maximaler Wirkungsgrad einer Wärmekraftmaschine, die zwischen den Temperaturen T_h und T_t arbeitet:
$$\eta_{\mathrm{ideal}} = 1 - \frac{T_\mathrm{t}}{T_\mathrm{h}}.$$

6. **Prinzip von Boltzmann:** Beim irreversiblen Prozess im abgeschlossenen System wächst die Anzahl Ω der gleich wahrscheinlichen Mikrozustände des Systems. Beim reversiblen Prozess bleibt Ω unverändert. Eine spontane Abnahme von Ω ist extrem unwahrscheinlich, also praktisch unmöglich.

7. **a) Entropie *S*:** Zustandsgröße, die zusammen mit Wärme übertragen wird: $\Delta S = Q/T$, wenn im System kein irreversibler Prozess gleichzeitig abläuft.
Mit Arbeit wird keine Entropie übertragen.
Bei irreversiblen Prozessen wächst die Gesamtentropie der beteiligten Körper, bei reversiblen Prozessen bleibt sie konstant. Sie darf niemals abnehmen. Bei allen Prozessen muss die Energie erhalten bleiben. Aber erst die Entropie entscheidet, ob ein Prozess ablaufen kann oder nicht.
b) Entsteht die Entropie ΔS neu, so wird die Energie $T_0 \cdot \Delta S$ *entwertet*; d. h. es wird versäumt, mechanische oder elektrische Energie vom Betrag $T_0 \cdot \Delta S$ zu gewinnen (T_0: Umgebungstemperatur).
c) Wenn die Wärme Q von T_h nach T_t strömt, ist die Entropiezunahme $\Delta S = Q\,(1/T_\mathrm{t} - 1/T_\mathrm{h})$.
d) Die Entropiezunahme bei Reibung (Reibungsarbeit W) oder elektrischer Heizung (Stromarbeit W) ist gegeben durch $\Delta S = W/T$ (T: Temperatur des geriebenen bzw. geheizten Körpers).

8. **a)** Leistungsdichte der Sonnenstrahlung am Ort der Erde (Solarkonstante): $S_\mathrm{E} = 1{,}37\ \mathrm{kW/m^2}$.
b) Jeder Körper sendet Strahlung aus. Sie besteht bis ca. 500 °C aus unsichtbarem Infrarot (IR), über 500 °C außerdem aus sichtbarem Licht und unsichtbarem Ultraviolett (UV). Die vorherrschende Farbe ist mit wachsender Temperatur nacheinander Rot, Orange, Gelb, Grün, Blau.
c) Bei einem schwarzen Körper oder einem Hohlraum ist an der Oberfläche die Leistungsdichte der Strahlung $S_{\mathrm{Ofl}} = \sigma\,T^4$ mit der Konstanten $\sigma = 5{,}7 \cdot 10^{-8}\ \mathrm{W \cdot m^{-2} \cdot K^{-4}}$ (Gesetz von Stefan/Boltzmann).
d) „Treibhausgase“ (CO_2, Methan, Chlor- und Fluorkohlenwasserstoffe) lassen sichtbares Licht durch, absorbieren aber Infrarot. Ihre Anwesenheit in der Atmosphäre führt zu höherer Temperatur auf der Erde. Ihr natürliches Vorkommen hat das Leben auf der Erde erst ermöglicht. Der Mensch erzeugt solche Mengen an Treibhausgasen, dass der *anthropogene* Treibhauseffekt Besorgnis erregende Ausmaße annimmt.
e) Wegen des anthropogenen Treibhauseffekts und wegen der Begrenztheit der Vorräte müssen die fossilen Brennstoffe in der Zukunft durch direkt verwertete Sonnenenergie ergänzt bzw. ersetzt werden.

Anhang (* veraltete, nicht mehr zugelassene Einheiten)

Basiseinheiten des internationalen Einheitensystems (SI)

Basisgröße	Basiseinheit	Zeichen	Basisgröße	Basiseinheit	Zeichen
Länge	Meter	m	Temperatur	Kelvin	K
Masse	Kilogramm	kg	Lichstärke	Candela	cd
Zeit	Sekunde	s	Stoffmenge	Mol	mol
Stromstärke	Ampere	A			

Druckeinheiten

	Pa = N/m²	bar	at*	mm W.S.*	atm*	Torr*
1 Pa = 1 N/m²	1	10^{-5}	$1{,}0197 \cdot 10^{-5}$	0,10197	$0{,}9869 \cdot 10^{-5}$	$0{,}75006 \cdot 10^{-2}$
1 bar	10^5	1	1,0197	$1{,}0197 \cdot 10^4$	0,98692	$0{,}75006 \cdot 10^3$
1 at*	$0{,}980665 \cdot 10^5$	0,980665	1	$1{,}00003 \cdot 10^4$	0,96784	$0{,}73556 \cdot 10^3$
1 mm W.S.*	9,8064	$0{,}98064 \cdot 10^{-4}$	$0{,}99997 \cdot 10^{-4}$	1	$0{,}96781 \cdot 10^{-4}$	$0{,}73554 \cdot 10^{-1}$
1 atm*	$1{,}01325 \cdot 10^5$	1,01325	1,03323	$1{,}03326 \cdot 10^4$	1	760
1 Torr*	$1{,}3332 \cdot 10^2$	$1{,}3332 \cdot 10^{-3}$	$1{,}3595 \cdot 10^{-3}$	13,595	$1{,}3158 \cdot 10^{-3}$	1

1 bar = 10 N/cm²; 1 mbar (Millibar) = 1 cN/cm²; 1 at* = 1 kp*/cm² (technische Atmosphäre).
1 mm W.S.* ist der Druck einer 1 mm hohen Wassersäule von 4 °C bei $g = 9{,}80665$ m/s² am Normort.
1 kp* ist gleich der Gewichtskraft eines 1 kg-Stücks am Normort; 1 kp* = 9,80665 N.
1 atm* (physikalische Atmosphäre) = 760 Torr* = 1,01325 bar ist der sog. Normdruck.
1 Torr* bedeutet den Druck einer 1 mm hohen Quecksilbersäule von 0 °C am Normort.

Energieeinheiten

	J	kWh	cal*	eV
1 J	1	$2{,}7777 \cdot 10^{-7}$	0,23884	$0{,}6242 \cdot 10^{19}$
1 kWh	$3{,}6000 \cdot 10^6$	1	$0{,}8598 \cdot 10^6$	$2{,}247 \cdot 10^{25}$
1 cal*	4,1868	$1{,}1630 \cdot 10^{-6}$	1	$2{,}613 \cdot 10^{19}$
1 eV	$1{,}602 \cdot 10^{-19}$	$4{,}45 \cdot 10^{-26}$	$3{,}826 \cdot 10^{-20}$	1

1 J (Joule) = 1 Nm (Newtonmeter); 1 kWh = 1 000 W · 1 h = $3{,}6 \cdot 10^6$ Joule.
1 eV (Elektronvolt) ist die Energie, die ein Teilchen mit der Elementarladung $e = 1{,}6 \cdot 10^{-19}$ C beim Durchlaufen der Spannung 1 Volt aufnimmt.

Leistungseinheiten 1 W = 1 J/s; 1 PS* (Pferdestärke) = 75 kp* m/s = 735,5 W.

Physikalische Konstanten

Gravitationskonstante	$\gamma = 6{,}672 \cdot 10^{-11}\ m^3 \cdot kg^{-1} \cdot s^{-2}$
Normalfallbeschleunigung	$g_n = 9{,}80665\ m \cdot s^{-2}$
Molvolumen idealer Gase im Normzustand	$V_n = 22{,}414\ dm^3 \cdot mol^{-1}$
Absoluter Nullpunkt	−273,15 °C
Gaskonstante	$R = 8{,}3144\ J \cdot mol^{-1} \cdot K^{-1}$
Physikalischer Normdruck	p_n = 101 325 Pa = 1 013,25 mbar
Avogadrosche Konstante	$N_A = 6{,}02209 \cdot 10^{23}\ mol^{-1}$
Boltzmannsche Konstante	$k = 1{,}38065 \cdot 10^{-23}\ J \cdot K^{-1}$
Vakuumlichtgeschwindigkeit	$c_0 = 2{,}99792458 \cdot 10^8\ m \cdot s^{-1}$
Elektronenmasse	$m_e = 9{,}1046 \cdot 10^{-31}$ kg
Neutronenmasse	$m_n = 1{,}6748 \cdot 10^{-27}$ kg
Protonenmasse	$m_p = 1{,}67264 \cdot 10^{-27}$ kg
Atomare Masseneinheit	$1\ u = 1{,}66054 \cdot 10^{-27}$ kg
Elektrische Feldkonstante	$\varepsilon_0 = 8{,}85419 \cdot 10^{-12}\ C \cdot V^{-1} \cdot m^{-1}$
Elementarladung	$e = 1{,}6021773 \cdot 10^{-19}$ C

Eigenschaften fester Stoffe

	Dichte bei 18 °C	Linearer Ausdehnungs Koeff. α [6])	Spezifische Wärmekapazität		Schmelzpunkt	Spezifische Schmelzwärme		Siedepunkt
	$\frac{g}{cm^3}$	**1/K 0,0000**	**Joule/g·K**	**cal*/g·K**	°C	**Joule/g**	**cal*/g**	°C
Aluminium	2,70	24	0,896	0,214	660	395	95,4	2 327
Blei	11,34	29	0,129	0,031	327,3	23	5,5	1 750
Chrom	7,1	07	0,440	0,105	1 900	280	67,3	2 330
Eisen, rein	7,86	12	0,450	0,108	1 535	275	66	2 800
Flussstahl	7,84	11	0,435	0,104	1 450	–	–	–
Gold	19,3	14	0,129	0,0309	1 063,0	64	15,4	2 660
Iridium	22,4	066	0,130	0,031	2 443	117	28	4 350
Iod	4,94	83	0,22	0,052	114	125	29,5	184
Kalzium	1,55	22	0,65	0,15	850	218	52	1 700
Kobalt	8,8	13	0,42	0,10	1 490	263	62,8	3 100
Kohlenstoff:								
Diamant	3,514	012	0,49	0,118	> 3 600	–	–	4 200
Grafit	2,25	08	0,69	0,165	> 3 600	–	–	4 350
Kupfer	8,93	17	0,383	0,092	1 083	205	48,9	2 582
Magnesium	1,74	26	1,01	0,24	650	370	88	1 120
Mangan	7,3	23	0,48	0,115	1 250	266	64	2 087
Natrium	0,97	70	1,22	0,29	97,8	113	27,4	883
Nickel	8,8	13	0,448	0,11	1 455	300	71,6	2 800
Platin	21,4	090	0,133	0,0316	1 769	111	26,6	4 010
Schwefel rhomb.	2,056	64	0,715	0,171	112,8	50	12	} 444,60
monoklin	1,96	–	0,733	0,176	118,8	42	10	
Selen	4,50	37	0,32	0,078	217	67	16	690
Silber	10,51	20	0,235	0,0556	960,5	105	25,1	2 190
Silicium	2,4	08	0,703	0,168	1 410	167	40	2 600
Wolfram	19,3	04	0,134	0,032	3 380	191	45,8	5 900
Zink	7,12	26	0,385	0,0925	419,5	109	26	910
Zinn	7,28	27	0,227	0,0523	232	61	14,5	2 337
Messing [1])	~ 8,3	18	0,38	0,092	~ 920	–	–	–
Bronze [2])	~ 8,7	18	0,38	0,092	~ 900	–	–	–
Konstantan [3])	8,8	15	0,41	0,098	–	–	–	–
Neusilber [4])	8,7	18	0,40	0,095	~ 1 000	–	–	–
Woodsches Metall [5])	9,7	–	0,17	0,04	65–70	–	–	–
Porzellan	2,3	~ 038	0,84	0,2	–	–	–	–
Jenaer Glas	2,7	081	0,78	0,186	–	–	–	–
Quarzglas	2,21	005	0,73	0,174	1 710	–	–	–
Kochsalz NaCl	2,16	40	0,87	0,206	802	517	123,5	144
Naphthalin	1,15	94	1,29	0,30	80,1	150	36	217,9
Rohrzucker	1,59	83	1,22	0,29	186	56	13,4	–
Hartgummi	1,20	~ 80	1,42	0,34	–	–	–	–

[1]) 62% Cu, 38% Zn

[2]) 84% Cu, 9% Zn, 6% Sn, 1% Pb

[3]) 60% Cu, 40% Ni

[4]) 62% Cu, 16% Ni, 22% Zn

[5]) 50% Bi, 25% Pb, 12,5% Sn, 12,5% Cd

[6]) Zwischen 0 °C und 100 °C

Eigenschaften von Flüssigkeiten

	Dichte bei 18 °C	Volumen-ausdeh-nungs koeff. γ	Spezifische Wärmekapa-zität bei 18 °C		Schmelz-punkt	Schmelz-wärme		Siede-punkt bei 1,013 bar	Ver-dampfungs-wärme	
	g/cm³	1/K 0,00	Joule/g·K	cal*/g·K	°C	Joule/g	cal*/g	°C	Joule/g	cal*/g
Aceton	0,791	149	2,2	0,53	− 94,7	98	23,4	56,2	525	125
Benzol	0,879	123	1,72	0,408	+ 5,53	126	30,2	80	394	94
Brom	3,12	111	0,46	0,11	− 7,3	68	16,2	58,7	183	44
Chloroform	1,489	128	0,95	0,225	− 63,7	75	17,9	61,1	279	67
Diethylether	0,716	162	2,34	0,56	−123,4	98	23,5	34,6	360	86
Ethanol	0,790	110	2,42	0,57	−114,4	107	25	78,4	840	201
Glycerin	1,260	049	2,39	0,57	+ 18	200	47,9	290	−	−
Olivenöl	0,915	072	2,0	0,47	−	−	−	−	−	−
Petroleum	0,85	096	2,1	0,50	−	−	−	150–300	−	−
Quecksilber	13,551	0181	0,139	0,033	− 38,87	11,8	2,8	357	285	68
Schwefel-kohlenstoff	1,265	118	0,996	0,24	−111,8	58	13,8	46,2	352	84
Tetrachlor-kohlenstoff	1,590	122	0,85	0,20	− 22,9	21	5,0	76,7	193	46
Toluol	0,866	111	1,7	0,41	− 95,0	72	17,2	110,7	364	87
Wasser	0,9986	02 (20 °C)	4,182	0,999	0,00	334	79,7	100,00	2256	538,9

Eigenschaften von Gasen

	Dichte [1])	Spezifische Wärmekapazität [2])		Schmelz-punkt	Siede-punkt [3])	Dichte als Flüssigkeit [4])
	g/l	Joule/g·K	cal*/g·K	°C	°C	g/cm³
Ammoniak NH_3	0,7714	2,16	0,52	− 77,7	− 33,4	0,682
Argon Ar	1,7839	0,523	0,125	−189,3	−185,8	1,4
Acetylen C_2H_2	1,17	1,683	0,402	− 81,7	− 83,6 [5])	0,621
Chlor Cl_2	3,214	0,74	0,177	−100	− 34,6	1,56
Helium He	0,1785	5,23	1,25	−272,2	−268,94	0,13
Kohlenstoffdioxid CO_2	1,9768	0,837	0,20	− 56	− 78,5 [5])	1,56
Kohlenstoffoxid CO	1,2500	1,042	0,249	−205	−191,48	0,79
Luft	1,2929	1,005	0,239	−213	−193	−
Methan CH_4	0,7168	2,2	0,527	−183	−161,4	0,425
Neon Ne	0,9002	1,03	0,246	−248,6	−246,1	1,21
Ozon O_3	2,144	0,795	0,190	−252	−112	−
Sauerstoff O_2	1,429	0,917	0,219	−218,8	−182,97	1,134
Schwefeldioxid SO_2	2,926	0,64	0,152	− 75,3	− 10	1,46
Stickstoff N_2	1,2505	1,038	0,248	−210	−195,81	0,81
Wasserdampf	0,5977	1,94	0,464	−	−	0,9584
Wasserstoff H_2	0,08987	14,32	3,41	−259,2	−252,78	0,071

[1]) 0 °C; 1,013 bar;
[2]) c_p; konst. Druck;
[3]) 1,013 bar;
[4]) am Siedepunkt;
[5]) Sublimationspunkt

Wasser und Wasserdampf

Temperatur ϑ	Dichte flüssigen Wassers	Dampfsättigungsdichte	Dampfsättigungsdruck		Temperatur ϑ	Dichte flüssigen Wassers	Dampfsättigungsdichte	Dampfsättigungsdruck		Temperatur ϑ	Dampfsättigungsdurck p	
°C	**g/cm³**	**g/m³**	**mbar**	**Torr***	**°C**	**g/cm³**	**g/m³**	**mbar**	**Torr***	**°C**	**bar**	**at***
–10	–	2,14	2,6	1,95	22	0,99777	19,4	26,4	19,8	100	1,013	1,033
–5	–	3,24	4	3,01	24	0,99730	21,8	29,8	22,4	110	1,432	1,461
0	0,99984	4,84	6,1	4,58	26	0,99678	24,4	33,5	25,2	120	1,98	2,024
2	0,99994	5,6	7	5,3	28	0,99623	27,2	37,4	28,3	130	2,70	2,754
4	0,99997	6,4	8,1	6,1	30	0,99565	30,3	42,2	31,8	140	3,62	3,685
6	0,99994	7,3	9,3	7,0	35	0,9939	39,6	56,0	42,2	150	4,76	4,854
8	0,99985	8,3	10,7	8,0	40	0,99221	51,1	73,5	55,3	175	8,94	9,101
10	0,99970	9,4	12,3	9,2	50	0,98805	83,0	123	92,5	200	15,52	15,86
12	0,99950	10,7	14,0	10,5	60	0,98321	130,2	199	149,4	225	25,5	26,01
14	0,99924	12,1	16,0	12,0	70	0,97778	198,1	310	233,7	250	39,8	40,56
16	0,99894	13,6	18,1	13,6	80	0,97180	293,3	473	355,2	300	85,9	87,61
18	099859	15,4	20,6	15,5	90	0,96532	423,5	700	525,9	350	165,2	168,63
20	0,99820	17,3	23,4	17,5	100	0,95835	597,7	1 013	760	374,2 (Kr.)	221	225,5

Siedetemperatur ϑ des Wassers beim Druck p

p	bar	0,906	0,934	0,946	0,96	0,974	0,986	1,00	**1,013**	1,026	1,04	1,052	1,067
	Torr*	680	700	710	720	730	740	750	**760**	770	780	790	800
ϑ	°C	96,91	97,71	98,10	98,49	98,88	99,25	99,63	**100,00**	100,37	100,73	101,09	101,44

Erde und Weltall

Erde

Mittlerer Äquatorradius	a = 6 378,140 km
Polradius	b = 6 356,777 km
Radius der volumengleichen Kugel	6 371,221 km
Masse	$5{,}974 \cdot 10^{24}$ kg
Dichte im Mantel	3,4 g/cm³
in der Zwischenschicht	6,4 g/cm³
im Kern	9,6 g/cm³
Mittelwert	5,52 g/cm³
Schwerebeschleunigung	
am Äquator	9,7805 m/s²
an den Polen	9,8322 m/s²
in Berlin	9,8126 m/s²
Mittelwert	9,7977 m/s²
Erddrehung	
Rotationsgeschw. am Äquator	465,12 m/s
Zentrifugalbeschl. am Äquator	–0,0392 m/s²

Bahnbewegung	
Mittlerer Abstand von der Sonne	$1{,}4960 \cdot 10^{8}$ km
Exzentrizität der Bahn	0,016710
Mittlere Bahngeschwindigkeit	29,8 km/s
Schiefe der Ekliptik (2000)	23° 26′ 21″
(jährliche Abnahme 0,468″)	
Internationales Erdellipsoid	
Äquatorradius (genau)	a = 6 378,165 km
Abplattung (genau)	$1 - \frac{b}{a} = \frac{1}{298}$
Polradius	b = 6 356,755 km
Mittlerer Radius	6 371,025 km
Mittlerer Längenkreisgrad	111,137 km
Mittlere Längenkreisminute (Seemeile)	1,852 km
Äquatorumfang	40 075 km
Oberfläche	509 088 842 km²
Volumen	1 083 218 990 000 km³

Mond

Radius	1 738 km	Entfernung von der Erde	
Masse	$7{,}349 \cdot 10^{22}$ kg		Max. 406 740 km
Mittlere Dichte	3,34 g/cm³		Min. 356 410 km
Scheinbarer Halbmesser	Max. 16′46″		Mittelwert 384 400 km
	Min. 14′40″	Exzentrizität der Bahn	0,0549
Schwerebeschleunigung	1,619 m/s²	Bahnneigung gegen Ekliptik	5°8′43″
Siderische Umlaufszeit	27,322 Tage	Bahngeschwindigkeit	$1{,}023$ km·s^{-1}

Sonne

Radius	696 000 km	Umdrehungsdauer	25,45 Tage
Masse	$1{,}9891 \cdot 10^{30}$ kg	Entfernung vom nächsten Fixstern	4,27 Lichtjahre
Mittlere Dichte	1,408 g/cm³	(Proxima Centauri)	
Scheinbarer Halbmesser	Max. 16′18″	Zentraltemperatur	$1{,}571 \cdot 10^{7}$ °C
	Min. 15′46″	Effektive Temperatur	5 778 °C
		Gesamtstrahlung	$4{,}2 \cdot 10^{26}$ J/s
Schwerebeschleunigung	274 m/s²	Solarkonstante	1,37 kW·m^{-2}

Planeten

	Mittlerer Äquatorradius	Masse (ohne Satelliten)	Zahl der Monde (1998)	Mittlere große Halbachse der Bahn um die Sonne	Exzentrizität der Bahn	Neigung der Bahnebene gegen Ekliptik	Scheinbarer Durchmesser von der Erde aus		Mittlere Umlaufzeit	
									siderisch trop.	synodisch
	km	Erde = 1		10^6 km	*e/a*		Min.	Max.	Jahre	Tage
Merkur	2 440	0,0553	0	57,91	0,206	7° 0′	5″	13″	0,2408	115,88
Venus	6 052	0,815	0	108,21	0,007	3° 24′	10″	66″	0,6152	583,92
Erde	6 371	1,00	1	149,60	0,017	–	–	–	1,0000	–
Mars	3 397	0,107	2	227,90	0,093	1° 51′	3″	25″	1,8809	779,94
Jupiter	71 492	317,83	16	778,34	0,048	1° 18′	30″	50″	11,862	398,88
Saturn *	60 268	95,162	> 18	1 426,8	0,054	2° 29′	15″	21″	29,458	378,09
Uranus	25 559	14,536	17	2 871,0	0,047	0° 46′	3″	4″	84,015	369,66
Neptun	24 766	17,147	8	4 498,3	0,009	1° 46′	2,2″	2,4″	164,788	367,48
Pluto	1 137	0,0021	1	5 906,4	0,249	17° 9′	0,06″	0,11″	247,7	366,72

* Saturnringe: Innerster Durchm. 66 900 km, äußerster Durchm. 480 000 km, Dicke 2 km, Masse: 0,00004 der Saturnmasse

Milchstraße

Durchmesser	$8 \cdot 10^{17}$ km	Entfernung der Sonne vom Mittelpunkt	$25 \cdot 10^{16}$ km
Dicke	$15 \cdot 10^{16}$ km	Entfernung der Sonne von Mittelebene	$5 \cdot 10^{14}$ km
Gesamtmasse	$2{,}5 \cdot 10^{11}$ Sonnenmassen	Geschw. der Sonne gegenüber Umgebung	19,4 km/s

Astronomische Konstanten

Astronomische Einheit (AE) = Mittlere Entfernung Erde – Sonne = $149{,}59787 \cdot 10^{6}$ km

Lichtjahr (L.J.) = 63 275 AE = 0,3068 Parsek = $9{,}46 \cdot 10^{12}$ km

Parsek = 206 265 AE = 3,2598 L.J. = $30{,}87 \cdot 10^{12}$ km

Schallgeschwindigkeiten

Die vom Luftdruck weitgehend unabhängige **Schallgeschwindigkeit** c_ϑ beträgt in trockener atmosphärischer Luft bei $\vartheta = k$ °C: $c_\vartheta = 331\ \sqrt{1 + 0{,}00367\,k}$ m/s. Weitere Schallgeschwindigkeiten:

	m/s		m/s	Flüssigkeit bei 20 °C	m/s	Gase bei 20 °C	m/s
Aluminium	5 080	Gold	2 030	Wasser	1 465	Wasserstoff	1 306
Blei	1 200	Kupfer	3 710	Petroleum	1 326	Kohlenstoffdioxid	267
Eisen	5 170	Messing	3 490	Tetrachlorkohlenstoff	950	Leuchtgas	~ 453
Glas	~ 5 000	Kautschuk	50	Xylol	1 350	Sauerstoff	326

Stichwortverzeichnis

Q

R

S

T

U

V

W

Z